全国中医药行业高等职业教育"十二五"规划教材

中药制药设备

（供药品生产技术专业用）

主　编　王　沛（长春中医药大学）

副主编　符策瑛（海南省卫生学校）

　　　　路　芳（长春医学高等专科学校）

　　　　刘永忠（江西中医药大学）

　　　　高　陆（吉林省现代中药工程研究中心股份有限公司）

　　　　王宝华（北京中医药大学）

　　　　张　赟（山东中医药高等专科学校）

U0273360

中国中医药出版社

·北　京·

图书在版编目（CIP）数据

中药制药设备/王沛主编．—北京：中国中医药出版社，2015.9（2022.3重印）

全国中医药行业高等职业教育"十二五"规划教材

ISBN 978-7-5132-2579-3

Ⅰ.①中… Ⅱ.①王… Ⅲ.①中药加工设备－高等职业教育－教材

Ⅳ.①TH788

中国版本图书馆 CIP 数据核字（2015）第 121918 号

中国中医药出版社出版

北京经济技术开发区科创十三街 31 号院二区 8 号楼

邮政编码　100176

传真　010－64405721

山东百润本色印刷有限公司印刷

各地新华书店经销

开本 787×1092　1/16　印张 23.5　字数 526 千字

2015 年 9 月第 1 版　2022 年 3 月第 5 次印刷

书号　ISBN 978－7－5132－2579－3

定价　60.00 元

网址　www.cptcm.com

服 务 热 线　010－64405510

购 书 热 线　010－89535836

维 权 打 假　010－64405753

微信服务号　zgzyycbs

微商城网址　https://kdt.im/LIdUGr

官 方 微 博　http://e.weibo.com/cptcm

天猫旗舰店网址　https://zgzyycbs.tmall.com

张美林（成都中医药大学附属医院针灸学校党委书记、副校长）

张登山（邢台医学高等专科学校教授）

张震云（山西药科职业学院副院长）

陈　燕（湖南中医药大学护理学院院长）

陈玉奇（沈阳市中医药学校校长）

陈令轩（国家中医药管理局人事教育司综合协调处副主任科员）

周忠民（渭南职业技术学院党委副书记）

胡志方（江西中医药高等专科学校校长）

徐家正（海口市中医药学校校长）

凌　娅（江苏康缘药业股份有限公司副董事长）

郭争鸣（湖南中医药高等专科学校校长）

郭桂明（北京中医医院药学部主任）

唐家奇（湛江中医学校校长、党委书记）

曹世奎（长春中医药大学职业技术学院院长）

龚晋文（山西职工医学院/山西省中医学校党委副书记）

董维春（北京卫生职业学院党委书记、副院长）

谭　工（重庆三峡医药高等专科学校副校长）

潘年松（遵义医药高等专科学校副校长）

秘 书 长　周景玉（国家中医药管理局人事教育司综合协调处副处长）

全国中医药行业高等职业教育"十二五"规划教材

《中药制药设备》编委会

前　言

中医药职业教育是我国现代职业教育体系的重要组成部分，肩负着培养中医药多样化人才、传承中医药技术技能、促进中医药就业创业的重要职责。教育要发展，教材是根本，在人才培养上具有举足轻重的作用。为贯彻落实习近平总书记关于加快发展现代职业教育的重要指示精神和《国家中长期教育改革和发展规划纲要（2010—2020 年)》，国家中医药管理局教材办公室、全国中医药职业教育教学指导委员会紧密结合中医药职业教育特点，充分发挥中医药高等职业教育的引领作用，满足中医药事业发展对于高素质技术技能中医药人才的需求，突出中医药高等职业教育的特色，组织完成了"全国中医药行业高等职业教育'十二五'规划教材"建设工作。

作为全国唯一的中医药行业高等职业教育规划教材，本版教材按照"政府指导、学会主办、院校联办、出版社协办"的运作机制，于 2013 年启动了教材建设工作。通过广泛调研、全国范围遴选主编，又先后经过主编会议、编委会议、定稿会议等研究论证，在千余位编者的共同努力下，历时一年半时间，完成了 84 种规划教材的编写工作。

"全国中医药行业高等职业教育'十二五'规划教材"，由 70 余所开展中医药高等职业教育的院校及相关医院、医药企业等单位联合编写，中国中医药出版社出版，供高等职业教育院校中医学、针灸推拿、中医骨伤、临床医学、护理、药学、中药学、药品质量与安全、药品生产技术、中草药栽培与加工、中药生产与加工、药品经营与管理、药品服务与管理、中医康复技术、中医养生保健、康复治疗技术、医学美容技术等 17 个专业使用。

本套教材具有以下特点：

1. 坚持以学生为中心，强调以就业为导向、以能力为本位、以岗位需求为标准的原则，按照高素质技术技能人才的培养目标进行编写，体现"工学结合""知行合一"的人才培养模式。

2. 注重体现中医药高等职业教育的特点，以教育部新的教学指导意见为纲领，注重针对性、适用性及实用性，贴近学生、贴近岗位、贴近社会，符合中医药高等职业教育教学实际。

3. 注重强化质量意识、精品意识，从教材内容结构、知识点、规范化、标准化、编写技巧、语言文字等方面加以改革，具备"精品教材"特质。

4. 注重教材内容与教学大纲的统一，教材内容涵盖资格考试全部内容及所有考试要求的知识点，满足学生获得"双证书"及相关工作岗位需求，有利于促进学生就业。

5. 注重创新教材呈现形式，版式设计新颖、活泼，图文并茂，配有网络教学大纲指导教与学（相关内容可在中国中医药出版社网站 www.cptcm.com 下载），符合职业院校学生认知规律及特点，以利于增强学生的学习兴趣。

在"全国中医药行业高等职业教育'十二五'规划教材"的组织编写过程中，得到了国家中医药管理局的精心指导，全国高等中医药职业教育院校的大力支持，相关专家和各门教材主编、副主编及参编人员的辛勤努力，保证了教材质量，在此表示诚挚的谢意！

我们衷心希望本套规划教材能在相关课程的教学中发挥积极的作用，通过教学实践的检验不断改进和完善。敬请各教学单位、教学人员及广大学生多提宝贵意见，以便再版时予以修正，提升教材质量。

国家中医药管理局教材办公室
全国中医药职业教育教学指导委员会
中国中医药出版社
2015 年 5 月

编写说明

《中药制药设备》是制药类专业，尤其是药品生产技术专业的主干专业课之一。中药制药设备是在中药制药理论指导下，结合具体的制药生产工艺，运用现代科学手段，研究中药生产工艺及其设备的选型、配备与使用的应用科学，也是一门制药理论与制药实践相结合的综合性学科。

随着广大民众健康需求的迫切，中药制药现代化进程的加快，要求制药工艺及制药设备不断更新和完善，在制药生产过程中发挥更大的作用。为了更好地适应这一需要，特在上版（国家级"十一五"规划教材《中药制药设备》）的基础上，聘请了制药设备研究方面和具体使用制药设备方面的有关专家参与编写，删减了较老的设备类型，填补了新型及具体的典型设备的使用、维修、保养等注意事项。为学生学会、弄懂该门课程的各项知识点提供了理论与实践的平台。

中药制药设备是依附于制药工艺过程的，处在适应、从属和配备的位置，所以本书以制药工艺过程为主线，以制药单元操作为切入点，着重叙述各单元操作的工艺原理和所涉及的常规设备，在其后面设立了具体的典型设备的使用、维修、保养等相关注意事项。随着制药进程的不断深入，制药工艺的层层展开、剖析，随之将所涉及的制药设备逐一展现在学生们眼前。

中药制药设备研究的内容主要包括中药预处理设备，中药提取设备，粉碎设备，筛分设备，混合设备，分离设备，干燥设备，传热设备，制药用水生产设备，灭菌设备，输送机械设备，固体制剂生产设备，液体制剂生产设备，药品包装机械设备及中药材常用的水蒸气蒸馏设备。在其中着重介绍了机械设备的工作原理、动力配备原则、设备构造原理、技术参数、生产能力、使用操作要点、维修、保养注意事项等。

本教材主要聘请了教学、科研、生产等三方面的专家、教授，在上一版教材的基础上，进行了充分研讨和论证，力求更系统、更实用，以培养能适应规范化、规模化、现代化的中药制药工程所需要的高级专业人才为宗旨。

本教材不仅可供全国中医药行业高等职业教育的药品生产技术专业教学使用，还可以为中药学专业、药学专业、生物制药等专业的学生以及制药企业的工程技术人员提供参考。

本教材在编写的过程中得到了各参编院校、研究院所及制药企业的大力支持，在此，我们深表感谢。由于水平所限，教材中若存有不足，敬请广大读者和药界同仁提出宝贵意见，以便再版时修订提高。

《中药制药设备》编委会

2015 年 7 月

目 录

第一章 绪论

第二章 中药预处理与提取设备

第三章 粉碎原理与设备

第一章 绪 论

中药制药设备是运用中药制药工程学的原理和方法，研究和探讨中药制药过程从原料、辅料、半成品到成品以及包装的生产过程的一门综合性学科。它所涉及的是有机械设备参与的没有化学反应的纯物理过程的单元加工过程。

近年来医药工业迅速发展，制药机械设备等制药必不可少的设施也取得了长足的进步。药品是与人的生命健康息息相关的产品，药品生产又离不开生产机械设备，然而这些设施设备又都必须要严格符合药品生产质量管理规范的要求。这样才能保证药品的质量，满足广大人民群众临床用药的需求，为人类身体健康提供可靠的保障。

第一节 制药设备在制药工业中的地位及研究的内容

中药传统的制药工具，是随着中医药的发展而产生的，同时与人们的饮食生活有直接关系。古代劳动人民为求生存，在与自然界的长期斗争中，发展了生产力，随之出现了以木、石、陶、瓷、铜、铁等原料制作的生产工具和生活用具，使某些生活、生产器具被逐渐用来修治加工药材和制作成药，后来发展成了专门的简单制药工具。

新中国成立以来，我国医药工业从无到有，从小到大，工艺不断革新，产量不断扩大。全球医药市场品种以年平均7％左右的速度增长；而我国占有相当大的比重，已经连续20多年保持超过10％的年均增长率。不但在一定程度上满足了国内临床用药的需要，而且药品出口也逐年增长。由于药品生产的迅速发展，必然推动制药工业及设备的进展，尤其是近年来，通过广大科技人员和制药企业职工的技术改造和技术革新，在制药设备的改造和研制方面投入了大量的精力，取得了显著成绩。不但为扩大生产能力，减轻繁重的体力劳动，改善劳动保护和环境卫生方面做出了一定的贡献，而且在某些方面还具有我国自己的特色和创造性。

一、制药设备在制药工业中的地位

制药设备的发展状况是制药行业发展水平的重要标志。尤其是在中药生产的过程中，只有先进的设备与合适的生产工艺相结合，才能使制药过程的制药工艺条件得以顺利实现，制造出优质合格的产品。制药工业是大批量、规模化、自动化生产，离不开机械设备这一重要的生产工具，所以制药设备在整个工业化生产中起着举足轻重的作用。

制药设备企业作为制药行业的上游行业，始终受到下游企业需求和上游的材料、自动化技术、机械动力技术等的影响。随着下游制药企业的行业标准 GMP（Good Manu-facturing Practice）的实施，其对高效、节能、系统化与自动化的制药设备的要求的严格化加大，制药设备行业也将迎来新的发展契机。制药设备的集成化和自动化生产，无论从节省人工成本、提高生产效率的角度，还是从减少人为因素对于制药过程的污染等角度来看，都是未来制药设备发展的必然选择。

我国高度重视中药产业的技术改造和升级，但与中药制备工艺相适应的制药装备研究仍较落后，中药前处理设备在应用方面的配套性和衔接性仍然较差，国内现有设备的技术水准与西方制药装备巨头的差距仍然较大，实现中药制药装备的标准化与现代化任重而道远。

二、制药设备研究的内容

中药制药设备是指在中药（包括中药饮片、中成药及中药提取物等）生产操作过程中，根据中药药性原理，为了达到药性要求而采取的一系列重要操作，如提取、浓缩、分离、干燥、造粒等单元操作过程中所使用的设备。

中药制药设备是以制药工艺路线为主线，以制药理论为基础，以单元操作为基本内容，重点叙述各单元操作所涉及的设备，其中包括设备的原理、使用、维修、保养等一系列技术参数和操作的描述。

中药制药设备研究的内容主要包括中药材预处理的净选设备，药材清洗设备，饮片加工设备，炮制设备；粉碎、筛分、分离等单元操作原理及采用的具体设备的使用、维修、保养等；流体流动原理与输送机械的分类、选型、使用、保养等；传热、蒸发、冷却、溶剂萃取、固体干燥等的原理及其涉及的设备构造、使用、维修、保养等；制剂成型机械设备，诸如固体制剂生产设备、液体制剂生产设备等；制剂分装机械包装设备，诸如立式连续制袋装填包装机、泡罩包装机、热成型包装机、装盒机等；制剂辅助工艺设备，诸如洗瓶机、蒸煮罐等的具体动力设备配备原则，设备构造原理、技术参数、生产能力、使用注意事项等；药品包装原则、包装材料分类、包装材料的选取，各种包装材料的特点，药用包装机械概论以及常用的包装设备等。同时在各章的后面都加上了该部分涉及的常见设备或典型设备的工作原理或结构特点、设备的技术参数、操作方法、维修保养及使用注意事项等项内容。

第二节　制药机械设备常用材料与分类

制药机械设备使用的材料直接影响到制药产品的质量，是至关重要的因素。研究和探讨制药机械设备常用材料对于制药设备的分类有着密不可分的关系，从实质上了解设备的性能和原理，达到正确掌握设备的操作、使用、维修、保养及注意事项。

一、制药机械设备常用材料

设备材料可分为金属材料和非金属材料两大类，其中金属材料可分为黑色金属和有色金属，非金属材料可分为陶瓷材料、高分子材料和复合材料。

（一）金属材料

金属材料包括金属和金属合金。

1. **黑色金属** 黑色金属包括铸铁、钢、合金钢、不锈耐酸钢，其性能优越、价格低廉、应用广泛。

（1）**铸铁** 铸铁是含碳量大于 2.11% 的铁碳合金，有灰口铸铁、白口铸铁、可锻铸铁、球墨铸铁等，其中灰口铸铁具有良好的铸造性、减磨性、减震性、切削加工性等，在制剂设备中应用最广泛，但其也有机械强度低、塑性和韧性差的缺点，多做机床床身、底座、箱体、箱盖等受压但不易受冲击的部件。

（2）**钢** 钢是含碳量小于 2.11% 的铁碳合金。按组成可分为碳素钢和合金钢，按用途可分为结构钢、工具钢和特殊钢，按所含有害杂质（硫、磷等）的多少可分为普通钢、优质钢和高级优质钢。这类材料使用非常广泛，根据其强度、塑性、韧性、硬度等性能特点，可分别用于制作铁钉、铁丝、薄板、钢管、容器、紧固件、轴类、弹簧、连杆、齿轮、刀具、模具、量具等。

（3）**合金钢** 为了改善金属材料的性能，在铁碳合金中特意加入一些合金元素即为合金钢。用于制造加工工具、各种工程结构和机器零件等。特意加入的合金元素对铁碳合金性能会发生很大的影响，诸如降低原有材料的临界淬火速度，可使大尺寸的重要零件通过淬火及回火来改善材料的机械性能，同时又可使零件的淬火易于进行，由于不需要很大的冷却速度，因而大大减少了淬火过程中的应力与变形；增加铁碳合金组织的分散度，不需经特殊热处理就可以得到具有耐冲击的细而均匀的组织，因而适于制作那些不经特殊热处理就具有较高机械性能的构件；提高铁素体的强度，铁素体的晶格中溶入镍、铬、锰、硅及其他合金元素后，会因晶格发生扭曲而使之强化，这对提高低合金钢的强度极有意义；提高铁碳合金材料的高温强度及抗氧化性能，这是由于加入的金属形成了阻止氧通过的膜层（氧化铝、氧化硅、氧化铬等）。

目前常用的合金元素有铬、锰、镍、硅、铝、钼、钒、钛和稀有元素等。

①铬：是合金钢中的主加元素之一，在化学性能方面不仅能提高金属耐腐蚀性能，也能提高抗高温氧化性能。

②锰：可提高钢的强度。增加锰的含量对低温冲击韧性有好处。

③镍：很少单独使用，通常要和铬配合在一起。铬钢中加入镍以后，能提高耐腐蚀性能与低温冲击韧性，并改善工艺性能。

④硅：可提高强度、高温疲劳强度、耐热性和耐 H_2S 等介质的腐蚀性。硅含量增高，可降低钢的塑性和冲击韧性。

⑤铝：是强脱氧剂，显著细化晶粒，提高冲击韧性，降低冷脆性。还能提高钢的抗氧化性和耐热性，对抵抗 H_2S 等介质腐蚀有良好作用。

⑥钼：可提高钢的高温强度、高温硬度、细化晶粒，防止回火脆性。钼能抗氢腐蚀。

⑦钒：可提高钢的高温强度，细化晶粒，提高淬硬性。

⑧钛：为强脱氧剂，可提高钢的强度，细化晶粒，提高韧性，提高耐热性。

（4）不锈耐酸钢 不锈耐酸钢是不锈钢和耐酸钢的总称。严格讲不锈钢是指能够抵抗空气等弱腐蚀介质的钢；耐酸钢是指能抵抗酸和其他强烈腐蚀性介质的钢。而耐酸钢一般都具有不锈的性能。根据所含主要合金元素的不同，不锈钢分为以铬为主的铬不锈钢和以铬、镍为主的铬镍不锈钢；目前还发展了节镍（无镍）不锈钢。

①铬不锈钢：在铬不锈钢中，起耐腐蚀作用的主要元素是铬，铬能固溶于铁的晶格中形成固溶体。在氧化性介质中，铬能生成一层稳定而致密的氧化膜，对钢材起保护作用而且耐腐蚀。铬钢中铬含量越高，钢材的耐蚀性也就越好。

②铬镍不锈钢：为了改变钢材的组织结构，并扩大铬钢的耐蚀范围，可在铬钢中加入镍构成铬镍不锈钢。铬镍不锈钢的典型钢号是 1Cr18Ni9，其中含 $C \leqslant 0.14\%$，Cr $17\% \sim 19\%$，Ni $8\% \sim 11\%$，具有较高的强度极限、极好的塑性和韧性，它的焊接性能和冷弯成型等工艺性也很好，是目前用来制造设备的最广泛的一类不锈钢。

③节镍或无镍不锈钢：为了适应我国镍的资源较缺的情况，我国生产了多种节镍或无镍不锈钢。节镍的办法是保持以铬为主要耐蚀元素，而以形成稳定的元素锰和氮代替全部或部分镍。

2. 有色金属 有色金属是指黑色金属以外的金属及其合金，为重要的特殊用途材料，其种类繁多，制剂设备中常用铝和铝合金、铜和铜合金。此处仅介绍铜和铜合金。

工业纯铜（紫铜）一般只作导电和导热材料，特殊黄铜有较好的强度、耐腐蚀性、可加工性，在机器制造中应用较多；青铜有较好的耐磨减磨性能、耐腐蚀性、塑性，在机器制造中应用也较多。

（二）非金属材料

非金属材料是指金属材料以外的其他材料。

1. 高分子材料 高分子材料包括塑料、橡胶、合成纤维等。其中工程塑料运用最广，它包括热塑性塑料和热固性塑料。

（1）热塑性塑料 热塑性塑料受热软化，能塑造成形，冷后变硬，此过程有可逆性，能反复进行。具有加工成型简便、机械性能较好的优点。氟塑料、聚酰亚胺塑料还有耐腐蚀性、耐热性、耐磨性、绝缘性等特殊性能，是优良的高级工程材料，但聚乙烯、聚丙烯、聚苯乙烯等的耐热性、刚性却较差。

（2）热固性塑料 热固性塑料包括酚醛塑料、环氧树脂、氨基塑料、聚苯二甲酸二丙烯树脂等。此类塑料在一定条件下加入添加剂能发生化学反应而致固化，此后受热不软化，加溶剂不溶解。其耐热和耐压性好，但机械性能较差。

2. 陶瓷材料 陶瓷材料包括各种陶器、耐火材料等。

（1）传统工业陶瓷 传统工业陶瓷主要有绝缘瓷、化工瓷、多孔过滤陶瓷。绝缘瓷一般作绝缘器件，化工瓷作重要器件、耐腐蚀的容器和管道及设备等。

（2）特种陶瓷 特种陶瓷亦称新型陶瓷，是很好的高温耐火结构材料。一般用作耐火坩埚及高速切削工具等，还可作耐高温涂料、磨料和砂轮。

（3）金属陶瓷 金属陶瓷是既有金属的高强度和高韧性，又有陶瓷的高硬度、高耐火度、高耐腐蚀性的优良工程材料，用作高速工具、模具、刃具。

3. 复合材料 复合材料中最常用的是玻璃钢（玻璃纤维增强工程塑料），它是以玻璃纤维为增强剂，以热塑性或热固性树脂为黏结剂分别制成热塑性玻璃钢和热固性玻璃钢。热塑性玻璃钢的机械性能超过某些金属，可代替一些有色金属制造轴承（架）、齿轮等精密机件。热固性玻璃钢既有质量轻以及比强度、介电性能、耐腐蚀性、成型性好的优点，也有刚度和耐热性较差、易老化和蠕变的缺点，一般用作形状复杂的机器构件和护罩。

二、制药机械设备分类

制药设备是实施药物制剂生产操作的关键因素，制药设备的密闭性、先进性、自动化程度的高低，直接影响药品的质量。不同剂型药品的生产操作及制药设备大多不同，同一操作单元的设备选择也往往是多类型、多规格的，所以对制药机械设备进行合理的归纳分类，是十分必要的。制药机械设备的生产制造从属性上应属于机械工业的子行业之一，为区别制药机械设备的生产制造和其他机械的生产制造，从行业角度将完成制药工艺的生产设备统称为制药机械，从广义上说制药设备和制药机械所包含的内容是相近的，可按GB/T15692标准分为八类，包括3000多个品种规格。具体分类如下。

1. 原料药机械及设备 是实现生物、化学物质转化，利用动、植、矿物制取医药原料的工艺设备及机械。包括摇瓶机、发酵罐、搪玻璃设备、结晶机、离心机、分离机、过滤设备、提取设备、蒸发器、回收设备、换热器、干燥设备、筛分设备、沉淀设备等。

2. 制剂机械及设备 将药物制成各种剂型的机械与设备。按剂型分为14类。

（1）片剂机械 将中、西原料药与辅料经混合、造粒、压片、包衣等工序制成各种形状片剂的机械与设备。

（2）水针剂机械 将灭菌或无菌药液灌封于安瓿等容器内，制成注射针剂的机械与设备。

（3）西林瓶粉、水针剂机械 将无菌生物制剂药液或粉末灌封于西林瓶内，制成注射针剂的机械与设备。

（4）大输液剂机械 将无菌药液灌封于输液容器内，制成大剂量注射剂的机械与设备。

（5）硬胶囊剂机械 将药物充填于空心胶囊内的制剂机械设备。

（6）软胶囊剂机械 将药液包裹于明胶膜内的制剂机械设备。

（7）丸剂机械 将药物细粉或浸膏与赋形剂混合，制成丸剂的机械与设备。

（8）软膏剂机械 将药物与基质混匀，配成软膏，定量灌装于软管内的制剂机械与设备。

（9）栓剂机械 将药物与基质混合，制成栓剂的机械与设备。

（10）合剂机械　将药液灌封于口服液瓶内的制剂机械与设备。

（11）药膜剂机械　将药物溶解于或分散于多聚物质薄膜内的制剂机械与设备。

（12）气雾剂机械　将药物和抛射剂灌注于耐压容器中，使药物以雾状喷出的制剂机械与设备。

（13）滴眼剂机械　将无菌的药液灌封于容器内，制成滴眼药剂的制剂机械与设备。

（14）糖浆剂机械　将药物与糖浆混合后制成糖浆剂的机械与设备。

3. **药用粉碎机械及设备**　用于药物粉碎（含研磨）并符合药品生产要求的机械。包括万能粉碎机、超大型微粉碎机、锤式粉碎机、气流粉碎机、齿式粉碎机、超低温粉碎机、粗碎机、组合式粉碎机、针形磨、球磨机等。

4. **饮片机械及设备**　对天然药用动植物进行选取、洗、润、切、烘等方法制备中药饮片的机械。包括选药机、洗药机、烘干机、润药机、炒药机等。

5. **制备工艺用水设备**　采用各种方法制取药用纯水（含蒸馏水）的设备。包括多效蒸馏水机、热压式蒸馏水机、电渗析设备、反渗透设备、离子交换纯水设备、纯水蒸气发生器、水处理设备等。

6. **药品包装机械及设备**　完成药品包装过程以及与包装相关的机械与设备。包括小袋包装机、泡罩包装机、瓶装机、印字机、贴标签机、装盒机、捆扎机、拉管机、安瓿制造机、制瓶机、吹瓶机、铝管冲挤机、硬胶囊壳生产自动线等。

7. **药物检测设备**　检测各种药物制品或半成品的机械与设备。包括测定仪、崩解仪、溶出试验仪、融变仪、脆碎度仪、冻力仪等。

8. **辅助制药机械及设备**　包括空调净化设备、局部层流罩、送料传输装置、提升加料设备、管道弯头卡箍及阀门、不锈钢卫生泵、冲头、冲模等。

第三节　设备管理

设备是企业物质系统的重要组成部分，是企业生产的重要物质与技术保证，设备技术状态的好坏，直接影响到企业生产的安全性与产品质量的好坏。设备是为了组织生产，对投入的劳动力和原材料所提供的各种相关劳动手段的总称，它是固定资产重要的组成部分。设备管理是以企业生产经营目标为依据，以设备为研究对象，追求设备寿命周期费用最经济与设备效能最高为目标，运用一系列的综合管理知识，通过一系列技术手段对设备的价值运动进行规划、设计、制造、选型、购置、安装、使用、维修、改造、更新直到报废的全过程的科学管理。设备管理涉及很多内容，对企业而言，就是如何通过现代的科学的管理方法与技术，把设备不稳定的因素消灭在萌芽状态，以使设备利用率增加，维修成本降低，提高企业安全生产与环境保护的业务水平，更好地为实现企业的经营目标服务，增强企业竞争力。设备管理从产生发展至今，经历了一系列的发展创新，主要体现在以下方面。

一、设备管理的发展历程

自从人类使用机械以来，就伴随设备的管理工作，只是由于当时的设备简单，管理工作单纯，仅凭操作者个人的经验行事。随着工业生产的发展，设备现代化水平的提高，设备在现代大生产中的作用与影响日益扩大，加上管理科学技术的进步，设备管理也得到了相应的重视和发展，逐步形成一门独立的设备管理学科。观其发展过程，大致可以分为四个阶段。

1. 事后维修阶段　资本主义工业生产刚开始时，由于设备简单，修理方便，耗时少，一般都是在设备使用到出现故障时才进行修理，这就是事后维修制度，此时设备修理由设备操作人员承担。后来随着工业生产的发展，结构复杂的设备大量投入使用，设备修理难度不断增大，技术要求也越来越高，专业性越来越强，于是，企业主、资本家便从操作人员中分离出一部分人员专门从事设备修理工作。为了便于管理和提高工效，他们把这部分人员统一组织起来，建立相应的设备维修机构，并制定适应当时生产需要的最基本的管理制度。在西方工业发达国家，这种制度一直持续到 20 世纪 30 年代，而在我国，则延续到 20 世纪 40 年代末期。

2. **设备预防维修管理阶段**　由于像飞机那样高度复杂机器的出现，以及社会化大生产的诞生，机器设备的完好程度对生产的影响越来越大。任何一台主要设备或一个主要生产环节出了问题，就会影响生产的全局，造成重大的经济损失。1925 年前后，美国首先提出了预防维修的概念，对影响设备正常运行的故障，采取"预防为主""防患于未然"的措施，以降低停工损失费用和维修费用。主要做法是定期检查设备，对设备进行预防性维修，在故障尚处于萌芽状态时加以控制或采取预防措施，以避免突发事故。

苏联在 20 世纪 30 年代末期开始推行设备预防维修制度。苏联的计划预防制度除了对设备进行定期检查和计划修理外，还强调设备的日常维修。

预防维修比事后修理有明显的优越性。预先制定检修计划，对生产计划的冲击小，采取预防为主的维修措施，可减少设备恶性事故的发生和停工损失，延长设备的使用寿命，提高设备的完好率，有利于保证产品的产量和质量。

20 世纪 50 年代初期我国引进计划预修制度，对于建立我国自己的设备管理体制、促进生产发展起到了积极的作用。经过多年实践，在"以我为主，博采众长"精神的指导下，对引进的计划预修制度进行了研究和改进，创造出具有我国特色的计划预修制度。

其主要特点是：)

（1）计划预修与事后修理相结合　对生产中所处地位比较重要的设备实行计划预修，而对一般设备实行事后修理或按设备使用状况进行修理。

（2）合理确定修理周期　设备的检修周期不是根据理想磨损情况，而是根据各主要设备的具体情况来定。如按设备的设计水平、制造和安装质量、役龄和使用条件、使用强度等情况确定其修理周期，使修理周期和结构更符合实际情况，更加合理。

（3）正确采用项目　设备通常包括保养、小修、中修和大修几个环节，但我国不少企业采用项目修理代替设备中修，或者采用几次项目修理代替设备大修，使修理作业量更均衡，节省了修理工时。

（4）修理与改造相结合　我国多数企业往往结合设备修理对原设备进行局部改进或改装，使大修与设备改造结合起来，延长了设备的使用寿命。

（5）强调设备保养维护与检修结合　这是我国设备预防维修制的最大特色之一。设备保养与设备检修一样重要，若能及时发现和处理设备在运行中出现的异常，就能保证设备正常运行，减轻和延缓设备的磨损，可延长设备的物质寿命。

20世纪60年代，我国许多先进企业在总结实行多年计划预修制的基础上，吸收三级保养的优点，创立了一种新的设备维修管理制度——计划保修制。其主要特点是：根据设备的结构特点和使用情况的不同，定时或定运行里程对设备施行规格不同的保养，并以此为基础制定设备的维修周期。这种制度突出了维护保养在设备管理与维修工作中的地位，打破了操作人员和维护人员之间分工的绝对化界限，有利于充分调动操作人员管好设备的积极性，使设备管理工作建立在广泛的群众基础之上。

3. 设备系统管理阶段　随着科学技术的发展，尤其是宇宙开发技术的兴起，以及系统理论的普遍应用，1954年，美国通用电器公司提出了"生产维修"的概念，强调要系统地管理设备，对关键设备采取重点维护政策，以提高企业的综合经济效益。主要内容有：）

（1）对维修费用低的寿命型故障，且零部件易于更换的，采用定期更换策略。

（2）对维修费用高的偶发性故障，且零部件更换困难的，运用状态监测方法，根据实际需要，随时维修。

（3）对维修费用十分昂贵的零部件，应考虑无维修设计，消除故障根源，避免发生故障。

20世纪60年代末期，美国企业界又提出设备管理"后勤学"的观点，它是从制造厂作为设备用户后勤支援的要求出发，强调对设备的系统管理。设备在设计阶段就必须考虑其可靠性、维修性及其必要的后勤支援方案。设备出厂后，要在图样资料、技术参数、检测手段、备件供应以及人员培训方面为用户提供良好的、周到的服务，以使用户达到设备寿命周期费用最经济的目标。日本首先在汽车工业和家电工业提出了可靠性和维修性观点，以及无维修设计和无故障设计的要求。

至此，设备管理已从传统的维修管理转为重视先天设计和制造的系统管理，设备管理进入了一个新的阶段。

4. 设备综合管理阶段　体现设备综合管理思想的两个典型代表是"设备综合工程学"和"全员生产维修制"。

由英国1971年提出的"设备综合工程学"是以设备寿命周期费用最经济为设备管理目标。

对设备进行综合管理，紧紧围绕四方面内容展开工作：①以工业管理工程、运筹学、质量管理、价值工程等一系列工程技术方法，管好、用好、修好、经营好机器设备。对同等技术的设备，认真进行价格、运转、维修费用、折旧、经济寿命等方面的计算和比较，把好经济效益关。建立和健全合理的管理体制，充分发挥人员、机器和备件的效益。②研究设备的可靠性与维修性。无论是新设备设计，还是老设备改造，都必须重视设备的可靠性和维修性问题,因为提高可靠性和维修性可减少故障和维修作业时间,达到提高设备有效利用率的目的。③以设备的一生为研究和管理对象,即运用系统工程的观点,把设备规划、设计、制造、安装、调试、使用、维修、改造、折旧和报废的全过程作为研究和管理对象。④促进设备工作循环过程的信息反馈。设备使用部门要把有关设备的运行记录和长期经验积累所发现的缺陷,提供给维修部门和设备制造厂家,以便他们综合掌握设备的技术状况,进行必要的改造或在新设备设计时进行改进。

20 世纪 70 年代初期,日本推行的"全员生产维修制",是一种全效率、全系统和全员参加的设备管理和维修制度。它以设备的综合效率最高为目标,要求在生产维修过程中,自始至终做到优质高产低成本,按时交货,安全生产无公害,操作人员精神饱满。

"全系统",是对设备寿命周期实行全过程管理,从设计阶段起就要对设备的维修方法和手段予以认真考虑,既抓设备前期阶段的先天不足,又抓使用维修和改造阶段的故障分析,达到排除故障的目的。

"全员参加",是指上至企业最高领导,下到每位操作人员都参加生产维修活动。在设备综合管理阶段,设备维修的方针是:建立以操作工岗位点检为基础的设备维修制;实行重点设备专门管理,避免过剩维修;定期检测设备的精度指标;注意维修记录和资料的统计及分析。

综合管理是设备管理现代化的重要标志。其主要表现有:①设备管理由低水平向制度化、标准化、系列化和程序化发展。1987 年国务院正式颁布了《全民所有制工业交通企业设备管理条例》,使设备管理达到"四化"有了方向和依据。②由设备定期大小修、按期按时检修,向预知检修、按需检修发展。状态监测技术、网络技术、计算机辅助管理在许多企业得到了应用。③由不讲究经济效益的纯维修型管理,向修、管、用并重,追求设备一生最佳效益的综合型管理发展。实行设备目标管理,重视设备可靠性、维修性研究,加强设备投产前的前期管理和使用中的信息反馈,努力提高设备折旧、改造和更新的决策水平以及设备的综合经济效益。④由单一固定型维修方式,向多种维修方式、集中检修和联合检修发展。设备维修从企业内部走向了社会,从封闭式走向开放式、联合式,这是设备管理现代化的一个必然趋势。⑤由单纯行政管理向运用经济手段管理发展。随着经济承包责任制的推广,运用经济杠杆代替单靠行政命令、按章办事的设备管理方法正在大多数企业推行。⑥维修技术向新工艺、新材料、新工具和新技术发展。如热喷涂、喷焊、堆焊、电刷镀、化学堵漏技术,废渣、废水利用新工艺,以及防腐蚀、耐磨蚀新材料,得到了广泛应用。

二、设备管理发展趋势

随着工业化、经济全球化、信息化的发展,机械制造、自动控制等方面出现了新的突破,使企业设备的科学管理出现了新的趋势,主要表现在以下几个方面:

1. **设备管理全员化** 所谓全员化,就是以提高设备的效率为目标,建立设备全寿命周期的设备管理系统,实行全员参与管理的一种设备管理与维修制度。从纵的方面讲，就是企业最高领导到生产操作人员，全都参加设备管理工作；从横的方面讲，就是将与设备设计、制造、使用、维修等有关人员组织到设备管理中来，发挥各自的专业性，提高设备性能。

2. 设备的全效率　设备的全效率，就是以尽可能少的寿命周期费用，来获得成本低、按期交货、符合质量要求的安全生产成果。

3. 设备的全系统　设备实行全过程管理，全过程就是要求对设备的先天阶段和后天阶段进行系统管理，如果设备先天不足，即研究、设计、制造有缺陷，靠后天的维修便会无济于事。因此，应该把设备的整个寿命周期，包括规划、设计、制造、安装、调试、使用、维修、改造，直到报废、更新等的过程作为管理对象，打破了传统设备管理只集中在使用过程中注重维修的做法。

4. 设备采用的维修方法和措施系统化　在设备的设计研究阶段，要认真地考虑预防维修，提高设备的可靠性和维修性，尽量减少设备维修费用。现阶段，很多设备设计不考虑维修，不成形（模块化），导致可靠性与维修性差，维修工作难度增加，设备停机时间增加，设备维修费用增加，影响生产连续性，以致影响产品质量。

5. 设备管理信息化　设备管理的信息化应该是以丰富、发达的全面管理信息为基础，通过先进的计算机和通信设备及网络技术设备，充分利用社会信息服务体系为设备管理服务，设备管理信息化是现代社会发展的必然趋势。主要表现在以下几个方面：①设备投资评价的信息化；②设备经济效益和社会效益评估的信息化；③设备使用信息化；④设备维修专业化，随着社会的进步，各类设备也有了质的改变，传统的维修组织方式已经不能满足现代化生产的需要，设备管理应该社会化、专业化、网络化，改变过去大而全、小而全的生产维修模式。由于设备系统越来越复杂，技术含量也越来越高，设备维护保养需要各专业技术人才的加入，建立起高效的维护保养体系，提高设备维修效率，减少维修人员，从而提高设备维修效率。

6. 设备系统自动化、集成化　现代制药设备发展的方向是自动化、集成化，由于设备系统越来越复杂，对设备的性能要求也越来越高，因而需要提高设备的可靠性。可靠性就是设备在其整个使用周期内保持所需性能。不可靠的设备显然不能有效工作，因为无论个别零配件的损坏还是技术性能降低到允许水平以下而造成停机，都会带来很大的损失，甚至安全风险。

7. 设备故障维修预防为先化　设备故障诊断技术是通过分析设备的运行状态来确定其是否正常，早期发现故障，预测其发展趋势，采取措施恢复其良好的状态。采用故障诊断技术后，可以变事后维修为事前维修，变计划维修为预知维修；由定期维修转向预知维修管理信息化，设备状态检测技术和故障诊断技术的发展是相辅相成的，预知维修所需的信息需要设备管理信息系统提供，对设备状态检测的各种参数进行分析，从而实现预知维修。

三、现行 GMP 对制药设备的管理要求

制药设备几乎都与药物（药品）有直接、间接的接触，粉体、液体、颗粒、膏体等

性状多样，在药物制备中结构通常应有利于物料的流动、位移、反应、交换及清洗等。实践证明，设备内的凸凹、槽、台、棱角是最不利物料清除及清洗的，因此要求这些部位的结构要素应尽可能采用大的圆角、斜面、锥角等以免挂带和阻滞物料，这对固定、回转的容器及药机上的盛料、输料机构具有良好的自卸性和易清洗性是极为重要的。另外与药物有关的设备内表面及设备内工作的零件表面（如搅拌桨等）上尽可能不设计台、沟，避免采用螺栓连接的结构，在设计中要贯彻这一原则。现在卫生结构的设计示例不少，如锥形容器、箱形设备内直角改圆角、易清洗结构的圆螺纹、卡箍式快开管件等。再如设备的清洗，特别是接触药物的制药机械，在更换品种时必须彻底清洗。对于不便搬动的设备，要求就地清洗（clean in place，CIP），有的还要就地灭菌（sterilization in place，SIP）等。

设备分现有设备和新设备。GMP 管理内容主要包括新处方、新工艺和新拟的操作规程的适应性，在设计运行参数范围内能否始终如一地制造出合格产品。另外，事先须进行设备清洗验证，新设备的验证工作包括审查设计、确认安装、运行测试等。

1. **设备的设计和选型** 设备是药品加工的主体，代表着制药工程的技术水平。设备类型发展很快，型号多，在设计和选型的审查时必须结合已确认的项目范围和工艺流程，借助制造商提供的设备说明书，从实际出发结合 GMP 要求对生产线进行综合评估。

（1）与生产的产品和工艺流程相适应，全线配套且能满足生产规模的需要。

（2）设备材质（与药接触的部位）的性质稳定，不与所制药品中的药物发生化学反应，不吸附物料，不释放微粒。消毒及灭菌不变形、不变质。

（3）结构简单，易清洗、消毒，便于生产操作和维护保养。

（4）设备零件、计量仪表的通用性和标准化程度。仪器、仪表、衡器的适用范围和精密度应符合生产和检验要求。

（5）粉碎、过筛、制粒、压片等工序粉尘量大，设备的设计和选型应注意密封性和除尘能力。

（6）药品生产过程中用的压缩空气、惰性气体应有除油、除水、过滤等净化处理设施。尾气应有防止空气倒灌装置。

（7）压力容器、防爆装置等应符合国家有关规定。

（8）设备制造商的信誉、技术水平、培训能力以及是否符合 GMP 的要求。

药品的剂型不同，加工的设备类型不同。同一品种设计的工艺流程不同，生产用设备也有所不同。制剂辅助设备（如空气净化设备、制水设备），在制药工程中发挥着重要作用。不同设备的设计选型的审查内容是不同的。

2. **设备的安装**

（1）开箱验收设备，查看制造商提供的有关技术资料（合格证书、使用说明书），应符合设计要求。

（2）确认安装房间、安装位置和安装人员。

（3）安装设备的通道，设备如何进入车间就应考虑如何出车间。有时应考虑采用装配式壁板或专门设置可拆卸的轻质门洞，以便不能通过标准门（道）的设备的进出。

（4）安装程序按工艺流程顺序排布，以便操作，防止遗漏、出差错。或按工程进度安装，从主框架就位之后开始到墙上的最后一道漆完成后结束，或介于两者之间。这完全取决于设备是如何与结构发生关系和如何运进房间的。

（5）设备就位，制剂室设备应尽可能采用无基础设备。必须设置设备基础的，可采用移动或表面光洁的水磨石基础块，不影响地面光洁，且易清洁。安装设备的支架、紧固件能起到紧固、稳定、密封作用，且易清洁。其材质与设备应一致。

（6）接通动力系统、辅助系统。其中物料传送装置安装时应注意：①清洁级别高的洁净室使用的传动装置不得穿越较低级别区域；非无菌药品生产使用的传动装置，穿越不同洁净室时，应有防止污染措施；②传动装置的安装应加避震、消声装置。

（7）阀门安装要方便操作。监测仪器、仪表安装要方便观察和使用。

3. 安装确认　安装确认是由设备制造商、安装单位及制药企业中工程、生产、质量方面派人员参加，对安装的设备进行试运行评估，以确保工艺设备、辅助设备在设计运行范围内和承受能力下能正常持续运行。设备安装结束，一般应做以下检查工作。

（1）审查竣工图纸，能否准确地反映生产线的情况，与设计图纸是否一致。如果有改动，应附有改动的依据和批准改动的文件。

（2）仔细查看确认设备就位和管线连接情况。

（3）生产监控和检验用的仪器和仪表的准确性和精确度。

（4）设备与提供的工程服务系统是否匹配。

（5）检查并确认设备调试记录和标准操作规程（草案）。

四、设备的运行测试

先单机试运行，检查、记录影响生产的关键部位的性能参数。再联动试车，将所有的开关都设定好，所有的保护措施都到位，所有的设备空转能按照要求组成一系统，投入运行，协调运行。试车期间尽可能地查出问题，并针对存在的问题，提供现场解决方法。将检验的全过程编成文件，参考试车的结果，制订维护保养和操作规程。

生产设备的性能测试是根据草拟并经审阅的操作规程，对设备或系统进行足够的空载试验和模拟生产负载试验来确保该设备（系统）在设计范围内能准确运行，并达到规定的技术指标和使用要求。测试一般是先空白后药物。如果对测试的设备性能有相当把握，可以直接采用批生产验证。测试过程中除检查单机加工的中间品外，还有必要根据《中国药典》及有关标准检测最终制剂的质量。与此同时，完善操作规程、原始记录和其他与生产有关的文件，以保证被验证过的设备在监控情况下生产的制剂产品具有一致性和重现性。

不同的制剂，不同的工艺路线装配不同的设备。口服固体制剂（片剂、胶囊剂、颗粒剂）主要生产设备有粉碎机、混合机、制粒机、干燥机、压片机、胶囊填充机、包衣机。灭菌制剂（小容量注射剂、粉针剂）主要设备有洗瓶机、洗塞机、配料罐、注射用水系统、灭菌设备、过滤系统、灌封机、压塞机、冻干机。外用制剂（洗剂、软膏剂、栓剂、凝胶剂）生产设备主要包括制备罐、熔化罐、贮罐、灌装机、包装机。公用系统设备设施主要有空气净化系统、工艺用水系统、压缩空气系统、真空系统、排水系统等。不同的设备，测试内容不同。举例如下。

（一）自动包衣机

测试项目：包衣锅旋转速度，进/排风量，进/排风温度，风量与温度的关系，锅内外压力差，喷雾均匀度、幅度、雾滴粒径及喷雾计量，进风过滤器的效率，振动和噪声。

样品检查：包衣时按设定的时间间隔取样，包薄膜衣第 1 小时每 15 分钟取样一次，第 2 小时每 30 分钟取样一次，每次 3～6 个样品，查看外观、重量变化及重量差异，最后还要检测溶出度（崩解时限）。

综合标准：制剂成品符合质量标准。

设备运行参数：①不超出设计上限。噪声小于 85dB；过滤效率，大于 5μm 滤除率大于 95%；轴承温度小于 70℃。②在调整范围内可调。风温、风量、压差、喷雾计量、转速不仅可调而且能满足工艺需要，就是设计极限运行也能保证产品质量。

（二）小容量注射剂拉丝灌封机

测试项目：灌装工位、进料压力、灌装速度、灌装有无溅洒、传动系统平稳度、缺瓶及缺瓶止灌；封口工位、火焰、安瓿转动、有无焦头和泄漏；灌封过程、容器损坏、成品率、生产能力、可见微粒和噪声。

样品检查：验证过程中，定期（每隔 15 分钟）取系列样品建立数据库。取样数量及频率依灌封设备的速度而定，通常要求每次从每个灌封头处取 3 个单元以上的样品，完成下述检验。

1. 测定装量 1～2mL，每次取不少于 5 支；5～10mL，每次取不少于 3 支，用于注射器转移至量筒测量。

2. 检漏，常用真空染色法、高压消毒锅染色法检查 P*。

3. 检查微粒，通常是全检，方法包括肉眼检查和自动化检查。

综合标准：产品应符合质量标准。设备运行参数：运转平稳，噪声小于 80dB；进瓶斗落瓶碎瓶率小于 0.1%，缺瓶率小于 0.5%，无瓶止灌率大于 99%；封口工序安瓿转动每次不小于 4 转；安瓿出口处倾倒率小于 0.1%；封口成品合格率不小于 98%。生产能力不小于设计要求。

（三）软膏自动灌装封口机

测试项目：装量、灌装速度、杯盘到位率、封尾宽度和密封、批号打印、泄漏和泵体保温、噪声。

样品检查：设备运行处于稳态情况下，每隔 15 分钟取 5 个样品，持续时间 300 分钟，按《中国药典》方法检查。

合格标准：产品最低装量应符合质量标准。封尾宽度一致、平整、无泄漏，打印批号清楚；杯盘轴线与料嘴对位不小于 99％；柱塞泵无泄漏，泵体温度、真空、压力可调；灌装速度，生产能力不小于设计能力的 92％；运行平稳，噪声小于 85dB。

设备运行试验至少三个批次，每批各试验结果均符合规定，便确认本设备通过了验证，可报告建议生产使用。

第四节　设备故障规律及防范

很多企业高层领导认为设备管理就是设备台账的管理与维修，所以导致企业设备管理组织就是应急的组织，哪里坏往哪里跑。他们只认为生产是创造效益的，而设备管理是花钱的。如果设备出了问题，影响了生产，他们才想到设备管理人员并责备他们工作没有做好，到底企业的设备管理处于什么样的位置，需要什么样的管理模式他们根本就没有考虑过。

据调查，国内有的企业设备前期管理环节薄弱，设备引进失误，投资不当，损失很大，有的设备长期不能投产，有的不能与实际生产环节配套，有的因使用管理不善，故障不断，使设备维修费用居高不下，严重影响企业效益。之所以出现这种状况，主要是因为没有认真地对设备管理进行策划、设计和系统思考。木桶理论也同样适用于企业中，如果仅仅设备管理这块木板最短，则会制约整个企业的发展水平，所以说，好的设备管理就会提升企业生产力，提高企业竞争力，因此研究设备故障规律并提高防范意识是很重要的。

制药设备在其运转的一生中，大体有设备投产初期、正常运转期及运转后期三个阶段，而每个时期故障的发生及防范都有其各自的规律特点。

一、设备投产初期故障

设备正式投产前通常要经过预确认、安装确认、运行确认、性能确认等四个步骤进行验收通过，但在投入运行后，初期故障会不同程度地反映出来。少则一个月，多则一年，这一时期的故障通常可从下面几方面考虑。

1. 设备内在质量方面　如设备设计、零部件加工的缺陷导致的设备故障，这类故障在购置设备之前进行设计与选型是预防的重要手段。

2. 安装质量方面　该问题在设备投产后即会发生，这类故障可能在运行确认中得到解决，有的则要停产检修解决。安装质量是企业安装技术、人员素质、管理水平、计量检测手段等诸因素的综合反映。加强设备安装过程的科学管理是防范该类故障的有效措施，对这类故障的判断和处理有赖于安装验收规范、随机文件和工程技术文件的再次利用。

3. 操作不熟练或不严格按规程操作　该问题也是导致设备投产初期易出现故障的原因之一，防范的措施就是坚持操作工经过技术培训，考试考核合格后上岗，并保持操作工队伍的相对稳定，严格贯彻执行操作规程制度。

4. 设备维修工技术不熟练 由于维修工应知应会不足，或因判断错误，或处理方法不当也会把本来很好的设备弄出故障，或者在处理故障过程中加剧故障的发展而致新的故障。因此，加强对维修工人的技术培训是防范该类事故的主要方法。

二、设备正常运转期故障

设备正常运转期，设备零部件经过磨合，投产初期故障已大量排除，工人熟练程度也提高了，因而故障减少。这一时期的设备故障通常可由下列因素诱发。

1. 故障易发生在设备易损件上或该换而未及时更换的零件上。

2. 经过一次检修换件之后，或未恢复设备性能或换上了质量不高甚至不合格的零件，或装配上的错误都会导致设备故障，这在实践中占有较大的比重。

3. 保修保养质量未达标而导致设备检修周期缩短，或外来因素（如异物进入设备）而导致故障，甚至造成事故。

4. 超速、超负荷等违章行为导致故障。

5. 在投产初期不易暴露的设备缺陷有可能在这个时期暴露出来，如非易损件的疲劳、复合应力的作用，材料微小裂纹的扩大等导致的故障。在前述几个方面的因素中，人为因素占有较大比重。因此，加强操作、维修队伍的管理和提高人员素质，及时供给合格优良备件，严格贯彻执行设备管理规程，建立健全以责任制为核心的各项规章制度，加强设备维护保养，定期按标准检查检修等，是防范这些设备故障，确保设备安全正常运转的有效措施。

三、设备运转后期故障

设备运转后期进入了故障多发期，一方面设备经多年运行并经过无数次小修、中修和大修，换件较多，如果修理水平不高或检测手段缺乏，设备就很难恢复原有性能和保持良好状况；另一方面，即使是正常维修，零件也会老化或间隙增大等导致设备运转后期故障增多。不可忽视的是，前述两个时期曾经出现过的故障及其导致原因也有可能在设备运转后期重复出现。这一时期，更要重视老旧设备的维护保养和修理工作，但是经济上合算与否，有必要认真进行评价。因此，企业应从研究设备同期费用入手，根据承受能力，决定设备是一般维修、技术改造还是报废更新。

第二章 中药预处理与提取设备

中药是在中医药理论指导下用于疾病治疗和预防保健的天然来源药物。中药采收之后一般需要进行预处理，以达到便于应用、贮存及发挥药效、改变药性、降低毒性、方便制剂等作用。中药材预处理加工的目的是生产各种规格和要求的中药材或饮片，同时也可为中药有效成分的提取与中药浸膏的生产提供可靠的保证。中药材预处理加工是中药制药企业的基础加工环节，主要包括净制、切制、炮制等过程。

第一节 原料预处理设备

原料药的净制包括中药材的净选与清洗。净制的目的是对药材进行选别和除去杂质，达到药用的净度标准和规格要求。主要的净制设备有洗药机、风选机、磁选机等。洗药机是用清水通过翻滚、碰撞、喷射等方法对药材进行清洗的机器，将药材所附着的泥土或不洁物洗净，型号分为滚筒式、履带式、刮板式，目前主要以滚筒式洗药机为主；风选机是运用变频技术调节和控制电机转速与风机的风速和压力，记录变频器的操作数据，以分析风选产品的质量，为生产质量管理提供量化依据，以变频式风选机最为常用；磁选机则是利用高强磁性材料自动除去药材中的铁性物质（包括含铁质沙石），其中，以带式磁选机应用最为广泛，该机适用于半成品、成品中药材的非药物杂质的净制。

中药饮片的切制包括中药材的浸润与切制。药材切制前须经过润泡等软化处理，使其软硬适度，便于切制，切制的目的是为了保证煎药或提取质量，或者利于进一步炮制和调配。主要的切制设备包括润药机、切药机、净选切制机组。润药机主要有真空加温润药机和减压冷浸罐两种；切药机主要有往复式切药机和旋转式切药机两种。

中药炮制是指药物在应用或制成各种剂型以前必要的加工处理过程。其目的主要是消除或降低药物的毒副作用，保证用药安全。常用的炮制方法有蒸、炒、炙、煅等。炮制设备中最主要的则是炒药机，分为滚筒式炒药机和中药微机程控炒药机等。

经过预处理的中药材制成的制剂多由中药材粉末制成，提取生产所占比例较低。而随着大量中药新剂型的开发和投入生产，有效部位的提取、分离纯化成为极其重要的组成部分，各中药制剂生产企业均建立了相应的提取车间。目前应用较多的提取设备主要是渗漉罐、提取罐、提取浓缩机组和超临界流体萃取设备等。

一、喷淋式滚筒洗药机

喷淋式滚筒洗药机，如图 2-1 所示，其主要结构部件由带有筛孔的回转滚筒、冲洗管、水泵、电动传送装置等构成。

操作时将药材放入筒内，打开阀门，启动机器。电动机通过传动装置驱动滚筒以一定速度转动；滚筒上面有喷淋水管，利用圆筒在回转时与水产生相对运动，对药材进行清洗。药材随滚筒转动而翻动，受到充分的冲洗，使泥沙等杂质与药材分离，随水排出，沉降至水箱底部。药材洗净后，打开滚筒尾部后盖，将清洗干净的药材取出。

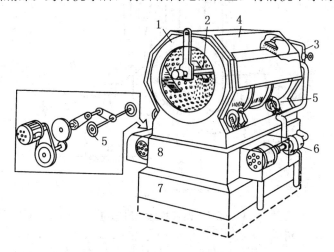

图 2-1　喷淋式滚筒洗药机

1. 滚筒；2. 冲洗管；3. 二次冲洗管；4. 防护罩；5. 导轮；6. 水泵；7. 水泥基座；8. 水箱

本机结构简单，操作方便，使用较广泛，药材清洗洁净度高。圆筒内有内螺旋导板推进物料，实现连续加料。洗涤用水经泵循环加压，直接喷淋于药材，适用于直径 5～240mm 或长度短于 300mm 的大多数药材的洗涤。

二、风选机

风选是利用药物与杂质的密度、形状等不同，在气流中的悬浮速度不一，借助风力将药物与杂质分开。如车前子、紫苏子、莱菔子等可采用风选除去杂质，有些药物通过风选还可以将果柄、花梗、干瘪之物等非药用部位去除。目前生产中使用的风选机种类较多，结构不一，但工作原理基本相同。

如图 2-2 所示，为两级铅垂式风选机。该机的结构主要由风机和两级分离器所组成，装置在负压下工作，负压气流由风机产生。

操作时，用离心抛掷器把药材从第一分离器的抛射口沿圆周切线方向抛入。在第一级分离器中，药材与从下面出药口进入的气流相遇。控制第一级分离器中的平均气流速度，使大于轻杂质和尘土的悬浮速度，而小于药材的悬浮速度，则药材沉降，从出药口进入集药箱中，轻杂质和尘土等则进入第二级分离器。由于风料分离器和上、下挡料器等的阻碍作用，使部分杂质沉降至排杂口；剩余的杂质随气流沿第二分离器的内外筒之间上升，这时，由于圆筒的横截面积增大，气流速度下降；当气流速度大于尘土的悬浮速度，而小于杂质的悬浮速度时，杂质沉降，落入集尘桶内；尘土等粉尘则经风机的吸风管道被抽出。

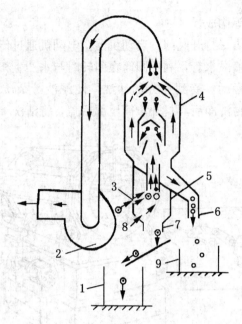

图 2-2　两级铅垂式风选机

1. 集药箱；2. 风机；3. 药材抛入口；4. 第二分离器；5. 第一分离器；
6. 排杂口；7. 出药口；8. 进风口；9. 集尘桶
图注：→空气流方向；⊙药材；·灰尘；○杂质

三、真空加温润药机

真空加温润药机，如图 2-3 所示，主要由真空泵、保温真空筒、冷水管及暖气管等部件组成。真空筒一般为 3～4 个，每个可容纳 150～200kg 药材，筒内可通热蒸汽及水。

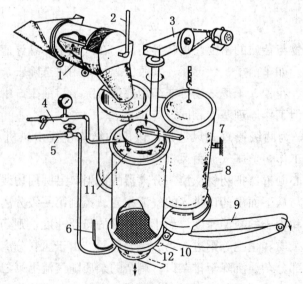

图 2-3　真空加温润药机

1. 洗药机；2. 加水管；3. 减速器；4. 通真空泵；5. 蒸汽管；6. 水银温度计；7. 定位钉；
8. 保温筒；9. 输送带；10. 放水阀门；11. 顶盖；12. 底盖

操作时，将在洗药机洗净后的药材，投入真空筒内，待水沥干，密封上下两端端盖，打开真空泵，抽真空至规定的负压值，4～5分钟后，开始通入蒸汽，此时筒内真空度逐渐下降，当温度上升到规定范围，保温15～20分钟（物料软化时间），关闭蒸汽，放汽、停机，完成润药。该机根据气体具有强有力的穿透性的特点，将处于高真空下的药材通入水蒸气，水分即刻充满箱内空间，使药材在低含水量的情况下，快速均匀软化。从润药机取出的药材可输送到下一工序，或进行切制。真空润药机与洗药机、切药机配套使用，效率高，完成洗药、蒸润至切片约需40分钟。

四、减压冷浸罐

减压冷浸罐，如图2-4所示，由耐压的罐体、支架、加水管、加压和减压装置及动力部分组成。罐体可密封，既可减压浸润，又能常压或加压浸润药材，罐体两端均可装药和出药。若采用减压法浸润药材，将药材装入罐内后，先抽出罐内空气，随后于罐中注入冷水，再使之恢复常压，此时水分即可进入药材组织起到软化作用。若采用加压法浸润时，药材装罐封严后，先加水后加压，视药材的质地，将罐内的压力保持相应的时间，然后恢复常压，药材即可润透。在浸润药材过程中，罐体可在动力部件的传动下，上下翻动，加快浸润速度，使药材浸润均匀。水由罐端出口放出，药材晾晒后切片。

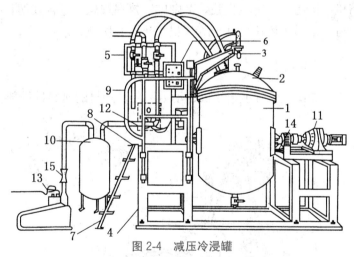

图2-4　减压冷浸罐

1. 罐体；2. 罐盖；3. 移位架；4. 机架；5. 管线架；6. 开关箱；7. 梯子；8. 工作台；9. 扶手架；10. 缓冲罐；11. 减速机；12. 液压动力机；13. 真空泵；14. 罐体定位螺栓；15. 减震胶管

五、往复式切药机

往复式切药机，如图2-5所示，亦称为剁刀式切药机，其中图2-5A是工作原理图。该设备由电机、传动系统、台面、输送带、切药刀等部分组成。刀架通过连杆与曲轴相连，并由连杆带动作上下往复运动，特制的输送带和压料机构按物料设定的距离做步进移动，做往复式运动的切刀机构在输送带上切断物料。

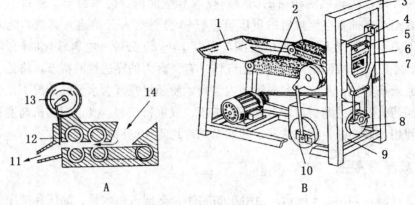

图 2-5　往复式切药机

1. 台面；2. 输送带；3. 机身；4. 导轨；5. 压片刀；6. 刀片；7. 出料口；8. 偏心轮；9. 减速器；
10. 偏心调片子厚度部分；11. 出料口；12. 切刀；13. 曲轴连杆机构；14. 进料口

操作时，将药材堆放在机器台面上，启动切药机，药材经输送带送入刀床处被压紧并连续传送至切刀部位，皮带轮旋转时带动曲轴旋转，曲轴再带动连杆和切刀做上下往复运动，药材通过刀床送出时即受到刀片的截切，把药材加工为片、段、丝等形状。切段长度由传送带的给进速度调节，切片的厚薄由偏心调节部分调节。

往复式切药机结构简单，适应性强，范围广，效率较高。适合截切长条形的根、根茎及全草类等药材，不适于团块、球形等颗粒状药材的切制。

六、转盘式切药机

转盘式切药机，如图 2-6 所示，该机由动力部分、药材的送料推进部分、切药部分

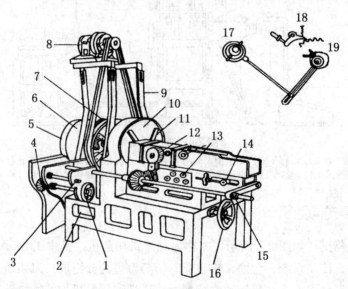

图 2-6　转盘式切药机

1. 手板轮；2. 出料口；3. 撑牙齿轮轴；4. 撑牙齿轮；5. 安全罩；6. 偏心轮（三套）；7. 皮带轮；
8. 电动机；9. 架子；10. 刀床；11. 刀；12. 输送滚轮齿轮；13. 输送滚轮轴；14. 输送带松紧调节器；
15. 套轴；16. 机身进退手板轮；17. 偏心轮；18. 弹簧；19. 撑牙

和调节片子厚薄的调节部分等组成。在其旋转的圆形刀盘的内侧固定有三片切刀，切刀的前侧有一固定于机架的方形开口的刀门，药材的给进由上下两条履带完成，当药材由下履带输送至上下两履带间，药材被压紧送入刀门，当药材通过刀门送出时，被切刀切削成薄片状，成品落入护罩由底部出料。饮片的厚薄可根据需要用调节器来调节。操作时，将药材装入固定器，铺平，压紧，以保证推进速度一致，均匀切片。其切制颗粒状药材原理如图 2-7 所示。

转盘式切药机的特点是切片均匀、适应性强，可连续进行切制；使用范围较广，主要适用于切制颗粒状、团块状及果实类药材，也用于硬质根茎类药材的切制。具有运转平稳、噪音低、维修方便等优点，符合 GMP 要求。

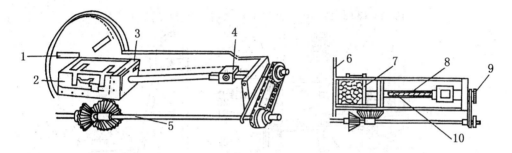

图 2-7　转盘式切药机的颗粒状药材切片原理示意图

1. 刀；2. 装药盒；3. 固定器；4. 开关；5. 原动轴；6. 刀；7. 推进器；8. 套管；9. 齿轮；10. 螺旋杆

七、卧式滚筒式炒药机

卧式滚筒式炒药机，如图 2-8 所示。该设备由炒药滚筒、动力系统、热源等部件组成。热源用炉火、电炉或天然气等均可，可用于多种药材的炒焦、炒黄、炒炭、土炒、麸炒、蜜炙、砂烫等炒制。

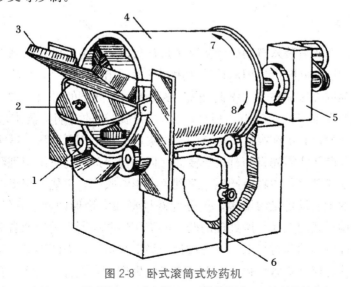

图 2-8　卧式滚筒式炒药机

1. 导轮；2. 盖板；3. 上料口；4. 炒药筒；5. 减速器；6. 天然气管道；7. 出料旋转方向；8. 炒药旋转方向

操作时，将药材从上料口投入炒药筒，盖好盖板，加热后，借动力装置使炒药滚筒顺时针旋转。炒毕，启动卸料开关，反向旋转炒药筒，卸出药材。

滚筒式炒药机由于炒药滚筒匀速转动，药物受热均匀，饮片色泽一致。该设备结构简单，操作方便，劳动强度小。炒药温度可据药材及炒制方法的不同调节，应用范围较广。

八、中药微机程控炒药机

中药微机程控炒药机是近年来采用微机程控方式研制出的新式炒药机，该机既能手工炒制，也可以自动操作，采用烘烤与锅底双给热方式炒制，使药材上下均匀受热，缩短炒制时间，工作效率高，如图 2-9 所示。

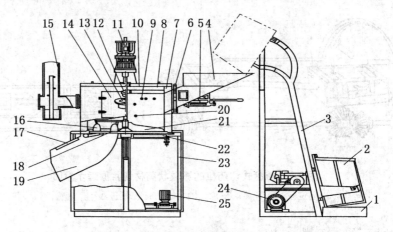

图 2-9　中药微机程控炒药机

1. 电子秤；2. 料斗；3. 料斗提升架；4. 进料槽；5. 进料推动杆；6. 进料门；7. 炒药锅；8. 烘烤加热器；9. 液体辅料喷嘴；10. 炒药机顶盖；11. 搅拌电机；12. 观察灯；13. 取样口；14. 锅体前门；15. 排烟装置；16. 犁式搅拌叶片；17. 出药喷水管；18. 出药门；19. 出药滑道；20. 测温电偶；21. 桨式搅拌叶片；22. 锅底加热器；23. 锅体机架；24. 料斗提升电机；25. 液体辅料供给装置

九、渗漉罐

将药材适度粉碎后装入特制的渗漉罐中，从渗漉罐上方连续加入新鲜溶剂，使其在渗过罐内药材积层的同时产生固液传质作用，从而浸出活性成分，自罐体下部出口排出浸出液，这种提取方法即称为"渗漉法"。渗漉是一种静态的提取方式，一般用于要求提取比较彻底的贵重或粒径较小的药材，有时对提取液的澄明度要求较高时也采用此法。渗漉提取一般以有机溶媒居多，有的药材提取也可采用稀的酸、碱水溶液作为提取溶剂。渗漉提取前往往需先将药材进行浸润，以加快溶剂向药材组织细胞内的渗透，同时也可以防止在渗漉过程中料液产生短路现象而影响收率，也能缩短提取的时间。

渗漉提取的主要设备是渗漉罐，可分为圆柱形和圆锥形两种，其结构如图 2-10 所示。渗漉罐结构形式的选择与所处理的药材的膨胀性质和所用的溶剂有关。对于圆柱形渗漉罐，膨胀性较强的药材粉末在渗漉过程中易造成堵塞；而圆锥形渗漉罐因其罐壁的倾斜度能较好地适应其膨胀变化，从而使得渗漉生产正常进行。同样，在用水作为溶剂渗漉时，易使得药材粉末膨胀，则多采用圆锥形渗漉罐；而用有机溶剂做溶剂时药材粉末的膨胀变化相对较小，故可以选用圆柱形渗漉罐。

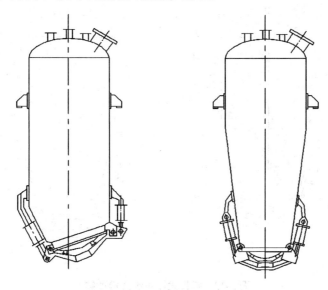

图 2-10 圆柱形渗漉罐和圆锥形渗漉罐

渗漉罐的材料主要有搪瓷、不锈钢等。渗漉罐的外形尺寸一般可根据生产的实际需要向设备厂商订制。

十、提取罐

国家标准中提取罐的筒体有无锥式（W 型）、斜锥式（X 型）两类，后者还细分为正锥式和斜锥式，见图 2-12。提取罐内物料的加热通常采用蒸汽夹套加热，在较大的提取罐中，如 $10m^3$ 浸提罐，可以考虑罐内加热装置；对于动态浸提工艺，因为通过输液泵将罐体内液体进行循环，因此设置罐外加热装置也比较方便。对于需要提取药材中的挥发油成分，需要用水蒸气蒸馏时还可以在罐内设置直接蒸汽通气管。

（一）直筒式提取罐

直筒式提取罐是比较新颖的提取罐，其最大的优点是出渣方便，缺点是对出渣门和气缸的制造加工要求较高。一般情况下，直筒式浸提罐的直径限于 1300mm 以下，对于体积要求大的，不适合选用此种形式的提取罐。其结构如图 2-11 所示。

（二）斜锥式提取罐

斜锥式提取罐是目前常用的提取罐，制造较容易，罐体直

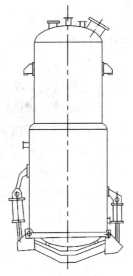

图 2-11 直筒式提取罐

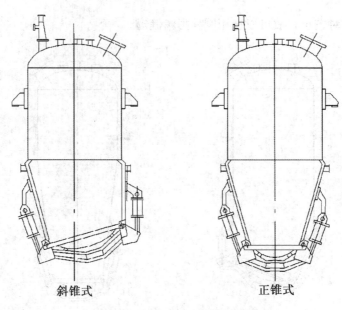

斜锥式   正锥式

图 2-12 斜锥式、正锥式提取罐

径和高度可以按要求改变。缺点是在提取完毕后出渣时，有可能产生搭桥现象，需在罐内加装出料装置，通过上下振动以帮助出料。斜锥式提取罐的结构如图 2-12 所示。

（三）搅拌式提取罐

根据浸提原理分析，在提取罐内部加搅拌器，通过搅拌使溶媒和药材表面充分接触，能有效提高传质速率，强化提取过程，缩短提取时间，提高设备的使用率。但此种设备对某些容易搅拌粉碎和糊化的药材不适宜。搅拌式提取罐的排渣形式有两种：一种是用气缸的快开式排渣口，当提取完毕药液放空后，再开启此门，将药渣排出，这种出渣形式对药材颗粒的大小不是很严格；另一种是当提取完成后，药液和药渣一同排出，通过螺杆泵送入离心机进行渣液分离，这种出渣方式对药材的颗粒度大小有一定的要求，不能太大或太长，否则易造成出料口的堵塞。搅拌式提取罐的结构如图 2-13 所示。

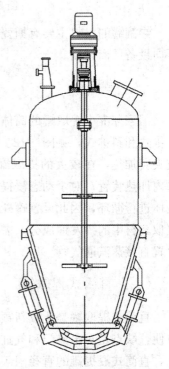

图 2-13 搅拌式提取罐结构形式

第二节　典型设备规范操作

由于中药材活性成分各异，故提取工艺也不尽相同，导致中药提取设备也多种多样，各有千秋。各企业因生产工艺不同，设备的组合方式也不同。为了深化对中药预处理设备和提取设备的认识了解，提高在生产中的规范操作意识和素质，在此，详细归纳和介绍在制药企业实际生产中典型且常用的以下几款设备的规范操作流程和应用方法。

一、循环水洗药机

循环水洗药机用于中药材、蔬菜、水果等农副产品或类似物料的表面清洗，利用水喷淋和一般水洗及物料的翻滚摩擦除去物料表面的泥沙、毛皮、农药等杂物。以 XSG750 型循环水洗药机为例，该机自带水箱、循环泵，具有泥沙沉淀功能，对于批量药材的清洗具有节水的优点，而该机不适合直径小于 4mm 物料或结合性表面杂物的清洗。

1. 工作原理　XSG750 型循环水洗药机的机械传动系统由电机、减速器、滚筒外圈和滚筒组成，实现筒体沿水平轴线作慢速转动，筒体内的物料被筒体内的定向导流板从一端推向另一端，来自水箱的水经高压水泵增压后从喷淋水管喷出，利用水的冲刷力和物料翻滚的摩擦力，除去物料表面的杂物。

2. 结构特征与技术参数　该机配有高压水泵、水箱及喷淋水管，具有水漂洗、高压水冲洗等功能。独特的鼓式设计，既能使物料能够浸在水中进行漂洗，也能在高压水的冲刷作用下进行冲洗，而且还延长了物料的清洗时间，使物料能够得到充足的清洗。此外，本机的水箱设计也跟以往的洗药机不同，而是采用 V 型结构，采用这种结构避免了清洗残留物的积留和卫生死角，能快速地把水箱内的脏水和杂质清除掉，极大减小了清理的难度和工作量。整机外观整洁、易于清洗，主要材料用 SUS304 不锈钢制作。该机的主要技术参数如表 2-1 所示。

表 2-1　XSG750 型循环水洗药机主要技术参数

序号	名　称	XSG--750
1	水箱容量（L）	260
2	筒体尺寸（mm）	2200
3	参考产量（kg/h）	200～500
4	筒体转速（rpm）	1～12 可调
5	筒体承载能力（kg）	80
6	最高水压（MPa）	0.15
7	排水管尺寸（mm）	DN65
8	进水管尺寸（mm）	$\Phi 32$
9	溢流水管尺寸（mm）	$\Phi 32$，快装式
10	配套电机型号/功率（kW）	YS8024，0.75
11	配套减速机	WPDA-70-A1/60
12	配套水泵	型号：25SG4～20，0.75kW/380V
13	配药压力表	Y60Z，0～0.2，M10×1
14	总功率（kW/V）	1.5
15	外形尺寸（mm）	2950×900×1280
16	传动带规格	B-2280
17	机器重量（kg）	380

3. 设备安装 机器应置于室内，地面须坚实、平整，四周留有足够的物流和操作空间，机器底面与地面需可靠固定。打开两侧门板，拆除筒体固定铁丝，目测内外部机件是否缺损或移位，若出现问题应进行调整或修理。进水管位于机器进料端的下方，排污管、溢流管位于机器出料端的下方。打开进料斗下面的前门板，同时开启进水阀和水泵阀，清水即进入水箱。打开进料端下部门板，由专业电工将三相电源（380V）接入相应的接线端，并将设备外壳可靠接地。启动水泵，水压表指示水压应大于 0.1MPa，表示电源相序正确，否则请调换接入电源的任意两根相线。

4. 操作方法 试车阶段：启动电机，筒体做匀速转动，无异常声音并能正反运行属工作正常。启动水泵，打开喷淋阀，各喷嘴出水。必要时可转动喷嘴调节出水大小和出水压力（电控箱内配有短路、漏电、过载保护装置，筒体转动的控制线路采用互锁原理，筒体转向可直接切换，无需先停机再切换）。连续清洗：顺时针启动筒体及水泵，打开喷淋阀，物料自进料斗送入，经清洗后在筒体的另一端自动排出，操作时先空车起动，后放水洗涤；间歇清洗：对校准清洗物料，须分别顺时针、逆时针反复启动电机，以便物料在筒体内有足够的清洗时间和翻动次数，达到洗净之目的；换水阶段：一批物料清洗完毕或清洗工艺要求换水时，请打开排污阀，必要时打开两侧门板，用清扫工具排除水箱底部沉积的污泥，然后再加入清水。

5. 维护保养 减速器：应定期检查减速器油位，油量减少时须及时补足，首次使用 100 小时后，请更换减速器润滑油，以后每 2500 小时换油一次；传动带张紧：若启动电机，筒体转动缓慢或不转，可能是传动皮带打滑所致，通过调整电机上下位置来张紧皮带轮；停机：请检查电控箱内是漏电保护器还是过流保护器动作，查明故障原因再重新启动；喷嘴调节与清洗：拆开喷淋管两端的快装卡箍，取出喷淋管，必要时拆卸喷嘴以便清洗污泥。

6. 注意事项 任何时候水箱水位应高于水泵进口过滤器 100mm，避免因缺水而烧毁水泵。设备外壳必须可靠接地，避免意外事故发生。

7. 故障排除 见表 2-2。

表 2-2 XSG750 型循环水洗药机故障及排除

序号	故障现象	可能的原因	相应排除方法
1	电脑显示"门开"机器无法工作	门未关好	把门关好
		操控开关未接触好	用扳手扳动门手柄后的不锈钢弹性片使开关接触好
		磁性开关损坏	更换磁性开关
		磁控开关导线磨断或插头接触不良	检查导线及电脑中的插头
2	电脑显示故障信息，机器无法工作	电源不稳	断开总电源 1 分钟后再合上
		电机过载	待电机冷却后再开机

序号	故障现象	可能的原因	相应排除方法
3	电脑有显示而某执行元件不动作	该元件已损坏	修复或更换该元件
		与该元件连接的线路开路	接通线路
		电脑损坏，实际无信号输出	修复或更换电脑
4	水位显示与实际水位跟以前有明显的不同	水位传感器的皮管位置由于机器的经常震动面发生变化或被人为地改动	重新调整固定皮管，方法：把水加到高于门视镜中心30mm，打开左侧下板，调节皮管位置，使水位显示为40mm，再固定皮管

二、转盘式切片机

转盘式中药切片机是中药加工机械之一，是目前较理想的切片设备。以XQY200B型转盘式切片机为例，该机分为100型和200型两种。可切颗粒状及软硬性根茎、藤类纤维性药材，也可非经常性切制香樟木、油松节、川楝子等。适用于中药提取、中药饮片厂、医院、食品等相关行业。

1. **工作原理**　该机的电动机通过三角胶带传动带动刀盘驱动机构，从而带动刀盘旋转。刀盘驱动机构旋转，通过三角胶带传动带动被动轴旋转，经过蜗轮减速箱输送，使与铜蜗轮同轴的传动齿轮中啮合作用，使上下输送轮同步方向走动，从而将处于上下输送链间的物料送入刀门。这样，在刀盘旋转的同时，输送链将物料送至刀门，从而达到切制药物的目的。当切药需中途停顿，并退出刀门内的物料时，应先停机再倒车退出物料。

2. **结构特征与技术参数**　该机主体结构包括机架、传动装置、动刀盘、调节顶丝、轴向调整板、喂入槽、固定螺栓和定刀。动装置主要有两个部分组成：刀盘转动装置和输送链传动装置。传动轴向调整板由固定螺栓及调节顶丝安装在动刀盘端面上。通过调整调节顶丝和固定螺栓的松紧程度，可调节轴向调整板与动刀盘之间的间隙，从而改变动刀盘与定刀之间的间隙，达到不同中药材切片厚度不同的目的。轴向调整板轴向位置的调整不影响高速转动刀盘的平衡，从而避免了因调整切片厚度需要重新做的动平衡检测。整个调整过程方便快捷，节省了大量时间，提高了生产效率。该机的主要技术参数如表2-3所示。

表2-3　XQY200B型转盘式切片机主要技术参数

	型　号	100型	200型
1	主轴转速（r/min）	700	700
2	切削速度（次/分钟）	1400	1400
3	输送链宽度（min）	100	200

续表

型　号		100 型	200 型
4	刀片数量（把）	2	2
5	饮片厚度（mm）	1～6	1～6
6	生产能力（kg/h）	100～500	300～800
7	刀门出料口尺寸（mm）	100×52	200×52
8	工作性能	连续	连续
9	外形尺寸（mm）	2000×800×1050	2150×800×1150
10	整机重量（kg）	450	750
11	配套电机　工作电压（V）	380	380
	功率（kW）	3	4
	转速（r/min）	1440	1440

3. **设备特点**　该机采用 304 不锈钢结构。输送链是最新设计的全不锈钢坦克链，输送能力强，坚固耐用，不易打滑，不易生锈咬死，清洗方便，既新型又卫生。为了减少刀盘磨损，延长使用寿命，盘面采用基本面板和复合面板结构。饮片厚度的调节依靠刀盘及刀片调节机构，调整翻遍。整机结构合理，操作省力简便，产量高，噪音低，维修简单。

4. **操作方法**

（1）使用前应检查机器安装情况和接电情况是否正确，各部件螺栓是否有松动，并启动机器，检查电机转向是否与指示箭头相符，待运转正常后方可投入使用。

（2）饮片需切制 1mm 应将刀盘上相应刀口调至 125×34×9.7×2（切制 1～3mm 用），如需切制 3～6mm，则应调至 125×29×9.7×2。

（3）装刀时应装将调节刀盘轴手柄退后：刀片安装时用对刀板对准所需饮片厚度。装好刀后再将手柄进给至刀口离刀门 0.5～1mm（根据不同物料而定）。再将锁紧手柄锁紧。

（4）上述工作完成后，即可进行正常生产。在生产过程中，加料要加足、均匀。太少片型差，太多易超负荷而引起故障。若发现机器超负荷或听到不正常声响时，应马上停机并倒车退料。

（5）完工后，清洗机器。清洗时不得用高压水冲，宜用淋水冲洗，更不得用水直接冲洗电器设备，以免破坏绝缘，损坏机器，注意要将链条及齿轮间隙内含有的杂质清除干净。

5. **维护保养**　若发现电机皮带松动，可调节安装在电机底板上的螺栓及压带轮的位置，即可使皮带张紧。刀片刃磨角一般以 30°为宜，若切易切的药物，刀片刃角用 25°，可提高切片的质量。刀门磨损后，可拆下刀门的四只固定螺栓，刀门经磨平后可再使用。首次使用半个月后，变速箱内的润滑机油需更换。以后每年更换一次，整机每年保养一次，油漆各部位。

6. **注意事项**　本机定位后，使用前应安装好接地位置，以防漏电。进线必须安装熔断器。操作前按操作要求调整好切片和刀盘的距离，变速皮带位置，变速手柄位置。使变速手柄指示的位置和刀盘与刀口的距离及饮片所需的厚度相协调。操作开始前必须罩好刀盘罩子和变速皮带罩子，并锁牢以防发生意外。

7. **故障排除**　见表 2-4。

表 2-4　转盘式中药切片机故障现象及排除方法

故障现象	原因分析	排除方法	备　注
1. 切片时饮片有毛片或长片	a. 检查刀片刃口是否锋利	a. 更换刀片	换下的刀片或刃口磨锋利后可再用
2. 刀口出料口喷水	a. 刀架紧固螺栓有松动 b. 刀盘发生窜动现象	a. 拧紧螺钉 b. 拧紧锁紧螺栓	出料口修正后可再用
3. 变速箱齿轮断裂，铜蜗轮磨损直至不转动	a. 变速时未停机直接拔档 b. 齿轮箱内缺油或有杂质	a. 更换蜗杆 b. 更换铜蜗轮，清洗变速箱内杂质	变速时应先停机再拔档
4. 变速箱外部发热，传动部件咬死	a. 变速箱内缺油 b. 轴承、齿轮或轴咬死	a. 加油、除杂质 b. 更换零件	轴、齿轮经修正后可再使用
5. 输送链条与刀门顶撞弯曲	a. 链条槽内及齿轴上附有杂质	a. 消除杂质，修正刀门	无
6. 调节螺母旋转不动，伸缩内轴失灵	a. 中心轴—外轴咬死	a. 除锈斑、涂黄油	无

三、往复式切片机

往复式切段机适用于中药饮片切制、中药提取切段，可对根茎类、皮藤类、叶草类等中药材进行成批生产和大批量生产，亦可用于食品、水产、烟草等行业的材料切片、切丝、切段。以 QWJ300D 型往复式调速切片机为例，该机切制的片型均匀、整齐、耗损量小、噪声低。QWJ300D 型往复式调速切片机由于采用了先进的步进送料，使切制的片型均匀，可自由地掌握送料距离，不会造成物料挤刀的不良情况。由于合理的布局，故该机便于操作，外形美观、轻巧。

1. **工作原理**　由于动力源来自同一电机，因而传送部分和切制部分的运动既是各自独立的一套体系，又是配合紧密、互相关联的整体运动，当偏心轮-槽轮-齿轮-链轮轴的运动处在步进时（送料），刀架则处在上沿到门口至最上位再回落至上沿口的运动中，所以整个刀门敞开，送料运动得以完成。而偏心轮-槽轮-齿轮-链轮轴停止送料而处运动间隙（摆杆向相反方向运动，摩擦块脱开），曲轴从上位到下位，即刀架从上刀口到下刀门口，从而完成切制。然后偏心轮继续使槽形摩擦轮处于运动间隙，而曲轴开始返程向上，使刀升至上刀门口，此时刀从刀门口全部让开，这时偏心轮使槽形摩擦轮-齿轮-链轮轴开始工作，重复送料过程。两机构如此反复，连续不断地将饮片切成片状或段状。

2. 结构特征与技术参数　QWJ300D 型往复式调速切片机由电磁调速电机、变速机构、刀架、步进退料、可调刀架机械等组成，传送部分由电机通过皮带带动飞轮，飞轮装在曲轴上，曲轴另一头的偏心轮上装有调节装置，偏心轴上连接牵手，牵手连接槽形摩擦轮夹板，作钟摆运动。偏心轮转动一周牵手来回摆动一次。摩擦轮夹板就间隙地转过一定角度带动摩擦块，拨动处在进退位置的摩擦轮，可使摩擦块和摩擦槽轮交替处于接合与脱开位置，因而可实行正转和反转。摩擦轮的正、反两种运动，通过主轴带动齿轮，传递给一对链轮轴，然后带动输送链，完成送料和退料任务。切制部分由电机带动飞轮传递给曲轴下连杆、上连杆，刀架做上下往复运动。该机主要技术参数如表 2-5 所示。

表 2-5　QWJ300D 型往复式调速切片机技术参数

刀门尺寸	300×60 （mm）
切片厚度	0.5～35mm
速度（刀架往复次数）	0～350 次/分（可调）
生产能力	100～1000kg/h
电机功率	4kW
主电源	50Hz、380V～220V
工作性质	连续
外形尺寸	1900×900×1100 （mm）
机械重量	约 900kg

3. 操作方法　新机开机前，操作人员应仔细阅读使用说明书，首先熟悉本机的结构特点和工作原理，然后按本使用方法操作，防止因对本机性能不熟、操作不当而造成事故。

（1）接通电源前请先确认机腔、链条内是否有铁件等杂物，防止杂物打刀和卡住刀门，以保证安全。

（2）接通电源后，请慢速运转，看转向是否与箭头指示相符，反则调整正相序。待空运转正常后方可加速、加料、切制。

（3）在机器空运转时要加注润滑油（方法是从齿轮罩壳上的加油孔加注），每班1～2次。

（4）根据不同物料切片、厚薄、长短来调节偏心轮。偏心距变小，切片变薄变短；偏心距加大，切片变长。调节范围 0.5～35mm。

（5）刀片的安装和使用。装刀时请先将曲轴转至最下位置，方可装刀。刀片放在刀门下沿口的刀砧上，然后将螺丝并紧，再用手动转动偏心轮一周，看位置是否安装正确。确认无误后方可开机。注意刀刃口与刀门下沿口的间隙应在 0.05～0.1mm 为宜。

4. 维护保养　润滑点用油枪压润，采用 20♯ 机械油，每班前必须加1～2次。机器每运转 8 小时后应定期对运送链内、侧槽内进行清理，并用硬刷进行清扫，不得存有料渣及杂物，以免影响正常送料，拉坏链条。机器每年进行 1～2 次大保养，各轴承中油脂应添加或更换，采用锂基润滑脂。

5. 注意事项　切割的物料，必须不掺有任何石块、金属物及杂物，防止造成事故。加料均匀，厚度适当，当加料过多致使传动困难时，不应用外力强行推进，应将手柄拨至退料位置，待物料退出，重新加放均匀。切刀片必须保持锋利，经常检查，发现钝口立即刃磨，以免机器过载造成事故，刀刃口锋利能减轻机器负荷，且能使切片保持好的光洁度和成品率高。

6. 故障排除　发现加料均匀正常而进料力度不够，应检查槽轮摩擦块是否磨损过度，并视情况更换。发现连刀切不断，可能是刀钝或间隙过大，应刃磨刀片或调整刀片与刀门间隙，或更换刀砧。

四、电热炒药机

电热炒药机广泛应用于药厂、保健品厂、饮料厂、医院和食品等行业，用于各种不同规格和性质的中药材的炒制加工，如麸炒、砂炒、醋炒、清炒、土炒、闷炒、蜜炙、烘干和果品的炒制，炒制的物品色泽新鲜、均匀，是炒制加工的理想设备。在此以 CGD-600 型电热炒药机为例，该机光滑的罐体内表面便于清洁卫生，具有定时、控温、恒温、温度数显等功能，便于工艺操作和管理。外观整洁，易清洗。炒筒内壁装有特制的螺旋板，具有填充率高、炒制均匀、不漏料、快速出料的特点，符合 GMP 要求。具有高效率、高质量、实用性强、机械性能稳定、安全、噪声低、耗电省、结构简单、外形美观、保温性能好，并且用控制按钮完成正、反转，达到操作简单等特点。该机最大的优点是高、低两档自动电热调温、恒温装置，能有效地根据各种材质控制温度，使之能节省能源和减少污染。

1. 工作原理　CGD-600 型电热炒药机采用电动机带动小带轮，通过三角胶带带动传送，带动与蜗杆同轴的大带轮旋转，经过涡轮箱输出，曲连轴万向节连接筒轴，使滚筒在滚轮的支撑下旋转，同时，滚筒在电热管的作用下被加热。这样边旋转边加热，使滚筒内的物料均匀受热从而达到翻炒的目的。物料由投料口进入，炒筒旋转使物料翻滚达到炒制的效果，当炒筒作反向转动时，物料便自动排出炒筒外。

2. 结构特征与技术参数　CGD-600 型电热炒药机由炒筒、炉膛、炒板、驱动装置、传动变速装置、电加热器、电控箱及机架等组成。该机主要技术参数如表 2-6 所示。

3. 操作方法　在开炒药机运行时，先点动试开炒药机（开关-启动），炒药机运行无阻止现象，可重新启动炒药机运行；若有故障及时排除。炒药前需先升温半小时左右，打开加热开关，电源指示灯亮，转动温度调节旋钮调至所需温度；当温度升至工艺所需温度后，打开炒药锅进出料门，加入需炮制的饮片，加料量不得超过锅体容积的三分之二，关闭炒药锅进出料门；打开正转开关，进行炒制；炒制药物达到所需工艺要求时，按下加热停止按钮，关闭正转开关，锅体静止后，打开反转开关，将所炒药物放出，倒入洁净容器。生产结束，筒体内物料全部出完后，关闭加热开关，让炒药机筒体空转半小时左右再关闭电源停止运行。

表 2-6　CGD-600 型电热炒药机主要技术参数

序号	名　　称	规 格 型 号
1	炒筒尺寸	Φ600×900
2	参考产量	40～120kg/h
3	炒筒转速	23r/min
4	配套电机	型号：YS90L4-1.5kW/380V
5	减速机型号	型号：WPWDT80-1/60-B
6	传动带规格	B-1372（1270）
7	外形尺寸	1680×950×1580（mm）
8	机器重量	420kg
9	电热丝功率	18kW/380V

4. 维护保养　每次开机时，应先启动炒筒，再启动电加热器；先关闭电加热器，5～10 分钟后再关闭炒筒。根据不同物料（同一种物料不同颗粒大小）要求设定调节最佳炒制温度和时间；炒药机周围严禁堆放各种物品，避免受热后发生火灾。定期对远红外加热管和加热装置的绝缘程度进行检测；定期检查接地装置是否牢靠。每班工作完毕后及时清理；作业完毕，切断电源。长期停机重新使用时，运行前应进行全面检查、清洗。

应经常检查各管接头、紧固件等，注意是否有松动。机器应保持清洁（特别是电器元件），如有损坏，应及时修复或更换。清理及检修时务必切断电源。机器长时间不用时应清洗干净，涂防锈油，置于阴凉干燥处存放，并用白色布罩罩好，以备下次使用。

5. 注意事项　操作按照低速、中速、高速顺序按电器按钮。切不可在正转高速时按反速按钮，反之亦然，以免损坏电机。需要进行正反转变速时应先停机后再变速。炒药机所有转动摩擦位置，应定期进行加油；齿轮箱输出轴与锅体后短轴必须同心。

在操作过程中，如发现异常现象，立即停机，清理并排除故障后才能继续操作，如遇停电，应及时将锅内药物取出。

6. 故障排除　对该机可能出现的以下故障进行原因分析并提出解决方法：

（1）启动后，机器不转或有怪味。原因：接线装置松动或脱落；电机烧坏；按钮接触片磨损或接触不良。解决方法：旋紧螺钉，接好电线；更换电机；更换接触片。

（2）炒药筒内侧变形。原因：筒体发红或发热有时与铁棒碰撞。解决方法：避免工作时有硬物与筒体碰撞。

（3）蜗轮箱外壳发热、蜗轮磨损。原因：蜗轮箱内无机油；蜗轮箱内机油有杂质。解决方法：加入适量机油，更换机油。

五、提取罐

提取罐适用于中药、植物、动物、食品、化工等行业的常压、水煎、温浸、热回流、强制循环、渗漉、芳香油提取及有机溶媒回收等工程工艺操作，特别是使用动态提取或逆流提取效果更佳,时间短,药液含量高。以 TQ 型多功能提取罐为例,该机凡与药液接触的部分全部采用 304 不锈钢制造,具有良好的耐腐蚀性,不仅能使中药产品质量得到保证,而且设备使用寿命长。该设备的提取过程是在密封的可循环的系统内完成,同时可在废渣中回收有机溶媒。

1. 工作原理　TQ 型多功能提取罐的整个提取过程是在密闭可循环系统内完成,可在常温常压提取,也可负压低温提取,满足水提、醇提、提油等各种用途,其具体工艺均由厂家根据药物性能要求自行设计,提取原理如下。

（1）水提　水和中药装入提取罐内,开始向夹层给蒸汽,罐内沸腾后减少蒸汽,保持沸腾即可,如密闭提取则需供冷却水,使蒸发气体冷却后回到提取罐内,保持循环和温度。）

（2）醇提　先将药物和乙醇按一定比例加入罐内,然后必须密闭给夹层蒸汽,打开冷却水使罐内达到需要温度时再减少加热蒸汽,使冷却后的酒精回流即可。为了提高效率,可用泵强制循环,使药液从罐底部通过泵吸出再由罐上部回流口回至罐内,罐内设有分配器,使回流液能均匀回落至罐内,解除局部沟流。

（3）提油　先把含有挥发油的中药加入提取罐内,打开油分离器的循环阀门,关闭旁通回流阀门,开蒸汽阀门达到挥发温度时打开冷却水进行冷却,经冷却的药液应在分离器内保持一定液位差使之分离。

2. 结构特征与技术参数　提取罐外形结构为正锥式;按有无搅拌可分为动态提取罐和静态提取罐。该设备由提取罐、冷凝器、出渣门、气动控制系统构成。主要由罐主体、排渣门、加料口、投料口等部分组成。罐主体包括内筒、夹套层、保温层、支耳、快开式出渣门等;保温层以聚氨酯发泡作为保温材料。提取罐可根据用户要求设置不同的进汽方式:夹套直接进汽、罐内加热管进汽、出渣门底部进汽三种形式。设备的主要技术参数如表 2-7 所示。

表 2-7　TQ 型多功能提取罐要技术参数

型　号	容　器	夹套
设计压力（MPa）	常压	0.3
设计温度（℃）	105	143
工作压力（MPa）	常压	0.25
工作温度（℃）	≤100	137
加热面积（m²）	11	
投料门直径（mm）	500	
冷凝面积（m²）	11	
出渣口直径（mm）	1400	
有效容积（L）	6000	
外形尺寸（长×宽×高）	1.6m×1.6m×5.0m	
容器类别	I 类	

3. 操作方法

（1）准备工作 ①检查确认多功能提取罐已清洗待用。②检查供汽（锅炉蒸汽）、供水（生产用水、冷却水）、供电、供气（压缩空气）等均正常。③检查确认各连接管密封完好，各阀门开启正常，出渣门已安全锁紧。④检查确认各控制部分（含电气、仪表）正常。

（2）正常生产 视提取工艺要求操作（参见工作原理）提取完毕，泵尽提取液，开启出渣门排渣。控制系统采用 PLC 人机界面控制加水量、温度，并对加热温度、加热时间、加水量自动记录并及时保存为电子文档，且加水及蒸汽控制可手动与 PLC 控制进行切换。

（3）生产结束 ①关闭蒸汽阀、冷却水供水阀。②对提取罐按设备保养条款进行清洗。

4. 维护保养 该设备的悬挂式支座，应安装在离地面适当高度，并能安全承受有关全部重量的操作平台上，并垂直安装设备。本设备必须在蒸汽进口管路上安装压力表及安全阀，并在安装前及使用过程中定期检查，如有故障，要即时调整或修理；安全阀的压力设定，用户可根据需要自行调整，但不得超过规定的工作压力；各接口如使用过程中有漏液跑气现象，应及时更换其密封圈；设备上所有运动件如轴承、活动轴、气缸杆、活塞及转动销轴等应保持清洁、润滑；不工作时，主罐加料口、出渣门应放松以防密封胶卷失去弹性，影响密封作用；本设备带压操作时或设备内残余压力尚未泄放完之前，严禁开启投料口及排渣门。本设备根据使用物料特性，一般大修周期为一年，大修时所有传动部件（滚动轴承、平面轴承等）需要更换，并添加黄油；大修时密封圈应重新更换，并对保温层进行检查，损坏和失效者应更换或修补。

5. 设备安装与试车 严格检查电器、仪表等装置使处于良好状态，整台设备应良好接地。本提取罐外表面已作精抛光处理，因此在搬运、吊装时，要特别注意保护，不得碰撞。工艺管道对设备性能影响很大，接管大小、尺寸、角度、位置，在安装中不得任意更改。

试车要求：在设备安装完毕后，进行试车之前必须先检查出渣门所有气缸是否灵活，运转是否可靠；行程限位开关是否可靠；辅助设备的管路是否畅通；各阀门关、开是否灵活，一切正常后方可试车。

6. 设备清洁 设备在生产完毕或更换品种前，须进行彻底清洗。清洗时，打开排渣门，首先打开 CIP（clean in place，原位清洗）清洗头用水冲洗罐内壁，将药渣冲洗干净，并人工清洗排渣门过滤网；然后关闭排渣门，将罐内加满水，夹套通入蒸汽，同时泵循环清洗 15～30 分钟后，从出液口抽出罐内水；最后用净水冲洗至要求，并排尽罐内积水即可。

六、渗漉罐

渗漉罐主要用于制药、食品、化工、生物制品等行业液体物料的混合、暂存、配制。以 SLG-2500 型渗漉罐为例，该设备凡与药液接触的部分均采用 304 或 316L 不锈钢制造，具有无毒、无脱落、良好的耐腐蚀性等特点，不仅能使药品、食品质量得到保证，而且设备使用寿命长。

1. 工作原理 渗漉法是往药材粗粉中不断添加浸取溶剂使其渗过药粉，从下端出口流出浸取液的一种浸取方法。渗漉时，溶剂渗入药材的细胞中溶解大量的可溶性物质之后，浓度增加，密度增大而向下移动，上层的浸取溶剂或稀浸液置换位置，形成良好的浓度差，使扩散较好地自然进行，故浸润效果优于浸渍法，提取也较安全。

渗漉提取前药材需经适当粉碎才能装罐，因为提取效果及浸出液质量与药材粒度密切相关。通常，渗漉提取的药材颗粒多为中等粒度以上，不宜过细，否则增加吸附性，溶剂将难以顺利通过，不利于溶质的浸出；颗粒过粗则会减少接触面积，降低浸出效率。将药材粉碎后装入渗漉罐中，从渗漉提取罐上方连续通入溶媒，使其渗过罐内药材积层，发生固液传质作用，从而浸出有效成分，自罐体下部出口排出浸出液。由于浸出液浓度在渗漉过程中不断提高而密度增大，逐渐向下移动，由上层溶剂或更稀浸出液转换其位置，连续造成较高浓度差，使扩散能较好地进行。

2. 结构特征与技术参数 SLG-2500 型渗漉罐主要由罐本体及附件组成。本体主要由筒体、支腿（或支耳）、上封头及出渣门组成。渗漉罐筒体圆柱形，上下封头为标准椭圆形或蝶形，主要材质为 304 或 316L 不锈钢。附件主要包括卫生人孔、视镜视灯、料液进出口及其他工艺管口、原位清洗（clean in place，CIP）清洗口和其他选项如液位计、温度计、清洗球、呼吸器、压力表、安全阀等。

SLG-2500 型渗漉罐控制部分主要为搅拌控制系统、温度控制系统、液位控制系统等。温度计根据客户需要可安装双金属温度计或 PT100 温度计，双金属温度计是基于绕制成环性弯曲状的双金属片组成，一端受热膨胀时，带动指针旋转，工作仪表便显示出所对应的温度值，方便快捷。玻璃管液位计为玻璃管外套不锈钢保护管型，管两端与罐内相通形成连通器，可通过玻璃管中的液位高度读出渗漉罐中物料的液位高度。玻璃管液位计的最高及最低端安装有针形阀，当设备内温度或压力过高，可能超出玻璃管的承受范围时，可临时关闭针形阀，以保护玻璃管。该设备主要技术参数如表 2-8 所示。

3. 设备特点 该设备性能优越，主要体现在操作性能、卫生性能、外观性能等方面。

（1）操作性能 渗漉罐的附件（如清洗球、进出口、人孔等）均合理分布，无论是观察、操作均简便易行。常与自动化控制系统连用，配合自动化仪器仪表，可直接读取罐内液体温度、容积和压力，使工艺参数的控制更加精密，极大地提高产品质量，降低劳动强度。

（2）卫生性能 渗漉罐上部为椭圆封头，下部旋转出渣门，圆角采用日式平板液压

表 2-8 SLG-2500 型渗漉罐主要技术参数

设备名称	SLG-2500 型渗漉罐
设计压力	0.1MPa（常压）
设计温度	20℃（常温）
工作压力	0.1MPa（常压）
工作温度	20℃（常温）
工作介质	物料
全/有效容积	2.75/2.5（m³）

成形；各管口连接处均经拉延处理，保证其转角部分以圆弧平滑过渡；罐体所有焊缝经应力消除机处理，保证内表面粗糙度 Ra≤0.6μm，这样避免了产品残留，符合渗漉罐要求。

（3）外观性能　　渗漉罐外表面经磨砂处理成哑光，粗糙度 Ra≤0.8μm，给人一种赏心悦目的感觉；或抛光成镜面，易清洁处理。

4. 操作方法　　该设备操作流程分为三个部分：准备工作、正常生产、生产结束。

（1）准备工作　　①使用前请仔细阅读随机提供的技术文件。②检查确认渗漉罐已清洗消毒待用。③检查确认各连接管密封完好，各阀门开启正常；检查确认各控制部分（含电气、仪表）正常。④检查各泵的电路连接，确保各泵的电机电路连接正常，防止反转、缺相等故障发生。⑤检查各仪表的安装状态，确保各仪表按照规范进行安装，量程符合生产要求，且各仪表均在校定有效期内使用。⑥检查各阀门安装状态，确保各阀门按照规范进行安装。⑦检查系统的气密性，确保各管道无跑冒滴漏等现象。

（2）正常生产　　①开启进料阀及物料输送泵电源进料，观察液位高度，到适量后关闭进料阀及输送泵电源。②运行中时刻注意换热系统的温度表、压力表的变化，避免超压、超温现象。③需要出料时，开启出料阀，通过泵输送至各使用点。④开启出料阀，排料送出。出料完毕，关闭出料阀。

（3）生产结束　　关闭配电箱总电源，对渗漉罐按设备保养条款进行清洗、消毒。

5. 维护保养　　每个生产周期结束后，应对设备进行彻底清洁。根据生产频率，定期对设备进行检查，有无螺丝松动，是否有垫片损坏，是否有泄漏及是否存在其他潜在可能影响产品质量的因素，并及时做好检查记录；定期对搅拌器运转情况及机械密封、刮板磨损情况进行检查，发现有异常噪音、磨损等情况应及时修理；搅拌器至少每半年检查一次，减速机润滑油不足时应立即补充，半年换油一次；每半年要对设备筒体进行一次试漏试验；长期不用应对设备进行清洁，并干燥保存。再次启用前，需对设备进行全面的检查，方能投入生产使用。日常要做好设备的使用日记，包括运行、维修等情况，每次维修后应对设备进行运行确认，大修后要对设备进行再验证。渗漉罐必须在蒸汽进口管路上安装压力表及安全阀，并在安装前及使用过程中定期检查，如有故障，要即时调整或修理；安全阀的压力设定，用户可根据自己需要自行调整，但不得超过规定的工作压力；渗漉罐使用期间，严禁打开人孔及各连接管卡；渗漉罐各管道连接为卡盘式结构，如使用过程中有漏液跑气现象，应及时更换其密封圈，严禁用于对储液罐有腐蚀的介质环境。在储存酸碱等液体时，应对储液罐进行钝化处理。

6. 注意事项　　①运行过程中切勿超压超温工作；②储存易燃易爆液体和气体的应安装阻火器，并禁止明火，有爆炸危险；③储存强酸、强碱、强腐蚀物品时，工作人员应穿戴相应的防护用品，有烧伤危险；④储存高温、极低温物品时，工作人员也应穿戴相应的防护用品，有烧伤危险；⑤仪器仪表应在参数要求的温湿度范围内工作，以免影响仪器仪表精度。

7. 故障排除　　造成故障的可能原因及处理方法：①换热效果不好：接出口连接错误，按照正确方式连接；夹套堵塞，进行疏通。②阀门漏水：密封垫损坏，更换新的密封垫；阀门损坏，更换新的阀门。③仪器仪表显示不准确或不显示：仪表损坏，更换新的；连接错误，重新按正确方式连接。④罐体有泄漏：罐体破损，进行修补。⑤罐体生锈：外界环境不适合，除锈后，保存在适宜的条件；表面划伤，重新处理，并进行局部钝化。⑥保温层局部过烫：夹套破损，进行修补。⑦保温层、夹套渗水：保温层、夹套、罐体泄漏，查找漏点进行修补。

七、动态提取浓缩机组

动态提取作为近几年发展的先进提取工艺，它有着十分显著的优点。中药提取的原理，应属固-液萃取，从机理上讲是溶剂与药材的流动。可以增加溶剂向药材表面运动，提高了溶剂对药材的磨擦洗脱力度；药材中的可溶物质和溶剂的浓度差增大，提高扩散能力；提高温度的均匀性，一定的温度提高了溶媒对有效成分的溶解度；动态提取罐应有一定的长径比，较大的长径比，提高了静压柱和压力差，有利于有效成分的浸出。所以动态提取可以大大加快萃取速度，缩短提取时间。因此动态提取工艺取代静态提取工艺作为全中药行业提取技术的发展方向，已是今后的必然趋势。

以 DTN-B 系列动态提取-浓缩机组为例，其最显著特点就是"一机二工艺"。即醇提时采用常压提取、常压浓缩的工艺；而水提时采用常压提取，低温真空浓缩的新工艺（提取温度 95℃～100℃，浓缩温度 55～80℃）。因而它既可醇提又完全满足水提工艺的要求，还可适用其他的提取工艺，提取温度、浓缩温度可分开设定。

1. **工作原理** 把中药材浸泡在溶媒中，采用蒸汽加热，使溶剂在药材间循环流动。溶剂的循环流动，增加了磨擦洗脱力度和浓度差，静压柱加速溶剂对药材的渗透力；一定的温度加快了对有效成分的溶解浸出。从而经过设定的时间，把药液经过过滤器过滤。直接放入蒸发器（水提时负压，醇提时常压），蒸发器产生的二次蒸汽，经冷凝器、切换器送回常压下提取罐，作为新溶剂和热源，均匀地加在药材表面，形成边提取边浓缩，直到符合工艺要求的中间体。提取终点药渣经回收溶剂排放，溶剂经冷却后放入贮槽。

2. **结构特征** 该机组由提取罐与蒸发器及其他设备（冷凝器、冷却器、加热器、油水分离器、循环泵、冷却塔、切换器）组成。可在低温浓缩状态下实现常压动态水提和醇提；可按各种提取工艺从中药材提取有效成分并完成浓缩；可以实现溶媒的回收。

（1）该机组设有四点温度集中显示，可以通过加热系统和冷却系统及真空系统，控制流体的方向及流量，十分方便地调节、控制各设备的温度，实现稳定操作。

（2）设置双路油水分离装置，能使复方中药在边提取边浓缩过程中得到轻油、重油、水，也能在回收溶剂中得到油、溶剂的分离。

（3）该机组水提时采用常压提取-真空浓缩新工艺。浓缩温度可设定真空度，而定下浓缩温度。切换器采用微电脑自动控制状态自动显示，动作精确。

（4）提取罐和浓缩器都设有 CIP 系统，高压的冲洗装置能使提取罐和浓缩器得到较方便地清洗，符合 GMP 要求。

（5）提取罐为直筒式或正锥式，采用较大的长径比，提高了罐内静压柱，从而增加了溶媒对药材的渗透压力和穿透能力，显著提高了有效成分的提取效果和速度。

（6）提取罐采用特制的循环喷淋内热式提取罐，提取罐设置内、外加热器。外加热器与泵组成循环喷淋加热，大大提高了传热系数；内加热器缩短了热传导半径，所以具有加热均匀、节能、升温快等特点。

（7）配置独特的双室蒸发器，具有高效、节能、浓缩比大的优点。

（8）该机组在密闭的提取罐和蒸发器内进行生产，集提取、浓缩于一体，设备紧凑，基本上全部采用优质不锈钢制作，符合 GMP 要求。

3. 技术参数　该机组的主要技术参数如表 2-9 所示。

4. 设备特点　动态提取-浓缩机组与先动态提取后浓缩的工艺相比，大量的浓缩所产生的二次蒸汽经冷凝器冷凝成液体返回提取罐，作为提取的新溶剂和热源，不但节省了能源又使药材与溶剂萃取浓缩差保持了高梯度，大大加速了有效成分的浸出。一次提取相当于多次萃取。作为中药提取两大工艺之一的醇提，过去因溶剂用量大、消耗高、生产环节多、溶剂价格高，导致生产成本太高，大规模生产有困难。该机组能使溶剂反复形成新的溶剂作用与药材表面，因而溶剂用量少，而渣中的溶剂又可以全部回收，边提取、边浓缩、边回收，管道密封状态下一次完成。这就为选取相近极性的有机溶剂，提取中药材用于大规模的生产打下坚实的基础，可一步分离出中间体、溶剂、药渣。

表 2-9　DTN-B 系列动态提取-浓缩机组

提取罐容积	0.025L
罐内工作压力	常压
内、外加热器蒸汽工作压力	≤0.09MPa
气缸工作压力	0.6～0.8MPa
循环泵型号	COF
电机功率	9kW(380V)
管外：蒸汽工作压力	0～−0.08MPa
切换器微电脑控制器输入电压	220V
机组控制箱输入电压	220V
蒸发量(清水)	4～6kg/h
浓缩比重	1.1～1.3(中药浸膏)
再沸器工作压力管内	真空

该机组与多功能提取罐相比特点为：①生产时间缩短 40%～50%，从多次提取—浓缩到边提取边浓缩一次完成（浸膏热测比重 1.2 以上）。膏得率 10% 以上。②提取浓缩在同一封闭的设备完成，转移率高、溶剂投放量小（药材的 4～6 倍）、损失小，溶剂基本上可得到回收。③降低能耗（30%～40%），减少了重复加热蒸发、冷却，节能效果十分显著。④占地面积小，节省 50%，固定投资费用降低 50%。⑤全密封管道化生产，减少环境污染，符合 GMP 要求。

5. 操作方法　该机组具有两种动态提取工艺，即动态水提和动态醇提。

（1）动态水提　采用常压提取，真空浓缩。①关闭提取罐出渣门，投入中药，关闭加料口。打开放空阀慢慢加入水，中药材与水的比一般为 1∶4～1∶6。②打开内加热器进气阀通入蒸汽。启动循环泵，使水经过滤器、外加热器回流到提取罐，再打开外加热器蒸汽阀使水加热。这时提取进入升温阶段。③待升到设定温度，关闭外加热器蒸汽阀，保温 20～60 分钟。④与此同时打开立式冷凝器的出料阀及料冷却器冷却水阀，打开浓缩器的进料阀。料液经过滤器送入蒸发器，待蒸发器液位达到一定的高度，关闭进料阀，打开冷凝器出料阀，打开切换器控制开关，按启动按钮，这时控制器面板电源指示灯和进料指示灯亮，把状态指示开关调整到自动状态，打开真空阀，切换器真空表动作，整个切换器自动系列开始工作。打开卧式冷凝器进水阀，微微开启蒸发器再沸器的蒸汽阀，使料液循环沸腾蒸发。⑤蒸发器产生的二次蒸汽由冷凝器冷凝，经切换器回流到提取罐的液体分布器，均匀地洒在药材表面，新溶剂从顶部到底部经与药材的传质萃取，再送入蒸发器形成了边提取边浓缩的过程，控制好蒸发器的进料量、进料温度控制、真空度、提取罐的料温，整个系统就可以十分方便的稳定操作。⑥经 4～7 个小时的提取，打开过滤器底部的排污阀可检查提取是否完全。提取完成后，切断提取真空阀，把切换器控制器状态指示按扭转至手动，再按启动按钮，把剩在切换器内的水放完。打开出料阀，取出少部分药液，测试浓度是否符合工艺要求。如合格，浓缩液由蒸发器再沸器底部放出使醇沉或过滤。如热测比重达不到要求，打开蒸发器到冷却塔蒸汽阀，关闭冷凝器的进气阀，打开冷却塔的真空阀，冷却水阀。继续浓缩直到中间体浓度符合要求，与此同时提取罐进行出渣清洗，加料加水从复以上工作。⑦进水阀，使罐内的上升蒸汽凝成液体流入油水分离器。

（2）动态醇提　①因溶剂提取时的蒸发温度大都在 80℃ 以下，所以采用常压提取，常压浓缩。关闭提取罐出渣门投入中药，关闭加料口。打开放空阀慢慢加入醇：中药材与醇的比例一般为 1：4 至 1：6。②打开内加热进汽阀通入蒸汽。启动循环泵，使水经过滤器，外加热器，回流到提取罐，再打开外加热蒸汽阀使水加热。这时提取进入升温阶段。待升到设定温度，关闭外加热器蒸汽阀，保温 20～60 分钟。③与此同时打开立式冷凝器的出料阀及料冷却器冷却水阀，打开浓缩器的进料阀。料液经过滤器送入蒸发器，待蒸发器液位达到一定的高度，关闭进料阀打开冷凝器出料阀，打开切换器控制开关，按启动按钮，这时控制器面板电源指示灯和进料指示灯亮启，把状态指示开关调整到自动状态，打开真空阀，切换器真空表动作，整个切换器自动系列开始工作。④打开卧式冷凝器进水阀，微微开启蒸发器再沸器的蒸汽阀，使料液循环沸腾蒸发。关闭冷凝器到切换器的阀门，打开冷凝器到提取罐的直通阀。开启冷凝器到尾汽冷凝器的阀门，打开尾汽冷凝器的冷却水阀。开启提取罐排液阀和蒸发器的进料阀。热料经过滤器送至蒸发器，待蒸发器液位到一定的高度，从视镜观察。再打开卧式冷凝器的进汽阀，冷却水阀。⑤关闭蒸发器到冷却塔的进汽阀，再开启蒸发器到再沸器的蒸汽阀，使料液循环蒸发。蒸发器产生的二次蒸汽，经冷凝器冷凝，直接回到提取罐，均匀地洒在中药表面，溶剂从顶部到底部经与药材的传质萃取，又送入蒸发器，形成了边提取边浓缩的过程，控制好蒸发器的进料量，蒸发温度、提取罐的料温、回流液的温度，整个系统就可以十分方便定的操作。提取完成后，关闭回流液到提取罐的管道阀门，开启到冷却器的阀门，使溶剂经冷却后，流入油水分离器，经分离后，溶剂流回到溶剂贮槽，油放到油容器，直到溶剂全部回收完毕。⑥药渣的溶剂可由提取罐的内加热器继续加热。打开提取罐到冷凝器的阀门，关闭浓缩器到冷凝器的阀门，提取罐上升的蒸汽，经冷凝器冷凝，冷却器冷却返回溶剂成品贮槽。蒸发器中的药液排放至下一工序过滤或水沉。

6. **注意事项** ①提取罐须垂直安装，U 型液封装置和管道式视镜必须靠近提取罐安装。②如本厂水压较低可由水泵补充，引出一道管子到蒸发器顶部的球型喷淋清洗管，组成蒸发器 CIP 清洁系统。③冷凝器安装时必须注意二次蒸汽进口一端高于液体出口一端 2～5cm，浓缩器二次蒸汽出口到冷凝器进口管路应保温。④蒸发器除安装垂直外，还必须考虑前后操作空间，5、6 立方米机组的蒸发器因较大，应加设 60～80cm 高的操作台，便于蒸发器的观察，操作。⑤微电脑控制器，切换器应就近安装，背后用 4 只螺丝固定。电磁阀按法兰面的记号与切换器法兰记号 1 对 1、2 对 2……安装。电磁阀与微电脑控制引出线连接按端子符号 C1 对 C1、C2 对 C2……对接，液位器与微电脑控制引线按 YK1 对 YK1 和 YK2 对 YK2，连接按线色绿对绿、红对红对接。⑥切换器电磁阀有方向性，安装时必须按箭头方向进行安装。⑦冷凝器、切换器安装试车前必须清洁干净，以免砂等硬质颗粒进入电磁阀，破坏电磁阀密封面。⑧机组控制箱，应安装在提取罐与蒸发器中间，操作人员应能清楚看到，出渣门的关、开动作口温度计的连接线如太短，可加长，但必须采用屏蔽线。浓缩器两只再沸器的疏水器应独立安装，不可并连。

7. **故障排除** 见表 2-10。

表 2-10　DTN-B 系列动态提取-浓缩机组故障原因及排除措施

故　障	原　因	排 除 措 施
电机不启动；无声音	至少两根电源线断掉	检查接线
电机不启动；有嗡嗡声	一根接线断，电机转子阻转 叶轮故障 电机轴故障	必要时排空清洁泵，修正叶轮间隙 换叶轮 换轴承
电机开动时，电流断路器跳闸	绕组短路 电机过载 排气压力过高	检查电机绕组 降低工作液流量 减少工作液
消耗功率跳闸	产生沉淀	清洁，除掉沉淀
泵不能产生真空	无工作液 系统泄漏严重 旋转方向错	检查工作液 修复漏液处 更换两根导线改变旋转方向
真空度太低	密封泄漏 二次气体温度过高 循环水温度过高（>25℃） 磨蚀 系统轻度泄漏 使用设备多泵太小	检查密封 加大冷却 换水降低水温 更换零件 修复泄漏处 换大一点的泵
尖锐噪声	产生气蚀 工作液量过高 汽水分离效果不好	链接气蚀保护件 检查工作液，降低流量 更换
泵泄漏	密封垫环	检查所有密封面

第三章　粉碎原理与设备

在制剂生产中，常需将固体原药材或原药材提取物适度粉碎，以便后期生产。粉碎是药材前处理的重要操作单元，粉碎质量的好坏直接影响产品的质量和性能，粉碎设备的选择是粉碎质量的重要保证。

药物粉碎的难易，主要取决于药物的结构和性质，如硬度、脆性、弹性、水分、重聚性等。在粉碎过程中，粉碎设备对大块固体药物作用以不同的作用力（如剪切、挤压、撞击、劈裂、研磨等），使药物在一种或几种力的联合作用下，克服物质分子间的内聚力，碎裂成一定粒度的小颗粒或细粉，见图 3-1。

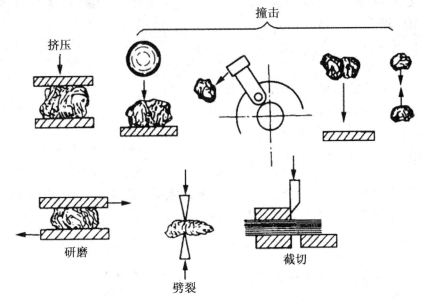

图 3-1　粉碎作用力示意图

中药是以天然动、植物及矿物质为主体，其情况较为复杂，不同的中药有不同的组织结构和形状，它们所含的成分不同，比重不同，生产加工工艺对粉碎度的要求也不同。根据药物的性质、生产要求及粉碎设备的性能，可选用不同的粉碎方法，如干法或湿法粉碎、单独或混合粉碎、低温粉碎、超微粉碎等。

第一节　粉碎过程中的能耗假说

物料的破碎是偶然的，很多颗粒受到的撞击力不足以使其破碎，而是在一个特别猛烈的作用力下才会破碎的。有人认为，最有效的磨碎机只利用了不到1％的能量去破碎颗粒使其增加表面积，其余的能量则消耗于以下几个方面：①未破碎的颗粒的弹性变形；②物料在磨碎室里的来回运转；③颗粒间的摩擦；④颗粒与粉碎机之间的摩擦；⑤发热；⑥振动和噪音；⑦传动机构和电机的无效耗费。

一、基克定律

对于物料减小粒度至一定值所需要的能量，还没有一个通式可以进行精确定量计算。然而，经过一百多年的努力，曾提出了不少经验理论，早在 1867 年，基克在研究滑石、煤、石灰石等化工领域中，发现了颗粒粒度减小需要的能量 E 直接与进料直径 D_1 和排出颗粒的直径 D_2 之比有关，并将其成功地运用到机械工程通用物料领域，提出了著名的基克定律。

其含义是颗粒粒度减小需要的能量 E 直接与进料直径 D_1 和排出颗粒的直径 D_2 之比有关。基克的理论可表示为：

$$E = C\ln\frac{D_1}{D_2} \tag{3-1}$$

式中：C——常数，$C = k_h \cdot f_c$；

f_c——物料的破碎度；

k_h——为基克常数。

二、雷廷格尔定律

1885 年雷廷格尔提出，颗粒粒度减小需要的能量正比于表面积的增加和反比于磨碎产物的直径。雷廷格尔的理论可以表示为：

$$E = C'\left(\frac{1}{D_2} - \frac{1}{D_1}\right) \tag{3-2}$$

式中：$C' = k_r f_c$（k_r 为雷廷格尔常数）。

三、庞德定律

1952 年，庞德提出，颗粒粒度减小需要的能量反比于产物颗粒直径的平方根，用数学方程式表示为：

$$E = 2C'\left(\sqrt{\frac{1}{D_2}} - \sqrt{\frac{1}{D_1}}\right) = 2C'\sqrt{\frac{1}{D_2}}\left(1 - \sqrt{\frac{D_2}{D_1}}\right) \tag{3-3}$$

四、能耗假说的应用

1963 年，式 3-1、式 3-2 被佩里（Perry）分别命名为基克定律和雷廷格尔定律。

1971 年，福斯特和黑德利在用正常对数分布表示尺寸分级特点时，对能量的利用效率进行了观测，他们提供了大量的数据，但没有提供表明尺寸分布与粉碎过程中所需功率之间关系的一般方法。

1972 年，汉森和享德森一起对粉碎所需的能量的计算式报道如下：

$$E = AK^{-a} \tag{3-4}$$

式中：E——粉碎单位重量物料所需要的能量；

　　　K——产品的尺寸目数；

　　　a——分布目数（来自方程）；

　　　A——常数。

这些公式都是经验方程，它们的出发点都是基于假设粉碎后的颗粒是均匀的，粉碎过程中所需要的能量与粉碎前后的颗粒尺寸的某些函数有关。如果将其用一个一般式表达则为：

$$\frac{dE}{dD} = \frac{C}{D^n} \tag{3-5}$$

这一归纳结果意味着，粉碎每个单元所需要的能量与粉碎后颗粒的尺寸成正比，而与原颗粒的相应尺寸的 n 次方成反比，因此，把一定量的颗粒从一种尺寸粉碎至另一种尺寸所需要的能量为：

$$E = -\int_2^1 \frac{d_L}{L^n} \left(E = \frac{1}{1-n} L_2^{1-n} - L_1^{1-n} \right) \tag{3-6}$$

当 $n=1$ 时，$E = C\ln\dfrac{L_1}{L_2}$，即为基克定律。

当 $n=1.5$ 时，$E = 2C'\left(\sqrt{\dfrac{1}{D_2}} - \sqrt{\dfrac{1}{D_1}}\right)$，即为庞德定律。

当 $n=2$ 时，$E = C\left(\dfrac{1}{L_2} - \dfrac{1}{L_1}\right)$，即为延格尔定律。

基克定律和雷廷格尔定律是从研究滑石、煤、石灰石等发展起来的。对中草药则不同，研究表明对于淀粉类物料其幂值略小于 2，对于纤维类其幂值可能会大于 2。

基克理论是在压缩下的立方体的应力——应变图的基础上发展起来的，这一理论描绘的是在破碎发生之前产生弹性变形所需要的能量。雷廷格尔的理论则忽视了颗粒破碎前的变形。根据物理化学的理论结合粉碎的小缝理论，粉碎过程的有用功应为：

$$-dW_{有} = \sigma dA \tag{3-7}$$

式中：$\sigma = \left(\dfrac{\partial G}{\partial A}\right)_{p,T,n}$，其物理意义是在 T、P 及组成恒定的条件下增加表面积时所必须做的功（表面功），也称表面自由焓，其单位为（焦/米²）或（尔格/厘米²）。因为焦＝牛·米，尔格＝达因·厘米，所以它的单位也可写成（牛/米），或（达因/厘米），则又可以看作是沿着平行于表面方向作用在每单位长度分界边缘上的力，增加表面积时，必须克服这个力而对系统做功，系统本身负功，故等式左边为负号，dA 表示表面积 A 的增值，将式 3-7 积分得：

$$W_{有} = \sigma (A_2 - A_1)$$

当一个直径为 D_1 的颗粒被粉碎为 n 个直径为 D_2 的颗粒时，粉碎设备所做的有用功为：

$$W_{有} = 6(n\pi D_2^2 - \pi D_1^2)$$

$$= \pi\sigma\left[\left(\frac{\frac{\pi}{6}D_1^3\rho}{\frac{\pi}{6}D_2^3\rho}\right)D_2^2 - D_1^2\right]$$

$$= \pi\sigma\left(\frac{D_1^3}{D_2^3} \cdot D_2^2 - D_1^2\right)$$

$$= \pi\sigma\left(\frac{D_1}{D_2} - 1\right)D_1^2 \tag{3-8}$$

粉碎 G kg 药材粉碎设备所做的有用功为：

$$W_{有} = \frac{G}{g}\pi\sigma D_1^2\left(\frac{D_1}{D_2} - 1\right) \tag{3-9}$$

式中：$W_{有}$——粉碎 G kg 药材粉碎设备所做的有用功，J；

　　　　g ——被粉碎物料的平均粒重，千克/粒；

　　　　π ——圆周率；

　　　　σ ——表面功，J/m²；

　　　　D_1、D_2——粉碎前后颗粒的平均直径，m。

综上所述，在粉碎过程中粉碎设备消耗的能量极少（对球磨机而言占总能耗的 0.6%），一部分使被粉碎物料的表面自由焓增加，大部分则做了无用功，无用功可分为七个方面，前五个方面最终都是以热的形式表现出来，为了衡量设备的能量利用率，下面将无用功分为 3 个方面进行计算。

（1）发热耗散功

$$W_{热} = G_{机}\, C_{机}\, \Delta t_{机} + U_{气}\, \tau C_{气}\, \Delta t_{气} + G_{药}\, C_{药}\, \Delta t_{药} + 3.6 \times 10^3 \alpha F \Delta t \tag{3-10}$$

式中：$W_{热}$——发热耗散功，J；

　　　　$G_{机}$、$G_{药}$——粉碎设备、被粉碎药材的重量，kg；

　　　　$U_{气}$——粉碎设备的进气速率，kg/h；

　　　　$C_{机}$、$C_{气}$、$C_{药}$——粉碎设备、空气、被粉碎药材的比热，J/(kg·K)；

　　　　　　　　　　　　钢设备的比热为 0.46 J/(g·℃)；

　　　　　　　　　　　　空气的比热为 1.005 J/(g·℃)；

　　　　　　　　　　　　松木药材的比热为 2.72 J/(g·℃)；

　　　　$\Delta t_{机}$、$\Delta t_{气}$、$\Delta t_{药}$——粉碎设备、空气、被粉碎药材的始末温差；

　　　　α——空气作自然对流时的传热膜系数（$9.3 + 0.058 T_w$），W/(m²·K)；

　　　　T_w——粉碎设备的表面温度，℃；

F——粉碎设备的表面积，m^2；

Δt——粉碎设备壁面与周围空气的温差；

τ——粉碎设备的工作时间。

（2）机械波耗散的能量　在粉碎过程中，振动和噪音消耗了一定的能量，这部分能量计算比较麻烦，对球磨机而言，这一部分消耗的能量，不大于总能耗的 2%。

（3）传动耗散的功　传动损失的功可按下式计算：

$$W_{传} = （1 - \eta_{传}）（W_{有} + W_{热} + W_{波}）$$

式中：$\eta_{传}$——转动效率，用平皮带传动时为 0.95；用三角皮带传动时为 0.92；传动为多级传动时，$\eta = \eta_1、\eta_2 \cdots \eta_n$ 对球磨机传动损失的能量为总能量的 12%。

综上所述，粉碎过程中所需的能量为：

$$W = W_{有} + W_{热} + W_{波} + W_{传} = （2 - \eta_{传}）（W_{有} + W_{热} + W_{波}） \tag{3-11}$$

那么，粉碎设备的机械效率为：$\eta = W_{有} / W$。

粉碎设备的机械效率 η 是衡量粉碎机能的一个重要参数。

第二节　粉碎机械设备

粉碎是固体物料加工的重要阶段，是借助机械力将大块固体物质粉碎成适当细度的操作过程。在制剂时需要将中药饮片或提取干燥物粉碎成不同细度的药粉，而粉碎细度的大小直接关系到成型产品的质量和应用性能，故需要设计、选用合适的粉碎流程、操作方式和机械设备，以达到最佳效果。

一、粉碎机械的分类

工业生产中的粉碎机种类很多，通常按施加的挤压、剪切、切断、冲击和研磨等破碎力分类；也可按粉碎机作用件的运动方式分为旋转、振动、搅拌、滚动式以及由流体引起的加速等；操作方式有干磨、湿磨、间歇和连续操作。实际应用时，常分为破碎机、磨碎机和超细粉碎机三大类。破碎机包括粗碎、中碎和细碎，粉碎后的颗粒达到数厘米至数毫米以下；磨碎机包括粗磨和细磨，粉碎后的颗粒度达到数百微米至数十微米以下；超细粉碎机能将 1mm 以下的颗粒粉碎至数微米以下。

二、粉碎原则

在粉碎过程中，尽量保持药物的组分和药理作用不变是粉碎的基本原则，也是唯一的考核指标。中药材的药用部分必须全部粉碎应用。对较难粉碎的部分，如叶脉或纤维等不应随意丢弃，以免损失有效成分或使药粉的含量相对增高。

在粉碎过程中，以节省能源角度出发，植物性药材粉碎前应尽量干燥，不宜过度粉碎，达到所需要的粉碎度即可。

在粉碎过程中，应注意劳动保护，尤其是在粉碎毒性药或刺激性较强的药物时，以免中毒；粉碎易燃易爆药物时，要注意防火防爆。

三、影响粉碎的因素

影响粉碎效果的因素可分为内在因素和外在因素，固体物料本身的性质是影响粉碎的主要因素，决定了粉碎作用力的选择，也决定了设备类型的选择。从内在因素看，即从微观角度（药物的晶体、不规则排列的非晶体等）和宏观角度（物料的坚硬程度、脆性、韧性等）来观察。

1. 微观角度

（1）晶体药物　晶体药物具有一定的晶格，有相当的脆性，所选用的设备需要沿着晶体的结合面使其破碎成小晶体。方形晶体由于晶粒间结合面均匀并且对称，故易于粉碎；非方形晶体缺乏脆性，需向设备中加入少量挥发性液体，以缓解设备对其施加一定机械力时产生的变形而阻碍粉碎，降低分子的内聚力，有助于粉碎。

（2）非晶体药物　非晶体药物因其分子的排列不规则，当外界机械力施加时，药物因具有弹性发生变形而不易碎裂。若提高温度，药物变软，粉碎效率降低；在低温下（0℃），药物脆性增加，利于粉碎。

2. 宏观角度

（1）硬度　即物料的坚硬程度，反映了物料对磨耗的抵抗性。物料的硬度越高，物料抵抗塑性变形的能力越强，越不容易被磨碎。植物类中药的硬度多为软质，而一些骨甲类药材则比较硬而且韧。

（2）脆性　反映了物料塑变区域的长短。脆性大，塑变区域短，在破坏前吸收的能量小，即容易被击碎或撞碎。多数矿物类中药均具有相当的脆性，粉碎时沿晶体的结合面碎裂成微小晶体，故较易于粉碎。非极性晶体药物因缺乏相应的脆性，受外力产生变形而阻碍粉碎，同时这类物质有较强的内聚力来平衡外加机械力。

（3）韧性　韧性与脆性相反，受外力时虽然变形但不易折断，含纤维多的或含角质的中药都具有相当的韧性。另外，韧性与物料的含湿量有关，如深度干燥后多具有坚韧特性，增加了粉碎的难度，故中药在超细粉碎前应适当干燥，控制物料的含湿量。

3. 外界因素　除去固体物料本身的性质外，物料的水分、粉碎时的温度、粉碎时间、粉碎方法、粉碎度的要求、进料的粒度、进料速度等，都会影响粉碎的质量。

（1）水分　一般认为水分越小越易于粉碎，如水分为 3.3%～4.0% 时，粉碎尚无困难；水分超过 4.0% 时，常引起黏着性而堵塞设备；水分在 9%～16% 时，韧性增加，则难以粉碎。

（2）温度　粉碎过程中有部分机械能转变为热能，造成某些物料损失，或受热分解，或变黏变软，若发生此类情况，可选用低温粉碎。药材在低温状态下，其冲击韧性、延伸率降低，呈脆性。

（3）粉碎度　粉碎度也称粉碎比，为粉碎前粒径与粉碎后粒径之比。粉碎度越大，粉碎后的粒子越小。

（4）粉碎时间　在一定范围内，随着粉碎时间的增加，物料的粒度也越细，但一定时间后，物料的细度将不再改变，故针对不同物料，应选取最佳的粉碎时间。

（5）粉碎方法　在相同条件下，采用湿法粉碎比干法粉碎获得的物料粒度更细一些。如所需物料的最终形态是以湿态使用时，选用湿法粉碎更适合；但若最终物料以干态使用时，湿法粉碎则需经过干燥处理，这一过程中，细粒易重新聚结，物料粒度增大。）

（6）进料粒度　进料粒度过大，不易喂料，导致生产能力下降；粒度过小，粉碎比减小，生产效率降低。

（7）进料速度　进料速度太快，颗粒间的碰撞机会增多，颗粒与冲击元件之间的有效撞击作用减弱，物料在粉碎室内滞留时间缩短，导致产品粒径增大。

（8）细粉的产生　在粉碎过程中，如果产生过多的某种细度的粉末，混在粗粒中不仅起到了缓冲作用，而且消耗了大量机械能，引起升温等不利影响，因而应在粉碎机上装上筛网或采用其他措施，排除达到细度的粉末。

四、常用粉碎机械

粉碎机械设备种类纷繁，这里我们对一些常用粉碎机械的工作原理、机械结构、操作方法、使用注意事项等因素作以介绍。

（一）球磨机

球磨机是一种用于细微粉碎的传统设备。主要是通过启动动力装置，随着球罐转动，研磨介质由于受到离心力的作用，在筒体内旋转摩擦，当上升到一定高度时，圆球因重力作用自由落下，药物借助圆球落下时的撞击、劈裂作用以及球与球之间、球与球罐壁之间的研磨、摩擦从而达到粉碎的目的。

球磨机筒体的转速对粉碎效果有显著影响。转速过低，研磨介质随筒壁上升至较低的高度后即沿筒壁向下滑动，或绕自身轴线旋转，并向下滑落或滚落，且均发生在物料内部，此时研磨效果较差，应尽可能避免，如图 3-2A 所示；转速适中，研磨介质被提升后将沿抛物线轨迹抛落，此时研磨效果较佳，如图 3-2B 所示；转速再高时，离心率将起主导作用，使物料和研磨介质紧贴于筒壁，并随筒壁一起转动，如图 3-2C 所示，此时研磨介质之间以及研磨介质与筒壁之间不再有相对运动，物料的粉碎作用将停止。

A. 滑落或滚落　　　　B. 抛落　　　　C. 离心

图 3-2　研磨介质在筒体内运动方式示意图

研磨介质开始在筒体内发生离心运动时的筒体转速称为临界转速，它与筒体直径有关。球磨机粉碎效率最高时的筒体转速称为最佳转速。一般情况下，最佳转速为临界转速的 $60\%\sim85\%$。

1. 球磨机结构 普通卧式球磨机的基本结构包括球罐、研磨介质、轴承及动力装置。与普通球磨机的不同之处在于，用于药物粉碎的球磨机粉碎腔体在粉碎过程中不能引入二次杂质，因此粉碎腔体需内衬不锈钢、陶瓷、聚氨酯甚至是氧化锆，禁止使用普通铁质制材；研磨介质需采用钢球、瓷球或氧化锆球，盛放于球罐内。球磨机结构示意如图3-3所示。

2. 球磨机种类及应用 球磨机种类按操作状态，可分为干法球磨机和湿法球磨机，间隙球磨机和连续球磨机；按筒体长径比，分为短球磨机（L/D小于2）、中长球磨机（L/D等于3）和长球磨机（又称管磨机，L/D大于4）；按磨仓内装入的研磨介质种类，分为球磨机

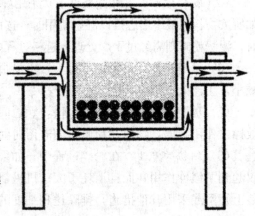

图 3-3　球磨机的结构示意图

（研磨介质为钢球或钢）、棒磨机（具有2~4个仓，第1仓研磨介质为圆柱形钢棒，其余各仓填装钢球或钢段）、石磨（研磨介质为砾石、卵石、磁球等）；按卸料方式，可分为尾端卸料式球磨机和中央式球磨机；按转动方式，可分为中央转动式球磨机和筒体大齿转动球磨机等。

在中药加工中，特别是细料药的粉碎中具有较长的应用历史。适用于粉碎结晶性药物、刺激性药物、吸湿性强的浸膏、具有挥发性的药物、贵重药料、树胶、树脂及某些植物药材等。

3. 球磨机特点 球磨机粉碎比大、结构简单、机械可靠性强、磨损零件容易检查和更换、工艺成熟、适应性强。粉碎方法多样，既可干法粉碎，又可湿法粉碎，还可在无菌条件下进行无菌药物的粉碎和混合。机型多样，有间歇性机型，也有连续操作的机型。密闭性好，无粉尘飞扬，防止对空气和环境的污染。缺点是单位能量消耗大，粉碎时间长，一般在24小时以上，有些药物的超细粉碎需要60小时；研磨介质损坏严重；操作时噪声较大，并伴有较强的震动。

（二）乳钵与电动乳钵

乳钵或称研钵，由钵和杵棒组成，粉碎少量药物时常用乳钵。常见的有瓷制、玻璃制和玛瑙制等，以瓷制、玻璃制最常用。瓷制乳钵内壁有一定的粗糙面，以加强研磨的效能，但容易镶入药物而不易清洗。对于毒药或贵重药物的研磨与混合采用玻璃制乳钵较好。

研磨时，杵棒从乳钵的中心为起点，按旋转方式逐渐向外旋转移动扩至四壁，然后再逐渐返回中心，如此反复能提高研磨效率。一般装药量以不超过乳钵容量四分之一为最好。当粉碎到一定程度时，应将细粉筛出，粗粉继续研磨，否则由于细粉表面能增加，往往产生结块或黏附钵壁而不利于粉碎。研磨剧毒或刺激性药物时，应在乳钵上盖以硬纸或木质、皮制盖板，以免粉末飞扬，如图3-4所示。

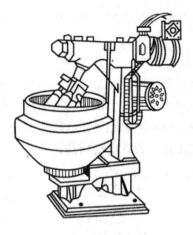

图 3-4 乳钵　　　　　　　　　图 3-5 电动乳钵示意图

图 3-5 是电动乳钵示意图，研磨头在研钵内沿底壁作一种既有公转又有自转的有规律研磨运动，将物料粉碎。其公转转速为 100r/min，自转转速约为 240r/min。操作时将研钵上升至研磨头接近钵底，调整位置后即可进行研磨。研钵一般具有升降和翻转功能。可采用干磨或水磨方法操作，其粉碎作用主要是靠研磨头的摩擦作用来完成的。

（三）铁研船与电动轮辗机

铁研船由一船形槽与一具有中心轴柄的辗轮两部分所组成，是一种以研磨为主兼有切割作用的粉碎工具，如图 3-6 所示。

粉碎药物时，由于手工操作（即脚蹬）效率低，并费力，可装配成电动研船，它适宜粉碎质地松脆、不易吸湿及不与铁起作用的药物。在粉碎前应将药材碎成适当的小块或薄片。

电动轮辗机工作时，将需粉碎物料置于辗盘中央（边研边加），开启电机驱动机构使带动研轮按公转和自转两种形式作圆周运动，药物在辗轮的辗压下从里向外缓慢移动，逐渐被辗细。使用轮辗机粉碎的药物，其颗粒直径一般不应大于研钵直径的二十分之一。轮辗机的转速与研轮和被粉碎药物的大小有关，一般研轮越大，被粉碎物料颗粒越大，转速越低。生产中使用的轮辗机一般都有变速机构，在使用时应根据实际情况选用适当挡位，以能保持平稳动转的较高转速。

图 3-6 铁研船示意图

1. 碾轮；2. 船形槽；3. 铁研船横剖面示意图

电动轮辗机具有结构简单、操作方便、适应性较强、过粉现象少等特点，特别是粉碎含油脂性成分较多的黏性药物，有其独到之处。

（四）冲钵

冲钵是最简单的撞击工具。小型的常用金属制成，如图 3-7 所示，为一带盖的铜冲钵，作撞碎小量药物之用。大型的则以石料制成。图 3-8 为机动冲钵，供捣碎大量药物之用。冲钵为一间歇性操作的粉碎工具。由于这种工具撞击频率低而不易生热，故适用于含有挥发油或芳香性药物的粉碎。

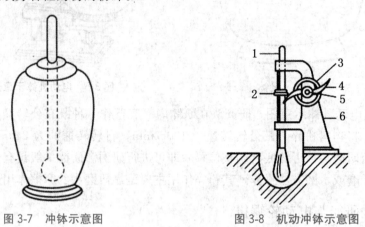

图 3-7 冲钵示意图   图 3-8 机动冲钵示意图
1. 杵棒；2. 凸轮接触板；3. 传动轮；4. 板凸轮；5. 轴承；6. 座子

（五）锤击式粉碎机

锤击式粉碎机的工作过程是当固体物料由螺旋加料器连续定量地进入粉碎腔室的时候，待粉碎物料受旋转锤的强大撞击作用、剪切作用被粉碎，并从 T 型锤头处获得动能，以高速向机壳内壁衬板和筛板冲击而受到第二次粉碎，其中小于筛板孔径的细料通过筛板进出口排出成品，而大于筛板孔径的粗料被截留并弹回到衬板和筛板上继续受到 T 型锤的撞击粉碎，在物料破碎过程中，物料之间也会相互冲击，沿着自然裂隙层面和结晶面等脆弱部分而破碎，直至通过筛板孔径排出机外。锤击粉碎机不是靠回转部分的全部能量破碎物料的，而是靠锤头的动能完成物料的破碎，锤头的动能 E 为：

$$E=GU^2/2 \tag{3-12}$$

式中：G——锤头的质量，kg；

U——锤头的圆周速度，m/s。

由式 3-12 可知，锤头的动能与锤头的质量及圆周速度有关。一般来说锤头愈重，其转速愈高，则破碎能力愈大。

1. 锤击式粉碎机结构 锤击式粉碎机是一种以撞击力为主要作用力的机械式粉碎机，一般主要由安装有若干个可自由活动的 T 型锤的旋转主轴、带有衬板的机壳、螺旋加料器、筛板（网）等构件组成。

锤击式粉碎机的详细结构以单转子锤击式粉碎机为例说明，图 3-9 所示为单转子锤击式粉碎机结构示意图，分可逆式和不可逆式两种，转子的旋转方向如箭头所示。

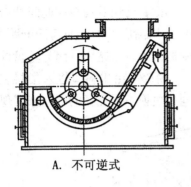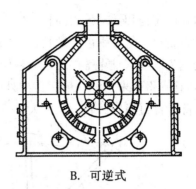

A. 不可逆式　　　　　　B. 可逆式

图 3-9　单转子锤式破碎机结构示意图

其中图 3-9B 所示为可逆式，转子先按某一方向旋转，对物料进行撞击粉碎。该方向的衬板、筛板和 T 型锤端部即受到磨损。磨损到一定限度后，使旋转主轴反方向旋转，此时粉碎机利用 T 型锤的另一端及另一方的衬板和筛板工作，从而将设备在连续工作状态下的寿命提高至一倍左右。不可逆锤击式粉碎机的旋转主轴只能朝一个方向旋转，当 T 型锤端部磨损到一定程度后，必须停车将 T 型锤的方向进行调换（转 180°）或更换，不可逆锤击式粉碎机结构示意如图 3-9A 所示。

机壳内的衬板为可更换的，衬板的工作面呈锯齿状，这对于颗粒撞击内壁而被粉碎是有利的。锤子是粉碎机的主要工作构件，又是主要磨损件，通常用高锰钢或其他合金钢等制造。由于锤子前端磨损较快，通常设计时考虑锤头磨损后应能够上下调头或前后调头，或头部采用堆焊耐磨金属的结构。

2. **锤击式粉碎机特点**　锤击式粉碎机在不上筛网的情况下可以作为破碎机使用，其特点是破碎比大（通常在 10～50 之间）、单位产品的能量消耗低、体积紧凑、构造简单并有很高的生产能力等。由于锤子在工作中遭到磨损，使间隙增大，必须经常对筛条或研磨板进行调节，以保证破碎产品粒度符合要求。

3. **锤击式粉碎机的种类及应用**　锤击式粉碎机类型很多，按结构特征可分类如下：按转子数目，分为单转子锤式粉碎机和双转子锤式粉碎机；按转子回转方向，分为可逆式（转子可朝两个方向旋转）和不可逆式；按锤子排数，分为单排式（锤子安装在同一回转平面上）和多排式（锤子分布在几个回转平面上）；按锤子在转子上的连接方式，分为固定锤子和活动锤子，其中固定锤子主要用于软质物料细碎和粉碎。

锤击式粉碎机适用于脆性、韧性物料等各种中硬度以下以及中碎、细碎、超细碎等的粉碎，适合于磨蚀性弱的物料，不适合于潮性物料的粉碎。锤式粉碎机由于具有一定的混匀和自行清理作用，能够破坏含有水分及油质的有机物。

（六）万能磨粉机

万能磨粉机的工作过程是将待粉碎物料由加料斗加入，依靠抖动装置以一定的速率连续进入粉碎室内，由固定板中心轴向进入粉碎机，在粉碎室内有若干圈钢齿，当主轴高速运转时，活动齿套相对运转，由于高速旋转盘的离心作用，物料从中心部位被抛向外壁，同时在固定齿和活动齿之间相互冲击、摩擦、剪切及物料彼此间冲击碰撞等综合作用下，获得粉碎。每排钢齿的数目由中心向圆周渐次增加，而齿间的距离渐次缩小，至圆外围的钢齿既细密且靠得很近，物料所受冲击力越来越大（因为转盘外圈速度大于内圈速度），粉碎得越来越细，最后达到外壁，粉碎后由出料口进入集料袋，集料袋外面的灰尘经除尘器过滤后回收。粒度大小可通过更换不同孔径的筛网来实现。

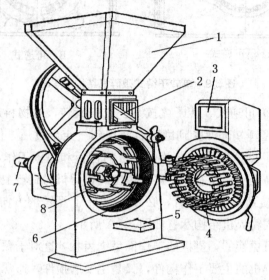

图 3-10 万能磨粉机示意图

1. 加料斗；2. 抖动装置；3. 加料口；4、8. 带钢齿圆盘；5. 出粉口；6. 筛板；7. 水平轴

万能磨粉机主要是由进料斗、机架、粉碎室、除尘器四部分组成，如图 3-10 所示。主轴上装有活动齿盘，活动齿盘上装有三圈活动刀，在粉碎体内装一只固定齿盘，固定齿盘上装两圈带钢齿的固定齿圈，活动齿圈上的活动牙齿与固定齿圈相互交错排列。

万能磨粉机因转盘高速旋转，零部件磨损较大，产热量也大，其钢齿常采用 45 号钢或其他硬质金属制备。同时还要保持整个机器处于良好的润滑状态。操作时应先关闭塞盖，开动机器空转，待高速转动时再加入需要粉碎的物料，以免阻塞于钢齿间，增加电机启动时的负荷。加入的药物大小应适宜，必要时预先切成块段。

万能磨粉机具有结构简单、坚固耐用、运转平稳、粉碎效果明显、维护方便等特点。适用于多种干物料的粉碎，如结晶性药物、非组织性的块状脆性药物以及干浸膏颗粒等。由于高速粉碎过程中会发热，不宜粉碎含有大量挥发性成分、热敏性和黏性药物。其生产能力一般为 100~200kg/h，功率为 0.74~5.88kW，成品的粉碎粒度为 80~100 目，因而广泛应用于常规片剂原料的粉碎。

（七）柴田式粉碎机

柴田式粉碎机的工作过程是将欲粉碎药物由加料斗进入机内，当转轴高速旋转时，物料受到打板的冲击、剪切和衬板的撞击作用而粉碎，通过风扇，细粉被空气带至出口排出。

柴田式粉碎机又称万能粉碎机，其主要结构由机壳和装在动力轴的甩盘、挡板及风扇等部件组成,系由锰钢或灰口铸铁制成的,见图 3-11。机壳由外壳和内套两层构成,外壳为铸铁铸成,分为两半圆形,厚度为 2～3cm。内套(俗称膛瓦)为锰钢或灰口铸铁铸成,分为两段,甩盘段由五块组成,一块为圆形空心盘状,内套镶于加料口内侧,其余四块呈 90°圆弧,组成圆筒状,镶于甩盘段机壳内侧,此段内套里面均铸成沟槽状,增加粉碎能力。挡板段内套有两块半圆筒状镶在外壳内侧,其内面平滑。甩盘安装在机壳动力轴上,有六块打板,主要起粉碎作用。甩盘固定不动,打板为中间带一圆孔的锰钢块,打板由于粉碎时受磨损,需及时更换,更换时需牢固扭紧,勿使松动。挡板安在甩板与风扇之间,有六块挡板呈轮状附于主动轴上,挡板盘可以左右移动来调节挡板与甩板、风扇之间距离,主要用以控制药粉的粗细和粉碎速度,同时也有部分粉碎作用。如向风扇方向移动药粉就细,向打板方向移动药粉就粗,风扇安在靠出粉口一端,由 3～6 块风扇板制成,借转动产生风力使药物细粉自出粉口经输粉管吹入药粉沉降器。沉降器为收集药粉的装置,自下口放出药粉。

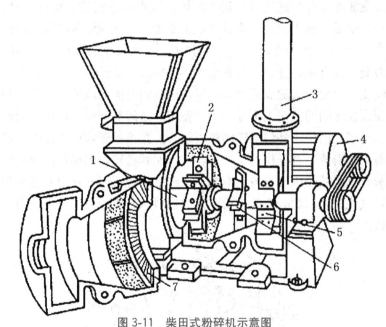

图 3-11 柴田式粉碎机示意图

1. 动力轴;2 打板;3. 出粉风管;4. 电动机;5. 风扇;6. 挡板;7. 机壳内壁锯齿

柴田式粉碎机在各类粉碎机中粉碎能力最大,是中药厂普遍应用的粉碎机。适用于粉碎植物性、动物性以及硬度不太大的矿物类药物,不宜粉碎比较坚硬的矿物药和含油多的药材。开机前应注意检查各机件部分安装是否牢固,扭紧螺丝。先开指示灯与补偿器,待粉碎机转动正常后合上负荷闸,逐渐由少至多地添加药料,添加前须注意清除铁钉等掺杂物。粉碎黏性大或硬度大的药料,须特别小心,及时观察安培计的情况,防止发生事故。当更换品种时,应彻底清扫机膛和沉降器及管路,以保证药粉质量。

(八)流能磨

流能磨又称气流粉碎机、气流磨,它与其他粉碎设备不同,其粉碎的基本原理是利用高速气流喷出时形成的强烈多相紊流场，使其中的固体颗粒在自撞中或与冲击板、器壁撞击中发生变形、破碎，而最终获得粉碎。由于粉碎由气体完成，整个机器无活动部件，粉碎效率高，可以完成粒径在 5μm 以下的粉碎，并具有粒度分布窄、颗粒表面光滑、颗粒形状规整、纯度高、活性大、分散性好等特点。由于粉碎过程中压缩气体绝热膨胀产生降温效应，因而还适用于低熔点、热敏性物料的超细粉碎。

目前工业上应用的流能磨主要有以下几种类型：循环管式流能磨、扁平式流能磨、对喷式流能磨、流化床对射磨等。重点介绍循环管式流能磨的工作过程及结构组成特点等。

研究结果表明，在气流粉碎过程中，80%以上的颗粒是依靠颗粒的相互冲击、碰撞粉碎的，只有不到 20%的颗粒是由于与粉碎室内壁的冲击和摩擦而粉碎的。

气流粉碎的喷气流不但是粉碎的动力，也是实现分级的动力。高速旋转的主旋流形成强大的离心力场，能将已粉碎的物料颗粒，按其大小进行分类，不仅分级粒度很细，而且效率也很高，从而保证了产品具有狭窄的粒度分布。

循环管式流能磨也称为跑道式气流粉碎机。该机由进料管、加料喷射器、混合室、文丘里管、粉碎喷嘴、粉碎腔、一次及二次分级腔、上升管、回料通道及出料口组成。其结构如图 3-12 所示。其工作过程为压缩空气通过加料喷射器产生的射流，使粉碎原料由进料口被吸入混合室，并经文丘里管射入 O 形环道下端的粉碎腔，在粉碎腔的外围有一系列喷嘴，喷嘴射流的流速很高，但各层断面射流的流速不相等，颗粒随各层射流运动，因而颗粒之间的流速也不等，从而互相产生研磨和碰撞作用而粉碎。射流可粗略分为外层、中层、内层。外层射流的路程最长，在该处颗粒产生碰撞和研磨的作用最强。由喷嘴射入的射流，首先作用于外层颗粒，使其粉碎，粉碎的微粉随气流经上升管导入一次分级腔。粗粒子由于有较大离心力，经下降管（回料通道）返回粉碎腔循环粉碎，细粒子随气流进入二次分级腔，粉碎好的物料从分级旋流中分出，由中心出口进入捕集系统而成为产品。

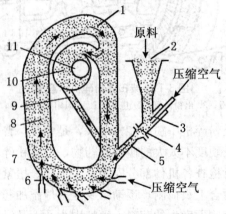

图 3-12　循环管式流能磨示意图

1. 一次分级腔；2. 进料管；3. 加料喷射器；4. 混合室；5. 文丘里管；6. 粉碎喷嘴；7. 粉碎腔；
8. 上升管；9. 回料通道；10. 二次分级腔；11. 出料口

流能磨与机械式粉碎相比，气流粉碎有如下优点：

1. 粉碎强度大、产品粒度微细（可达数微米甚至亚微米）、颗粒规整、表面光滑。

2. 颗粒在高速旋转中分级，产品粒度分布窄，单一颗粒成分多。

3. 产品纯度高，由于粉碎室内无转动部件，颗粒靠相互撞击而粉碎，物料对室壁磨损极微，室壁采用硬度极高的耐磨性衬里，可进一步防止产品污染，设备结构简单，易于清理，可获得极纯产品，还可进行无菌作业。

4. 可以粉碎磨料、硬质合金等莫氏硬度大于 9 的坚硬物料。

5. 适用于粉碎热敏性及易燃易爆物料。

6. 可以在机内实现粉碎与干燥、粉碎与混合、粉碎与化学反应等联合作业。

7. 能量利用率高，流能磨可达 2%～10%，而普通球磨机仅为 0.6%。

尽管气流粉碎有上述许多优点，但也存在着一些缺点：

1. 辅助设备多、一次性投资大。

2. 影响运行的因素多，一旦工况调整不当，操作不稳定。

3. 粉碎成本较高。

4. 噪声较大。

5. 粉碎系统堵塞时会发生倒料现象，喷出大量粉尘，恶化操作环境。

（九）胶体磨

胶体磨又称分散磨，是由电动机通过皮带传动带动转齿（或称为转子）与相配的定齿（或称为定子）作相对的高速旋转，其中一个高速旋转，另一个静止，被加工物料通

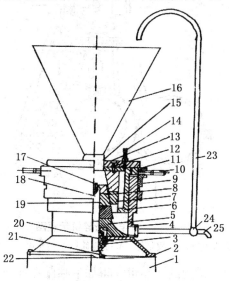

图 3-13 胶体磨结构图

1. 电动机；2. 机座；3. 密封盖；4. 排料槽；5. 离心盘；6. 固定磨套；7. 定磨盘；8. 动磨盘；
9. 调节环；10. 调节手柄；11. 限定螺钉；12. 连接螺钉；13. 盖板；14. 冷却水管；15. 垫圈；
16. 进料斗；17. 中心螺钉；18. 主轴；19. 键；20. 机械密封；21. 甩油盘；
22. 密封垫；23. 循环管；24. 三通阀；25. 出料管

过本身的重量或外部压力（可由泵产生）加压产生向下的螺旋冲击力，透过定、转齿之间的间隙（间隙可调）时受到强大的剪切力、摩擦力、高频振动、高速旋涡等物理作

用，使物料被有效地乳化、分散、均质和粉碎，达到物料超细粉碎的效果。

胶体磨是由磨头部件、底座转动部件和电动机三部分组成。图3-13为胶体磨的示意图。

胶体磨具有操作方便、外形新颖、造型美观、密封良好、性能稳定、装修简单、环保节能、整洁卫生、体积小、效率高等优点。在制剂生产中，常用于制备混悬液、乳浊液、胶体溶液、糖浆剂、软膏剂及注射剂等。胶体磨属高精密机械，线速度高达20m/s，又磨盘间隙极小。检修后装回必须用百分表校正，壳体与主轴的同轴度误差≤0.05mm。

（十）羚羊角粉碎机

羚羊角粉碎机是以锉削作用为主的粉碎机械，该机械由升降丝杆、皮带轮及齿轮锉组成。药料自加料筒装入固定，然后将齿轮锉安上，关好机盖，开动电机，转向皮带轮及皮带轮的转动使丝杆下降，借丝杆的逐渐下推使被粉碎的药物与齿轮锉转动时，药物逐渐被锉削而粉碎，落入药粉接收器中，见图3-14。

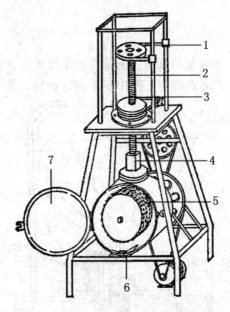

图3-14 羚羊角粉碎机示意图

1.滑动支架；2.升降丝杆；3.皮带轮；4.加料筒；5.齿轮锉；6.滑动支架；7.机盖

通过羚羊角粉碎机加工得到的产品可获得如下临床和社会效益：

1. 通过细胞级微粉碎，使药效成分充分释出，生物利用度高；在确保疗效的前提下，可以减少用药量；成品品质稳定可控。

2. 通过细胞级微粉碎，结合表面改性、粒子设计、复合化或精密包覆等应用技术工艺，为中药剂型改革朝着小型化、精致化和多样化方面发展提供了有效手段。

3. 通过细胞级微粉碎，可以提高药效（降低用药量）、简化生产工艺（减少用工和设备投入），达到降低生产成本的要求。

4. 由于成品的质量稳定可控、疗效明显确切，产品小巧精致、档次高，利润空间大而极具市场竞争力，销量必定会增加。

5. 通过改善成品品质、提高档次、降低成本和增加销量，使成品极具市场竞争力和高附加值，有效地降低了对细胞级微粉碎的成本，同时也降低了工艺和装备的投入风险，大大地缩短了投资回收期。

第三节 粉碎机械的选择与使用

粉碎操作是原材料处理及后处理技术中的重要环节，粉碎技术直接关系到产品的质量和应用性能，粉碎设备的选择是达到粉碎目的的关键因素之一。中药是天然的动物、植物及矿藏资源的本体，其品种繁多，结构复杂，所含成分不同，比重不同，加工工艺对粉碎度的要求也不同。粉碎设备种类多，由于设备结构不同，各自操作原理存在差异，外力对物料作用方式各异，因此，其性能、效率对各种中药的粉碎适应度和所能粉碎的细度有不同的影响，引起设备的能耗也有差距。并不是每种中药被粉碎得越细越好，而应根据中药制药的具体工艺要求来控制一定的粒径范围。综上所述，应根据具体的情况及其粉碎粒径要求选择相对应的粉碎设备。

一、粉碎机械的选择

在选择粉碎设备前，先应明确粉碎施力的方式，可根据待粉物的物料性质、粒度及粉碎产品的要求，采取相应的施力方式。①粒度较大或中等的坚硬物料采用压碎、冲击，粉碎工具上带有形状不同的齿牙；②粒度较小的坚硬物料采用压碎、冲击、碾磨，粉碎工具的表面无齿牙，为光滑面；③粉状或泥状的物料采用研磨、冲击、压碎；④磨蚀性弱的物料采用冲击、打击、研磨，粉碎工具上带有锐利的齿牙；⑤磨蚀性强的物料采用压碎为主，粉碎工具表面光滑；⑥韧性材料采用剪切或快速打击；⑦多成分的物料采用冲击作用下的选择粉碎，也可将多种力场组合使用。

此外，粉碎前应确定物料是否含有毒性，其粉尘是否有爆炸危险，被处理物料对粉碎机械的粉碎部件的磨琢及腐蚀程度，了解物料的黏接性能。例如，处理磨蚀性很大的物料不宜采用高速冲击的磨机；而对于处理非磨蚀性的物料，粉碎粒径要求又不是特别细（如>100μm）时，就不必采用能耗较高的气流磨，而选用能耗较低的机械磨，若能再配置高效分级器，则不仅可避免过粉碎且可提高产量。因此根据要求对粉碎机械正确选型是完成粉碎操作的重要环节；同时对粉碎机的生产速率、预期产量、能量消耗、磨损程度及占地面积等要有全面的了解。

二、粉碎流程的合理设计

粉碎过程的级数是优化工艺的主要指标，一级粉碎所需的设备费用要少，但过大的粉碎会急剧增加能耗。通常对一般性药材、辅料、浸膏，首先要考虑一级粉碎，硬质或纤维韧性药材或大尺寸原料可考虑破碎—磨碎，对要求制得微粉时考虑多级粉碎。

机件的材质对粉碎的影响很大，除气流粉碎外，大多干式粉碎将依托高速旋转转子作用，转子与固定定子间颗粒受剪切力而被粉碎的作用剧烈频繁，或者转动件与固定件之间的频繁研磨，致使与物料直接接触零件磨损严重，从而在粉碎过程极易产生不溶性杂质和金属颗粒污染的现象。要处理好上述的矛盾，就要分析矛盾的主次，粉碎机件耐磨损是主体，在保证耐磨的前提下又要确保耐蚀。建议粉碎机件材质使用高合金镍铬钢、硬质陶瓷等，此外，奥氏体不锈钢经特殊处理后，像医用手术器材用不锈钢硬化处理一样，据悉国内已有制药机械厂商有成功应用实例。

完善的粉碎工序设计需要对整套工程进行系统、充分地考虑。除了粉碎主体结构外，其他配套设施如给料装置及计量、分级装置粉尘及产品收集、计量包装等都必须充分注意。特别应指出的是，粉碎作业往往是工厂产生粉尘的污染源，如有可能，整个系统最好在微负压下操作。因此，对环境选择应考虑：①合适的场地条件；②震动和噪声；③直接入药或间接入药的不同净化要求；④粉尘搜集与后处理；⑤当地的环保要求。

制药粉碎设备可根据所需粉碎物料的原始状况、对粉碎的要求以及生产工艺要求等不同状况加以综合性分析与考虑，最终选择最佳的粉碎设备才能保质保量完成粉碎任务，以付出最小的开支来得到最大的经济效益和社会效益。

三、粉碎机的使用与养护

粉碎是固体物料加工中必不可少的重要环节。随着社会经济的迅速发展，各种物料的社会需求和生产规模日益扩大。改善粉碎操作，简化粉碎流程，改进粉碎机械，对于达到优质、高产、低消耗具有重大的意义。实际生产中粉碎机械种类很多，各种粉碎器械的性能均不同，应依其性能，结合被粉碎药物的性质与要求的粉碎度来灵活选用并正确使用。根据设备的条件，做好安全防护措施，建立合理的安全操作规程，严格执行设备维修保养制度，保证安全生产。在使用和保养粉碎机械时应注意下述几点：

1. 本机安排在较安稳的地方（可用调节脚调节），四周情况应干净、干燥、透风。

2. 开机前应检查整机各个紧固螺栓是否有松动，特别是锤片等高速运转零部件，固定必须牢固，然后开机检查机器的空载启动运行情况是否良好。

3. 轴承、伞形齿轮等各种转动机构必须保持良好的润滑性，以保证机件的正常运转。

4. 打开粉碎室门盖，检查粉碎室有无杂物。注意上盖打开时，请勿启动开关。

5. 工作前要把被粉碎物料挑选干净，不得有金属物、石块等坚硬物质混入其中，以免损坏机内零件或出现故障。要求粉碎物必须干燥，不宜加工潮湿和油脂的中药。

6. 启动电机，空机转动，等其转速稳定后再加料。否则因药物先进入粉碎室后，机器难以启动而引起发热，甚至烧坏电动机。如遇物料卡住，电机不转，请立即关闭，以免电机烧毁，待清除所卡物料后，可继续使用。

7. 机器工作时，操作者不能离开，一旦发生声音不正常时，应立即断开电源，排除故障后方可开机。

8. 电动机不能在超负荷情况下使用，电源必须符合电动机的要求，一切电气设备都应装接地线，以确保安全。

9. 电动机及传动机要装防护罩，各粉碎设施应注意防尘，生产前后要保持机器的清洁和干燥。

10. 工作结束后，应检查各机件是否完整，清洁机器，用篷布罩好，必要时加以整修再行使用。

第四节　典型设备规范操作

粉碎操作是固体制剂生产中药物原材料处理的重要环节。粉碎技术直接影响产品的质量和临床效果。产品颗粒大小的变化，将影响药品的临床时效性。在制药企业生产过程中，粉碎机的种类也很多，通常构造分类有偏心旋转式、滚筒式、锤式、流能式等，实际应用时应根据被粉碎物料的性质、产品的粒度要求以及粉碎设备的形式选择适宜的机器。在此，详细介绍以下两款工业生产中常用且典型设备的规范操作和应用。

一、万能粉碎机组

以 40-B 型万能粉碎机组为例，40-B 型脉冲万能粉碎机组由粉碎机、旋风分离和脉冲除尘箱三部分组成。适于医药、化工、食品等行业，适于粉碎干燥的脆性物料，属于粉碎与吸尘为一体的新一代粉碎设备。不适用于软化点低、黏度大的物料的粉碎。

1. **结构原理**　粉碎机主轴上装有活动齿盘，活动齿盘上装有三圈活动牙齿，门上装有固定齿盘，固定齿盘上装有二圈带钢齿的固定齿圈。活动齿盘上的活动牙齿与固定齿圈相互交错排列，当主轴高速运转时，活动齿盘也同时运转，物料抛进榔头间的间隙。物料在与齿或物料彼此间的相互冲击、剪切、摩擦等综合作用力作用下，获得粉碎。成品经筛网过筛后，由粉碎室经筛网排出，进入捕集袋，粗料则继续粉碎。粉碎细度可用筛网调节。粉尘由吸尘箱经布袋过滤后回收利用。随过滤时间的增加，滤袋内表面黏附的粉尘也不断增加，滤袋阻力随之上升，从而影响除尘效果，采用自控清灰机构进行定时摇振，清灰机构停机后自动摇振数十秒，使黏在滤袋内表面的粉尘落到灰斗、抽屉或直接落到输送皮带上（通过设定脉冲控制阀喷射气流的时间来清除粉尘，在设备工作过程中也可同时进行）。生产过程中无粉尘飞扬，能改善工作条件，提高产品的利用率。

2. **设备特点与技术参数**　本机组与粉碎物料相接触的零件全部采用不锈钢材料制造，有良好的耐腐蚀性，机架四周全部封闭，便于清洗，机壳内壁全部精细加工，达到表面平整、光滑，使物料产品符合国家药品质量管理规范的标准；风机部件采用通用标准风机，便于维修更换，并采用隔振设施，噪音小；滤料选用的是针刺毡圆筒滤袋，过滤效果好，使用寿命长；清灰机构采用电机带动连杆机构或脉冲气流除尘机构。电机带动连杆装置原理是电机带动连杆使滤袋抖动而清除滤袋内表面粉尘，其控制装置分手控和自控两种，清灰时间由操作者自己决定。脉冲气流控制室由空压机产生压缩气体，储存在一个气包内，通过脉冲控制阀喷射出高速气流射向过滤袋筒，使滤筒外面黏附的灰尘抖落，从而达到清灰的目的。40-B型万能粉碎机组技术参数见表3-1。

表3-1 40-B型万能粉碎机组技术参数表

型 号	20B	30B	40B	60B
生产能力(kg/h)	30～150	100～300	100～800	200～1200
主电机功率(kW)	4	5.5	7.5	11
主轴转速(r/min)	4500	3800	3200	2500
进料粒度(mm)	<6	<10	<12	<12
粉碎细度(目)	20～120	20～120	20～120	20～120
重量(kg)	220	320	450	600
外形尺寸(mm)	1280×680×1660	1280×700×1660	1450×700×1800	1600×920×1890

3. 操作方法

（1）开机前检查 操作前检查粉碎机各部分是否存在故障：①检查安全装置（紧急按钮，限位开关）；②检查粉碎机料斗内有无异物；若有，需在电源关闭的情况下清除。戴好口罩、眼镜等防护装置。

（2）开机 确认无误后打开电源开关，开启风机电源；启动粉碎机，观察电流表，稳定后开始投料（电流为50A）；投料要均匀，避免粉碎机超负荷运转，严禁工作电流超过150A。

（3）关机 粉料完成后，先关闭电机电源；吸料结束，关闭风机电源。

4. 维护保养

（1）设备维护 凡装有油杯的地方，开车前应注入适当的润滑油，并检查旋转部分是否有足够的润滑油。检查一下机器所有紧固螺钉是否全部拧紧，尤其是应定期检查活动齿的固定螺母是否松动。检查上下皮带轮在同一平面内是否平行，皮带紧张是否适当。用手转动主轴时应无卡滞现象，主轴活动自如。检查电器的完整性，电器部分应可靠接地。主轴旋转方向必须符合防护罩上箭头所示方向，否则将损坏主机。开车前必须检查主机腔内有无铁屑等杂物。物料粉碎前必须经检查，不允许有金属等杂物。经上述检查完毕后才可开机，开机时，应先开吸尘风机，再开粉碎电机，关机时则相反。

（2）清洗方法 戴好工作手套，防止划伤，关掉电源和急停装置，用扳手拧松连接粉碎机上下之间的安装螺栓，松开手动螺盘，按顺序放置，打开电源，松开急停，打开液压开关，待液压指示灯亮起，将选择开关旋转至"开"，分别将筛网和料斗打开，用气枪清洗粉碎腔和筛网，确保活动部位之间的结合面清洗干净。清洗后，将选择开关旋转至"关"，分别将筛网和料斗关闭，关闭液压开关，按下急停，连接粉碎机上下之间的安装螺栓，按顺序装上手动螺盘，完成后，关闭设备电源。

5. 注意事项 ①本机必须安装于水平的地面上，校正水平面；②机组电控箱盖，在工作时不得随意打开，如需调整清灰时间，应在停机和断电情况下进行调整；③根据粉尘性质和含尘浓度的大小，调定清灰时间。

二、锤片式粉碎机

锤片式粉碎机是制药、食品、化工、冶金等工业部门广泛应用的粉碎设备。以 SF-130 型锤片式粉碎机为例，叙述其使用、操作、注意事项等。

该机是通过高速剪切、锤击并在强气流的驱动下，经不锈钢筛网的过滤而得所需的粉粒，同时该设备还设有吸尘装置，可做到无粉末污染，还具有操作温度低、运转噪音小、效率高等特点。适宜粉碎化学物料、中药材等干燥的脆性物料。

1. 工作原理　本机采用冲击式粉碎方法，利用内部六只高速运转的活动锤体和四周固定齿圈的相对运动，使物料经锤齿冲撞、摩擦，彼此间冲击而获得粉碎。粉碎好的物料经旋转离心力作用，通过筛孔筛选后进入捕集袋。

2. 结构特征与技术参数　本机的主要结构由机座、上机壳、转子、操作门、进料机构、筛网和出料机构组成。根据粉碎机主轴的安装形式，分为卧式和立式两种。该机

表 3-2　SF-130 型锤片式粉碎机技术参数

型　　号	SF-130
生产能力	2～10kg/h
主轴转速	7000r/min
粉碎细度	20～120 目
物料极限	6mm
配用电机	220V/0.55kW
工作噪音	≤85 分贝
外形尺寸	680×440×920（mm）

的转子不同于机械设备中常见的内部无活动部件的转子，其执行粉碎的主要部件是锤片，它悬挂在均布于转子锤架板的销轴上，锤片与销轴的连接方式属于铰链连接，各锤片可绕销轴自由转动。一般来说，不同用途、规格的锤片式粉碎机转子的销轴数有所不同，但为减少运转过程中的不平衡，一般均为偶数；另外，单根销轴上装配的锤片数量时常差别很大，但总的原则是，同一台粉碎机同一中心对称上的两根销轴上装配的锤片数量相同。锤片式粉碎机技术参数见表 3-2。

3. 设备特点　SF-130 型锤片粉碎机属连续投料式粉碎机械，其结构合理、运转平稳、操作简易、工作噪音低、机器配有风冷装置，使机温降低，工作部分封闭在全不锈钢的机体内，高速运转达到药物卫生标准，损耗低。产量从数公斤到几十公斤不等（视物料情况而定），所以非常适合中、小规模生产的使用者，现已广泛应用于科研院所、大专院校等行业。

4. 操作方法　本机为整台装箱，拆箱后，搬至适当位置，放置平稳，接通电源，即可试用。使用前应检查机件传动部分是否有松动和其他不正常现象，机器运转方向应与箭头所示方向一致。使用时先进行空载试验 1～2 分钟，待观察无异常现象方可投料，进料时应逐渐增大物流量，并随时观察电机耗电和运转情况，待加料与电源平衡运转正常后，固定下料闸板，进行工作。中途如因物料太潮，结黏太大，影响出粉，应将物料烘干或更换较粗的筛板。更换筛板只需将前盖打开即可进行，安装前盖时应注意两边手轮松紧一致，保证前盖与机壳密封。停车前应先停止加料，让机器运转 5～20 分钟后再停车，以便减少残留物料。

5. 维护保养　定期检查轴承，更换高速黄油，以保证机器正常运转。要经常检查

易损件，如有磨损严重现象要及时更换。机器使用时如发现主轴转速逐步减退，必须将电机向下调节，这样能使机器达到规定转速，发现异常应停机检查。开机时严禁金属物料流入机器内部，如铁钉、铁块等。工作结束后，须清洗机器各部分的残留物料，停用时间较长必须擦净机器，用篷布罩好。

6. 注意事项　尽量缩小粉碎机锤片与齿板或筛片的间隙，间隙越小锤片撞击物料的频率越高，环流速度越慢，粉碎效率越高。采取辅助措施能有效提高粉碎机的工作效率，在粉碎工艺增设抽风系统，使物料更容易穿过筛孔，提高粉碎机的筛理效率，减少破碎环节的压力。

第四章　筛分与混合设备

筛分、混合在药物制剂生产中应用非常广泛，它对药品的质量以及制剂生产的顺利进行都有重要意义。药料在制药过程中通常要经过粉碎，而粉碎后的粉末粗细不匀，为了适应要求，就必须对其进行分档，这种分档操作即为筛分。筛分后的粉末要按一定比例与处方中其他各种成分进行混合，方才能组成某一固定的处方，提供给临床，为患者解除病痛。如在片剂生产中，对粉碎后的物料要进行分档、筛分，然后混合，才能完成制粒、压片等后续制药步骤。

第一节　筛分操作

筛分是借助于筛网工具将粒径大小不同的物料分为粒径较为均匀的两部分或两部分以上的操作。制药生产过程中使用的筛分设备通常有三种情况：①在清理工序中使用，其目的是为了使药材和杂质分开。②在粉碎工序中使用，其目的是将粉碎好的颗粒或粉末按粒度大小加以分等，以供制备各种剂型的需要；药材中各部分硬度不一，粉碎的难易不同，出粉有先有后，通过筛网后可使粗细不均匀的药粉得以混匀，粗渣得到分离，以利于再次粉碎。但应注意，由于较硬部分最后出筛，较易粉碎部分先行粉碎而率先出筛，所以过筛后的粉末应适当加以搅拌，才能保证药粉的均匀度，以保证用药的效果。③在制剂筛选中使用，其目的是将半成品或成品（如颗粒剂）按外形尺寸的大小进行分类，以便于进一步加工或得到均一大小尺寸的产品。

一、分离效率

制药原料、辅料种类繁多，性质差异甚大，尤其是复方制剂中常将几种乃至几十种药料混合，一起粉碎，所得药粉的粗细更难以均匀一致，要获得均匀一致的药料，就必须进行各药料间彼此的分离操作。

药料进行分散（离）操作时，可通过筛网工具来实现，例如，通过孔径为 D 的筛网将物料分成粒径大于 D 及小于 D 的两部分，理想分离情况下两部分物料中的粒径各不相混。但由于固体粒子形态不规则，表面状态、密度等各不相同，实际上粒径较大的物料中残留有小粒子，粒径较小的物料中混有大粒子，如图 4-1 所示。

某物料过筛前是单峰型粒度分布曲线，经过筛后，分为细粒度分布曲线 A 和粗粒度分布曲线 B，如图 4-2A 所示。图中横轴为粒径，纵轴为质量。在粒径 D 及 $D+\Delta D$

范围内 A、B 两份物料质量之和应等于分级前该粒径范围的质量。设对某一粒径范围在物料 A 中的质量为 a，在物料 B 中的质量为 b，则在较粗物料 B 中该粒径的质量分数为 $b/(a+b)$。如仍以粒径为横轴，以各粒径在料 B 中的质量分数为纵轴作图，可得图 4-2B 的曲线，该曲线称为部分分级效率曲线，$b/(a+b)$ 值称为部分分级效率。该曲线斜率越大，表明该分级设备的分离效果越高。理想分离情况下，该曲线为一垂直于横轴的直线。

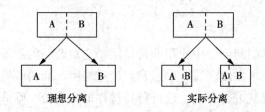

图 4-1 分离程度示意图

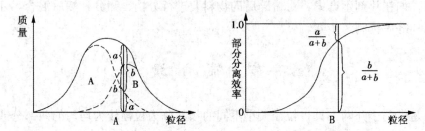

图 4-2 粒子粒径分布示意图

图 4-3 表示一筛选装置，进料为 F，经筛选后得成品 P 及筛余料 R，并设加料量 F，kg；成品量 P，kg；筛余料量 R，kg；加料中有用成分质量分率 x_F，%；成品中有用成分质量分率 x_P，%；筛余料中有用成分质量分率 x_R，%。则有筛选的物料平衡示意图 4-3。

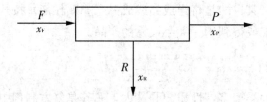

图 4-3 筛选的物料平衡示意图

由物料平衡得：

$$F = P + R \tag{4-1}$$

物料中各料有用组分的平衡式：

$$Fx_F = Px_P + Rx_R \tag{4-2}$$

为反映筛选操作及设备的优劣，根据式 4-1 及式 4-2 的物料衡算式，得出下述定义的计算式：

$$成品率 = \frac{P}{F} = \frac{x_P - x_R}{x_F - x_R} \quad (4-3)$$

有用成分回收率 η_P：

$$\eta_P = \frac{Px_P}{Fx_F} = \frac{x_P\ (x_F - x_R)}{x_F\ (x_P - x_R)} \quad (4-4)$$

无用成分残留率 η_Q：

$$\eta_Q = \frac{P\ (1 - x_P)}{F\ (1 - x_F)} = \frac{(1 - x_P)\ (x_F - x_R)}{(1 - x_F)\ (x_P - x_R)} \quad (4-5)$$

无用成分去除率 η_R：

$$\eta_R = \frac{R\ (1 - x_R)}{F\ (1 - x_F)} = \frac{(x_F - x_P)\ (1 - x_R)}{(x_R - x_P)\ (1 - x_F)} = 1 - \eta_Q \quad (4-6)$$

表达分离效率有两种方法，即牛顿分离效率 η_N 及有效率 η_E，它们各自的定义如下：

$$\eta_N = \eta_P + \eta_R - 1 = \eta_P - \eta_Q \quad (4-7)$$

$$\eta_E = \eta_P \cdot \eta_R \quad (4-8)$$

理想分离时，分离效率为 1；物料分割情况时，分离效率为 0。在一般情况下分离效率应为 0 至 1 的数值，分离效率愈高，表明筛选设备效率愈高。

二、药筛的种类

药筛是指按药典规定，全国统一用于药剂生产的筛，或称标准筛。实际生产上常用工业筛，这类筛的选用应与药筛标准相近。药筛按制作方法可分为两种。一种为冲制筛（冲眼或模压），系在金属板上冲出一定形状的筛孔而成。其筛孔坚固，孔径不易变动，多用于高速运转粉碎机的筛板及药丸的筛选。

表 4-1　中国药典筛与国外常见药筛的比较

中国药典筛号	筛孔内径（μm）		约相当于外国药典、标准筛号				相当于工业筛目
	2005 年版	2010 年版	日本 2010	美国 2010	英国 2010	WHO2005	
一号	2000±25	2000±70	9	10	8	8	10
二号	800±15	850±29	20	20			23～24
三号	355±10	355±13			44	44	50
四号	250±10	250±9.9	60	60	60	60	65
五号	180±10	180±7.6			85	85	80
六号	154±10	154±6.6	100	100	100	100	100
七号	125±6	125±5.8		120	120	120	120
八号	100±6	90±4.6			170	170	150
九号	71±4	75±4.1	200	200	200	200	200

另一种为编织筛，是用有一定机械强度的金属丝（如不锈钢丝、铜丝、铁丝等），或其他非金属丝（如人造丝、尼龙丝、绢丝、马尾丝等）编织而成。由于编织筛线易发生移位致使筛孔变形，故常将金属筛线交叉处压扁固定。根据国家标准 R40/3 系列。《中国药典》按筛孔内径规定了 9 种筛号。表 4-1 列出我国与外国药典筛的比较。在制药工业中，长期以来习惯用目数表示筛号和粉体粒度，例如每吋（25.4mm）有 100 个孔的筛称为 100 目筛，能够通过此筛的粉末称为 100 目粉。如果筛网的材质不同，或直径不同，目数就会出现不同，筛孔数必将引起差异。我国工业用筛大部分按五金公司铜丝箩底规格制定。

三、粉末的分等

由于药物使用的要求不同，各种制剂常需有不同的粉碎度，所以要控制粉末粗细的标准。粉末的等级是按通过相应规格的药筛而定的。《中国药典》规定了 6 种粉末的规格，如表 4-2 所示。粉末的分等是基于粉体粒度分布筛选的区段。例如通过一号筛的粉末，不完全是近于 2mm 粒径的粉末，包括所有能通过二至九号筛甚至更细的粉粒在内。又如含纤维素多的粉末，有的微粒呈棒状，短径小于筛孔，而长径则超过筛孔，过筛时也能直立通过筛网。对于细粉是指能全部通过五号筛，并含能通过六号筛不少于 95％的粉末，这在丸剂、片剂等不经提取加工的原生物粉末为剂型组分时，药典均要求用细粉，因此这类半成品的规格必须符合细粉的规定标准。

表 4-2　粉末的分等标准

等　　级	分　等　标　准
最粗粉	指能全部通过一号筛，但混有能通过三号筛不超过 20％的粉末
粗　粉	指能全部通过二号筛，但混有能通过四号筛不超过 40％的粉末
中　粉	指能全部通过四号筛，但混有能通过五号筛不超过 60％的粉末
细　粉	指能全部通过五号筛，并含能通过六号筛不超过 95％的粉末
最细粉	指能全部通过六号筛，并含能通过七号筛不超过 95％的粉末
极细粉	指能全部通过八号筛，并含能通过九号筛不超过 95％的粉末

四、筛分效果的影响因素

影响筛分效果的因素除了粉体的性质外，还与粉体微粒松散、流动性、含水分高低或含油脂多少等有关，同时还与筛分的设备有关。

1. 振动与筛网运动速度　粉体在存放过程中，由于表面能趋于降低，易形成粉块，因此过筛时需要不断地振动，才能提高效率。振动时微粒有滑动、滚动和跳动，其中跳动属于纵向运动最为有利。粉末在筛网上的运动速度不宜太快，也不宜太慢，否则也影响过筛效率。过筛也能使多组分的药粉起混合作用。

2. 载荷　粉体在筛网上的量应适宜，量太多或层太厚不利于接触界面的更新，量太小不利于充分发挥过筛效率。

3. 其他 包括微粒形状、表面粗糙、摩擦产生静电、引起堵塞等。

通常筛选设备所用筛网规格应按物料粒径选取。设 D 为粒径、L 为方形筛孔尺寸（边长）。一般，$D/L<0.75$ 的粒子容易通过筛网，$0.75<D/L<1$ 的粒子难以通过筛网，$1<D/L<1.5$ 的粒子很难通过筛网并易堵网，故对 $0.75<D/L<1.5$ 的粒子称为障碍粒子。

第二节　筛选设备

过筛设备的种类很多，可以根据对粉末细度的要求、粉末的性质和量来适当选用。通常是将不锈钢丝、铜丝、尼龙丝等编织的筛网，固定在圆形或长方形的金属圈或竹圈上。按照筛号大小依次叠成套（亦称套筛）。最粗号在顶上，其上面加盖，最细号在底下，套在接收器上。应用时可取所需号数的药筛套在接收器上，上面用盖子盖好，用手摇动过筛。此法多用于小量生产，也适于筛毒剧性、刺激性或质轻的药粉，避免细粉飞扬。大批量的生产则需采用机械筛具来完成筛分作业。

一、振动平筛

振动平筛的基本结构如图 4-4 所示。它是利用偏心轮对连杆所产生的往复运动而筛选粉末的机械装置。分散板是使粉末分散均匀，在网上停留时间可控制的装置。振动平筛工作除有往复振动外，还具上、下振动，提高了筛选效率。而且使粗粉最后到分散板右侧，并从粗粉口出来，以便继续粉碎后过筛或对粉末进行分级。振动平筛由于粉末在平筛上滑动，所以适合于筛选无黏性的植物或化学药物。由于振动平筛的机械系统密封好，故对剧毒药、贵重药、刺激性药物或易风化潮解的药物较为适宜。

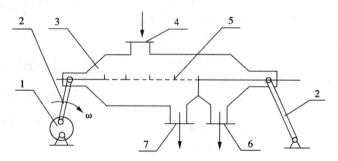

图 4-4　振动平筛工作示意图

1. 偏心轮；2. 摇杆；3. 平筛箱壳；4. 进料口；5. 分散板筛网；6. 粗粉出料口；7. 细粉出料口

二、圆形振动筛粉机

圆形振动筛粉机，如图 4-5 所示。其原理是利用在旋转轴上配置不平衡重锤或配置有棱角形状的凸轮使筛产生振动。电机的上轴及下轴各装有不平衡重锤，上轴穿过筛网并与其相连，筛框以弹簧支承于底座上，上部重锤使筛网发生水平圆周运动，下部重锤使筛网发生垂直方向运动，故筛网的振动方向具有三维性质。物料加在筛网中心部位，筛网上的粗料由排出口排出，筛分出的细料由下部出口排出。筛网直径一般为 0.4～

1.5m，每台可由 1～3 层筛网组成。

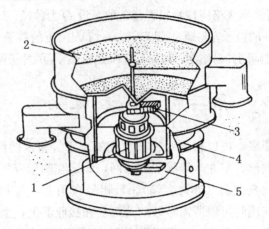

图 4-5　圆形振动筛粉机
1. 电机；2. 筛网；3. 上部重锤；4. 弹簧；5. 下部重锤

三、悬挂式偏重筛粉机

悬挂式偏重筛粉机如图 4-6 所示。筛粉机悬挂于弓形铁架上，系利用偏重轮转动时不平衡惯性而产生振动。操作时开动电动机，带动主轴，偏重轮即产生高速旋转，由于偏重轮一侧有偏重铁，使两侧重量不平衡而产生振动，故通过筛网的粉末很快落入接收器中。为防止筛孔堵塞，筛内装有毛刷，随时刷过筛网。偏重轮处有防护罩保护。为防止粉末飞扬，除加料口外可将机器全部用布罩盖。当不能通过积多的粗粉时，需停止工作，将粗粉取出，再开动机器添加药粉，因此是间歇性的操作。此种筛结构简单，造价低，占地小，效率较高。适用于矿物药、化学药品和无显著黏性的药料。

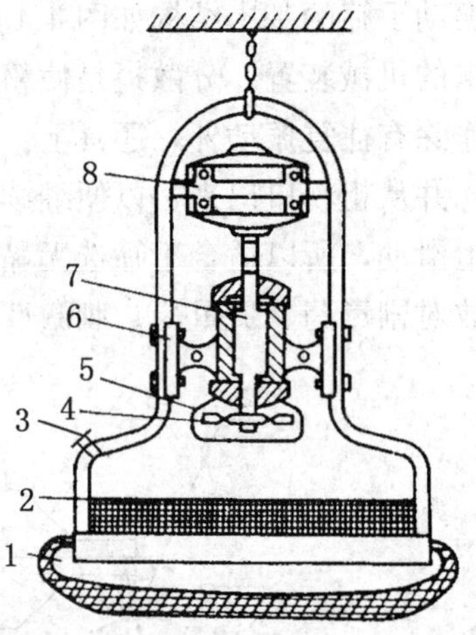

图 4-6　悬挂式偏重筛粉机
1. 接收器；2. 筛子；3. 加粉口；4. 偏重轮；
5. 保护罩；6. 轴座；7. 主轴；8. 电动机

四、电磁簸动筛粉机

电磁簸动筛粉机是由电磁铁、筛网架、弹簧接触器等组成，利用较高的频率（200 次/秒），与较小的幅度（振动幅度 3mm 以内）造成簸动。由于振动幅小，频率高，药粉在筛网上跳动，故能使粉粒散离，易于通过筛网，加强其过筛效率。此筛的原理是在筛网的一边装有电磁铁，另一边装有弹簧，当弹簧将筛拉紧时，接触器相互接触而通电，使电磁铁产生磁性而吸引衔铁，筛网向磁铁方向移动；此时接触器被拉脱而断了电流，电磁铁失去磁性，筛网又重新被弹簧拉回，接触器重新接触而引起第二次电磁吸引，如此连续不停而发生簸动作用。簸动筛具有较强的振荡性能，过筛效率较振动筛为高，能适应黏性较强的药粉如含油或树脂的药粉。

五、电磁振动筛粉机

电磁振动筛粉机，如图 4-7 所示，该机的原理与电磁簸动筛粉机基本相同，其结构是筛的边框上支承着电磁振动装置，磁芯下端与筛网相连，操作时，由于磁芯的运动，故使筛网垂直方向运动。一般振动频率为 3000～3600 次/分，振幅为 0.5～1.0mm。由于筛网系垂直方向运动，故筛网不易堵塞。

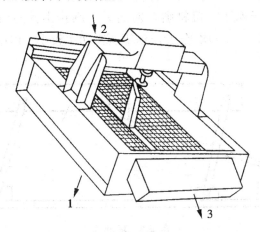

图 4-7　电磁振动筛粉机
1. 细料出口；2. 加料口；3. 粗料出口

六、旋动筛

旋动筛结构如图 4-8 所示，筛框一般为长方形或正方形，由偏心轴带动在水平面内绕轴心沿圆形轨迹旋动，回转速度为 150～260r/min，回转半径为 32～60mm。筛网具有一定的倾斜度，故当筛旋转时，筛网本身可产生高频振动。为防止堵网，在筛网底部网格内置有若干小球，利用小球撞击筛网底部亦可引起筛网的振动。旋动筛可连续操作，属连续操作设备。粗、细筛组分可分别自排出口排出。

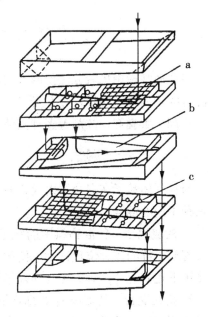

图 4-8　旋动筛
a. 筛内格栅；b. 筛内圆形轨迹旋面；c. 筛网内小球

七、滚筒筛

滚筒筛的筛网覆在圆筒形、圆锥形或六角柱形的滚筒筛框上，滚筒与水平面一般有 2～9 度的倾斜角，由电机经减速器等带动使其转动。物料由上端加入筒内，被筛过的细料由底部收集，粗料由筛的另一端排出。滚筒筛的转速不宜过高，以防物料随筛一起旋转，转速为临界转速的 1/3～1/2，一般为 15～20r/min。

八、摇动筛

摇动筛如图 4-9 所示，其主要结构有筛、摇杆、连杆、偏心轮等，长方形筛水平或稍有倾斜地放置。操作时，利用偏心轮及连杆使其发生往复运动。筛框支承于摇杆或以绳索悬吊于框架上。物料加于筛网较高的一端，借筛的往复运动物料向较低的一端运动，细料通过筛网落于网下，粗料则在网的另一端排出。摇动筛的摇动幅度为 5～225mm，摇动次数为 50～400 次/分。摇动筛所需功率较小，但维护费用较高，生产能力低，适宜小规模生产。

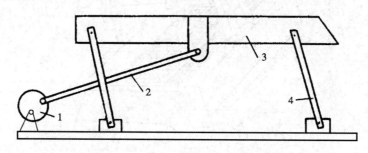

图 4-9　摇动筛
1. 偏心轮；2. 摇杆；3. 筛；4. 连杆

第三节　混合过程

混合通常指用机械方法使两种或两种以上物料相互分散而达到均匀状态的操作。参与混合的物料相互间不能发生化学反应，并保持各自原有的化学性质。混合是制备丸剂、片剂、胶囊剂、散剂等多种固体制剂生产中重要的操作单元。

一、混合运动形式

药料固体粒子在混合器内混合时，会发生对流、剪切、扩散三种不同运动形式，形成三种不同的混合。

1. **对流混合**　待混物料中的粒子在混合设备内翻转，或靠混合机内搅拌器的作用进行着粒子群的较大位置移动，使粒子从一处转移到另一处，经过多次转移使物料在对流作用下达到混合。对流混合的效果取决于所用混合机的种类。

2. **剪切混合**　待混物料中的粒子在运动中产生一些类似于滑动平面的断层，被混粒子在不同成分的界面间发生剪切作用，剪切力作用于粒子断层交界面，使待混粒子得以混合，同时该剪切力伴随有粉碎的作用。

3. **扩散混合**　待混物料中的粒子在紊乱运动中导致相邻粒子间相互交换位置所产生的局部混合作用。当粒子的形状、充填状态或流动速度不同时，即可发生扩散混合。

一般地，上述三种混合机理在实际混合操作中是同时发生的，但所表现的程度随混合机的类型而异。回转类型的混合机以对流混合为主，搅拌类型的混合机以强制对流混合和剪切混合为主。

二、混合程度

混合程度是衡量物料中粒子混合均一程度的指标。经粉碎和筛分后的粒子由于受其形状、粒径、密度等不均匀的影响，各组分粒子在混合的同时伴随着分离，因此不能达到完全均匀的混合，只能是总体上较均匀。考察混合程度常用统计学的方法，统计得出混合限度作为混合状态，并以此作为基准标示实际的混合程度。

1. 标准偏差和方差 混合的程度可用标准偏差 σ 和方差 σ^2 表示。标准偏差 σ 和方差 σ^2 的表示式为：

$$\sigma = \left[\frac{1}{n-1}\sum_{i=1}^{n}(X_i-\overline{X})^2\right]^{\frac{1}{2}} \tag{4-9}$$

$$\sigma^2 = \frac{1}{n-1}\sum_{i=1}^{n}(X_i-\overline{X})^2 \tag{4-10}$$

式中：n——抽样次数；

X_i——某一组分在第 i 次抽样中的分率（重量或个数）；

$\overline{X}$——样品中某一组分的平均分率（重量或个数）。

以某一组分的平均分率 $\overline{X}=\frac{1}{n}\sum_{i=1}^{n}X_i$ 作为该组分的理论分率，由式 4-9 或式 4-10 得出的 σ 或 σ^2 的值愈小，愈接近于平均值，混合的愈均匀；当 σ 或 σ^2 为 0 时，视为完全混合。

2. 混合程度（M） 标准偏差 σ 和方差 σ^2 受取样次数及组分分率的影响，用来表示最终混合状态尚有一定的缺陷，为此定义混合程度在两种组分完全分离状态时 $M=0$；在两种组分完全混合均匀时 $M=1$。据此卡迈斯提出混合程度 M_t 定义：

$$M_t = \frac{\sigma_0^2-\sigma_t^2}{\sigma_0^2-\sigma_\infty^2} \tag{4-11}$$

式中：M_t——混合时间 t 时的混合程度；

σ_0^2——两组分完全分离状态下的方差，即：$\sigma_0^2=\overline{X}(1-\overline{X})$；

σ_t^2——混合时间为 t 时的方差，即：$\sigma_t^2=\sum_{i=1}^{n}\frac{X_i-\overline{X}}{N}$，$N$ 为样本数；

σ_∞^2——两组分完全均匀混合状态下的方差，即 $\sigma_\infty^2=\frac{\overline{X}(1-\overline{X})}{n_g}$；

n_g——为每一份样品中固体粒子的总数。

完全分离状态时：$M_0=\lim_{t\to 0}\frac{\sigma_0^2-\sigma_t^2}{\sigma_0^2-\sigma_\infty^2}=\frac{\sigma_0^2-\sigma_0^2}{\sigma_0^2-\sigma_\infty^2}=0$

完全均匀混合时：$M_\infty=\lim_{t\to\infty}\frac{\sigma_0^2-\sigma_t^2}{\sigma_0^2-\sigma_\infty^2}=\frac{\sigma_0^2-\sigma_\infty^2}{\sigma_0^2-\sigma_\infty^2}=1$

一般状态下，混合度 M 介于 0~1 之间。

三、影响混合效果的主要因素

混合效果受很多因素的影响，诸如设备的转速、填料的方式、充填量的多少、被混合物料的粒径、物料的黏度等。

1. 设备的转速对混合效果的影响　现以圆筒形混合器为例说明设备的转速是如何影响混合效果的。当圆筒形混合器处于回转速度很低时，粒子在粒子层的表面向下滑动，因粒子物理性质不同，引起粒子滑动速度的差异，造成明显的分离现象；如提高转速到最适宜转速，粒子随转筒升得更高，然后循抛物线的轨迹下落，相互碰撞、粉碎、混合，此种情况混合最好；转速过大，粒子受离心力作用一起随转筒旋转，没有混合作用。以上情况如图 4-10 所示。

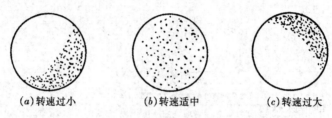

(a) 转速过小　　(b) 转速适中　　(c) 转速过大

图 4-10　圆筒型混合器内粒子运动示意图

转速 $n_a < n_b < n_c$

图 4-11 表示在两种不同体积的 V 型混合机中混合无水碳酸钠和聚氯乙烯时，无水碳酸钠的标准差与转速的关系曲线。由图可知，回转速度较低时，标准差随转速增加而减小，有一最小值，过了最小值之后随着转速增加而加大。很显然，物料混合时有一最适宜转速。另外还可知，体积较大的混合机适宜较低转速。

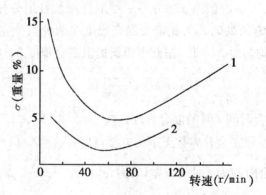

图 4-11　混合机转速与标准差的关系

1. 0.25L 混合机；2. 2L 混合机

2. 装料方式对混合效果的影响　混合设备的装料方式通常有三种：第一种是分层加料，两种粒子上下对流混合；第二种是左右加料，两种粒子横向扩散混合；第三种是两种粒子开始以对流混合为主，然后转变为以扩散混合为主。如图 4-12 所示。图中曲线表示在 7.5L V 型混合机中三种不同装料方式的方差 σ^2 与混合机转数的关系。由图可见，分层加料方式优于其他的加料方式。

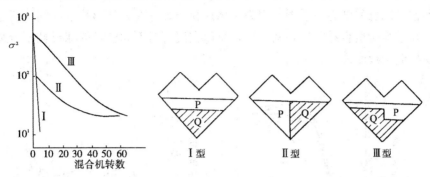

图 4-12 装料方式与标准差的关系

3. **充填量对混合效果的影响** 图 4-13 表示充填量与 σ 的关系。充填量是用单位体积中的重量表示的。充填量在 10% 左右，即相当于体积百分数 30%，σ 最小。同时也表示体积较大的混合机的 σ 较小。

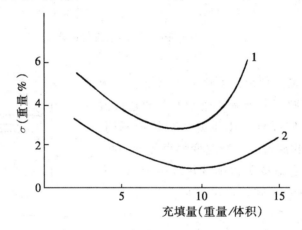

图 4-13 充填量与标准差的关系

1. 0.25L 混合机；2. 2L 混合机

4. **粒径对混合效果的影响** 图 4-14 表示粒径相同与粒径不相同的粒子混合时混合程度与转数的关系。由图可知，粒径相同的两种粒子混合时混合程度随混合机的转数增大到一定程度后，趋于一定值。相反，粒径不相同的物料由于粒子间的分离作用，混合程度较低。

5. **粒子形状对混合效果的影响** 待混物料中存在各种不同形状的粒子，如粒径相同混合时所达到的最终混合程度大致相同，最后达到同一混合状态。如图 4-15A 所示。如形状不同，粒径也不相同的粒子混合时所达到的最终混合状态不

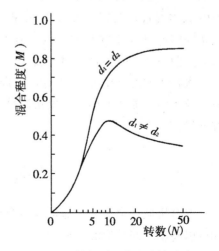

图 4-14 粒径对混合程度的影响

同。圆柱形粒子所达到的最大混合程度为最高，而球形粒子最低。如图 4-15B 所示。为什么球形粒子混合程度为最低呢？因为小球形粒子容易在大球形粒子的间隙通过，正如球形粒子在过筛时最容易通过筛网一样，所以在混合时不同粒径的球形粒子分离程度最高，表现出混合程度最低。

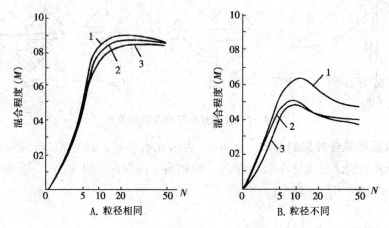

图 4-15　粒子形状对混合程度的影响

1. 圆柱形；2. 粒状；3. 球形

6. 粒子密度对混合效果的影响　粒径相同，但其密度却不一定相同，由于流动速度的差异造成混合时的分离作用，使混合效果下降。若粒径不同，密度也不同的粒子相混合时，情况变得更复杂一些。因为粒径间的差异会造成类似筛分机理的分离，密度间的差异会造成粒子间以流动速度为主的分离。这两种因素互相制约。

7. 混合比对混合效果的影响　两种以上成分粒子混合物的混合比改变会影响粒子的充填状态。图 4-16 表示混合比与混合程度的关系。图中可见，粒径相同的两种粒子混合时，混合比与混合程度几乎无关。曲线 2、3 说明粒径相差愈大，混合比对混合程度的影响愈显著。

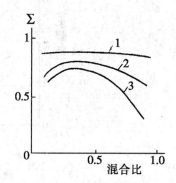

图 4-16　混合比与混合程度的关系

粒径比：曲线 1（1∶1）；曲线 2（1∶0.85）；曲线 3（1∶0.67）

大粒子的混合比为 30％时，各曲线的混合程度 M 处于极大值。这是因为 30％左右，粒子间空隙率最小，充填状态最为密实，粒子不易移动，可抑制分离作用，故混合程度最佳。

第四节　混合设备

混合机械种类很多，通常按混合容器转动与否大体可分成不能转动的固定型混合机和可以转动的回转型混合机两类。

一、固定型混合机

1. **槽形混合机**　如图 4-17 所示，其槽形容器内部有螺旋形搅拌桨（有单桨、双桨之分），可将药物由外向中心集结，又将中心药物推向两端，以达到均匀混合。槽可绕水平轴转动，以便自槽内卸出药料。混合时间一般均可自动控制，槽内装料约占槽容积的 60%。

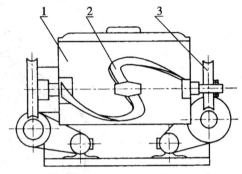

槽形混合机搅拌效率较低，混合时间较长。另外，搅拌轴两端的密封件容易漏粉，影响产品质量和成品率。搅拌时粉尘外溢，既污染环境又对人体健康不利。但由于它价格低廉，操作简便，易于维修，对一般产品均匀度要求不高的药物，仍应用广泛。

图 4-17　单桨式槽形混合机
1. 混合槽；2. 搅拌桨；3. 蜗轮减速器

2. **双螺旋锥形混合机**　如图 4-18A 所示，它主要由锥形筒体、螺旋杆、转臂和传动部件等组成。螺旋推进器的轴线与容器锥体的素线平行，其在容器内既有自转又有公转。被混合的固体粒子在螺旋推进器的自转作用下，自底部上升，又在公转的作用下，在全容器内产生循环运动，短时间内即可混合均匀，一般 2～8 分钟可以达到最大混合程度。

双螺旋锥形混合机具有动力消耗小、混合效率高（比卧式搅拌机效率提高 3～5 倍）、容积比高（可达 60%～70%）等优点，对密度相差悬殊、混配比较大的物料混合尤为适宜。该设备无粉尘，易于清理。

为防止双螺旋锥形混合机混合某些物料时产生分离作用，还可以采用非对称双螺旋锥形混合机（图 4-18B）。

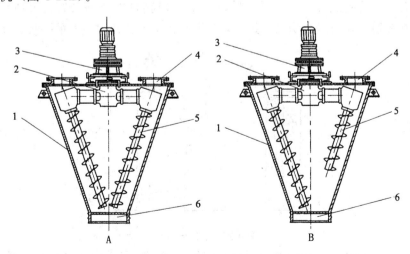

图 4-18　双螺旋锥形混合机
1. 锥形筒体；2. 传动部件；3. 减速器；4. 加料口；5. 螺旋杆；6. 出料口

3. 圆盘形混合机 图4-19所示为一回转圆盘形混合机。被混合的物料由加料口1和2分别加到高速旋转的环形圆盘4和下部圆盘6上，由于惯性离心作用，粒子被散开。在散开的过程中粒子间相互混合，混合后的物料受出料挡板8阻挡由出料口7排出。回转盘的转速为1500~5400r/min，处理量随圆盘的大小而定。此种混合机处理量较大，可连续操作，混合时间短，混合程度与加料是否均匀有很大关系，物料的混合比可通过加料器进行调节。

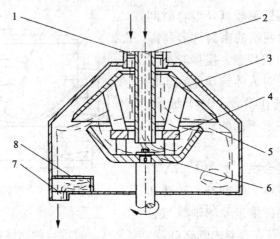

图 4-19 回转圆盘形混合机

1、2. 加料口；3. 上锥形板；4. 环形圆盘；5. 混合区；6. 下部圆盘；7. 出料口；8. 出料挡板

二、回转型混合机

1. V形混合机 图4-20所示为一V形混合机，它是由两个圆筒V形交叉结合而成。两个圆筒一长一短，圆口经盖封闭。圆筒的直径与长度之比一般为0.8左右，两圆筒的交角为80度左右，减小交角可提高混合程度。设备旋转时，可将筒内药物反复地分离与汇合，以达到混合。其最适宜转速为临界转速的30%~40%，最适宜容量比为30%，可在较短时间内混合均匀，是回转型混合机中混合效果较好的一种设备。

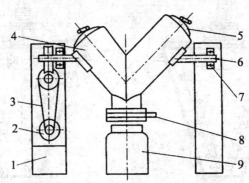

图 4-20 V形混合机

1. 机座；2. 电动机；3. 传动皮带；4. 容器；5. 盖；6. 旋转轴；7. 轴承；8. 出料口；9. 盛料器

2. 二维运动混合机 图4-21所示为二维运动型混合机，它在运转时混合筒既转动

又摆动，同时筒内带有螺旋叶片，使筒中物料得以充分混合。该机具有混合迅速、混合量大、出料便捷等特点，尤其适用于大批量，每批可混合 250～2500kg 的固体物料。该机属于间歇式混合操作设备。

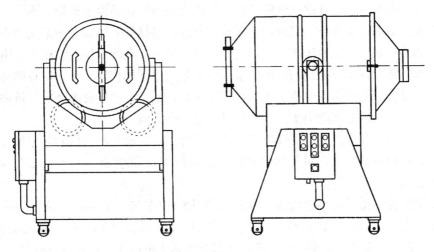

图 4-21　二维运动混合机示意图

3. 三维运动混合机　图 4-22 所示为三维运动混合机，它是由机座、传动系统、电器控制系统、多向运行机构、混合筒等部件组成。其混合容器为两端锥形的圆筒，筒身被两个带有万向节的轴连接，其中一个为主动轴，另一个为从动轴，当主动轴转动时带动混合容器运动。该机利用三维摆动、平移转动和摇滚原理，产生强力的交替脉动，并且混合时产生的涡流具有变化的能量梯度，使物料在混合过程中加速流动和扩散，同时避免了一般混合机因离心力作用所产生的物料偏析和积聚现象，可以对不同密度和不同粒度的几种物料进行同时混合。三维运动混合机的均匀度可达 99.9% 以上，最佳填充率在 60% 左右，最大填充率可达 80%，远高于一般混合机，混合时间短，混合时无升温现象。该机亦属于间歇式混合操作设备。

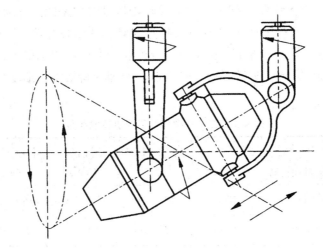

图 4-22　三维运动混合机示意图

第五节 典型设备规范操作

筛分是借助具有一定孔眼或缝隙的筛面，使物料颗粒在筛面上运动，不同大小颗粒的物料在不同的筛孔处落下，完成物料颗粒的分级，根据其分级方式的不同可以大致分为振动筛和旋振筛。在工业生产中相对应的筛分设备主要有圆形振动筛粉机、电磁簸动筛粉机、旋转筛等。不同的剂型，所要求的粉末分级也不尽相同，筛分设备的选用原则为：其一，设备所用的筛网规格应按物料粒径选取；其二，筛面要耐磨损、抗腐蚀、可靠性好；其三，单位处理能力要高，维修时间短，噪音低。

混合设备主要分为固定型混合机和回转型混合机，工业生产常用的固定型混合机包括槽型混合机和圆盘型混合机；回转型混合机包括 V 形混合机、二维运动混合机、三维运动混合机等。

无论是筛分设备还是混合设备，设备规范化的操作和应用都是产品合格的重要保障，在此以 ZS-800 型高效筛粉机、CH-20 型槽式混合机、EYH 型二维运动混合机、HS 系列三维混合机四款典型设备为例，详细介绍其规范操作流程和设备应用。

一、高效筛粉机

ZS-800 型高效筛粉机是根据国外资料，克服以往筛粉用量不足而研制的大容量筛粉机，凡原料和筛子的接触部分，外封面均用不锈钢制造，适用于医药、食品、化工等行业的物料过筛之用。

1. **工作原理** ZS-800 型高效筛粉机是由立式振动电机整机一体组成一个震荡系统。电机主轴上下两端均有偏心激振重块，与电机主轴固定不动。对特殊原料难于过筛可适当加重偏心重块的重量，从而达到筛选不同原料的特性。此时，物料不但受到很大水平方向的离心作用力，而且还受到很大垂直方向的作用力，使物料形成复合运动，产生高效筛粉的效果。

2. **设备特点与技术参数** ZS-800 型高效筛粉机是双层密闭式筛粉机（可根据用户需要订做多层密闭式筛粉机），用于连续去掉过大颗粒的物料筛选。ZS-800 型高效筛粉机由筛箱、传动激振装置、机座、底座四部分组成，本机可用于单层或多层分级使用，结构紧凑，操作维修方便，运转平稳，噪音低，处理物料量大，细度小，适应范围广。技术参数见表 4-3。

表 4-3 ZS-800 型高效筛粉机技术参数

型 号	生产能力（kg）根据不同物料和目数	振动频率（次/分）	过筛目数（目）	功 率（kW）	外形尺寸（mm）	重 量（kg）
ZS-800	200～2500	1500	12～200	0.75	868×1180	320
ZS-1000	250～29000	1500	12～200	1.5	1070×1180	430

3. 设备安装　筛粉机因振动较大应用底脚螺栓固定在水平地面上工作。在接上电源试车之前，要作一次彻底检查，各螺栓是否紧固，各零部件是否损坏。运转100小时后，机器上所有螺母、螺栓和紧固件都应彻底检查一遍，如有松动即要及时紧固。

4. 操作方法　筛粉机上、下两偏心激振重块的激振力，经长期实验基本确定，一般情况下无须调整，为了满足特殊原料的筛粉要求和筛粉效果，适当加大偏心重块的重量，可提高该振动电机的激振力，增加平旋型园振动和微量上下摇摆振动。

5. 注意事项　不允许在未装筛子和未紧固的情况下开机；不允许在超负载的情况下开机；不允许在机器运行时进行任意调节；筛粉机上的偏心块出厂时已调整到最佳角度，请勿任意调整。

二、槽式混合机

CH-20型槽式混合机为卧式单桨混合机，结构合理，造型美观，体积小，运转平稳，噪音小，广泛用于制药、化工、食品等行业及医院制剂室等。

该设备适用于不同原料的粉状、糊状物质混合，并在混合过程中保证物科不挥发、不变色，保证物料清洁。不适用于混合液体或黏度过大的物料。

1. 工作原理　CH-20型槽式混合机采用蜗轮、蜗杆传动，机座在右端有一蜗轮减速箱，减速箱装有机械油，通过蜗杆、蜗轮传动把机油运送各部同时起润滑作用。搅拌桨为S型通轴式，它是通过搅拌减速器的动力蜗轮带动桨转动，从而达到混合所要求的效果。倒料方便，操作简单，在混合完毕后，可提起左边的手柄，向本机的前方转动，即可倒料。

2. 设备特点与技术参数　全封闭的防护罩壳采用高级不锈钢板精制而成，使整机的外观更加整洁，并便于清扫。技术参数见表4-4。

3. 操作方法

（1）安装说明　本机为整台装箱，拆箱后，安放适当地点，垫平后即可使用，用地脚螺栓固定则更佳。电源为380V交流电。倒料角度由按钮开关控制，为防止运行失灵损坏传动部件，需经常检查，确保运行可靠。

（2）使用说明　①使用前应进行一次空运转试车，试车中观察各部件装置

表4-4　CH-20型槽式混合机技术参数

	项目	参数
主要参数	容积	20L
	形式	槽式S型单桨
	工作转数	34r/min
	倒料角度	105°
	机器重量	40kg
	外形尺寸	550×320×620（mm）
电动机	功率	0.75kg
	机座号	Y802-4
	转速	1390r/min
	电压	380V

运转是否正常，是否有特殊噪音，减速器温度是否升高。②如情况正常，才可投入生产。杆螺栓拔出主轴，然后平稳拉出搅拌桨。搅拌桨装拆时应注意平稳，不得硬敲乱撬，以免撬弯变形。③调节两端螺栓，使桨叶在槽壳中间。④在运转中如需要铲刮槽壁物料，应使用工具，千万不可用手，以免造成工伤事故。⑤减速器的润滑采用油浸式，

开车前须在左右减速箱注入 30♯机油，其油量为油标一半，倒料轴承采用油杯润滑，每班一次。为保持油质清洁，每六个月换新油一次。

4. **维护保养**　CH-20 型槽式混合机主控系统润滑保养：主要依靠减速器内储存油来完成蜗轮、蜗杆及轴承润滑，所以要经常查看减速器内的油是否在油面线上，同时要求油质清洁。如经常使用，则需要保证每三个月换一次润滑油。

主控系统部件维修：定期检查应每月进行 1～2 次，主要检查蜗杆、蜗轮、轴承、轴套、油封等部件是否磨损或损坏，如发现应及时修理和更换。经常查看电器部分是否灵活、老化，同时还应保证电器的清洁以防杂物积存，造成电器故障。

每班用完后，下班前必须清除槽内的残留物，最好用木、竹器，以减少对不锈钢板的划伤，并同时用水清洁干净，以备下次使用。如长时间不用，应用篷布罩好，保证室内通风干燥。

5. **注意事项**　CH-20 型槽式混合机在运转中如需要铲刮槽壁物料，应使用工具，千万不可用手，以免造成工伤事故。在使用中如发现机器震动异常或有不正常怪声，应立即停车检查。使用负荷不能过大，以搅拌电动机工作电流 5.8 安培为正常。

6. **故障排除**　本机出厂时已调试正常，如在运输中或投放物料中发生不正常现象，应及时进行调整。如果搅拌桨与槽壳内两端不锈钢板有磨损现象应及时停机，调整减速器两端螺栓。发现蜗杆出现漏油现象，应及时更换油封。出现漏料粉现象，适当调紧两端支架内的背帽。

三、二维混合机

EYH 型二维混合机适用于制药、食品、轻工、冶金等多种行业的干燥粉体、颗粒物料的高均匀度混合。

1. **工作原理**　由一台摆线电机带动链条转动，从而带动两根主动轴转动，主动轴两端各装有挂胶托轮一个，利用摩擦带动料筒转动。

2. **结构特征**　本机主要由料筒、上机架（摇床）、下机架、转动机构、摆动机构和电气装置组成。转动机构选用摆线针轮减速机，位于上机架内。工作时，电动机通过链轮、链条带动主轴，再通过驱动轮使料筒旋转。摆动机构位于下机架内，选用蜗轮、蜗杆或者摆线针轮减速机减速。

3. **设备特点**　工作时，电动机通过皮带轮或者链轮传动给减速机，然后再通过链杆组件摇摆带动上机架，使料筒作一定角度的摆动。电气控制按钮与指示灯都装在机架右侧，转动与摇动分别有开、停及点控制。

4. **操作方法与技术参数**

（1）运行前检查　①料筒内部是否洁净、干燥。②驱动轮胎部位有无夹带杂物。③挡轮座螺栓与筒盖螺栓是否紧固。

（2）空载试运行　①检查料筒旋转方向。打开电源开关，电源指示灯亮。按"转动开"按钮，检查料筒混料时的转向是否正确。指示左旋导向板的应是反时针转，指示右旋导向板的应是顺时针转，如转向不对，则需通知电工调换电机接线相序。②检查摆动和出料的点动控制是否有效。③检查 2 个（4 个）挡轮是否着力均衡。④检查整机运行状况，如有不平稳或异常响声等不正常情况，应立即停车汇报，排除故障后方可投产。

（3）进料 打开进料口盖子上的接管卡箍，取下盲盖，装上抽料专用装置后卡紧。随后接上抽气和抽料软管，按"摆动 点动"按钮，将料筒进料口一端摆动到最高的位置，启动气泵或真空泵抽料。进料量不能超过设备规定的装料容积和装料重量，进完料，卸去抽料装置，再加上盲盖卡紧。

（4）定时 按照"JS"系列时间继电器使用说明书的说明，将混一批料的所需时间设定好。

（5）混合 按"转动开"和"摆动开"按钮，料筒进行连续的转动和摆动，物料随之运动、混合。设定时间到设备运动时间停止。

（6）卸料 按"摆动、点动"按钮，使料筒出料高于水平位置，打开出料口盖子，将接料桶放置在出料口相应的位置。再按"摆动、点动"按钮，使出料下降到适宜的位置。然后，按"出料开"按钮，物料自动卸出，待物料全部卸完，按"出料关"按钮，接着关掉总电源。

（7）清洁设备 对于一般物料可用高压水枪对筒体内壁清洗，将筒体内余水如"卸料"方法排出筒体，打开两头盖子，自然晾干，待用。

（8）技术参数 EYH 型二维混合机技术参数见表 4-5。

5. 维护保养 料筒应避免硬物敲击，以防筒体变形而影响运转平稳。减速机定期加油，油位高度应至油标居中位置。减速机初次运载 300 小时后，须更换润滑油。更换时应去除残存污油。以后每隔 6 个月更换一次。轴承充填 2♯锂基润滑脂，每隔 6 个月检查补充一次。定期检查和调整链条、三角皮带的松紧程度。并在链条上涂抹机械油。

表 4-5 EYH 型二维混合机技术参数

适用吨位	1000～10000L
料筒容积	10000L
最大装料容积	6000L
最大装料重量	3000kg

6. 注意事项 设备使用前，应进行空载试车，检查其运行是否正常。设备料筒容积 10000L，最大装料容积 6000L，最大装料重量 3000kg。设备操作按照电气控制箱上的文字说明。"摆动"与"出料"的停止按钮兼作点动作。凡是点动或改变料筒转向，必须先按停止按钮，避免过大的起动电流。在关闭料筒盖时，应对称拧紧星形把手，尽量做到封闭均匀。设备运行时，在料筒摆动的方位，严禁站人。

7. 故障排除 见表 4-6。

表 4-6 EYH 型二维混合机故障排除方法

故 障 现 象	可 能 原 因	排 除 方 法
1. 筒盖处漏粉	1）密封条老化或损坏 2）星形把手用力不均	1）更换密封条 2）重新压紧，要对称，均匀用力

续表

故 障 现 象	可 能 原 因	排 除 方 法
2. 抽料速度太慢，甚至抽不动料	1）滤布阻塞 2）抽气系统有泄露或筒盖没盖紧 3）抽料管插入料筒太深	1）更换滤布 2）找出泄露点排除，盖紧筒盖 3）不要把抽料管口全埋在料内，要让其有进气余地
3. 料筒挡轮圈与上机架面板产生摩擦	橡胶驱动轮磨损已达极限	更换橡胶轮
4. 每次转动起始，上机架面板下有响声	传动链条太松	移动减速机，调整链条松紧
5. 摆动不稳定	1）摇臂连接处、连杆连接处螺栓松动 2）减速机底脚螺栓松动	1）加弹簧垫圈紧固 2）紧固
6. 转动不稳定	驱动轮与挡轮圈擦边	调整挡轮座位置
7. 有异常响声	1）有轴承损坏 2）局部松动	1）检查各部位轴承，更换已损坏轴承 2）查看连接处和紧固部位

四、三维混合机

HS 系列三维运动混合机利用独特的三角摆动、平移转动及摇滚的原理，产生一股强力的交替脉冲运动，使不同的物料得到充分快速混合，是目前制药、化工、食品等行业生产的主流混合设备。该机能非常均匀混合流动性能好的粉状或颗粒状的物料，使混合的物料达到最佳效果。

1. **工作原理**　HS 系列三维运动混合机工作原理与传统的回转式混合机不尽相同，它在立方体三维空间上作独特的平移、转动、摇滚运动，使物料在混合筒内处于"旋转流动-平移-颠倒落体"等复杂的运动状态，即所谓的三向复合运动状态；产生一股交替脉冲，连续不断地推动物料，运动产生的湍动则有变化的能量梯度，从而使被混合的物料中各质点具有不同的运动状态，各质点在频繁的运动扩散中不断地改变自己所处的位置，产生了满意的混合效果。

物料混合中最忌讳的有两点：一是混合运动中离心力的存在，它能使不同密度的被混合物料产生偏析；二是被混合物料成团块状和积聚运动，使物料不能有效地扩散掺和，三维运动混合机的运动状态克服了上述弊病。装料的筒体在主动轴的带动下做平行移动及摇滚等复合运动，促使物料随着筒体作环向、径向和轴向的三向复合运动，从而使多种物料在相互流动、扩散、掺杂中达到高均匀混合的目的。

2. **结构特征**　由机座、驱动系统、三维运动机构、混合筒及电器控制系统等部分组成，与物料直接接触的混合筒采用优质不锈钢材料制造，筒体内壁经精密抛光。为使混料筒能在立体三维空间作复杂的平动、转动、摇滚运动，该机设计有独特的主动、从动双轴及二轴端三维运动摇臂结构；从动轴作柔性设计，使该机运动更加灵活、轻便；

调试、维修更加方便。混料筒置于两个空间交叉又互相垂直，分别由三维运动摇臂连接的主、从动轴之间，混料筒由筒身、正锥台进料端、偏心锥台出料端、进料口及出料装置组成。

混料筒采用优质不锈钢精制，其内壁及外壁经抛光处理。筒体气密性好，平面光洁无死角、无残留、易清洗。进料口采用卡箍式法兰密封，操作方便，气密性好；出料采用独特设计的新型锥台，不对称设计更利于物料的均匀混合，放料时，出料口处于混合容器的最低位置，可以将物料放尽。

3. 设备特点与技术参数

（1）由于混合筒体具有多方向的运动，使筒体内的物料混合点多，混合效果显著，其混合均匀度要高于一般混合机的均匀度，药物含量的均匀度误差要低于一般混合机。同时 HS 系列三维运动混合机最大容积比一般混合机大，一般混合机最大容积通常为筒体全容积的 40%，而 HS 系列三维运动混合机最大量容积可达 85%。

（2）HS 系列三维摆动混合机的混合筒设计独特，机体内壁经过精密抛光，无死角，不污染物料，出料时物料在自重作用下顺利出料，不留剩余料，具有不污染、易出料、不积料、易清洗等优点。

（3）物料在密闭状态下进行混合，对工作环境不会产生污染。

（4）高度低，回转空间小，占地面积少。

（5）振动小，噪音低，工位随意可调，安装维修方便，使用寿命长。HS 系列三维摆动混合机技术参数见表 4-7。

表 4-7　HS 系列三维摆动混合机技术参数

机器型号	HS-100	HS-200	HS-300	HS-400
总容量（L）	100	200	300	400
工作容积（L）	50～60	100～120	150～180	200～240
料筒转数（r/min）	0～12	0～12	0～11	0～11
电机功率（kW）	1.5	2.2	3.0	3.0
电压（V）	380	380	380	380
外形尺寸（mm）	1030×1210×1500	1550×1510×1500	1550×1510×1500	1550×1510×1500
机器重量（kg）	400	600	700	800

4. 操作方法　本机为整体设备，操作方便，运抵工作现场后，使用胶板垫平，然后固定，接通电源（本机三相四线 380V 带工作零线），打开该机后上门，再打开机体电控箱内空气开关，此时设备开始供电，然后应检查各部紧固件有无松动现象。确认无误时，应空机启动运转，但要注意启动前应先将变频器调速旋钮回转至零处，再按启动按钮，再慢慢旋转调速旋钮，达到料筒适合的工作转数即可。

5. 注意事项　应经常检查各紧固件有无松动现象，若经常使用还要观察和倾听各部轴承转动是否正常，出现异常应及时拆开查看有无磨损严重和损坏现象，发现应及时处理。启动按钮，再慢慢旋转调速旋钮，切记不可突然加快，以免损坏设备或造成其他的意外事故。轴承部分应在 3～6 个月更换润滑油。

第五章　分离原理与设备

分离是利用化学技术、现代分离技术、工程学等原理对目标成分的提取分离过程进行研究，建立适合于工业化生产的提取分离方法，是研究制药工业中分离与纯化的工程技术学科。中药有效成分往往需要从复杂的均相或非均相体系中提取出来，然后通过分离和去除杂质以达到提纯和精制的目的。同时化学合成或生物合成后的产物中，除药物成分以外，常存在大量的杂质及未反应的原料，因此必须通过各种分离手段，将未反应的原料分离后重新利用，或将无用或有害的杂质去除，以确保药物成分的纯度和杂质的含量符合制剂加工的要求。

对于中药而言，第一阶段得到的粗提物含有大量溶剂、无效成分或杂质，传统的工艺一般都需要通过浓缩、沉淀、萃取、离子交换、结晶、干燥等多个纯化步骤才能将溶剂和杂质分离出去，使最终获得的中药原料药产品的纯度和杂质含量符合制剂加工的要求。又如，对生物发酵所得的产品的下游加工过程，由于发酵液是非牛顿型流体，生物活性物质对温度、酸碱度的敏感性等这些特点形成药物分离过程的特殊性。就原料药生产的成本而言，分离纯化处理步骤多、要求严，其费用占产品生产总成本的比例一般在 $50\% \sim 70\%$ 之间。化学合成药的分离纯化成本一般是合成反应成本费用的 $1 \sim 2$ 倍；抗生素分离纯化的成本费用为发酵部分的 $3 \sim 4$ 倍；有机酸或氨基酸生产则为 $1.5 \sim 2$ 倍；特别是基因工程药物，其分离纯化费用可占总生产成本的 $80\% \sim 90\%$。由于分离技术是生产获得合格原料药的重要保证，因此研究和开发先进的分离设备，对提高药品质量和减低生产成本具有举足轻重的作用。

第一节　过滤原理与设备

过滤是利用过滤介质或多孔膜截留液体中的难溶颗粒的一种单元操作。有时也将用离子交换床软化水，用白土床给矿物油除酸、脱色等归入过滤。制药工业生产过程中经常遇到不同类型的混合物，如混悬液中的固粒、乳浊液中的微粒、泡沫液中的气泡等，常可以用过滤的方式使其分离。

液体过滤是一个相对复杂的技术领域。首先，液体的种类非常多，待分离的固形物种类更不胜枚举，过滤的目的和要求也千差万别，这就导致过滤技术和设备的多样性、复杂性；另外，还必须指出的是沉降虽然常常是作为过滤的预处理以提高液体的浓度，但在过滤操作中通常也存在着沉降过程，因为无论哪种过滤方式，都要受到重力或离心力的作用，都会导致料浆的沉降，这些都会对过滤过程产生影响。

液体过滤的分类方法很多，按固体颗粒在过滤介质上的滞留情况可以分为表层过滤和深层过滤；按悬浮液的含固量可以分为澄清过滤和成饼过滤；按料浆在过滤器内的流动方向可以分为终端过滤和横流过滤（又称十字流过滤、错流过滤或动态过滤）。

一、过滤的基本过程

过滤是利用流态混合物系中各物质粒径的不同，以某种多孔物质为筛分介质，将流体与混悬于流体中不能透过介质的粒子分开的单元操作。在外力作用下，悬浮液中的液体通过介质的孔道，固体颗粒被截留，从而实现固液分离。常称原悬浮液为滤浆，多孔物质为过滤介质，通过介质孔道的液体为滤液，被截留的物质为滤饼或滤渣。过滤操作的外力，可以是重力或离心力，但是用得最多的还是多孔物质上、下游两侧的压力差。

1. 表面过滤　图 5-1 所示是简单的表面过滤（饼层过滤），过滤时悬浮液置于过滤介质的一侧。过滤介质常用多孔织物，这些过滤介质的孔未必小于被截留的颗粒直径。在过滤开始阶段，会有一部分颗粒进入过滤介质孔道中发生架桥现象，如图 5-2 所示，也有少量颗粒穿过过滤介质而混于滤液中，随着滤渣的堆积形成一个滤饼层。对于表面过滤，滤饼才是有效的过滤介质，使得滤液澄清。通常，开始所得的混浊液，在滤饼形成之后应返回重滤。

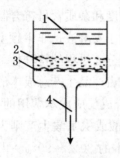

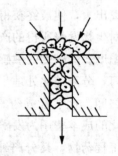

图 5-1　表面过滤

1. 悬浮液；2. 滤饼；3. 过滤介质；4. 滤液

图 5-2　深层过滤

2. 深层过滤　深层过滤如图 5-2 所示。在深层过滤中，固体颗粒不形成滤饼而沉积于较厚的过滤介质内部。孔道的尺寸大于颗粒直径，颗粒进入介质内部构成长而曲折的通道，在惯性碰撞、扩散沉积等作用下，使颗粒沉积在过滤介质的孔道中。深层过滤适用于悬浮液中颗粒甚小而且含量甚微（固相体积分率在 0.1% 以下）的场合，例如水的净化。

二、过滤介质

在过滤中为了有效地分出固体微粒以获得清洁的滤液，正确地选择过滤介质是十分必要的。实际上，能满足上述要求的过滤介质很难找到，故最好根据过滤的主要目的选择过滤介质。过滤介质的过滤性能指标之一是孔隙率，孔隙率为过滤介质内部毛细管的体积与过滤介质表观体积之比，孔隙率值愈大，说明过滤介质内部的毛细孔愈多。实际的过滤情况是微粒可被过滤介质所吸附，故过滤介质孔径并不等于所捕捉的粒子直径。此外，孔隙率与过滤速度并不一定成正比关系，故过滤的性能需通过实验确定。

1. 滤纸　滤纸是最简便、最常用的过滤材料。外用液体制剂经常使用滤纸过滤，有时尚可用于细菌过滤。但滤纸过滤初期可能有少许纤维屑，故用前应予洗涤。一般使用的滤纸平均孔径以 $1\sim7\mu m$ 为宜。经环氧树脂并加入石棉处理的 α-纤维滤纸可提高强度和过滤性能，可用于细菌的过滤。使用前要用环氧乙烷消毒灭菌。由棉花精制的纤维可耐 $100℃$ 的高温，强度较大，也可耐酸、碱及有机溶剂。

2. 滤布　滤布作为过滤介质常用于精细过滤前的预滤之用。可由棉纱、丝或合成纤维编织而成。植物纤维滤布吸水性较强，而合成纤维滤布吸水较少。滤布有长纤维或短纤维之分，如需滤饼者以长纤维滤布为宜，反之，如需滤液者则可使用短纤维滤布。

3. 滤网　一般滤网的材质是不锈钢和黄铜，也采用莫涅耳镍铜合金、青铜、镍，甚至碳素钢。由于采用了金属材质，滤网具有耐磨性、耐高温性和耐腐蚀性等特点，此外，它们在工作中不会出现收缩和延伸现象，使用寿命长。金属丝网的表面光滑，不易发生堵塞现象，但是价格比纤维滤布贵。

滤网可以用不同粗细度的线材，采用平纹织法和斜纹织法制造出各种各样的滤网。滤网常常用在叶滤机和转鼓过滤机上，除了能给助滤剂层提供良好的表面以进行助滤剂过滤外，还可以在无助滤剂的情况下使用。

4. 烧结金属过滤介质　将金属粉末烧结成多孔过滤介质可用来过滤较细的微粒，例如以不锈钢、蒙乃尔合金制造的微孔金属过滤器孔隙率为 $30\%\sim35\%$，孔径为 $2\sim140\mu m$。一般可耐 $300℃$ 的高温，不锈钢者使用温度范围为 $-160℃\sim500℃$。最近发展的以金属钛制造的过滤板不仅过滤性能好，而且耐腐蚀性及强度很高。

5. 石棉滤材　石棉滤材耐热可达 $150℃$ 的高温，化学稳定性优良，空隙率为 10%。对细菌及热原的除去性能较高，主要用于无菌饮料、注射液的过滤。石棉滤材除菌的主要原因是它的吸附性较高。为防止药液中有效成分的损失，故宜用较稀浓度溶液过滤。为防止石棉屑混入药液，使用时应预先洗涤并与其他过滤介质如烧结金属或尼龙布等滤材合用。此外，使用前宜用 $0.1mol$ 盐酸液进行洗涤。石棉滤材主要的缺点是碎屑易混入药液，通常不单独用石棉板过滤药液。

6. 多孔塑料滤材　聚氯乙烯、聚丙烯或聚乙烯醇缩甲醛树脂等可用烧结法制造滤材，例如聚氯乙烯过滤器孔径可有 $1\mu m$、$2\mu m$、$7\mu m$ 等，$1\mu m$ 者可用来过滤注射液。但该滤材不耐热，需用化学法灭菌。聚丙烯滤材可将 $5\mu m$ 以上的粒子绝大部分除去，可耐 $107℃$ 高温，并且对强酸、强碱等的化学稳定性也较高。聚乙烯醇缩甲醛主要应用于空气过滤的预滤。

7. 多孔玻璃滤材　多孔玻璃滤材系烧结而成。可耐 $230℃\sim250℃$ 高温，除碱外，对酸及有机溶剂均稳定。用于细菌过滤的烧结玻璃管的孔径为 $0.9\sim1.4\mu m$。

8. 多孔陶瓷滤材　多孔陶瓷滤材多用于精滤，大部分制成筒形置于不锈钢容器内，在减压或加压下过滤。其过滤原理主要是筛分效应及静电吸引。耐热性及耐骤冷或骤热性能也较优。用于细菌过滤的孔径在 $2\sim4\mu m$，过滤速度较慢。

9. 纤维素酯微孔滤膜　随着微孔滤膜的出现，其无菌过滤迅速在制药工业中得到广泛的应用。孔径为 $8\sim10\mu m$，厚度为 $130\sim150\mu m$，孔隙率约 80%，故过滤速度很高。微孔滤膜孔径均一，对溶质的吸附性较低，本身的溶出物也很少。耐热性较高，有氧存在下可耐 125℃，无氧条件下可耐 200℃，低温可耐 -200℃。故滤膜可用蒸汽灭菌，也可用环氧乙烷灭菌。作为细菌过滤可用孔径 $0.20\sim0.45\mu m$ 的滤膜，对较小的细菌应用 $0.20\mu m$（或 $0.22\mu m$）之滤膜。滤膜之缺点为强度较低，不耐冲击，并易堵孔，故使用前原液宜预处理或在其他过滤器预滤，此外，滤膜的价格较高。

（1）纤维素酯类　材质主要是硝酸纤维素（CN）、醋酸纤维素（CA）和硝酸醋酸混合纤维素（CA-CN）。这是目前常用的一类微孔滤膜，孔径规格最多，亲水性好，价格便宜，适用于溶液、空气、烃类滤除微粒和细菌。其中醋酸纤维素滤膜还适用于甲醇、乙醇等低分子量醇类的过滤，能承受 180℃干热；硝酸纤维素滤膜还可用于除氯甲烷以外的氯代烃及高级醇的过滤；混合纤维素滤膜可用于稀酸、稀碱及氯代烃过滤，能承受 125℃干热和 120℃、30 分钟热压灭菌。

（2）聚氯乙烯（PVC）　适用于过滤低分子量醇类和中等强度酸碱液及水溶液，亲水性较差，不耐高温（适于 65℃以下料液），不能采用热压法灭菌。

（3）聚四氟乙烯（PTFE）　化学稳定性极好，可耐 200℃高温，适用于强酸、强碱和各种有机溶媒滤过。

三、助滤剂

悬浮液中的颗粒情况不同，有的颗粒有一定刚性，其所形成的滤饼并不因所受的压力差而变形，这种滤饼称为不可压缩滤饼；有的颗粒则比较软，其所形成的滤饼在压力差的作用下变形，使滤饼中的流动通道变小，阻力增加，这种滤饼称为可压缩滤饼。

为减少可压缩滤饼的流动阻力，可采用某种助滤剂来改变滤饼结构，以增加滤饼刚性。此外，当处理悬浮液含有很细的颗粒时，采用适当助滤剂增加滤饼孔隙率，减少流动阻力。助滤剂通常是一些不可压缩的粒状或纤维状固体。其条件是，能悬浮于料液中；粒子大小有适当的分布；不含可溶性盐类；具有化学稳定性等。经常被用作助滤剂的有硅藻土、珍珠岩、炭粉、纤维粉末等。

助滤剂有两种使用方法。一种是先把助滤剂单独配成悬浮液，使其过滤时，在介质表面上形成一层助滤剂层，然后进行正式过滤；另一种是在悬浮液中加入助滤剂，一起过滤，这样得到的滤饼较为疏松，可压缩性减小，滤液容易通过。必须注意的是，当滤饼是产品时，不能使用助滤剂。

四、过滤设备

目前所使用的过滤器种类很多，可按照不同方式进行分类。按操作方法分为间歇性和连续式；按过滤介质分为粒状介质过滤器、多孔介质过滤器、滤布介质过滤器和膜滤器，如砂层等；按推动力分为重力过滤、加压过滤和真空过滤。

过滤机的选择原则为：满足生产对分离质量和产量的要求，对物料适应面广，操作方便，设备、操作和维护的综合费用最低。

根据物料特性选择过滤设备时，应考虑的因素为：①流体的性质：主要是黏度、密度、温度等，是选择过滤设备和过滤介质的基本依据。②固体悬浮物的性质：主要是粒度、硬度、可压缩性、悬浮物在料液中所占体积比。③产品的类型及价格：产品是滤饼还是滤液，或二者兼得，滤饼是否需要洗涤，产品的价格等。

制药生产中的过滤主要针对的是中药材浸提液的澄清处理，产品是滤液。由于中药材浸提液大多数是由溶液、乳浊液、胶体溶液、混悬液组成的多相多组分混合体系，混悬粒子多为絮状黏软的有机物，故过滤时浸提液的温度和静置时间、有无絮凝剂，均对滤液的质量和过滤速率有很大影响。因此在选择过滤设备时应综合考虑上述这些因素。

1. **板框压滤机**　板框压滤机是一种在加压下间歇操作的过滤设备，适用于过滤黏性、颗粒较大、可压缩滤饼的物料。

板框压滤机是由多个滤板及滤框交替排列组成，图 5-3、图 5-4 中分别表示滤板及滤框的构造，滤板的作用为支撑滤布和排出滤液，滤框的作用为积集滤渣和承挂滤布。滤板表面制成各种凸凹形，以支撑滤布和有利于滤液的排出。

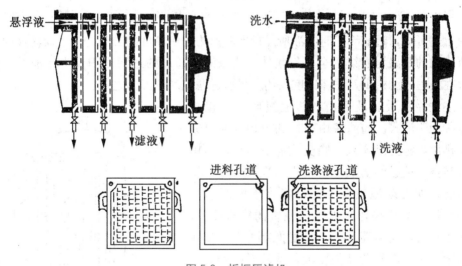

图 5-3　板框压滤机

滤板、滤框和滤布两个上角均有小孔，组装后就串联成两条通道。图中右上角为悬浮液通道，左上角为洗涤液通道。在每个滤框的右上角有暗孔与悬浮液通道相通，过滤时悬浮液由此暗孔进入滤框内部空间，滤液透过滤框两侧的滤布，顺滤板表面的凹槽流下，在滤板的下角有暗孔，装有滤液的出口阀，过滤后的滤液即由此阀排出，而滤饼则积集于滤框内部。图中各板、框的左上角为洗涤液通道，洗涤液即由此通道进入，以涤滤框内部的滤饼。所有的滤板分为两组，一组称为过滤板，一组称为洗涤板，组装时相间排列，即过滤板→滤框→洗涤板→滤框→过滤板→……有时为避免次序混淆，在板和框的外缘有记号标明，有一个点的为过滤板，两个点的代表滤框，三个点为洗涤板，故排列时应以 1→2→3→2→1→……的顺序排列。每个洗涤板的左上角有暗孔与洗涤水通道相通，洗涤水即由此进入洗涤板的两侧，分别透过两侧的滤布和滤饼的全部厚度，然后分别自过滤板面的凹槽流下，过滤板的右下角有暗孔与外界相通，洗涤液即由此暗孔经阀门流出。

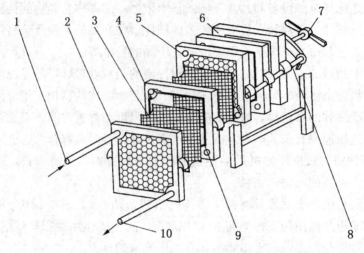

图 5-4　板框压滤机装置图

1. 滤浆进口；2. 滤板；3. 滤布；4. 滤框；5. 通道孔；6. 终板；7. 螺旋杆；8. 支架；9. 密封圈；10. 滤液出口

　　由上述可知，过滤终了时滤液所经过的距离为滤饼厚度的二分之一，而洗涤时，洗涤液所经过的距离为滤饼的全厚；此外，洗涤液所通过的过滤面积仅为滤液的二分之一。故在板框压滤机中，洗涤速度仅约占最后过滤速度的四分之一。

　　上述洗涤液及滤液系由各板通过阀门直接排出，故称为明流式。如滤液由板框的下角处通过通道汇集排出，称为暗流式。暗流式构造简单，常用于不宜与空气接触的滤液。明流式可观查每组板框过滤情况，如发现滤液混浊，可将该板的阀门关闭，而不妨碍全机操作。板框压滤机的构造简单，过滤面积较大，动力消耗少，过滤推动力大。其缺点为间歇操作，操作劳动强度大，洗涤时间长，不彻底。为改善板框压滤机的操作条件，对大型压滤机近来有一些改进，机械化、自动化的程度有所提高。

　　2. 微孔陶质及多孔聚乙烯烧结管过滤器　图 5-5 表示一多孔聚乙烯烧结管过滤器。过滤器内装有若干多孔烧结管，原液由管板下方的管间进入，滤液经过过滤后由管板上方排出。此种过滤器也可制

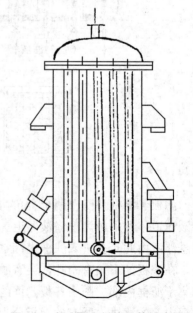

图 5-5　多孔聚乙烯烧结管过滤器

成单管形式，用于少量滤液的过滤。如过滤管用烧结微孔金属管或聚乙烯管等则可用于少量滤液的精滤。此种过滤器主要应用于悬浮液中含少量固体的澄清液的过滤。现在制药工业规模生产中应用较广。

3. 高分子精密微孔过滤机 高分子精密微孔过滤机由顶盖、筒体、锥形底部和配有快开底盖的卸料口组成。筒体内垂直排列安装若干根耐压的中空高分子精密微孔滤管，滤管的根数根据要求的过滤面积决定。微孔滤管一端封闭，开口端与滤液汇总管相连接，再与滤液出口管连接。过滤机下端有卸固体滤渣出口。如图 5-6 所示。

过滤时，滤浆由进料管用泵压入过滤机内，加压过滤，滤液透过微孔滤管流入微孔管内部，然后汇集于过滤器上部的滤液室，由滤液出口排出；滤渣被截留在各根高分子微孔滤管外，经过一段时间过滤，滤渣在滤管外沉积较厚时，应该停止过滤。该机过滤面积大，滤液在介质中呈三维流向，因而过滤阻力升高缓慢，对含胶质及黏软悬浮颗粒的中药浸提液的过滤尤其具有优势，进料、出料、排渣、清理、冲洗全部自动化，利用压缩气体反吹法，可将滤渣卸除，通过滤渣出口落到过滤机外面，再用压缩气体-水反吹法可以对微孔滤管进行再生，以进行下一轮的过滤操作。

高分子精密微孔过滤机的过滤介质系利用各种高分子聚合物通过烧结工艺

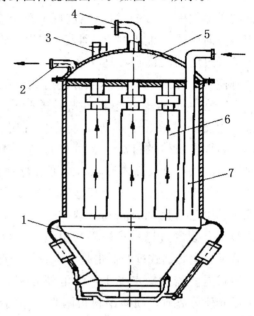

图 5-6 高分子精密微孔过滤机
1. 滤渣出口；2. 滤液出口；3. 减压开关；4. 压缩空气进口；5. 滤液室；6. 微孔滤管；7. 进料管

而制成的刚性微孔过滤介质，不同于发泡法、纤维黏结法或混合溶剂挥发法等工艺制备的柔性过滤介质，它具备刚性微孔过滤介质与高分子聚合物两者的优点。微孔滤管主要有聚乙烯烧结成的微孔 PE 管及其改性的微孔 PA 管，具有以下优点：过滤效率高，可滤除大于 $0.5\mu m$ 的微粒液体；化学稳定性好，耐强酸、强碱、盐及 60℃ 以下大部分有机溶剂；可采用气-液混合流体反吹再生或化学再生，机械强度高，使用寿命长；耐热性较好，PE 管使用温度≤80℃，PA 管使用温度≤110℃，孔径有多种规格；滤渣易卸除，特别适宜于黏度较大的滤渣等。

4. 纳式过滤器 纳式过滤器是 20 世纪 80 年代早期出现的一种工业过滤装置，是在实验室使用的布氏漏斗基础上的放大，能用于真空抽滤，但大部分用于加压过滤。图 5-7 表示的是这种装置的外形和内部结构。由图可知，纳式过滤器的上封头和底盘用螺丝连接，底盘上有很多小孔，上面铺过滤介质，内部有可升降的搅拌和刮刀。搅拌和刮刀可以两个方向旋转，一个方向旋转时可压实滤饼，另一个方向可将滤饼刮向中间出料口。

操作过程：①过滤阶段。搅拌和刮刀升起，底部出料口球阀关闭，固液混合物从上部加入过滤器并施加压力，液体透过底部过滤介质出来，固体截留在底部。在这一阶段，如果固体颗粒大小不匀，可开动搅拌使固体保持悬浮状态。②洗涤。洗涤液从上部淋下，穿过滤饼层从底部出来进行洗涤。如果有必要，在洗涤前可以放下刮刀压实滤饼，以便洗涤更均匀；也可以先放满洗涤液，降下搅拌将滤饼搅起进行搅拌洗涤，然后再将洗涤液压出以使洗涤更彻底。③干燥。洗涤完成后通入热空气或者惰性气体将湿分带出。干燥时，刮板也可以落下压实滤饼，防止出现裂缝造成热气体的沟流。为了获得更好的干燥效果，也可以抽真空进行干燥。④卸料。打开底部出料球阀，放下刮刀，按照出料方向旋转，刮刀将固体刮入中间出料管。

纳式过滤器的优点和适用场合如下：①由于密封并有搅拌，在纳式过滤器中可进行化学反应，因此，可以在一个纳式过滤器内先后进行化学反应、结晶、过滤、洗涤、干燥等过程。②可用于有毒、易燃、易挥发液体的过滤。③可进行搅拌洗涤，用于对滤饼洗涤要求较高的过滤。④可进行真空干燥，因此，能用于热敏物料或者其他对干燥要求较高的过滤。⑤由于可用刮刀压实，纳式过滤器也适用于滤饼容易开裂的过滤。⑥如果滤出液和洗涤液要求严格分开收集，纳式过滤器也是一个较好的选择。

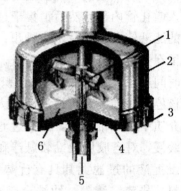

图 5-7　纳式过滤器结构
1. 搅拌和刮刀；2. 上封头；3. 底盘；
4. 过滤介质；5. 固体出料口；6. 滤饼

纳式过滤器的缺点如下：①滤饼较黏，不容易和过滤介质分离时，固体出料很困难。②间歇操作。③滤饼形成较慢。④固体易残留在过滤介质上，造成出料不彻底，时间长了容易变质。

因此，在上述情况下选用纳式过滤器要慎重。纳式过滤器还有一种出料方式：将上封头提起，将底盘和滤饼倾斜，让滤饼自然落下。这种纳式过滤器的上封头和底盘通常采用快开式连接，便于打开。显然，这种出料方式可改善纳式过滤器出料不彻底的缺点。

五、超滤装置

超滤技术又称为分子筛分技术，实现超滤分离的介质称为超滤膜，液体混合物在以压力差为推动力的作用下，分子粒径小于膜孔径的小分子溶媒及溶于其中的小分子溶质可透过超滤膜，而分子粒径大于膜孔径的大分子溶质或微粒则被超滤膜截留使它们在截留液中浓度增大。超滤膜孔径为 $10^{-3} \sim 10^{-1} \mu m$，可用于截留胶体粒子和分子量为 $10^3 \sim 10^6$ 的大分子。

合成超滤膜是用醋酸纤维素或聚砜类等有机高分子材料制成的多孔滤膜，一般按截留分子量划分滤膜的规格。现多制成非均质膜，断面为非对称结构，由致密的多孔表层和海绵状的底层支持体构成，表层微孔排列有序，孔径均匀，是超滤的有效截留层，厚度不大于 $0.2 \mu m$，以减少流动阻力；底层起支撑表层、增加膜机械强度的作用，厚度为 $200 \sim 250 \mu m$，呈疏松大孔径海绵状，以保证高的透液速率。

超滤装置是由一定数量的超滤膜组件，按生产规模的需要组装而成的。膜组件有板式、管式、卷筒式、中空纤维式等。由于超滤膜孔径小，为减低被截留的大分子易沉积或吸附在膜表面造成严重的浓差极化和膜孔堵塞，各种膜组件中原料液的流向均采用错流流向，使料液以较高流速平行流过膜表层，以最大限度减小极化或沉积造成的透液率下降。实际使用中选用哪种组件形式，应根据组件性能、膜材料和被处理液的性质决定。

1. **板式超滤膜组件** 板式超滤膜组件是在多孔板上覆以平面滤膜而成，多孔板起支撑作用，以提高滤膜的机械强度。板式膜适于大流量高流速的情况，可以将流速提高到 $1\sim5m/s$，但结构不紧凑，占用面积大。

2. **管式超滤膜组件** 管式超滤膜组件分为内压式与外压式，内压式的膜表层在管内壁，外压式的膜表层在管外壁。是在均布小孔的耐压金属管或其他固体材料微孔管的内壁或外壁先衬滤布，再覆以超滤膜制成管式膜，将几十根管式膜组装成一个膜组件。管式组件进料液流截面积较大，便于采用高流速和清洗污染的膜表面，但单位体积设备具有的滤过面积比卷筒式和中空纤维式膜小。

3. **卷筒式超滤膜组件** 卷筒式超滤膜组件是在多孔支撑板的两面覆以平面膜，然后将三个边沿密封使成膜袋，另一个开放的边沿与一根多孔的透过液收集管连接，再在膜袋外部铺一层网眼型间隔材料（隔网），将膜袋与隔网一并绕透过液收集管卷成柱状后，封装在耐压筒内制成的。如图5-8所示。

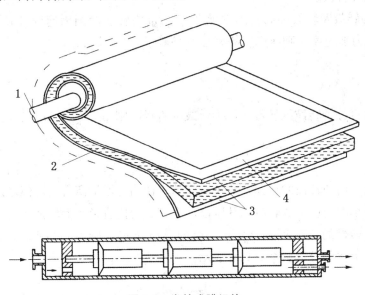

图 5-8　卷筒式膜组件

1. 透过液收集筒；2. 隔网；3. 膜；4. 密封边界

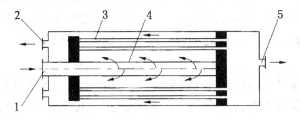

图 5-9　中空纤维膜组件示意图

1. 进料口；2. 浓缩液排出口；3. 中空纤维滤膜；4. 中心分布管；5. 透过液口

4. 中空纤维式超滤膜组件 中空纤维式超滤膜组件是以特殊的丙烯膜为原料拉丝成中空纤维膜组装而成，见图 5-9。膜表层可在中空纤维的外侧，也可以在内侧，故中空纤维超滤膜组件也分内压式和外压式两种。中空纤维组件的优点是单位设备体积内的膜面积最大，组件可以做成小型的，中空纤维直径为 0.1～1mm，在组件内能装几十万到上百万根中空纤维。缺点是膜内除垢较困难，膜一旦损坏无法更新。

第二节　离心原理与设备

离心分离是利用离心力以使液相非均一系分离的一种方法，可用于分离悬浮液或乳浊液。离心分离可分为离心过滤、离心沉降和离心分离，通常离心分离是特指可用于分离乳浊液的分离。

一、离心分离原理

物体旋转时，与向心力大小相等而方向相反的力称为离心力。离心力即为物体运动方向改变时的惯性力。

若以 G 为转鼓及转鼓中物料的重量（kg），ω 为转鼓的圆周速度（m/s），r 为旋转半径，g 为重力加速度，则所产生的离心力 C 等于

$$C = \frac{G\omega^2}{gr} \tag{5-1}$$

若以 n 为每分钟转鼓的转数，D 为转鼓的直径，则 $\omega = \frac{2\pi rn}{60}$，$r = \frac{D}{2}$，则

$$C = \frac{GDn^2}{1800} \tag{5-2}$$

由此可见，增加转鼓的转速及增大转鼓的直径均可增加离心力，但增加转速效果更大，因此直径小而转速大的转鼓，其所以产生离心力比直径大而转速小的转鼓为大。

若以 ω 为转鼓的角速度（r/s），r 为鼓的半径（m），则离心加速度 $\omega^2 r$ 与重力加速度 g 之比，称为离心分离因数，以 α 表示。

$$\alpha = \frac{\omega^2 r}{g} \tag{5-3}$$

离心分离因数是离心机的主要性能指标之一，它代表离心力场的特性。α 值愈大，离心力亦愈大，即有助于液体的分离。由上式得知，增加转鼓的角速度及转鼓的半径可增大分离因数，但在增大角速度的同时，应适当地减小转鼓半径，以免转鼓所受应力过大。

转鼓内的液体受到径向离心力和轴向重力的联合作用，其合力为倾斜向下方向。根据液体平衡条件，任意点的合力的方向必与通过此点的曲线所决定的自由面垂直。由此可知液体在转鼓内的自由面是呈旋转的抛物线形。转鼓的转速愈高，转鼓内的液体液面凹陷得愈深，并且靠转鼓壁处的液面亦更高。因此，离心机转鼓上平面都上具环边，以

防液体自上沿抛出。

实现离心过滤操作过程的设备称为过滤离心机。离心机转鼓壁上有许多孔，供排出滤液用，转鼓内壁上铺有过滤介质，过滤介质由金属丝底网和滤布组成。加入转鼓的悬浮液随转鼓一同旋转，悬浮液中的固体颗粒在离心力的作用下，沿径向移动被截留在过滤介质表面，形成滤渣层；与此同时，液体在离心力作用下透过滤渣、过滤介质和转鼓壁上的孔被甩出，从而实现固体颗粒与液体的分离。悬浮液在离心力场中所受离心力为重力的千百倍，这就强化了过滤过程，加快了过滤速度，滤渣中液体含量也较低。过滤离心机一般用于固体颗粒尺寸大于 $10\mu m$ 悬浮液的过滤。

过滤离心机根据支撑方式、卸料方式和操作方式的不同分为多种形式，主要有以下几种：三足式、上悬式、刮刀卸料式、活塞卸料式、离心力卸料式和螺旋卸料式等。

实现离心分离操作的机械称为离心机或离心分离设备。它是通过高速回转部件产生的离心力实现悬浮液、乳浊液的分离和固相浓缩、液相澄清的分离机械。其重要的技术性能指标是分离因数。

离心机的种类很多，也有许多分类方式。按离心分离过程的进行方式分为间歇式和连续式；按结构分为上悬式、三足式、碟片式和管式。

离心机在生物工业上用途非常广泛。例如，酿造工业中用于分离葡萄酒或啤酒中的酵母菌体细胞，制药行业用于提纯各种蛋白质产物等。下面主要就生物工业中常用的碟片式离心机、管式分离机、无孔筐式离心机和三足式离心机加以介绍。

二、离心分离设备

离心机按其用途可分为分析型和制备型，按照安装工作条件可分为台式机和固定式机，按其性能又可分为低速台式机、高速台式机、微量超速台式机、低速大容量冷冻离心机、高速冷冻离心机、超速分析型离心机、超速制备型离心机、超速大容量连续流离心机及低速和高速多用途离心机等。

制药企业使用离心设备主要是用于将悬浮液中的固体颗粒与液体分开；或将乳浊液中两种密度不同，又互不相溶的液体分开；它也可用于排除湿固体中的液体。

(一) 碟片式离心机

碟片式离心机是应用最广泛的分离机械之一，也是生物工业中用量最多的离心分离机械。碟片式离心机的结构特点是转鼓内装有一叠锥形碟片，碟片数一般为 $50\sim180$ 片，视机型而定。碟片的锥顶角一般为 $60°\sim100°$，碟片与碟片间距离依靠附于碟片背面、具有一定厚度的狭条调节和控制，一般为 $0.5\sim1.5mm$。由于数量众多的碟片以及很小的碟片间距，增大了沉淀面积，缩短了沉降距离，因而碟片式离心机具有较高的分离效率。碟片式离心机主要用于分离乳浊液，也可用来分离悬浮液。操作时，由液-液-固组成的多相分散系，在随转鼓高速旋转时，由于相互间密度不同，在离心力场中，产生的离心惯性力大小也不同，固体颗粒密度最大，受到的离心力也最大，因此沉降到碟片内表面上后，向碟片的外缘滑动，最后沉积到鼓壁上；而密度不同的液体则分成两层，密度大的相离心力大，处于外层，密度小的相离心力小，处于内层，两相之间有一分界面，称为"中性层"，从而可使液-液-固分散系得到较完全的分离。碟片式离心机按排渣方式的不同，可分为人工排渣、喷嘴排渣和自动排渣三种形式。

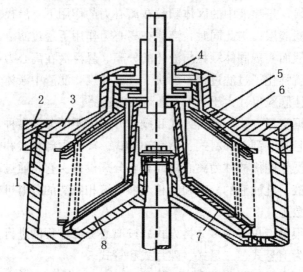

图 5-10　人工排渣碟片式离心机结构
1. 转鼓底；2. 锁紧环；3. 转鼓盖；4. 向心盘；5. 分隔碟片；6. 碟片；7. 中心管及喇叭口；8. 筋条

1. 人工排渣碟片式离心机　图 5-10 所示为人工排渣碟片式离心机结构。转鼓由圆柱形简体、锥形顶盖及锁紧环组成。转鼓中间有底部为喇叭口的中心管料液分配器，中心管及喇叭口常有纵向筋条，使液体与转鼓有相同的角速度。中心管料液分配器圆柱部分套有锥形碟片。人工排渣碟片式离心机结构简单，价格便宜，可得到密实的沉渣，故广泛用于乳浊液及含少量固体（1％～5％）的悬浮液的分离。缺点是转鼓与碟片之间留有较大的沉渣容积，这部分空间不能充分发挥碟片式离心机高效率分离的特点。此外间歇人工排渣生产效率较低，劳动强度较大。

2. 喷嘴排渣碟片式离心机　这种类型的分离机的转鼓由圆筒形改为双锥形，既有大的沉渣储存容积，也使被喷射的沉渣有好的流动轮廓。排渣口或喷嘴位于锥顶端部位，也有的喷嘴装置安装于转鼓底部附近。喷嘴排渣碟片式离心机具有结构简单、生产连续、产量大等特点。排出固体为浓缩液，为了减少损失，提高固体纯度，需要进行洗涤。喷嘴易磨损，需要经常更换；喷嘴易堵塞，能适应的最小颗粒约为 $0.5\mu m$，进料液中的固体含量为 6％～25％。

3. 自动排渣碟片式离心机　这种离心机的转鼓由上下两部分组成，上转鼓不做上下运动，下转鼓通过液压的作用能上下运动。操作时，转鼓内液体的压力传入上部水室，通过活塞和密封环使下转鼓向上顶紧。卸渣时，从外部注入高压液体至下水室，将阀门打开，将上部水室中的液体排出；下转鼓向下移动，被打开一定缝隙而卸渣。卸渣完毕后，又恢复到原来的工作状态。自动排渣碟片式离心机的进料和分离液的排出是连续的，而被分离的固相浓缩液则是间歇地从机内排出。排渣结构有开式和闭式两种，根据需要也可不用自控而用手控操作。这种离心机的分离因数为 5500～7500，能分离的

最小颗粒为 $0.5\mu m$，料液中固体含量为 $1\%\sim10\%$，大型离心机的生产能力可达 $60m^3/h$。生物工业中常用于从发酵液中回收菌体、抗生素及疫苗，也可应用于化工、医药食品等工业。

（二）管式离心机

管式离心机的结构如图 5-11 所示。它由主轴、管状转鼓、上下轴承室、机座外壳及制动装置等主要部件组成。转鼓正常运转后，被分离物料自进料管进入转鼓下部，在强大离心力的作用下将两种液体分离。重相液经分离头孔道喷出，进入重相液收集器，从排液管排出；轻相液经分离头中心部位轻相液口喷出，进入轻相液收集器从排出管排出。轻、重液相在转鼓内的分界面位置，可通过改变孔径大小进行调整。

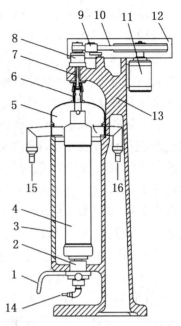

图 5-11　管式离心机

1. 手柄；2. 下轴装置；3. 机身门；4. 转鼓；
5. 集液盘；6. 保护套；7. 主轴；8. 上轴承装
置；9. 压带轮；10. 皮带；11. 电动机；
12. 防护罩；13. 机身；14. 进料口；
15. 轻相液出口；16. 重相液出口

1. **特点与适用**　管式离心机的转鼓直径最小，用增大转鼓长度增大容积，以提高生产能力。因此，分离因数可达 $15000\sim65000$，是所有沉降离心机中分离因数最高的，分离效果最好。适用于固体颗粒直径 $0.01\sim100\mu m$，固相浓度在 1% 以下，固液相密度差大于 $10kg/m^3$ 的乳浊液和悬浮液的分离，每小时的处理能力为 $0.1\sim4m^3$。多用于油料、油漆、制药、化工等工业生产中，如油水、蛋白质、青霉素、香精油的分离等。

2. **种类和型号**　管式离心机有两种，一种是 GQ 型，用于分离各种难分离的悬浮液。特别适合于浓度小、黏度大、固相颗粒细、固液密度差较小的固液分离。例如，各种药液、葡萄糖、氯己定、苹果酸、各种口服液、北豆根药材提取液的澄清；各种蛋白、藻带、果胶的提取；血液分离、疫苗菌丝、各种葡萄糖的沉降油、染料、各种树脂、橡胶溶液的提纯。另一种是 GF 型，用于分离各种乳浊液，特别适合于二相相对密度差甚微的液-液分离以及含有少量杂质的液-液-固分离。例如，血浆、生物药品的分离及从动物血中提取血浆等。

管式离心机的型号由两部分组成：一部分是类型代号；另一部分是转鼓内径。如 GF105，其中 105 表示离心机的转鼓直径为 105mm。

3. **安全操作与维护**　离心机的形式不同，操作方法也不完全相同。下面简要做以介绍。

（1）启动前的准备　①清除离心机周围的障碍物。②检查转鼓有无不平衡迹象。所有离心机转子（包括转鼓、轴等）均由制造厂做过平衡试验，但在上次停车前没有洗净残留在转鼓内的沉淀物，将会出现不平衡现象，从而导致启动时幅度较大，不安全。一般用手拉动三角皮带转动转鼓进行检查，若发现不平衡现象，应用清水冲洗离心机内部，直至转鼓平衡为止。③启动润滑油泵，检查各注油点，确认已注油。④将卸料机构调节至规定位置。⑤检查刹车手柄的位置是否正确。⑥液压系统先进行单独试车。

⑦"假"启动。短暂接触电源开关并立即停车，检查转鼓的旋转方向是否正确，确认无异常现象。

（2）启动程序及要点　①启动油泵电动机。开车必须先启动油泵电动机，然后将两端主轴承油压调节到规定的压力值。②启动离心机主电动机。主电动机必须一次启动，不许点动。如一次启动未成功，必须待液力联轴器冷却后才能再启动。主电动机每小时内不得多于两次启动。③调节离心机转速，使其达到正常的操作转速。④打开进料阀，开始进料。待机组达到额定转速5~10分钟后方可投料。进料阀应逐渐开启，同时注意操作电流是否稳定在规定之内。进料料浆浓度不得过高，否则应予稀释处理。

（3）运行过程检查及注意事项　①在离心机运行中，应经常检查各转动部位的轴承温度、各连接螺栓有无松动现象以及有无异声和强烈振动等。②离心机在正常运行工况下，噪声的声级不得超过85dB。③对于成品使用的离心机，在没有进行仔细的计算和校核以前，不得随意改变其转速，更不允许在高速回转的转子上进行补焊、拆除或添加零件和重物。④离心机的盖子在未盖好以前，禁止启动。禁止以任何物体、任何形式强行使离心机停止转动。机器未停稳以前，禁止人工铲料。⑤禁止在离心机运转时用手或其他工具伸入转鼓内接取物料。⑥进入离心机内进行人工卸料、清理或检修时，必须切断电源，取下保险，挂上警告牌，同时还应将转鼓与机体卡死。⑦严格执行操作规程，不允许超负荷运行，以免发生事故。⑧下料要均匀，避免发生偏心运转而导致转鼓与机壳摩擦产生火花。⑨为安全操作，离心机的开关、按钮应在方便操作的地方；试验台必须保证离心机安装正确，并有安全保护装置；外露的旋转部件必须设有安全保护罩等。⑩电动机与电控箱接地必须安全可靠；制动装置与主电动机应有联锁装置，且准确可靠。

（4）停车操作程序及要点

正常停车：当分离操作过程完成后，按下述顺序操作，停止装置运转。①关闭进料阀。一般采取逐步关闭方式，逐渐减少进料，直到完全停止进料为止。②清洗离心机。通常用水（或母液）来进行，冲洗5~10分钟，至操作电流降至正常的空载电流为止。③关闭进水阀（或母液阀），停止冲洗离心机。在此之前不得关停主电动机。④停主电动机。待进料、冲洗完全停止以后，关闭主电动机。离心机转动惯性较大，一般不要强行制动停转。⑤离心机停止运转后，停止润滑油泵和水泵的运行。

紧急停车：凡遇以下情况之一，应迅速关闭进料阀，紧急停机。①液力联轴器喷油。②出现异常声响和振动。③齿轮箱周围空气温度过高。④操作电流突然升高。⑤其他异常现象。

（三）无孔筐式离心机

无孔筐式离心机的结构和原理如图5-12所示。外壳里面有一个无孔转鼓在电机带动下高速旋转，悬浮面有一个无孔转鼓在电机带动下高速旋转，悬浮液从上部加到转鼓下部，在离心力作用下，固体向转鼓内表面运动形成固体沉降层，液体向上运动，绕过转鼓上口进入到外壳与转鼓形成的空间内，最后从澄清液出口引出。由于转鼓上部的孔径大于下部孔径，转鼓内液面在转鼓下部孔径之外，因此，液体只从转鼓上部溢出。一段时间后，固体沉降层积累到一定的厚度，开始固体卸料。

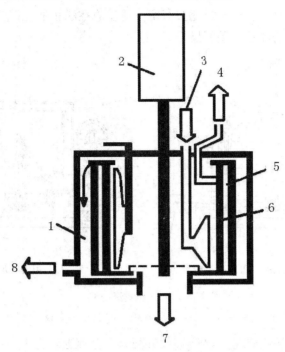

图 5-12　无孔筐式离心机的结构和原理

1. 外壳；2. 电机；3. 悬浮液；4. 吸出残液；5. 无孔转鼓；6. 固体沉降层；7. 固体出口；8. 澄清液体

1. 固体卸料的方式　①停机进行人工卸料，过程与上述离心机人工卸料相同。②不停机卸料，其过程是：先停止进料，然后吸出转鼓内的残留液体，再用刮刀将所剩固体层刮下，在重力的作用下，刮下的固体从下部出口卸出，再接着进料，开始下一轮循环。由于需要停止进料并吸出残液，这种卸料方式称为半自动卸料。

2. 离心机的优点　①可在不停机的情况下进行半自动卸料。②能处理固体含量较高的悬浮液。

3. 离心机的缺点　在刮下固体时，需将转鼓内残液吸出，由于无法将固体沉降层表面液体完全吸干，卸下的固体湿含量较高。这种离心机适合固体含量稍高的悬浮液澄清。

（四）三足式离心机

三足式离心机有过滤式和沉降式两种类型，两类机型的主要区别是转鼓结构。人工卸料三足式沉降离心机结构如图 5-13A 所示，机壳通过弹性悬挂装置与机座的三根支柱连接，机壳内的转鼓工作时由电动机带动旋转。沉降式三足离心机的转鼓壁上不开筛孔，工作时待分离的混悬液由进料管加入转鼓内，转鼓带动料液高速旋转产生惯性离心力，固体颗粒沉降于转鼓内壁与清液分离，澄清液由吸料管吸出，滤渣在鼓壁上沉积至一定厚度时，停机、卸渣，再开机重复操作。人工卸料三足式过滤离心机结构如图 5-13B 所示，转鼓有孔，转鼓内壁覆以滤布，待分离的混悬液加入衬有滤布的转鼓内，由转鼓带动混悬液旋转产生惯性离心力,使料液甩向鼓壁,清液透过滤布和鼓壁的筛孔,由机壳下方的排出口排出,滤渣被滤布截留,待滤渣在滤布上沉积至一定厚度时,将滤渣甩干,停机,更换滤布后可重复操作。

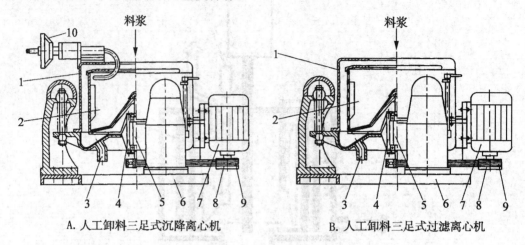

A. 人工卸料三足式沉降离心机   B. 人工卸料三足式过滤离心机

图 5-13　三足式离心机

1. 机壳;2. 转鼓;3. 排出口;4. 轴承座;5. 主轴;6. 底盘;7. 电动机;8. 皮带轮;9. 三角皮带;10. 吸液装置

三足式离心机的转鼓转速为 300～2800r/min,分离因数为 300～1500,对物料适应性强,操作方便,结构简单,制造成本低,三足弹性悬挂装置能减小运转时的振动和噪音,因此是目前工业上广泛采用的离心分离机。它的缺点是需间歇或周期循环操作,卸料阶段需减速或停机,因而生产能力较低;另外该机由于转鼓内径较大,分离因数较小,对微细混悬颗粒分离不完全,必要时可配合高离心因数离心机使用。

第三节　真空过滤设备

真空过滤器最为简单,工业应用也较早,在制药企业也最常见。它实际上是布式漏斗的一种简单放大。这种过滤器由一个圆筒和底板组成。底板上有同心圆环状凹槽通向中心真空管。使用时,滤布铺盖在底板上,螺丝将圆筒紧紧压在滤布上。固液混合物进入圆筒内,从底板中心真空管抽真空,液体透过滤布随真空被抽走,固体截留在圆筒内,实现固液分离。

一、真空过滤设备特点

真空过滤设备适用于非常贵重药品和规模较小产品,如实验室制备样品或中试生产等规模不大的过滤操作,通常非常贵重药品的生产量不大,此外这种过滤器的手工操作允许仔细回收滤布上的残渣;同时真空过滤设备还具有结构简单、制造容易、成本低等优点。但也要看到真空过滤设备存在的不足:生产能力较小;劳动强度大;对环境造成一定程度的污染;设备占据空间大;属于间歇生产设备,每次使用后都要人工进行清洗作业,设备利用率较低。

二、转鼓式真空过滤机

真空过滤设备一般以真空度作为过滤推动力。常用的设备有转鼓式真空过滤机、水平回转圆盘真空过滤机、垂直回转圆盘真空过滤机和水平带式真空过滤机等。制药企业中用得最多的是转鼓式真空过滤机。

1. **转鼓式真空过滤机的结构与操作** 转鼓式真空过滤机的操作简图如图 5-14 所示，过滤机的主要部分是一水平放置的回转圆筒（转鼓），筒的表面有孔眼，并包有金属网和滤布。它在装有悬浮液的槽内做低速回转，转筒的下半部浸在悬浮液内。转筒内部用隔板分成互不相通的扇形格，这些扇形格经过空心主轴的通道和分配头的固定盘上的小室相通。分配头的作用是使转筒内各个扇形格同真空管路或压缩空气管路顺次接通。于是在转筒的回转过程中，借分配头的作用，每个过滤室相继与分配头的几室相接通，使过滤面形成以下几个工作区。

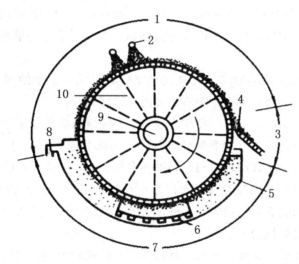

图 5-14 转鼓式真空过滤机的结构和工作示意

1. 吸干洗涤区；2. 洗涤水喷嘴；3. 吹松卸渣区；4. 刮刀；5. 悬浮液槽；6. 搅拌器；7. 过滤区
8. 溢流孔；9. 分配头；10. 转鼓

（1）**过滤区** 当浸在悬浮液内的各扇形格同真空管路接通时，格内为真空。由于转筒内外压力差的作用，滤液透过滤布，被吸入扇形格内，经分配头被吸出。而固体颗粒在滤布上则形成一层逐渐增厚的滤渣。

（2）**吸干洗涤区** 当扇形格离开悬浮液进入此区时，格内仍与真空管路相通。滤渣在真空下被吸干，以进一步降低滤饼中溶质的含量。有些特殊设计的转鼓过滤机上还设有绳索（或布）压紧滤饼或用滚筒压紧装置，用以压榨滤饼、降低液体含量并使滤饼厚薄均匀防止龟裂。滤液吸干后，用喷嘴将洗涤液均匀喷洒在滤饼层上，以透过滤饼置换其中的滤液，洗涤液同滤液一样，经分配头被吸出。滤渣被洗涤后，再经过一段吸干段进行吸干。)

（3）**吹松卸渣区** 这个区扇形格与压缩空气管相接通，压缩空气经分配头，从扇形格内部吹向滤渣，使其松动，以便卸料。这部分扇形格继续旋转移近到刮刀时，滤渣就被刮落下来。滤渣被刮落后，可由扇形格内部通入空气或蒸汽，将滤布吹洗净，重新开始下一循环的操作。

因为转鼓不断旋转，每个滤室相继通过各区即构成了连续操作的工作循环。而且在各操作区域之间，都有不大的休止区域。这样，当扇形格从一个操作区转向另一个操作区时，各操作区不致互相连通。

2. 转鼓式真空过滤机的特点和应用范围 转鼓式真空过滤机结构简单，运转和维护保养容易，成本低，可连续操作。压缩空气反吹不仅有利于卸除滤饼，也可以防止滤布堵塞。但由于空气反吹管与滤液管为同一根管，所以反吹时会将滞留在管中的残液回吹到滤饼上，因而增加了滤饼的含湿率。转鼓式真空过滤机适用于过滤各种物料，也适用于温度较高的悬浮液，但温度不能过高，以免滤液的蒸气压过大而使真空失效。通常真空管路的真空度为 33~86kPa。

3. 转鼓式真空过滤机的型号及形式 国产转鼓式真空过滤机的型号有 GP 和 GP-X 型，GP 型为外滤面刮刀卸料多室转鼓式真空过滤机，GP-X 型为外滤面绳索卸料多室转鼓式真空过滤机。例如，代号 GP2-1 型过滤机，其中 2 表示过滤面积为 $2m^2$，1 表示转鼓直径为 1m。

4. 转鼓式真空过滤机的形式 转鼓式真空过滤机除了常用的多室式外滤面过滤机外，还有多种形式，下面简单介绍单室式和内部给液式两种。

(1) 单室式转鼓真空过滤机 将空心轴内部分隔成对应于各工作区的几个室，空心轴外部用隔板焊成与转鼓内壁接触的两个部分，一部分通真空，另一部分通压缩空气，空心轴固定不转动，当转鼓旋转时与空心轴各室相连通，形成不同的工作区。单室式转鼓真空过滤机不分室、不用分配阀，所以结构简单，机件少；但转鼓内壁要求精确加工，否则不易密合而引起真空泄露。这种设备的真空度较低，适用于悬浮液中固体含量较少、形成滤饼较薄的场合。

(2) 内部给液式转鼓真空过滤机 其过滤面在转鼓的内侧，因而加料、洗涤、卸渣等均在转鼓内进行。这种设备结构紧凑，外部简洁，不需另设料液槽，可减轻设备自重，没有料液搅拌器，只需一套传动装置，对于易沉淀的悬浮液非常适用。缺点是工作情况不易观察，检修不便。

第四节　固-液萃取分离设备

固-液萃取，即用溶剂把固体物料中的某些可溶组分提取出来，使之与固体的不溶部分（或称为惰性物）分离的过程。被萃取的物质在原固体中，可能以固体形式存在，也可能以液体形式（如挥发油或植物油）存在。

固-液萃取在制药工业中应用广泛，尤其是自中草药等植物药中提取有效成分，固-液萃取起着重要作用。而中草药有效成分的提取、分离和研究是发掘和提高中医药学的一个重要方面。在制药工业中，过滤操作时滤饼或其他沉淀物的洗涤，实质上也是固-液萃取的一种形式。洗涤是用一种溶剂从固体物料中除去可溶性的杂质，以提高固体产品的纯度。

一般来说，固-液萃取速度是缓慢的，因此，当设计萃取器时，必须从速度方面充分加以研讨。由于固体内部的移动速度是等速的，所以很久以来都试图将扩散理论应用于固-液萃取中去，我们可以把它认为，或者是借助于简单的溶解，或者是由化学反应形成一种可溶解形式把固体基块中的一种或几种组分溶解出来，所以固-液萃取应根据被萃取物料的特性（如颗粒状还是植物细胞组织、粒度大小、被萃取组分的性质等）和对萃取液的工艺要求来选用不同的方法和设备。下面以植物或中草药的萃取为例，简介如下：

一、浸渍法及设备

浸渍法即将一定量经切割或粉碎的药材置于浸取器中，注入一定量的溶剂，使固-液接触，经一定时间，使欲萃取组分充分溶解，然后借助于浸取器假底（即筛孔底或栅状底）和滤布或其他方法使药液和药渣分离，放出浸取所得药液（即萃取相）。

为了强化浸渍，浸渍器可增设搅拌器、泵等机械以及加热装置，如夹套和蛇管等。必要时可通蒸汽加热浸渍，以水为溶剂的浸渍亦可用蒸汽直接加热，在常温下的浸取称冷浸，在加热50℃～60℃下的浸取称热浸，将溶液加热到沸腾状况下浸取亦称煮提或煎煮。在无机械动力循环装置时，药材以筐篮悬于浸取器的上部，这样浸出的浓溶液因密度较大而下沉，溶剂或稀溶液上浮，造成自然下沉，溶剂或稀溶液上浮造成自然对流，提高萃取速度。

图5-15为一常用浸渍器。将药材放在浸渍器1中，加水后用假底2下面的加热盘管3加热。为了强化浸取可用泵5使浸渍液经导管8循环。浸渍完成后，借助于三通阀6，使出口管4与导管7相通，将浸渍所得药液送到贮罐或蒸发器进行浓缩。

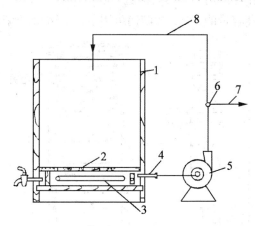

图 5-15　浸渍器示意图
1. 浸渍器；2. 假底；3. 加热盘管；4. 出口管；5. 泵；6. 三通阀；7、8. 导管

图5-16A为一带搅拌器的立式浸渍器；5-16B为一卧式带搅拌器的浸渍器；5-16C为一转筒型浸渍器。器内的假底是为浸渍完成后滤出浸渍液用。浸渍完毕后，药渣所吸着的药液可借压榨法回收。当药渣中吸有挥发性溶剂时，可在密闭式浸渍器内，通以直接蒸汽，使溶剂气化，经导气管导入冷凝器冷凝回收。

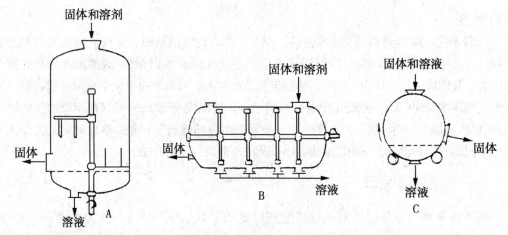

图 5-16 搅拌式浸渍器

浸渍法一般所用溶剂量较大，所得药液浓度较稀。此法简单便易行，但萃取效率较低。不适宜贵重和有效成分含量低的药材的提取。

二、渗漉法及其设备

渗漉法是使溶剂流过不动的固体颗粒层来进行萃取的方法。进行渗漉的设备称渗漉器，如图 5-17 所示。渗漉法通常是在颗粒层的上部添加溶剂，自上而下流过固体层，渗漉液从渗漉器的底部流出。但有时由于操作上的需要，溶剂亦可自下而上流过颗粒层，渗漉法可在常压或加压下进行。图 5-17B 为一可翻倒的圆锥形渗漉器；图 5-18 为可翻倒的圆筒形渗漉器。遇溶剂后易膨胀的药材宜选用圆锥形渗漉器，这样可减缓药材膨胀对器壁的压力。但锥度大的渗漉器，溶剂不易均匀流过，故不膨胀的药材选用圆筒形渗漉器。物料装入量一般不超过渗漉器容量的 2/3。渗漉筒可用铝、不锈钢、陶瓷、玻璃、木材等制作。

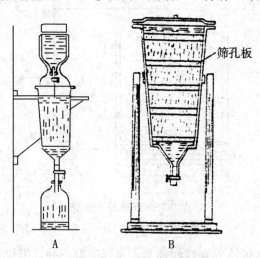

图 5-17 可翻倒的圆锥形渗漉器

当处理的物料粒子较细，渗漉阻力较大时，为加大渗漉速度，可采用加压渗漉法。图 5-19 为一可加压的渗漉器，其特点为上下各有一可紧密密封的上盖和底盖，有一锥形的假底，过滤面积大。其水平假底可随底盖打开，便于卸渣。装料后上部放一筛板式分布器使溶剂均匀分布。渗漉法的步骤大致如下：

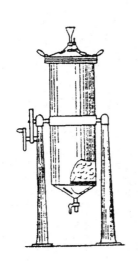

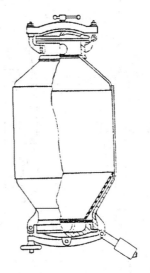

图 5-18　可翻倒的圆筒型渗漉器　　　图 5-19　压力式渗漉器

1. 润湿膨胀　取药材粉末，置一混合器中加规定量溶剂（一般每千克药材加 0.6～0.8L 溶剂），拌匀，密闭一定时间，使物料均匀润湿并膨胀。

2. 填装　将润湿好的药材分次投入渗漉筒中，每次加入的物料铺平并均匀挤压，不应使其中留有较大的空隙，以防止溶剂通过时产生沟流、短路等不均匀现象。在较高的渗漉筒中，必要时在不同的高度上装几个筛孔板（图 5-17B），使溶剂更均匀地通过药材。

3. 浸渍　在渗漉器下面放一接收器，打开下部旋塞，从上部加入一定量溶剂，排出药材层中的空气，空气排净后，关闭底部旋塞，将接收的溶剂倒回渗漉筒，并添加溶剂，使溶剂没过药材表层数厘米。浸渍 24～28 小时。目的是使欲萃取溶质溶解和扩散达到平衡，尽量发挥溶剂的效用，使最初的渗漉液有较高的浓度。

4. 渗漉　浸渍足够时间后，打开下部旋塞，开始以一定速度渗漉，并在药材上面不断补充溶剂，使溶剂液面始终没过药材的柱层。至欲萃取组分基本提净后，停止渗漉。渗漉液（即萃取相）根据情况经澄清、过滤、浓缩等处理，或直接用于制剂或调剂。

在制药生产中，为得到浓度高的渗漉液和减少溶剂回收时间和费用，常采用渗漉液套用法。即把最初所得高浓度的渗漉液另器收集，经检验合格后制成成品，而后收集的稀渗漉液，作为另一批药材的渗漉溶剂使用，依次继续进行下去。

另外，制药生产中还经常采用渗漉提取和溶剂回收（浓缩）的联合装置。这样使设备紧凑和连续。图 5-20 为单级渗漉和浓缩的联合装置。其工作过程为回收的溶剂再以一定的流速从 3 流入到渗漉器 1 中，如此循环，直到将物料中欲萃取组分基本提净。

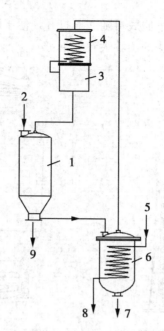

图 5-20　单级渗漉和浓缩联合装置

1. 渗漉器；2. 物料进口；3. 回收溶剂贮器；4. 冷凝器；5. 蒸汽入口；
6. 渗漉液贮器（兼蒸发器）；7. 产品出口；8. 冷凝水出口；9. 残渣出口

在单级渗漉萃取中，物料中溶质不断减少，传质推动力逐渐降低，如果要将溶质全部提出，所需溶剂的数量很大，花费时间颇长，而所得大部分是稀溶液，不甚经济，比较经济合理的是多级逆流接触式萃取。

三、多级逆流接触萃取及其设备

图 5-21 为多级逆流接触萃取的流程示意图。图中表示用六只萃取器进行五级逆流萃取。五级萃取器依次排列，内装物料，新鲜溶剂由一端加入（图 5-21A 中表示由 1 号器加入溶剂），依次流过各级，自第末级（即图中第五级）成为浓溶液流出。溶剂在流经各级时与物料进行多次接触萃取，故溶液浓度逐级增高，自末级流出时，达到最大浓度。而各萃取器所装物料的溶质含量则随操作的进行均不断降低，各级相比，自末级到第一级，溶质含量递减，操作一定时间后，第一级的溶质首先被提净，即可卸渣。将原来的第二级变为第一级，第三级变为第二级……将第 6 号空萃取器装上新鲜物料，排在末级（第五级），继续操作。同时将卸渣后物第 1 号萃取器，重新装上新鲜物料备用。至第 2 号萃取器的溶质提净后，卸渣、装料备用。而第 3 号萃取器变为第一级。装好新鲜物料的第 1 号萃取器即为末级。如此使操作一直进行下去。

在此多级萃取系统中，从末级流出的浸出液是与最新鲜物料接触而得，这样既可得相当浓的浸出液，又维持较大的传质推动力；而将新鲜溶剂（纯溶剂）加到第一级，尽管物料溶质浓度已很低，尚可具有相当的传质推动力。因此在多级逆流萃取中，提取单位溶质所消耗的溶剂量比单级萃取所用溶剂量为小。换言之，以一定量的溶剂，萃取一定量的物料时，多级逆流萃取可得到较大的萃取效果。

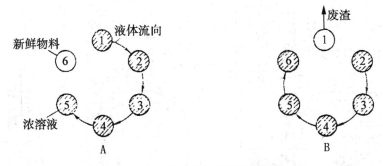

图 5-21 固-液多级逆流接触萃取流程示意图

图 5-22 为带有溶剂回收装置的多级逆流接触萃取装置流程图。操作方法如上所述。图中为四个萃取器进行三级逆流萃取。

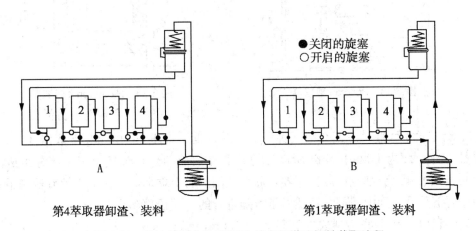

图 5-22 带溶剂回收装置的固-液多级逆流接触萃取流程

在上述多级萃取器中，固体物料并未从一级流入另一级，只是不断依次移动各级的次序，只有溶剂和固体物料在一个萃取器内同时逆向流动连续式逆流萃取。

四、新型固-液萃取器

上面介绍的固-液萃取器的固相都是固定的，这对传质将有一定影响。新型的固-液萃取器都将固相做成移动的，因此亦称连续式固-液萃取器。这种萃取器基本上可分成四种形式，即移动床式、浸液式、固体排出式和固体分散式。

1. **移动床式萃取器** 这种萃取器原为德国开发研制。图 5-23 所示的 Bollman 萃取器是一种改进的形式。它是由一组具有多孔底的篮筐组成。这些篮筐固定于能使篮筐在萃取器内上下升降的运输带上。当篮筐下降时（图的右侧部分），固体自动地装进篮筐，并喷以具有一定浓度的萃取液。由于萃取液本身的重力使之通过篮筐底部的孔，而进入下面的篮筐，因此在萃取器的下部可获得高浓度溶质的萃取液。当篮筐上升时（图的左侧），从上面喷下的新鲜溶剂将固体逐筐萃取而具有一定浓度。再集中于萃取器的底部，并用泵打到设备的上部，作为右侧下喷的萃取液。当篮筐离开萃取器时，自动卸料以完成一个操作循环。

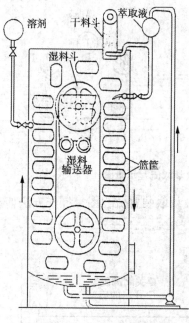

图 5-23　Bollman 萃取器

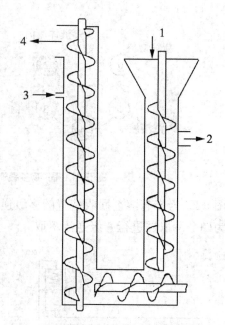

图 5-24　Hiderbrandt 萃取器

1. 加料；2. 萃取液；3. 溶剂；4. 萃取过的残渣

2. 浸液式萃取器　下面介绍两种浸液式萃取器，即 Hiderbrandt 萃取器及 Bonotto 萃取器。图 5-24 为 Hiderbrandt 所设计的萃取器的简图。它包括由三个部分组成的 U 形萃取器，每一部分都有螺旋输送器，原料从图的右上端加入，借助于螺旋输送器使之缓慢地向下移动，到中间部分，然后于溶剂进入的一端顶部卸出。

某厂利用由有机玻璃制成的管径为 0.125m，螺旋输送器的轴径为 0.055m，螺旋叶片的螺距为 0.034m，螺旋叶片的直径为 0.11m，设备总长为 2.412m 的萃取器。被萃取物在萃取器内的停留时间用螺杆的转速（0.5～3.5r/min）来调节。当用来连续萃取甘草时，选用转速为 1r/min，停留时间为 1.40 小时（溶剂与原料比为 6：5，残渣内有效物质的含量不超过 2.3%），而工厂生产中用扩散渗漉时，则需 20 小时左右。

图 5-25 为 Bonotto 萃取器。它是由一组圆形带槽孔的筛板依次上下层排列。每块板都有一个固定于中心轴上的耙，固体从顶端加入，用耙将其分布在顶板上，并通过筛孔落到下一块筛板，溶剂则和固体成逆向流动。

3. 固体排出式-萃取器　图 5-26 所示的 Kennedy 式萃取器，该萃取器属于固体排出式。其容器内有若干弓形槽相连，每槽内有一可旋转的星形翼轮，翼轮桨叶上有筛孔，物料从左边加料口加入，溶剂从右端加入口进入。物料被翼轮

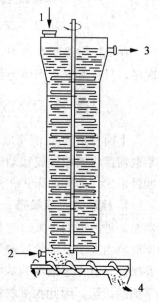

图 5-25　Bonotto 萃取器

1. 固体加料；2. 溶剂；
3. 萃取液；4. 排渣

推动自左向右移动，物料每次被推升到两弓形槽之间时，由一刮板将物料刮入到前面的弓形槽，至最右端卸渣，而溶剂由萃取器之坡度造成的位差从右向左流动，至最左端排出萃取相。

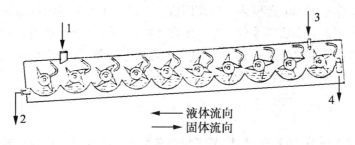

图 5-26　Kennedy 萃取器

1. 固体加料口；2. 萃取液出口；3. 溶剂加入；4. 废渣排出口

4. **固体分散式萃取器**　萃取操作若为间歇操作，而固体粒子又易于分散时，可采用各种形式的搅拌槽。图 5-27 所示的 Pachuca 槽特别适用于冶金工业，它是一个圆柱体，内有一空气鼓泡器，使固体粒子产生上下搅拌运动，本槽可用木制，亦可用金属、水泥及涂上惰性物料的钢槽。浸取完成后，停止输入空气，让固体沉析，浮在上面的萃取液在槽顶用虹吸管移走。

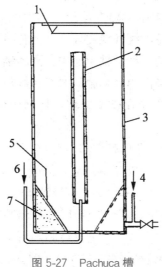

图 5-27　Pachuca 槽

1. 折流板；2. 空气鼓泡器；3. 桶体；4. 空气管（疏松沉降固体）；5. 混凝土板；6. 鼓泡用空气管；7. 沉渣

第五节　典型设备规范操作

分离操作是制药工业中重要的单元操作之一，而药品在实际生产中所用原料的多样化导致被分离的混合物种类的多种多样，其性质千差万别，分离的要求和方法也不尽相同。制药工业常见的分离操作多是均相分散体系混合物的分离，方法有蒸馏、吸收、萃取等。对于非均相体系的混合物，通常利用分散相和连续相物理性质（如密度、颗粒形状、颗粒尺寸等）的差异采用机械的方法分离，如沉降分离、过滤分离、离心分离。对应的机械设备为有沉降式离心机、过滤式离心机、分离式离心机等。

沉降式离心机适用于固体含量少，颗粒较细，不易过滤的悬浮液；过滤式离心机转速一般在 1000～2000r/min 范围内，分离因数不大，适用于易过滤的晶体和较大颗粒悬浮液的分离；分离式离心机转速较大，一般在 4000r/min 以上，适用于乳浊液的分离和悬浮液的增浓或澄清。以下以制药企业中常用且典型的管式分离机和三足式离心机为例，介绍其生产中的规范操作和使用注意事项。

一、管式分离机

根据国家专业标准《管式分离机型式和基本参数》的规定，管式分离机分为两种形式：GF-分离型和GQ-澄清型。GF-75 型管式分离机主要用于分离乳浊液、多种混合液体，特别是在二相比重差其微的液-液-固的三相分离中也常常用到。

1. 结构原理　GF/Q75 型管式分离机的主要部件为机身部件、传动部件、涨紧轮部件、转鼓部件、进液轴承座部件、集液盘部件等。转鼓部件由上盖、带空心轴的底盖和管状的转鼓三部分组成，转鼓内沿轴向装有对称的四片翅片，使进入转鼓的液体很快地达到转鼓的转动角速度，被澄清的液体从转鼓上端出液口排出，进入积液盘再流入槽、罐等容器内。固体则留在转鼓上，待停机后再清除。

转鼓及主轴以挠性连接悬挂在主轴皮带轮上，主轴皮带轮与其他部件组成机头部分。主轴上端支承在主轴皮带轮的缓冲橡皮块上，而转鼓用连接螺母悬于主轴下端。转鼓底盖上的空心轴插入机架上的一滑动轴承组中，滑动轴承组靠手柄锁定在机身上；该滑动轴承装有减震器，可在水平面内浮动。只要将转鼓与主轴间的连接螺母拧松，即可把转鼓从离心机中卸出。电动机装在机架上部，带动压带轮及平动皮带转动而使转鼓旋转。

2. 设备特点与技术参数　本机具有极高的分离因数和最大直径的转鼓；采用了密闭式的大孔机身，高速传动部件被安全罩封盖，保证了本机的安全性；本机与物料接触的零件均采用不锈钢制作，易于清洗和消毒；机身筒体可绕中心轴旋转。卸料时可将四个固定的螺栓松开，摇动减速箱手柄，使机身筒体绕中心轴旋转至接近水平位置，可轻松地将转鼓水平抽出，放在专用的工作台上，进行拆卸和清洗。装配时按卸料时的反顺序操作。此装置大大地减轻了工人的劳动强度。GF/Q75 型管式分离机技术参数见表 5-1。

表 5-1　GF/Q75 型管式分离机技术参数表

型　号	GF75	GQ75
转鼓内径(mm)	75	75
转鼓有效高度(mm)	450	450
转鼓有效容积(L)	2.67	2.67
转鼓工作转速(r/min)	21000	21000
最大分离因数	22500	22500

型　　号	GF75	GQ75
进料喷嘴直径(mm)	3、5、7	3、5、7
进料口压力(MPa)	＞0.05	＞0.05
生产能力(水通过能力)(L/h)	670	670
电动机(kW)	1.5	1.5
启动方式	全压	全压

注:GF75 型和 GQ75 型主要参数相差无几,主要区别在于 GF75 型适用于分离乳浊液或混合液体比重差异甚微的液-液分离或少量杂质的液-液-固的三相分离;而 GQ75 型则适用于固液两相比重差较大的悬浮液的固-液分离。

3. 安装调试　本机的安装调试分为四个部分:机器的整体安装,电源的连接,主轴、转鼓、集液盘的安装,进液轴承座安装。

(1) 机器的整体安装　基础平面应相对保持水平,机器的重心应尽量保持与基础的重心重合,安装机器时用重锤法校正,使机身的上、下孔在一条垂直线上。

(2) 电源的连接　①按要求接线,操纵开关的位置应便于观察、便于操作。②核对电路电压,使之与电动机的铭牌要求相符。③核对运转方向转鼓,转鼓的传动方向从上向下看为顺时针运转。

(3) 主轴、转鼓、集液盘的安装　①将锁紧套上旋,并使其固定在上部位置。②将主轴上的锁止螺钉卸下,套上主轴螺帽,从锁紧套的下端穿入并上移,依顺序安装缓冲器、下联结座、上联结座、锁止螺钉并锁紧。③将主轴上窜,使其卡紧在轴心座的圆锥面上,从而使主轴固定在上部。④将转鼓装入机身,注意底轴部分应装入进液轴承内的滑动轴承。⑤依次安装集液盘,液盘盖。⑥拧下转鼓上的护帽,并将该护帽随手拧在机身上,用手轻拍主轴,同时用另一只手把它接住,以防与转鼓碰撞,检查转鼓与主轴的结合处,确认干净后,用手将主轴与转鼓结合,拧上主轴螺帽,用专用扳手将其旋紧。⑦检查上部传动销是否在缓冲器的两个孔内,转动转鼓观察安装是否正确,确认无撞击声。⑧旋下锁紧套与液盘盖锁紧,安装完毕。

(4) 进液轴承座安装　进液轴承座安装在机身下部,它可以根据生产工艺要求,每次分离结束后拆卸清洗,也可定期清洗。①将组装好的进液轴承座,装入底盘中心孔中,将固定螺栓拧紧。②更换滑动轴承(内径磨损 1mm)及弹簧时,将进液轴承座拆下,用专用扳手将压帽卸下,即可更换。

4. 操作方法　主要包括操作前的准备工作、开机操作、停机操作三个部分。

(1) 操作前的准备工作　①当液体中所含的杂质或固相物百分率低于 5％时,该机发挥最理想的分离效果,如果百分率高于 5％时建议先做澄清处理。②进料一般由高槽进料,如果是黏度大的液体,也可用泵进料。③物料经喷嘴进入分离机的压力,视物料的性质而定,但至少要向上喷到转鼓的一半,如果压力太低,则部分液体将不进入转鼓而由下部的进液轴承座中的溢流口流出;如果压力太高,则影响分离质量还会引起机器的振动。④进料管的内径应足够大,可以用阀门控制,操作者可根据流速和产量来定。⑤分离机备有三种直径不同的喷嘴,喷嘴的选择取决于物料的分离质量,如果要求分离质量高，而生产量小时，使用小的喷嘴，反之亦然。

（2）开机操作　①接通分离机的电动运转电源，等待约 80 秒，转鼓即可达到工作转速。电机的启动电源一般在 30A 左右。②机器全速后，方可打开进料阀门，先把阀门开小，待澄清的液体流出集液盘的接嘴后，将阀门开到预先测定的流量，进行液体的澄清，在分离过程中最好不要中途停止加料。③分离操作中，观察液体流量是否正常，观察澄清度是否满足澄清要求，待到出液口的液体开始变混时，停机排渣。

（3）停机操作　①停机前必需先关掉进料阀门，等到集液盘不流液体时，方可停机。停机方法：断开电源，自由停机。②排渣与清洗转鼓与装配的顺序相反，取下转鼓带上保护帽，放在固定架上，用专用扳手拆开转鼓的底轴，用拉钩取出三翼板。用刮板、铲子将转鼓内的沉渣及固相物清除，用水清洗干净。③转鼓的装配，将三翼板装入转鼓内时，注意将三翼板拨至转鼓的顶部（并将其定位标记与转鼓定位标记对正），旋上底轴后用底轴扳手将其定位，使底轴上的标记靠近转鼓上对位标记，如果不对位，说明结合处有异物，需要松开清除。如果超过对位标记 10mm，需要更换密封垫。

5. 维护保养　涨紧轮部件及主轴传动部件中的高速轴承的润滑采用高速润滑，2～3 个月加注一次；进液滑动轴承系自润滑轴承，每次使用时，旋转油杯使用少量的润滑油进入轴承内表面；每周一次取下滑动轴承组予以清洗并检查各个部件。检查拟合平面的磨损情况，保证拟合平面的平滑接触。在每次完成生产任务后，必须及时清洗进料管、出料管、积液盘等接触物料的部件，按规定工艺拆装转鼓，及时清洗或消毒。

6. 注意事项　转鼓头部与主轴的结合面一定要有良好的配合，要注意保护转鼓头部的端平面、内止口及螺纹。每次装配时必须认真检查，要求配合完好无损、清洁；每次拆下的旋转零件都应认真检查，有不符合要求的，应予以修理或调换，否则就不要予以装配；用专用工具夹拆装端盖，装上时对准记号，用柔性锤子敲击扳手；转鼓拆下后必须清洗干净，筒壁上的剩余残渣会影响平衡和正常使用；运行一段时间要检查一下轴承中是否有污物，如有应及时拆下清洗干净，再按规定装机；在任何情况下要保证旋转零件不受碰撞或强烈振动，防止划伤、变形以免影响旋转部分的机械精度和使用寿命；当转鼓、机头、下轴承等重要部件有一段时间内停止使用，必须妥善保管；拆卸皮带时，涨紧曲柄需自然返回，安装时逆时针就位；拆机头销子时，必须用小锤子在带记号一端轻轻敲击，安装时相反；机头轴承处一周加适量润滑油；单独启动电机必须卸去皮带；在转鼓装在主轴上并旋紧连接螺母前不得启动离心机，皮带没有压紧装好前不得启动离心机，且没有装好下轴承组件前不得启动离心机；在装转鼓前，必须用手检查下轴承中滑动轴承是否灵活，并注上润滑油；在启动离心机之前，必须用手转动转鼓使其旋转，如出现摇晃大或碰擦，必须找出原因，排除故障，否则不得启动离心机；未装上保护螺套、罩壳不得启动电动机。

7. 故障排除　见表 5-2。

表 5-2　GF/Q75 型管式分离机故障及排除表

故　　障	检 查 部 件	消 除 方 法
机器的震动（在机身中部测量机器的震动剧烈程度＞7.1）	检查转鼓与主轴的结合处 检查主轴是否弯曲	用细油石将压痕、划伤精心修复，用 V 块将转鼓两端架起，用百分表在主轴的最外端测量主轴径向跳动，任意方向装配均在 0.15mm 以内 用顶针将主轴两端的中心孔顶起，用百分表检查各部件径向跳动 0.05mm 以内
	检查转鼓底轴上的轴套是否损坏	严重磨损更换新件
	检查进液轴承座中的滑动轴承是否损坏	滑动轴承与轴承之间的间隙达 0.1mm 应更换新件
	检查弹簧是否损坏或疲劳	进液轴承座中弹簧损坏应立即更换
	检查转鼓与底轴的对应标记是否相对应	位置差达 20mm，应更换密封垫，使之重新定位
	检查缓冲器是否损坏	更换
	检查主轴上端的锁止螺钉是否松动	拧紧
	转鼓本身的平衡精度破坏原因：拆装变形，清洗碰撞，使用变形	重校正转鼓平面（一般应回生产厂家进行）
	检查涨紧轮部件在运转中的振动情况	调整
	检查主轴传动部件中高速轴承的运转情况	耳听：损坏时有砂架刮磨的尖叫声 手摸：小皮带轮温度很高 表试：用百分表测量，机器振动发现不规则振动，而且震动很大
转鼓转速下降［按 ZBJ7708—89（管式分离机技术条件）规定空载允许降速 1%，负载允许 3%］	检查电源电压是否达到要求	排除
	检查电机转速是否达到要求 检查是否有残余物料将转鼓出液口堵塞	修理或更换 清洗
	检查传动带是否严重磨损或表面上有油污使传动带打滑	更换
	检查主轴与转鼓是否松动	拧紧

二、三足式离心机

三足式离心机是用途最为广泛的离心机，从第一台离心机开始，至今仍在全世界范围内广受欢迎。其造价低廉，抗震性好，结构简单，操作方便。广泛用于化工、轻工、纺织、食品、制药、冶金、矿山、稀土、环保等行业，该机符合 GMP 规范设计，以 SS 型三足式离心机为例介绍。SS 型三足式离心机为人工上部卸料，间歇操作的过滤式离心机，适合分离含固相颗粒≥0.01mm 的悬浮液，固相颗粒可为粒状、结晶状或纤维状等形态，也可用于纱束、纺织品等的脱水之用。

1. 工作原理　SS 型三足式离心机是一种分离机械，其作用是将固体和液体的混合液（液体和液体）进行分离，从而分别得到固体和液体，或液体和液体。为了适应工业生产需要，离心机通过高速旋转，产生强大的离心力，其离心分离系数通常是重力加速度的上百倍、上千倍、上万倍，因此分离速度很快，但是由于不同的物料性质差异很大，所以形成了各种不同规格的离心机，一般固体和液体进行分离的离心机转速在3000r/min以下，颗粒更细、密度差更小的混合液则需要转速在8000～30000r/min之间的离心机进行分离。

2. 设备特点与技术参数 本机采用三点悬挂式结构。机身外壳及装在机身上的主轴和转数，由三根吊杆挂在三只支柱的球面座上，吊杆上装有缓冲弹簧，这种支承方式使转鼓内胆装料不均而处于不平衡状态时能自动进行调整，减轻主轴和轴承的动力负荷，获得稳定的运转，离心机由装在外壳侧面的电动机通过三角皮带驱动。装有转鼓的主轴垂直安装在一对滚动轴承内，轴承座与盘成一体。转鼓由带孔的圆柱形鼓壁、拦液板和转鼓三部分组成。

外壳侧面装有刹车手柄，受刹车装置控制，离心机起步是由电机通过电机起步轮带动传动工作。SS型三足式离心机主要技术参数见下表5-3。

表5-3 SS型三足式离心机主要技术参数

项目型号	转鼓内径（mm）	有效容积（L）	额定转速（r/min）	分离因数	电机型号及功率（kW）	重量
SS300	300	18	1390	556	Y90S-4.1.1	100
SS450	450	22	1670	700	Y90L-4.1.5	180
SS550	550	32	1450	588	Y100L1-4.2.2	250
SS600	600	42	1500	750	Y100L2-4.3.0	580
SS800	800	98	1200	643	Y132S-4.5.5	1320
SS1000	1000	140	1000	560	Y132M-4.7.5	1530
SS1200	1200	200	850	487	Y160M-4.1.1	2040
SS1500	1500	410	800	306	Y160L-4.1.5	4080
SSC315	315	9.4	3000	1536	Y90S-2.1.5	150

3. 操作方法 操作过程包括三个步骤：开机前的准备工作、开机操作、停机操作。

（1）开机前的准备工作 ①三足式离心机周围是否清洁，不允许有妨碍运行的因素存在。②检查流程是否正确。③检查各连接件及地脚螺栓是否完整紧固。④检查三足式离心机的密封性，必要时重新连接。⑤检查接地线是否齐全紧固。

（2）开机操作 ①打开三足式离心机密封盖。②在三足式离心机内铺上规定的滤布。③开启放料阀门，将物料放至三足式离心机内。④关闭密封盖，并旋紧螺丝。⑤启动三足式离心机，进行离心操作。

（3）停机操作 ①离心结束，停止电动机。②开启三足式离心机密封盖，卸出滤布及滤饼。③关闭三足式离心机密封盖，离心结束。④长期停止工作，应彻底排净三足式离心机内滤液。

4. 操作中的维护保养及注意事项 离心操作中，密封盖封闭严密才能启动电动机，否则料液会甩出离心机，造成事故；电机电流不得超过额定电流；工作中发现异常声音，应立即停车检查处理；经常保持设备及其周围的卫生。为确保离心机正常运转使用6个月后应加油保养一次。定期检查轴承处运转润滑情况，有无磨损现象；制动装置中的部件是否有磨损情况；离心机内部有无破裂，吊杆销子是否折断；轴承有无磨损现象；轴承密封有无漏油现象。

5. 故障排除 见表5-4。

表5-4 三足式离心机常见故障及排除方法

一 般 故 障	产 生 原 因	排 除 方 法
震动	1. 安装不水平或装料不均匀 2. 主轴螺帽松动 3. 减震弹簧折断	1. 安装要水平，注意装料均匀 2. 拧紧主轴螺帽 3. 拆换减震弹簧
响声	1. 各传动部位有松动 2. 轴承磨损过度或断裂	1. 拧紧各传动部位 2. 检查轴承，必要时更换轴承
拦液及泡液	1. 装料过多 2. 超过额定转速	1. 按额定量装料 2. 不要超过额定转速

第六章 干燥原理与设备

干燥是一种常用的去除湿分（水或有机溶剂）的方法，一般是指利用固体物料中的湿分在加热或降温过程中产生相变的物理原理以将其除去的单元操作。干燥的目的是使物料便于贮存、运输和使用，或满足进一步加工的需要。

在中药制药过程中，对洗涤后原生药材、水分含量过高的饮片以及制粒后的半成品等都需要将其水分除去，以便于进一步加工、贮藏和使用。中药生产上把利用热能对湿物料中的水分汽化，再经流动着的惰性气体带走而除去固体物料中水分的过程称作干燥。干燥在中药生产中的应用十分广泛，在物料加工方面，几乎所有生产片剂或胶囊剂的工厂都应用干燥装置，如将制得的颗粒可直接进行调剂或进一步制成片剂、胶囊剂；在原料或产品的干燥方面，可以减轻重量，缩小体积，便于运输和贮存，降低运输费用；在抑制细菌生长方面，通过干燥把动物药和植物药中的含水量降低，使霉菌、细菌的繁殖降至最低程度；此外对药物的干燥还有利于药物的粉碎操作，经干燥后的药物脆性要比原含水分时增加许多，易于粉碎；干燥有利于保证产品的质量，干燥后的产品稳定性比湿物料好，易于保藏，不至于使产品分解或变质。由于干燥与中药生产的关系密切，因此干燥的好坏，将直接影响产品的使用、质量和外观等。

第一节 干燥原理

在干燥过程中，水分从物料表面向干燥介质中汽化，物料内部的水分则向表面移动。干燥速率不仅取决于干燥介质的性质和操作条件，还取决于物料中所含水分的状态及水分以何种形式（气态或液态）自物料内部向表面传递。水分在物料内部的传递速率主要与物料的结构有关。因此，讨论物料中的水分状态可以了解在一定条件下物料中有多少水分能用干燥的方法除去以及水分除去的难易程度，对于物料干燥是十分必要的。

一、物料中水分的性质

由于湿物料是干燥的对象，热空气仅仅是干燥的条件，因此决定干燥过程的关键首先是湿物料的性质以及物料中所含水分的性质。物料中所含水分的性质，一般按如下三种方式进行分类。

1. 按照物料与水分间的结合方式划分　在考虑了物料与水分结合的特征、结合的强度以及水分从物料中分离的条件后，将物料与水分的结合方式分为三类：机械结合水分、物理化学结合水分以及化学结合水分。

（1）机械结合水分　主要是在物料的内部或物料表面空隙中的自由水分、非结合水分以及润湿水分等。包括毛细管水分、润湿水分和空隙水分。此类水分是最易去除的，因为其结合力很差，只需要借助机械脱水等基础设备就能达到干燥的目的。难度最低，能耗也最少。

（2）物理化学结合水分　水分以物理化学结合力与物料结合一体，较之机械结合水分，结合力较强。常见的物理化学结合水分有吸附水分、小毛细管内的渗透水分和结构水分。这几种物理化学结合水分的结合力也是有很大差别的。其中吸附水分的结合力最强，水分只能通过受热蒸发为水蒸气才能达到干燥的目的；毛细渗透水分随着物料的组织壁内外的浓度而有差异，干燥难度也就发生变化。干燥设备进行干燥作业的对象一般就是此类，可以说干燥设备的主要任务就是去除物理化学结合水分。

（3）化学结合水分　物料中的结晶水分即属于这种形式。化学结合水分的结合力是最强的。此类结合水与物料的结合有着非常准确的函数关系。常见的化学结合水分是结晶水。要除去此类水分，需要非常高的温度加热才能实现。常规的干燥设备很难达到这样的要求，因此结晶水分的脱水过程一般不视为干燥过程。

2. 根据物料中水分除去的难易程度划分　考虑物料中水分除去的难易程度，可将物料中水分分为非结合水分和结合水分。

（1）非结合水分　包括存在于物料表面的吸附水分及孔隙中的水分。此种水分与物料纯属机械结合，附着于固体表面或颗粒堆积层中，与物料的结合强度极小，所产生的蒸汽压等于同温度下纯水饱和蒸汽压。因此在干燥过程中所除去的水分主要是非结合水。仅含有非结合水分的物料，称为非吸水性物料，如铸造用砂等。

（2）结合水分　包括物料细胞或纤维管壁内的水分、物料内可溶性固体物溶液中的水分及物料内毛细管中的水分等，其固-液间结合力较强。根据水分与物料结合的强弱，结合水分可有几种形式，当固体表面具有吸附性时，其所含的水分是因吸附作用而结合在固体中；当固体物料为多孔性或粉状、颗粒状时，其水分因受毛细管力作用存在于细孔中；当固体物料为可溶物时，其所含的水是以溶液形式存在；当固体物料为晶体结构时，其中含有一定量的结晶水分。结合水分主要是属于物理化学结合方式，结合力强。其产生的蒸汽压低于同温度下的纯水饱和蒸汽压，故降低了水汽向空气扩散的传质推动力，用干燥方法去除比较困难。含结合水分的物料称为吸水性物料，如木材、皮革、纤维及其织物、纸张、合成树脂颗粒等。

3. 根据物料在一定的干燥条件下，物料之中水分能否用干燥方法除去划分

（1）平衡水分　在生活中我们经常遇到这种情况，物料在湿度较大的空气中不易干燥，有的物料甚至吸水而有"返潮"现象，这些返潮的物料在干空气中又会回复其"干燥"状态。这是因为空气中的水蒸气分压与物料表面的水蒸气分压不同而造成的，若空气中的水蒸气分压大于物料表面的水蒸气分压，则空气中的水分就向物料传递，物料则会出现"返潮"现象，其传质的方向正好和干燥的情况相反。不管是"返潮"或"干燥"过程，进行到一定限度后，物料中的湿含量必将趋于一定值。如果与之接触的空气

状态不改变，则物料中的湿含量将永远维持此定值，不因与空气接触时间的延长而再有变化。该值即称为在此空气状态下物料的平衡水分（此时空气中的水蒸气分压与物料表面的水蒸气分压相同，传质推动力为零）。平衡水分必然是结合水分。平衡水分随着物料和空气状态的不同而改变。各种物料的平衡水分在同样的条件下差异很大，尽管它们可能产生同样的蒸汽压并且处于同一平衡状态。产生差异的主要原因是由于水分在物料内的存在形式不同。而对同一种物料，又因空气状态的不同而异。

各种物料的平衡水分均需由实验测定求得。对于无孔及多孔的非吸水性物料（如砂粒、陶土等），其平衡水分接近于零。吸水性物料（如木材、纸张、烟草、皮革等）则往往具有较高的平衡水分，而且随空气状态不同而有较大变化。

（2）自由水分 即指物料中所含的大于平衡水分的那一部分水分，即在该空气状态下能用干燥方法除去的水分。

平衡水分和自由水分之和构成了物料总的含水量。平衡水分与自由水分的划分不仅与物料的性质有关，而且还受空气状态的影响。对于同一种物料，若空气状态不同，则其平衡水分和自由水分值亦不同。自由水分包括非结合水分及部分结合水分。

综上所述，平衡水分与自由水分、结合水分与非结合水分是两种概念不同的划分方法。自由水分是在干燥过程中可以除去的水分，而平衡水分是不能除去的；自由水分和平衡水分的划分除与物料性质有关外，还取决于空气的状态；非结合水分是在干燥过程中容易除去的水分，而结合水分则较难除去。是结合水分还是非结合水分仅取决于固体物料本身的性质，与空气状态无关。另外，当固体物料中只有结合水分存在时，该物料与相对湿度较大的空气接触后，不仅不能干燥，反而会使固体物料吸收空气中的水分，而出现"返潮"现象。

二、影响干燥过程的主要因素

干燥过程主要是物料的传热、传质同时传递的过程，过程机理十分复杂，分析干燥过程的影响因素，对于优化干燥设计、强化干燥操作、降低能量消耗、提高产品质量具有重要意义。

1. 物料尺寸、气固接触方式以及物料的性质和形状 湿物料的化学组成、物理结构、形状和大小、物料层的厚薄以及与物料的结合方式等都会影响干燥速率。在干燥第一阶段，尽管物料的性质对干燥速率影响很小，但物料的形状、大小、物料层的厚薄等将影响物料的临界含水量。在干燥第二阶段，物料的性质和形状对干燥速率有决定性的影响。减小物料尺寸，干燥面积增大，干燥速率加快。因此，物料干燥时，一般尽量减小物料尺寸，有的干燥器在物料进口处安装分散器，有的则直接在干燥器内加搅拌桨叶，对块料进行破碎与分散，目的在于减小物料尺寸，改善气固接触。在强化干燥时，必须考虑物料性质的影响。如有些物料强烈干燥，若干燥速率太快，会引起物料变形、开裂或表面结硬壳，对于热敏性物料，则不能采用过高温度的气体作为干燥介质。因此，干燥操作中应视物料的具体情况而选定适宜的干燥条件。

物料干燥过程的气固接触方式，可分为以下三种情况，如图 6-1 所示。接触方式 A

为干燥介质平行掠过物料表面层的情况，此时，汽化表面仅为料层上表面，气固接触的密切程度最差。接触方式 C 为干燥介质自下而上穿过料层，颗粒物料悬浮在向上运动的气流中，每一颗粒的表面积都是汽化干燥面积，气固两相的接触最为充分。接触方式 B 为干燥介质自下而上穿过物料层，气固接触情况介于 A 和 C 之间。接触方式 C 对干燥更有利。在可能的情况下，减小物料尺寸，采取分散接触，可以降低临界湿含量，使湿分内扩散距离缩短，恒速干燥段延长，干燥时间缩短。

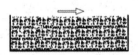 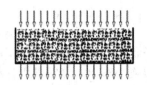 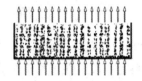

A. 气流平行掠过物料层表面　　B. 气流穿过物料层　　C. 物料颗粒悬浮于气流中

图 6-1　气流与物料的接触方式示意图

2. **干燥介质条件（气体的温度、相对湿度、流速等）**　物料的干燥为表面汽化控制过程，因此，提高气体温度，降低湿度，采用较高的气流速度，可以增大传热传质推动力，减小气膜阻力，提高恒速段的干燥速率。降速段为内部扩散控制，干燥速率与外界干燥条件关系不太大，因此，增加气速、提高温度、降低湿度，一定程度上也能提高干燥速率。

气体温度的提高不仅受热源条件的限制，还要受到物料耐热性的限制，不能任意变动，增大气速、降低气体湿度，意味着使用更大量的气体，使干燥过程的能耗增加。

第二节　干燥设备

在制药工业中，被干燥的药物种类繁多，物理和化学性质复杂多样，对干燥产品的质量要求各不相同，相应的干燥方法和设备也是多种多样的。一般来说，对干燥设备结构性能要求要保证达到产品的工艺要求，如干燥的程度、质量均匀、晶形要求和不能龟裂变形；干燥速率高，以保证设备具有较高的生产能力；热效率高，不仅提高热能的有效利用率，还有一定的经济效益、环保效益以及社会效益；系统流体流动阻力小，这样可降低运输气体设备的能耗；结构简单，操作控制及维修方便，体积小，占地面积不大，造价低廉等。

按照不同的干燥设备分类方法，可将干燥设备分为以下几种：

按照操作压力可分为常压干燥和减压干燥；按照操作方式可分为连续式干燥和间歇式干燥；按照干燥介质的性质可分为空气干燥和烟道气干燥；按照传热方式可分为传导干燥、介电加热干燥、辐射干燥和对流干燥。

对于某一干燥器而言，它可以兼有以上几种类别特点，如密闭干燥箱，它可以使空气对流减压间歇式干燥器。下面结合实际生产介绍在制药过程中一些常用的干燥方法和干燥设备。

一、厢式干燥器

厢式干燥器又称盘式干燥器，也称为架式或箱式干燥器或分层烘箱。一般小型的称为烘箱，大型的称为烘房。由于这种干燥器的适用性极为广泛，再加之适用于小批量、多品种物料的干燥，因此，实验室、中间试验厂、工厂等都安装有大小不同的厢式干燥器，也是目前应用台数最多，最为广泛的一种干燥器。

（一）厢式干燥器的工作原理及特点

厢式干燥器主要由一个或多个室或格组成，在其中放上装有被干燥物料的盘子。这些物料盘一般放在可移动的盘架或小车上，能够自由移动进出干燥室。其工作原理主要是以热风通过湿物料的表面，而达到干燥的目的。厢式干燥器为常压间歇操作的典型设备，多采用强制气流的方法，可用于干燥多种不同形态的物料，尤其适用于易碎或相对昂贵的物料，例如颜料和药品。空气流速和温度通常受到被干燥物料性质的限制，因此，空气流速常常保持在物料最细颗粒的自由降落速度以下。通常吹过盘面的平均气流速度为 1.0～1.5m/s，空气温度范围为 40℃～100℃，70％～95％空气循环使用。按气体流动方式不同，分为平行流式和穿流式；根据处理量不同，分为搁板式和小车式等。厢式干燥器的优点是结构简单，制造容易，操作方便，适用范围广。由于物料在干燥过程中处于静止状态，特别适用于不允许破碎的脆性物料。缺点是间歇操作，干燥时间长，干燥不均匀，人工装卸料，劳动强度大，能耗高。尽管如此，它仍是中小型企业普遍使用的一种干燥器。

（二）水平气流厢式干燥器

水平气流厢式干燥器又称平行流厢式干燥器，如图 6-2 所示，整体为一厢形结构，外壁包以绝热层，以防止热量损失。前面是门，用以装卸物料。厢内支架上放有许多长方形的料盘，湿物料置于盘中，物料在盘中的堆放厚度为 10～100mm，热空气由进风口送入，经加热后由挡板均匀分配，平行掠过盘间料层表面，对物料进行干燥，离开物料表面的湿废气体，部分排空，部分循环回去与新鲜空气混合后用于干燥介质，循环风量可以调节，以使在恒速干燥阶段排除较多的废气，而在降速干燥阶段能有更多的废气循环。厢式干燥器的最大特点是对各种物料的适应性强，但物料得不到分散；气固两相接触不好，干燥时间长。在大型厢式干燥器中，料盘放于小车上，小车可以方便地推进推出，其装、卸料均较方便。厢内装有风扇、空气加热器、热风整流板、送风口、排风口等。热风的流动方向与物料平行，把湿分带走而达到干燥的目的。干燥器内的风速在0.5～3m/s，主要根据物料的粒度而定，应使物料不被气流带走为宜。平行流式干燥器适用于干燥后期易产生粉尘的泥状物料，少量多品种的粒状或粉状湿物料，电器元件、树脂等需要程序控制的块状物料；还适用于兼有干燥与热处理的场合以及除水量少而形状繁多的物料的场合等。这种干燥器虽然结构简单，但一般干燥时间长。

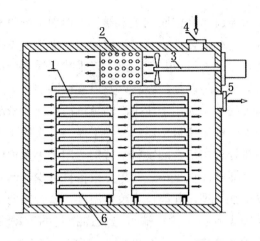

图 6-2 水平气流厢式干燥器

1. 物料盘；2. 加热器；3. 风扇；4. 进风口；5. 排气口；6. 小车

（三）穿流气流厢式干燥器

穿流气流厢式干燥器又称穿流式厢式干燥器，如图 6-3 所示。结构与平流式相同，只是将堆放物料的隔板或容器的底盘改为金属筛网或多孔板，可使热风均匀地穿流通过物料层，物料以易使气体穿流的颗粒状、片状、短纤维状为主。泥状物料经过成型做成直径为 5～10mm 的圆柱也可以使用。物料层厚度通常为 45～65mm。通过物料层的风速为 0.6～1.2m/s。床层压降取决于物料的形状、堆积厚度及穿流风速，一般为 20～500mmH_2O。穿流式干燥由于热风穿过料层，故其干燥速率为平行流式的 3～10 倍，干燥时间比较短，一般为 20～60 分钟，但动力消耗大。其正常进行的关键是使气流均匀穿过料层。在多数制药工业的干燥操作中，所用的筛网托盘垫以衬纸，使空气掠过物料上面而不穿过物料层，由于衬纸可以经常更换，因此可以节约清理时间，并可防止产品的相互污染。

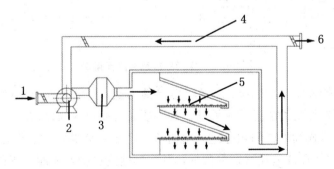

图 6-3 穿流气流厢式干燥器

1. 进风口；2. 风机；3. 加热器；4. 循环风；5. 物料；6. 出风口

（四）真空厢式干燥器

利用水环式真空泵或水力喷射泵抽湿、抽气，使物料在干燥室内处于真空状态下被加热干燥，这种厢式干燥器就是真空厢式干燥器。干燥厢是密封的，干燥时不通入热空气，而是将盘架制成空心的结构，加热蒸汽从中通过，借传导方式加热物料。操作时用真空泵抽出由物料中蒸发出的水汽或其他蒸汽，以维持干燥器中的真空度。此种干燥器适用于处理热敏性、易氧化及易燃烧的物料以及以有机溶剂作为干燥介质的泥状、膏状物料及贵重的生物制品等的干燥或用于所排出的蒸汽需要回收及防止污染环境的场合。

厢式干燥器是制药生产中应用最广泛的一种干燥器。常用于干燥末期易产生粉尘的糊状、粉粒状物料及与热处理相结合的物料。特别适用于小规模的干燥，如实验室或中间试验的干燥。厢式干燥器的优点是构造简单、设备投资少，同一设备可适用于干燥多种物料；每批物料可以单独处理，并能适当改变温度，适合制药工业生产批量少、品种多的特点；并且物料破损少及粉尘少。缺点是装卸物料的劳动强度大，设备的利用率低、耗热大，且产品质量不易均匀、干燥时间长，完成一定干燥任务所需设备容积大，物料分散不均匀，它适用于小规模、多品种、要求干燥条件变动大及干燥时间长等场合的干燥操作。

为了克服厢式干燥器内物料不均匀、热利用率低等缺点，可将单级厢式干燥器改为多级加热厢式干燥器，如图 6-4 所示，空气在流经一层物料后，中间再加热一次，使流过每层的热风温度趋于一致，各层物料的干燥程度也趋于均匀。在现代的厢式干燥器中，在关键的部位装上风扇、加热管和可调的百叶窗，以利于消除气流和温度的不均匀和死角。

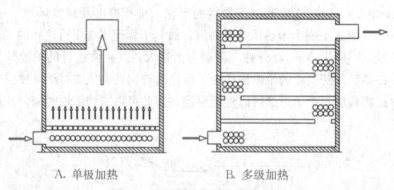

A. 单极加热 B. 多级加热

图 6-4 干燥器中加热管的安排法

由于厢式干燥器多半为间歇式操作，生产能力低，因此在厢式干燥器的基础上加以改进，发展为半连续式的隧道式干燥器。在一狭长的通道内铺设铁轨，物料放置在一串小车上，小车可以连续地或间歇地进、出通道，这种干燥器称为隧道式干燥器（又称洞道式干燥器）。空气连续地在隧道内被加热并强制地流过物料表面，流程可安排成并流、逆流或混合流，如图 6-5 所示。还可根据需要安排中间加热或废气循环，干燥介质可用热空气或烟道气。隧道式干燥器容积大，小车在洞道内停留时间长，适用于具有一定形状且比较大的物料如木材、皮革或陶器等的干燥。隧道式干燥器的优点是设备简单易行，使用灵活，各种大小和形状的块状药物都可放在小车的盘架上进行干燥，处理量大，干燥效率较高。缺点是体积大，热效率较低。隧道式干燥器适用于各种物料的干燥，应用很普遍，易于实现自动化。

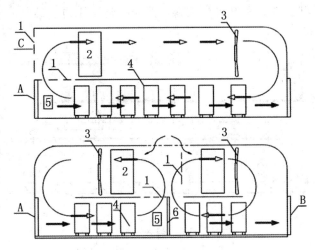

A. 物料入口；B. 物料出口；C. 空气入口

图 6-5　隧道式干燥器

1. 干燥介质流量调节翻板；2. 加热器；3. 通风机；4. 物料小车；5. 烟道；6. 活动隔板

二、带式干燥器

带式干燥器广泛应用于食品、化纤、林业、制药、皮革以及化工行业中，特别适合于颗粒状、片状和纤维状物料的干燥。

带式干燥器是最常用的连续式干燥装置，如图 6-6 所示，是一个长方形干燥室，一般装有进料装置、传送带、空气循环系统和加热系统等。其工作原理主要是湿物料被加料装置均匀分布到输送带上，输送带由调速装置驱动，使被干燥物料由进料端向出料端移动，干燥空气由风机输送，自上而下或自下而上穿过物料层。干燥后的空气湿度增加，其中一部分排出干燥箱体，另一部分则与新鲜空气混合，经加热器加热到所需温度后由上部垂直向下穿过物料层，干燥后的产品则由出料口排出。带式干燥器的种类很多，按带的层数分，有单层带型、复合层带型，其层数一般为 3～7 层；按热空气流动方式分，有垂直向下、垂直向上或复合式流动；按排气方式分，有逆流、并流或单独排气。传送带多为网状或多孔型，由于被干燥物料的性质不同，传送带可用帆布、橡胶、涂胶布或金属丝网制成，气流与物料成错流，被干燥的物料由提升机送至干燥器最上层的带层上，借助于带的移动，物料不断地向前输送并与热空气接触而被干燥。物料在移动过程中从上一层自由洒落于下一层的带上，如此反复运动，通过整个干燥器的带层，直至最后到干燥器底部，被干燥的物料从卸料口排出，带宽为 1～3m，长为 4～50m，干燥时间为 5～120 分钟。通常在物料的运动方向上分成许多区段，每个区段都装有风机和加热装置。在不同的区段上，气流方向及气体的温度、湿度和速度都可不同。例如，在干燥器最上层湿料区段中，采用温度高、气流速度大于干燥产品区段的方法，使其传热传质速率高，以达到干燥效率高的目的；中段区域内的温度和相对湿度均不太高，可采用部分气体循环使用的方法；下段产品区域内，采用室温下的空气穿过物料进行冷却，降低了出料物温，还可回收部分热量。蒸发的水分则由顶部风机抽走。带式干燥器适用于干燥粒状、块状和纤维状物料，例如中药饮片的干燥。

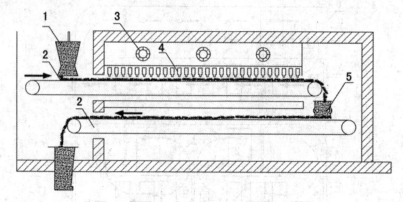

图 6-6　带式干燥器

1. 加料器；2. 传送带；3. 风机；4. 热空气喷嘴；5. 压碎机

由于物料是以静止状态堆放在丝网或多孔板制成的水平输送带上进行干燥的，因此物料不受振动或冲击，翻动少，无破碎等损伤，可保持物料的形状；采用复合通气，可改善干燥的均匀度和增加干燥速率，干燥产品可以冷却状态出料；采用复合式或多层带式干燥器可使物料倒载或翻转，使物料表面不断暴露于干燥介质中，提高干燥速率，或可改变带层或带速来调节物料的停留时间；可以同时连续干燥多种固体物料；根据被干燥物料的不同性质，传送带的材料可用帆布、橡胶、涂胶布、不锈钢丝网或金属多孔板等，操作稳定可靠；清理方便，可在回转的传送带上设有连续清扫装置，防止了干燥物的污染，操作系统密闭，操作环境较好。但是带式干燥器尚存在着生产能力、热效率均较低的不足。

三、气流式干燥器

气流式干燥器是一种连续操作的干燥器。采用气体在管内流动来输送粉粒状固体的方法称为气流输送，在气流输送状态下进行干燥的方法称为气流干燥。气流干燥器可处理泥状、粉粒状或块状的湿物料，对于泥状物料需装设分散器，对于块状物料需附设粉碎机。气流干燥器的种类很多，在制药工业中应用的有直管式、短管式和旋风气流干燥器等不同种类。

（一）气流式干燥器的结构及原理

气流干燥法是将泥状、粉粒状或块状的湿物料，用热空气分散悬浮于气流中，一边随气流并流输送，一边进行干燥，干燥介质速度应大于湿物料最大颗粒的沉降速度，于是在干燥器内形成了一个气-固间进行传热传质的气流输送床，从而得到分散成粉粒状的干燥产品。气流干燥装置如图 6-7 所示，该设备主要由空气加热器、加料器、干燥管、旋风分离器和风机等组成。气流干燥器中，固体物料刚进入干燥管时，其向上的运动速度为零，随后，在高速热气流的冲击下，逐渐被加速，当物料被加速至气固两相的相对速度等于固体颗粒的沉降速度时，颗粒速度将不再变化，而与气流作等速运动。因此就固体的运动特征而言，可将气流干燥管分为加速运动段和等速运动段，绝大部分气流干燥管的长度在 10～20m 之间，加速段的长度在 2m 左右。在加速段，气固两相的相对运动速度较高，而在等速运动段，由于物料粒径一般较小，沉降速度较小，通常不超过 1m/s，因此，气固相对运动速度较小。就干燥过程而言，可将干燥管分为预热段、恒速干燥段和降速干燥段。通常预热段很短，一般不超过 40～50mm，当物料尺寸较小时，临界湿含量较低，如果干燥管不是很长，则物料尚未达到临界湿含量就已经离开干燥器。因此，物料在绝大部分管段中进行着恒速干燥过程。

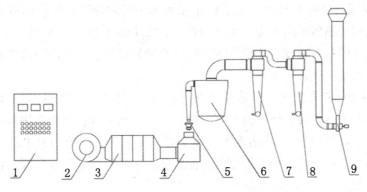

图 6-7 气流式干燥器

1. 电控柜；2. 鼓风机；3. 加热器；4. 气流主管；5. 螺旋加料机；6. 旋风干燥器；
7. 旋风收集器；8. 关风机；9. 引风机

因此，对于能在气体中自由流动的颗粒物料，均可采用气流干燥方法除去其水分。它与沸腾干燥不同之处是其气速较高，当超过沸腾干燥的气速限度时，物料被带至管道中干燥。气流干燥器可在正压或负压下操作，主要取决于鼓风机系统的位置。气流式干燥器是连续式常压干燥器的一种。

气流干燥器的种类很多，如根据湿物料的加入方式可分为带粉碎机型、带分散器型和直接加入型等。直接加入型气流干燥装置，它是将湿物料直接加入加速管的热气流中而使之分散的形式。在管中热风以 30～40m/s 的速度流动，利用热气流与物料间的冲击，使物料分散，故适用于易分散的粉状物料。带分散器型气流装置，它是将因含有水分而凝聚，在热气流中仍不分散的粉粒状物料，通过分散器将其加入热气流中的形式。当湿物料在干燥时兼有粉碎的目的，或是难以在气流中分散的泥状物料

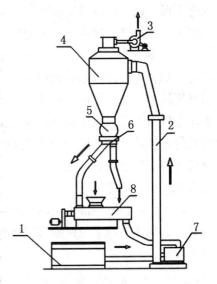

图 6-8 带粉碎机的气流干燥器

1. 加热过滤器；2. 气流干燥筒；3. 风机；
4. 旋风分离器；5. 卸料设施；6. 分配器；7. 粉碎机；8. 螺旋混合器

时，需考虑配置粉碎机。带粉碎机型气流干燥装置如图 6-8 所示。主体是一根直立的圆

筒，湿物料由料斗加入螺旋输送混合器中，与一定量的干燥物料混合后进入气流干燥器底部的粉碎机。从预热器来的热空气也同时送入粉碎机，将粉粒状的固体吹入气流干燥器中。由于热气体作高速运动，使物料颗粒分散并悬浮在气流中。热气流与物料间进行传热、传质，使物料得以干燥，并随气流进入旋风分离器经分离后由底部排出，再借固体流动分配器的作用，定时地排出作为产品或进入螺旋输送混合器供循环使用。废气由旋风分离器上部经风机而排出。

（二）气流干燥器的特征及特点

1. 颗粒在气流中高度分散　由于颗粒在气流中高度分散，生产强度高，这一特征首先使气固相间传热传质的表面积大大增加。再加上由于采用 10～20m/s 的较高气速，气固相间有较高的相对速度。这样，不单使气固相间具有较大的面积给热系数，同时还具有更大的体积给热系数。

2. 气固相间是并流操作　呈悬浮状态的物料与气体之间的相对速度高，特别在干燥管下部进料口上方一段干燥管内，高温低湿的气体与湿含量高的冷物料接触，传热系数大，为转筒干燥器的 20～30 倍左右。由于颗粒分散良好，使物料中的临界含水量大大降低，物料中的水分几乎全部转变为表面水分，干燥产品含水量较低，且干燥产品的湿含量均匀一致。

3. 湿物料的干燥时间极短　在气流干燥器中，常用风速为 10～20m/s，干燥直管长一般为 10～20m，湿物料的干燥时间仅 0.5～2 秒，因此气流干燥又称为快速干燥或闪蒸干燥。由于干燥时间极短，且并流操作，湿物料即使在高温介质中其料温仍很低，故可用以干燥某些对热敏感的物料，如化学合成药品、食品及有机染料等。

4. 气流干燥器的特点　装置结构简单，制造维修容易，除干燥管以外，只需风机、热源、加料器以及产品捕集器等。其中除风机、加料器外，无其他转动部件，故设备投资费用较少。并且可以系统地把干燥、粉碎、输送、包装等组成一道工序，整个过程在密闭条件下操作，操作环境较好。由于干燥器本体小，故散热面积很小，热损失一般仅占总传热量的 5% 以下。由于气固悬浮，故干燥产品可直接采用风送，十分方便；但由于使用较高气速，故系统阻力较大，一般在 3000Pa 以上。所以必须选用高压或中压离心式通风机，动力消耗较大。由于气固悬浮并流操作，细粉物料吸尘较困难；干燥管磨蚀大，干燥后物料均需由旋风分离器等各种捕集器予以分离，必须有高效能的粉尘收集装置，否则尾气携带的粉尘将造成很大的浪费，也会形成对环境的污染，所以系统收尘负荷较重。

（三）气流干燥器的适用范围

1. 物料形状　气流干燥对象要求以粉状或颗粒状物料为主，其颗粒粒径一般在 0.5～0.7mm 以下。对于块状、膏糊状及泥状物料（如经过脱水后的各种滤饼），应选用粉碎机与干燥器串流的流程，使湿物料同时进行干燥并粉碎，表面不断更新，有利于干燥过程的连续进行。

2. 湿分和物料的结合状态　气流式干燥器以高温高速气流作为干燥介质来强化干燥过程，且气固相间接触时间极短，故一般仅适用于物料进行表面蒸发的恒速干燥过程，物料中所含的湿分应以润湿水、孔隙水或较粗管径的毛细管水等非结合水为主及其最终含水量为 0.3%～0.5% 的干燥产品。在这种湿分及其与物料结合状态下的湿粒状物料均可在气流干燥管中进行干燥。对于吸附性或细胞质物料，则很难将其含水量降到 1%～3% 以下。因此，气流干燥器常被用作物料的预干燥。对于湿分在物料内部的迁移以扩散为主的湿物料，则完全不适用于气流干燥过程。

3. 对干燥成品有无其他附加要求　气流干燥中的高速气流使颗粒与颗粒、颗粒与管壁间的碰撞和磨损机会增多，故物料极易粉碎磨损，难于保持完好的结晶形状和结晶光泽，因此，对干燥成品有上述附加要求者不能适用。

4. 其他　极易黏附于干燥管器壁的物料（如钛白粉、粗制葡萄糖等）不宜应用。若物料粒度过细或物料本身有毒，则由于气固相间很难分离完全，也不适于气流干燥。另外，对黏性和膏状物料，采用干料返混方法和适宜的加料装置（如螺旋加料器等），也可应用气流干燥。

综上所述，气流干燥器是一种较好的干燥器，气流干燥器宜用于干燥非结合水及不结团或结团不严重且不怕磨损的物料，尤其通用于干燥热敏性物料或临界含水量低的细粒或粉末物料，不适合干燥含结合水的物料。

四、流化床干燥器

流化床干燥器结构简单，造价较低，可动部件少，维修费用低，物料磨损较小，气固分离比较容易，传热传质速率快，热效率较高，物料停留时间可以任意调节，因而这种干燥器在工业上获得了广泛的应用，已发展成为粉粒状物料干燥的最主要手段。

目前，工业上常用的流化床干燥器的类型，从其结构上大体可分为单层圆筒型、多层圆筒型、卧式多室型、喷雾型、惰性粒子式、振动型和喷洒型等。在流化床进料段设置搅拌装置，防止死床。此外，也可在流化床内设置换热器，换热器内通入蒸汽或其他热介质，供给床层热量，减少空气用量，达到节能的目的。所设置的内换热器是可以旋转的，既起到换热作用又起到搅拌作用。在原有流化床基础上改进的设备还有离心流化床干燥器，即使湿颗粒物料在离心力场中用热风使其悬浮起来，即流态化，同时完成物料的干燥。即在多孔的转鼓内壁上，铺一层不锈钢丝网，当转鼓以一定的速度回转时，物料由于离心力的作用而均匀地分布在丝网上，当气速提高到某一值时，床层就流化起来。离心流化床的流化速度要比普通流化床的流化速度高出几倍至几十倍，故生产能力大。该干燥器适用于块状、片状及极细颗粒物料的干燥。

（一）流化床干燥器的结构及原理

流化床干燥器又称沸腾床干燥器，如图 6-9 所示，为单层流化床干燥器。湿物料经进料器进入床层，热空气由下而上通过多孔式气体分布板。当气速（指空床气速）较低时，颗粒床层呈静止状态。气流穿过颗粒间的孔隙，此时颗粒床层称为固定床。当气速增加到一定程度后，颗粒床层开始松动，并略有膨胀，在小范围内变换位置。当气速再增大到某一数值后，颗粒在气流中呈悬浮状态，形成颗粒与气体的混合层，恰如液体沸腾的状态，气固两相激烈运动相互接触，颗粒在热气流中上下翻动，彼此碰撞和混合，气、固间进行传热、传质，以达到干燥目的，这种状态的床层，称为流化床或沸腾床。由固定床转为流动床时的气速，称为临界流化速度。气速愈大流化床层就愈高，当气速增大到颗粒的自由沉降速度时，颗粒开始同气流一起向上流动，成为气流干燥状态，此时的气速亦称为流化床的带出速度。流化床的操作气速应在临界流化速度与带出速度之间。湿物料在流化床中与热空气进行热量及质量的传递，达到干燥的目的。干燥后的产品由床层侧面出料管溢流排出，气流由顶部排出，经旋风分离器或袋式除尘器回收其中夹带的粉尘。

在单层流化床中，由于颗粒的完全混合，在连续操作时颗粒物料的停留时间分布很不均匀，有的颗粒因返混，停留时间较长而过分干燥。因此，单层圆筒流化床仅能用于对产品湿含量的均匀性要求不高的场合，如硫铵、磷铵和氯化铵等物料的干燥。为了提高物料在床层中停留时间分布的均匀，将流化床的形式进行了改进，目前，常见的有多层流化床、卧式多室流化床、振动流化床干燥器。

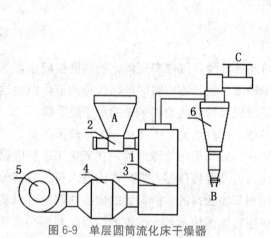

图 6-9　单层圆筒流化床干燥器

A. 物料入口；B. 物料出口；C. 空气出口
1. 流化室；2. 进料器；3. 分布板；4. 加热器；5. 风机；6. 旋风分离器

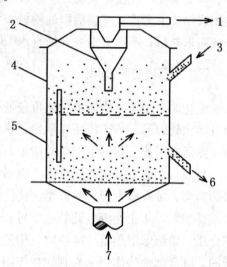

图 6-10　多层圆筒流化床干燥器

1. 气体出口；2. 床内分离器；3. 加料口；4. 第一层；5. 第二层；6. 出料口；7. 热空气

（二）多层流化床

如图 6-10 所示，为两层流化床，湿料加入第一层，经第一层流化床干燥后由溢流管流至第二层，继续进行干燥，产品由出料管排出。热风由床底通入，首先在第二层与相对较干的物料进行接触，离开该层的气体，其温度降低，湿度增加，然后进入上一层继续与相对较湿的物料接触，湿废气体从床顶抽出，气固两相在多层流化床内呈逆流流动。虽然固体在每层内是完全混合的，但在层与层之间不相混合，这样就改善了物料的停留时间分布，使产品湿含量更加均匀，层数越多，产品湿含量愈加均匀。

多层流化床不仅改善了物料的干燥时间分布，提高了产品的均匀性，而且由于气固两相呈逆流流动，有利于降低产品的湿含量，且可使热量的利用更加充分。在多层流化床干燥器中，高温低湿的气体与湿含量低的物料在第二层接触，可以使产品湿含量降得很低，而在第一层，低温高湿的气体与湿含量高的冷物料接触，可以使气体最大限度放出显热供物料干燥，减少气体放空的热损失，提高热效率，且干燥速度比较温和。由此可见，多层流化床特别适合于产品湿含量较低、冷物料不能承受强烈干燥而干物料可以耐高温的场合。

多层流化床存在的主要困难是如何定量地控制物料使其顺利的流至下一层且不使气体沿溢流管短路跑掉。在应用中常因操作不当而不能正常生产。此外，多层床结构复杂，气体流动阻力也较大，因而限制了多层流化床的应用。

（三）卧式多室流化床

为了减小气体的流动阻力和保证操作的稳定性，国内在化纤、塑料和制药等行业已广泛地采用了如图 6-11 所示的卧式多室流化床干燥器，该流化床的横截面为长方形，床内沿长度方向用垂直挡板分隔成若干个室，通常为 3～6 个室，最多可达 12 个室，如聚丙烯流化床干燥器。隔板与多孔气体分布板间留有几十毫米的间隙，以使物料能依次通过各室，最后翻过堰板卸出，物料在每一个室为完全混合，而多个全混室相串联，使物料的停留时间分布接近活塞流的程度。这种床型结构的特点是可以把气体分别通入各室，以便灵活调节各室的气体流速，形成最佳流化状态。例如，当第一室的物料较湿时，可将该室的气体流量调大些，最后一室可以通入冷空气，对干燥产品进行冷却，以利于包装储存。卧式多室流化床的气体压降比多层床低，操作稳定性也好，但热效率不及多层床高。

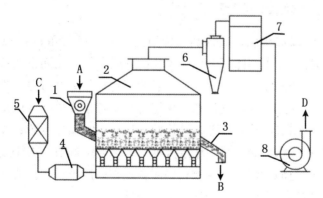

图 6-11 卧式多室流化床干燥器

A. 湿物料入口；B. 干物料出口；C. 空气入口；D. 废气出口

1. 湿料进料斗；2. 干燥器；3. 卸料管；4. 加热器；5. 空气过滤器；6. 旋风分离器；7. 袋滤器；8. 抽风机

（四）振动流化床干燥器

为了解决仅靠气体喷吹而难以流化的物料的干燥，工程界将振激力引入流化床，开发了振动流化床干燥器,如图 6-12 所示。振动流化床中,物料在振激力和气流的双重作用下而处于流化状态,物料颗粒在振动的气体分布板上作抛掷运动,物料每跳跃一次,就向出料口移动一段距离,物料在振动流化床内的停留时间可以通过改变气体分布板的安装角度和振激力的作用方向予以调节,物料在振动流化床中的流动接近活塞流,干燥质量相当均匀,气体通过振动流化床的阻力较小,且气固接触更为充分,废气放空温度低,因而振动流化床较普通流化床节能。由于振动流化床能够有效干燥普通流化床难以处理的物料,因而在工业生产上应用极其广泛。但是,引入的振激力加速了设备的疲劳破坏,振动流化床的设计必须十分考究,设备造价较高。

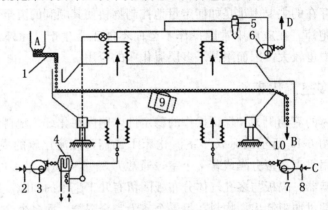

图 6-12 振动流化床干燥器

A. 原料入口;B. 物料出口;C. 空气入口;D. 空气出口

1. 加料器;2. 过滤器;3. 送风机;4. 换热器;5. 旋风分离器;6. 排风机;7. 给风机;
8. 过滤器;9. 振动电机;10. 隔振簧

(五) 流化床干燥器的特点

流化床与其他干燥器相比,其传热、传质速率高,因为单位体积内的传递表面积大,颗粒间充分的搅混几乎消除了表面上静止的气膜,使两相间密切接触,传递系数大大增加,使床内各处的温度均匀一致,从而避免了物料的局部过热,为物料的优质干燥提供了可能;由于传递速率高,气体离开床层时几乎等于或略高于床层温度,因而热效率高;物料依靠进、出口床层高度差自动流向出口,不需输送装置;设备简单,无运动部件,成本费用低;操作控制容易,床层温度均匀,并可调节。应予指出,流化床干燥器仅适用于散粒状物料的干燥,如果物料因湿含量高而严重结块,或在干燥过程中黏结成块,就会塌床,破坏正常流化,则流化床不能适用。

五、喷雾干燥器

用喷雾器将料液喷成雾滴分散于热气流中,使料液所含水分快速蒸发,这种干燥过程称为喷雾干燥。喷雾干燥利用不同的喷雾器,将悬浮液或黏滞的液体喷成雾状,与热空气之间发生热量和质量传递而进行干燥的过程。成品以粉末状态沉陷于干燥室底部,连续或间断地从卸料器排出。它特别适用于不能借结晶方法得到固体产品的生物制品生产，如酵母、核苷酸、某些抗生素药物的干燥。这种干燥器干燥速度极快，以至于虽然气体温度很高，但物料仍不至于被加热到超过所允许的范围。喷雾是将液体通过雾化器的作用，喷洒成极细小的雾状液滴。干燥是由于载热体（热空气、过热水蒸气、烟道气、惰性气体）同雾滴均匀混合，进行热量传递和质量传递而使水分（或溶剂）蒸发的过程。喷雾干燥就是喷雾与干燥两者的密切结合，喷雾是干燥的必要条件，直接影响产品质量的好坏。喷雾干燥器与大多数干燥器不同，它只能处理流体物料，如溶液、浆液和悬浮液等物料。

（一）喷雾干燥器的结构与原理

喷雾干燥是采用雾化器将原料液分散为雾滴，并在热的干燥介质中干燥而获得固体产品的过程。原料液可以是溶液、悬浮液或乳浊液，也可以是熔融液或膏糊液。根据干燥产品的要求，可以制成粉状、颗粒状、空心球或团状。喷雾干燥器的种类很多，每一类型的喷雾干燥器均是按被处理物料的特性和产品要求设计的，图 6-13 是其中一例。但喷雾干燥器的基本结构均由空气加热系统、干燥系统（包括塔身和雾化器）、干粉收集及气固分离系统等几部分组成。

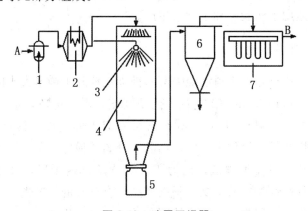

图 6-13 喷雾干燥器

A. 空气入口；B. 空气出口

1. 空气过滤器；2. 加热器；3. 喷嘴；4. 干燥塔；5. 干燥贮器；6. 旋风分离器；7. 袋滤器

为使料液能够分散成为微细的平均直径为 $20\sim60\mu m$ 的雾滴，增大表面积，与热空气接触时迅速气化水分而干燥为粉末或颗粒产品，料液雾化所用的雾化器是喷雾干燥的关键。因为雾化的好坏，不但影响干燥速度，而且对产品质量有很大影响。对雾化器的一般要求为，雾滴均匀，结构简单，生产能力大，能量消耗低及操作容易等。常用的有以下三种基本形式。

1. 离心转盘雾化器 将料液注入高速旋转的圆盘上，借助离心力的作用将料液向周边甩出，分散为液滴，喷成雾状，液滴抛出的是径向运动，因此干燥器的直径可大到高度的一半。旋转圆盘可以是平盘，但更多的是带有叶片或带有沟槽的圆盘，一般直径为 $25\sim460mm$，转速 $6000\sim20000r/min$，小直径转盘转速较高，有时可达 60000r/

min，离心式雾化器所得粒子细。液滴与热空气接触而干燥。离心式雾化器操作简单，对物料的适应能力强，操作弹性大，能处理各种类型的料液，如高黏度的液体和含颗粒的糊状物料，适用于干燥悬浮液、黏稠料液，产品粒径均匀，在药物的喷雾干燥中应用广泛。特别适合于处理固相含量较高的液体。其缺点是干燥器直径较大，雾化器加工难度大，制造价格高。

2. **压力式雾化器** 料液由压力泵送入雾化器中，在高压下被喷成雾状，与热空气接触而被干燥。此种雾化器结构简单，造价低，动力消耗低，是目前应用最为广泛的雾化器。缺点是操作弹性小，产品粒径不均匀，喷嘴容易腐蚀或磨损，从而影响喷雾质量。可适用于溶液、乳浊液物料的干燥，不适用于含固体颗粒的物料。生产中使用的压力范围为 $3000\sim20000kPa$。压力式雾化器所得粒子较粗。

3. **气流式雾化器** 利用压缩空气或过热水蒸气抽取料液，使其以很高的速度（200m/s 或更大）从雾化器喷出，靠气、液两相间的摩擦力将料液分裂为雾滴，在雾化器中把料液喷成雾状，热空气与物料并流接触。气流式雾化器可以制备粒径小于 $5\mu m$ 的微细颗粒，能处理任何高黏度或含少量固体的料液，但动力消耗较大，装置的生产能力较小。当处理量较小、产品粒径要求较细时，采用气流式雾化器较为合适。

从发展趋势来看，离心式和压力式雾化器的工业应用较广泛，气流式雾化器动力消耗大，经济性差，适用于实验室和小批量生产。

（二）喷雾干燥器的特点

喷雾干燥的主要优点是由于料液经喷雾后被雾化成几十微米大小的液滴，所以单位质量的表面积很大，可达 $300m^2/g$ 左右，扰动剧烈，干燥迅速，不改变物料的物理化学性质，干燥时间短，一般只需 20～30 秒就可完成干燥过程，具有瞬间干燥的特点。由料液直接获得干燥产品，简化了蒸发、结晶、分离及粉碎等单元操作。恒速干燥阶段即液滴水分多的阶段，其温度很低，约为 45℃，由于迅速干燥，最终产品的温度也不会高，所以适合于热敏性物料的干燥。干燥产品具有良好的分散性和溶解性，产品纯度高，环境卫生好，生产过程简单，操作控制方便，适宜于连续化、自动化生产。其缺点是，当热风温度低于 150℃时，热交换的情况较差，需要的设备体积较大，清洗工作量也大，空气消耗量大，因而动力消耗也大；从废气中回收粉尘的分离设备要求高，要达到高的回收效果，附属装置比较复杂；有时会发生粘壁现象。由于喷雾干燥具有许多优点，在制药工业中应用广泛。特别适用于热敏性物料或易氧化的物料干燥。喷雾干燥在数秒内完成，使产品不致过热，适用于制备片剂和胶囊剂，可用于固体颗粒和液体包衣及包囊。

六、转筒式干燥器

转筒式干燥器是最古老的干燥设备之一，目前仍被广泛应用于化工、建材和冶金等领域。湿物料从干燥机一端投入后，在内筒均匀分布的抄板器翻动下，物料在干燥器内均匀分布与分散，并与并流（逆流）的热空气充分接触，加快了干燥传热、传质推动力。在干燥过程中，物料在带有倾斜度的抄板和热空气的作用下，可调控地运动至干燥机另一段星形卸料阀排出成品。目前转筒式干燥器主要适用于化工、矿山、冶金等行业大颗粒、比重大的物料干燥，如矿石、高炉矿渣、煤、金属粉末、磷肥、硫铵；对有特殊要求的粉状、颗粒状物料的干燥，如 HP 发泡剂、酒糟渣、轻质碳酸钙、药渣等；要求低温干燥，且需大批量连续干燥的物料等。

（一）转筒式干燥器的工作原理及结构组成

转筒式干燥器如图 6-14 所示，转筒干燥器的主体是略带倾斜并能回转的筒体。湿物料从左端上部加入，经过转筒内部时，与通过筒内的热风或加热壁面进行有效接触而被干燥，干燥后的产品从右端下部收集。在干燥过程中，物料借助于转筒的缓慢转动，在重力的作用下，从较高一端向较低一端移动。筒体内壁上装有抄板或类似装置（例如排管、通气管等），它把物料不断地抄起又洒下，使物料与热空气的接触面积增大，以提高干燥速率并同时促进物料向前移动。筒体每旋转一周，物料向出口端移动一定距离，物料前进的距离与洒落的高度和圆筒的倾斜角有关。干燥过程中所用的热载体一般为空气、烟道气或水蒸气等。热风由转筒的较低端吹入，由较高端排出气固两相呈逆流接触。如果热载体为空气或烟道气，则干燥后的废空气排空前须经旋风分离器除尘，以免对环境造成污染。转筒干燥器适合处理能自由流动的颗粒状物料，对不能完全自由流动的物料可以采用特殊的方法处理。例如将一部分产品返回到加料器内，与湿物料预混合，形成均匀的颗粒状后送入干燥器；或者将部分产品返回到干燥筒的第一段，以保证干燥筒的第一段一直保持一个自由流动的料层。

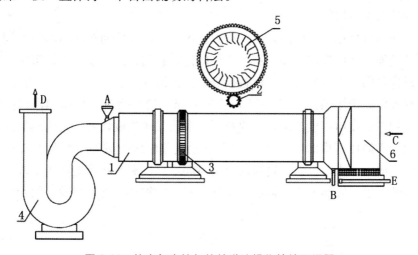

图 6-14 热空气直接加热的逆流操作转筒干燥器

A. 物料入口；B. 物料出口；C. 空气入口；D. 空气出口；E. 蒸汽冷凝液

1. 圆筒；2. 支架；3. 驱动齿轮；4. 风机；5. 抄板；6. 蒸汽加热器

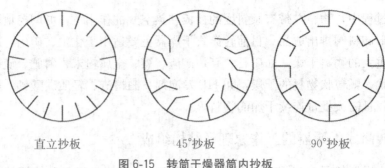

直立抄板　　　　45°抄板　　　　90°抄板

图 6-15　转筒干燥器筒内抄板

（二）转筒干燥器的特点

转筒干燥器同其他干燥设备相比，具有如下特点：

（1）结构简单，操作方便。

（2）适应范围广，可以用于干燥颗粒状的物料，附着性大的物料用它干燥也很有利。

（3）操作弹性大，生产上允许产量有较大波动，不致影响产品的质量。

（4）生产能力大，可以连续操作。

（5）故障少，维修费用低。

（6）设备体积大，一次性投资多。

（7）安装、拆卸工作量大。

（8）物料在干燥器内停留时间长，物料颗粒之间的停留时间差异较大，对于温度有严格要求的物料不适用。

转筒干燥器机械化程度较高，生产能力较大，干燥介质通过转筒的阻力较小，对物料的适应性较强，操作稳定方便，运行费用较低。它的缺点是装置比较笨重，金属耗材多，传动机构复杂，维修量较大，设备投资高，占地面积大。

国内现有转筒干燥器的直径一般为 0.5～3m，长度为 2～27m，长径比为 4～10。气流速度由物料粒度与密度决定，以物料不随气流飞扬为度，通常气速较低。物料在转筒内的装填量为筒体容积的 8%～13%，物料沿转筒轴向前进的速度为 0.01～0.08m/s，其停留时间一般为 1 小时左右。物料的停留时间，可用调节转筒的转数来改变，以满足产品含水量的要求。转筒式干燥器适用于处理量大的物料、含水量较高的膏状物料或颗粒状物料。

七、红外线干燥器

红外线是一种看不见的电磁波，波长范围为 0.80～1000μm。通常将波长在 5.6μm 以下的区域称为近红外线；波长在 5.6～1000μm 之间的区域称为远红外线。被干燥物料受到红外线能量的辐射后，使物料中的水分气化而干燥，故红外干燥亦称为红外辐射加热干燥。

由于物料对红外辐射的吸收波段大部分在远红外区域内，如水、有机物及高分子化合物等在远红外区域内具有很宽的吸收带，因此采用远红外干燥要优于近红外干燥。

（一）红外干燥器的组成

红外干燥装置见图 6-16，是由红外辐射源、干燥室、排气系统及机械传动系统等组成。

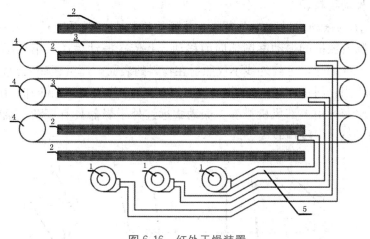

图 6-16　红外干燥装置

1. 鼓风机；2. 远红外源；3. 干燥室；4. 传送带；5. 鼓风管

目前常用的红外辐射源有两种，一种是红外线灯，它与普通灯泡相似或制成专用灯泡。灯泡式红外线干燥装置应用较广，它是用高穿透性玻璃和钨丝制成的。这种干燥装置可以在很短时间内开始工作或停止工作，操作简便，但电能消耗大；另外一种是将金属氧化物、氢氧化铁等混合制成涂料涂附在管状表面上，可以提高辐射能力，达到高效的加热干燥的目的。这种红外辐射源虽经涂料覆盖后提高了辐射能，但仍然是属于单一或混合涂料，其效果仍不够理想。为了提高电能的利用率，采用新型远红外辐射源，即采用"方格结构"，根据不同的干燥物料可设计不同的"方格"涂料，以提高其干燥效果。这种红外辐射源具有制作方便，结构紧凑，重量轻，体积小，易于安装等优点。

（1）红外辐射装置　形式很多，但一般由三部分组成，即以金属或陶瓷作基体材料，在基体表面覆盖发射远红外线的涂层，提供基体、涂层发热的热源。热源可以是电加热器，也可以是煤气加热器。

（2）红外线干燥室　在干燥室内，灯与物料的距离将直接影响到物料的干燥温度和干燥时间。根据远红外线辐射强度与距离的平方成反比的关系，干燥室应设有能升降的装置，通过远红外线辐射元件与被干燥物料之间距离的自由调节，使被照射物料所受到的辐射能之强弱得以控制。另一方面，通过调节电压来调节红外线的波长，使之适合被干燥物料的吸收波长。在干燥室还应装有风机，促使适量的热风循环流动，以提高干燥效率。同时还可降低涂层的温度，防止涂层产生裂纹或被照射物体的变形。

（3）排气系统　排气系统主要是考虑到气体爆炸、防止环境污染以及促进干燥等因素，排气量借助于插板来调节。

（4）**机械传动系统** 被干燥的物料由传送带送入干燥器，以适当的速度通过干燥室干燥后送至出口。

（二）红外干燥器的类型

红外干燥器的类型有间歇式和连续式两种。间歇式可随时启闭辐射源，连续式可用运输带连续地移动物料。

图 6-17 所示为振动式远红外干燥器，湿颗粒物料由加料系统送入第一层撮槽内进行预热，物料随着振槽的振动逐渐地向前移动，并依次振动输送入第二层、第三层中，受远红外辐射元件加热，远红外线不仅照射在物料的表面，而且还深入到物料内部，达到干燥的目的。当物料送至第四层时，设有冷风装置，将物料逐渐冷却，由卸料口排出送入贮槽中。水蒸气由上部风机排除。振动式远红外干燥器具有振动、翻转输送物料、热利用率高的优点，但噪声较大。

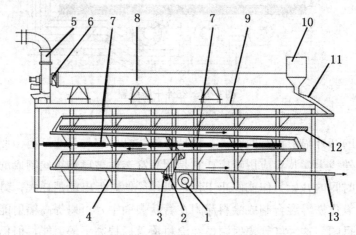

图 6-17 振动式远红外干燥器

1. 电机；2. 纽轮传动机器；3. 偏心振动装置；4. 弹簧板；5. 蝶阀；6. 风机；7. 辐射元件；8. 排风管；9. 贮槽；10. 加料斗；11. 喂料机；12. 升降装置；13. 出料口

（三）红外干燥器的特点

红外干燥器的特点主要是：设备简单，成本低，操作方便灵活，可在短时间内调节温度，不必中断生产；干燥速率快，干燥时间短。与热风干燥器相比，干燥时间可缩短1/3 左右；热效率高，不需要干燥介质；设备小，成本低；干燥产品质量好，由于物料表层和表层下均吸收红外线，能保证在各种物料制成不同形状时，产品的干燥效果相同。且能与其他干燥器连用，易于自动化控制；系统密闭性好，可以避免干燥过程中的溶剂或其他有毒物质的挥发，无环境污染。无泄波危险，易于维修；电耗较大；因固体的热辐射频率较高、波长短，故透入物料深度小，只限于薄层物料的干燥。

（四）远红外干燥器的适用范围

远红外干燥器适用于热敏性大的物料的干燥，尤其适用于多孔性薄层物料。在中药生产中应用于颗粒剂的湿颗粒干燥，具有色、香、味好及颗粒干燥均匀的效果，也可用于中药水丸的干燥。

远红外线干燥器是近年来迅速发展起来的一项新技术，具有一定的发展前景；但电耗量较大。

八、微波干燥器

干燥物料一般是采用外部加热的方式，亦即以火焰、热风、蒸汽、电热等从物料外部进行加热，被干燥物料的表面吸收了热量后，通过热传导的方式再渗透至物料内部，使物料升温而达到干燥的目的。而微波干燥在原理上与此完全不同，它是以电磁波代替热源，亦即微波干燥是利用电介质加热的原理进行干燥。微波是指频率很高（$3 \times 10^2 \sim 3 \times 10^8$ MHz），波长很短（$0.1 \sim 1000$mm），介于无线电波和光波之间的一种电磁波，它具有两者的性质和特点，如直线传播、反射等。微波又称超高频电磁波。现在使用的微波频率，主要为2450MHz（1MHz＝10^6Hz），少数场合下也有用915MHz的。若电磁波被电介质吸收，则电磁波的能量在电介质内部转换成热能。

微波干燥过程是将湿物料置于高频电场内，湿物料中的水分子在微波电场作用下，被极化并沿着微波电场的方向整齐排列，由于微波电场是一种高频交变电场，当电场不断交变时，水分子会迅速随着电场方向的交互变化而转动，并产生剧烈的碰撞和摩擦，结果使一部分的微波能量转化为分子运动的能量，以热能的形式表现出来，使水的温度升高，从而达到干燥的目的。也就是说，微波被电介质吸收后，微波的能量在电介质内部转换成热能，因此，微波干燥就是利用被干燥物料本身是发热体的加热方式，这种加热方式称为内部加热方式。微波干燥器实质上是微波加热器在干燥操作中的应用。

（一）微波干燥器的组成

微波干燥器主要由电源、微波发生器、干燥室、连接波导管及冷却系统等组成，如图6-18所示。其中微波加热器（干燥室）是关键设备。

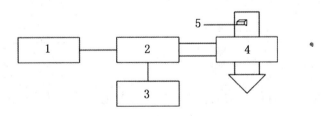

图6-18　微波干燥设备方块示意图

1. 直流电源；2. 微波发生器；3. 冷却系统；4. 微波干燥器；5. 被加热干燥物料

（二）微波加热器的类型

微波加热器的类型较多，可根据被干燥物料的性质、种类、形状、含水量以及大小等分类，典型的加热器有下列几种：

1. **微波炉**　又称驻波场谐振腔型加热炉、箱式加热器或微波箱，其结构如图6-19

所示,有间歇式和传送带式两种。前者是大型微波干燥装置,后者为连续处理装置。微波炉是由矩形谐振腔、输入波导、反射板和搅拌器所组成。腔内被干燥的物料受到来自各个方向的微波反射,使微波全部用于加热中。由于谐振腔是密闭的,所以微波泄露很少。

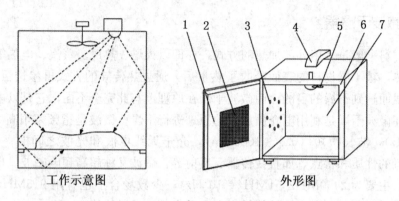

工作示意图　　　　　　　　　　外形图

图 6-19　箱式微波干燥器

1. 门;2. 观察窗;3. 排湿孔;4. 波导;5. 搅拌器;6. 反射板;7. 腔体

2. 波导管式加热器　如图 6-20 所示,被干燥物料通过由波导管定向的电磁波进行干燥。波导管中开有槽或孔,以集中微波进行辐射。微波从波导管加热器的一端输入,在另一端装有吸收多余能量的吸收器。微波在波导管内无反射地从一端至另一端馈送,即构成了行波场。被干燥的物料从波导管内通过,受到均匀的加热而进行干燥,行波场波导加热干燥设备形式很多,如有曲折波导加热器、直波导管加热器、弓形波导管加热器、V 形波导管加热器等。

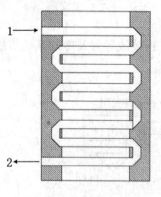

图 6-20　波导管式加热器

1. 微波输入;2. 微波输出

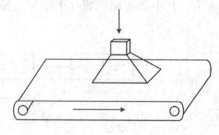

图 6-21　辐射型加热器

3. 辐射型加热器　如图 6-21 所示,在干燥区域附近装有喇叭式天线,又称天线式或喇叭式辐射加热器。物料放在喇叭式天线下面,微波能量直接辐射到被干燥的物料上,并透入物料的内部。这种加热方法最简单,容易实现连续化生产。

4. 慢波型加热器　如图 6-22 所示,当被干燥的物料表面较大或物料本身不易加热,或者在散热较快的场合,必须在短时间内施加较大的微波功率,以提高干燥效率。此时,可采用慢波型加热器，如螺旋线慢波型加热器。微波沿着螺旋线前进，使轴向速度降低，同时提高了电场强度，当物料通过螺旋线的轴心时，与微波进行能量交换而被加热。

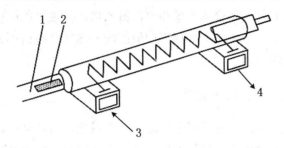

图 6-22　慢波型加热器
1. 传送带；2. 物料；3. 输入；4. 输出

（三）微波干燥器的特点

（1）干燥速度快、干燥时间短　使用热风进行外部加热时，热量通过传导从被加热物外部传到内部，使中心部分的温度升高。但一般物料的热传导率比较低，所以通过热传导使中心部分的温度升高，需要很长时间。而由于微波干燥依靠物料内部加热方式，故干燥时间只需热风干燥时间的 $1/100 \sim 1/10$。如对中药材甘草、穿心莲及活血丸的干燥灭菌，其干燥速度是烘箱 $5 \sim 12$ 倍。

（2）干燥均匀、产品质量好　由于采用高频介质加热，故热源是分散在被加热物的内部，所以和外部加热相比，容易达到均匀加热的目的，即使形状较复杂的物料也能进行较均匀的干燥，对含水量分布不均匀的物料也可达到均匀干燥的要求，还可避免常规干燥过程中的表面硬化和内外干燥不均匀现象，并能保留被干燥物料原有的色、香、味，营养成分和维生素等损失较小，产品质量高。

（3）调节灵敏、易于自动控制　利用微波加热，不需要升温过程，开机只需几分钟就可正常运转，停机无滞后现象，微波输出功率的调节、加热温度的控制均较灵敏，便于实现自动控制，还可发展为与计算机等组成遥控操作系统。

（4）具有自动平衡的性能　当处理含水量分布不均匀的物料时，微波加热正好集中于水分多的部位，该部位吸收能量多，水分蒸发就快，因此微波能量不会集中于干燥的物料，这就可以避免干燥过程中的过热现象，此现象称为自动平衡性能。例如，把含水率分布参差不一的木片放在微波炉中干燥时，微波从周围的炉壁反射过来，穿透到木片内部。由于水的吸收率（损耗系数）要比木材纤维大，微波就集中在留有水分的部位，对其进行加热干燥。

（5）穿透能力强　微波对绝大多数的非金属材料具有一定的穿透能力，因此对被干燥的物料表里一致，有利于微波加热的广泛应用。

（6）热效率高　微波干燥时，物料本身作为发热体，微波加热装置用 50Hz 的交流电转换成热能的效率一般超过 50%。如用高效微波发生管，效率还可以提高，且占地面积小。

（7）避免了操作环境的高温　由于微波干燥设备壁面无热量辐射，炉壁是冷的，避免了高温，改善了劳动条件。

微波加热对金属物体或金属材料上薄的涂层，就很难应用。因为金属物体对微波几乎是全部反射的。其他材料如聚苯乙烯和聚四氟乙烯，微波虽能够传播，但物料吸收极少，因此难于加热。如一个物体的损耗正切值能随着温度升高而迅速增加，即可能形成热耗能，亦不宜采用微波加热。

（四）微波干燥器的应用范围

微波干燥器的应用广泛，主要用于自动化、机械化、新产品试制方面。微波干燥器的操作费虽比其他干燥器要高，但从加热效率、安装面积、操作及环境保护等方面综合考虑后，微波干燥器的优点仍然是主要的。若和其他方法并用，例如先用热空气除去大部分水分后，再用微波干燥，既可缩短热空气的干燥时间，还可节约微波能耗。

九、冷冻干燥器

冷冻干燥是利用升华的原理进行干燥的一种技术，是将被干燥的物质在低温下快速冻结，然后在适当的真空环境下，使冻结的水分子直接升华成为水蒸气逸出的过程。冷冻干燥器的工作原理是将被干燥的物品先冻结到三相点温度以下，然后在真空条件下使物品中的固态水分（冰）直接升华成水蒸气，从物品中排除，使物品干燥。物料经前处理后，被送入速冻仓冻结，再送入干燥仓升华脱水，之后在后处理车间包装。真空系统为升华干燥仓建立低气压条件，加热系统向物料提供升华潜热，制冷系统向冷阱和干燥室提供所需的冷量。本设备采用高效辐射加热，物料受热均匀；采用高效捕水冷阱，并可实现快速化霜；采用高效真空机组，并可实现油水分离；采用并联集中制冷系统，多路按需供冷，工况稳定，有利节能；采用人工智能控制，控制精度高，操作方便。

（一）冷冻干燥器的组成

冷冻干燥器系由制冷系统、真空系统、加热系统、电器仪表控制系统所组成。主要部件为干燥箱、凝结器、冷冻机组、真空泵、加热/冷却装置等。如图 6-23 所示。

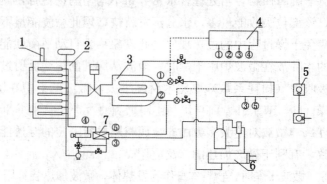

图 6-23　冷冻干燥器

1. 液压系统；2. 冻干箱；3. 捕水器；4. 电控系统；5. 真空系统；6. 制冷系统；7. 加热系统

（二）冷冻干燥器的类型

冻干技术的应用和设备是分不开的，到目前为止，冻干设备的形式主要分为间歇式和连续式两大类，设备的规模从不到一平方米到几十平方米都有。

1. **间歇式冻干设备**　如图 6-24 所示，间歇式冻干设备适合多品种小批量生产，特别是在食品领域适用于季节性强的食品生产。采用单机操作，如果一台设备发生故障，不会影响其他设备的正常运行。间歇式冻干设备便于控制物料干燥时不同阶段的加热温度和真空度的要求。设备的加工制造和维修保养易于进行，但由于装料、卸料、起动等操作占用时间较多，因此设备利用率低，生产效率也不高。

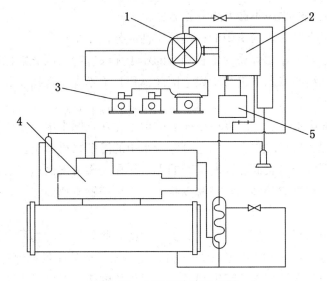

图 6-24　间歇式冷冻干燥器

1. 干燥箱；2. 水汽凝结器；3. 真空系统；4. 制冷系统；5. 加热系统

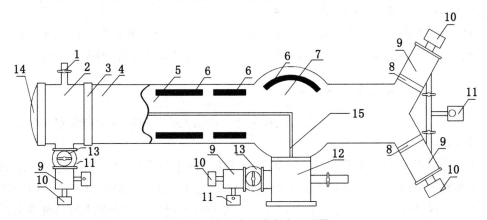

图 6-25　连续式隧道真空干燥器

1. 通空气阀门；2. 进口闭风室；3. 闸式隔离阀；4. 长圆筒容器；5. 中央干燥室；6. 加热板；
7. 扩大室；8. 隔离室；9. 冷凝；10. 制冷压缩机；11. 真空泵；12. 出口闭风室；
13. 控制阀；14. 物料入口；15. 输送器轨道

2. **连续式冻干设备**　连续式设备的特点是适于品种单一而产量庞大、原料充足的产品生产，特别适合浆状和颗粒状制品的生产。如图 6-25 所示的连续式隧道真空干燥器，容易实现自动化控制，简化了人工操作和管理，其主要缺点是成本高。随着 GMP 认证的结束，国产的医药用冻干设备全面进入了现代化阶段，功能齐全、工作可靠、性能稳定，可实现在线清洗（CIP）或蒸汽消毒灭菌（SIP），各项技术指标都能满足生物制品和药品冻干生产的需要。连续式冻干设备生产量大。为保证冻干产品的质量和节能，常采用冻干设备与其他干燥设备组合在一起的组合冻干设备，例如喷雾冻干设备。

（三）冷冻干燥器的特点

冷冻干燥器同其他干燥设备相比，具有如下特点：

（1）许多热敏性的物质不会发生变性或失活。

（2）在低温下干燥时，物质中的一些挥发性成分损失很小。

（3）在冻干过程中，微生物的生长和酶的作用无法进行，因此能保持原来的性状。

（4）由于在冻结的状态下进行干燥，因此体积几乎不变，保持了原来的结构，不会发生浓缩现象。

（5）由于物料中水分在预冻以后以冰晶的形态存在，原来溶于水中的无机盐类溶解物质被均匀地分配在物料之中。升华时，溶于水中的溶解物质就析出，避免了一般干燥方法中因物料内部水分向表面迁移所携带的无机盐在表面析出而造成表面硬化的现象。

（6）干燥后的物质疏松多孔，呈海绵状，加水后溶解迅速而完全，几乎立即恢复原来的性状。

（7）由于干燥在真空下进行，氧气极少，因此一些易氧化的物质得到了保护。

（8）干燥能排除 95%～99% 以上的水分，使干燥后产品能长期保存而不致变质。

（9）因物料处于冻结状态，温度很低，所以供热的热源温度要求不高，采用常温或温度不高的加热器即可满足要求。如果冷冻室和干燥室分开时，干燥室不需绝热，不会有很多的热损失，故热能的利用很经济。

真空冷冻干燥技术的主要缺点是成本高。由于它需要真空和低温条件，所以真空冷冻干燥机要配置一套真空系统和低温系统，因而投资费用和运转费用都比较高。

（四）冷冻干燥器的应用

真空冷冻干燥技术在生物工程、医药工业、食品工业、材料科学和农副产品深加工等领域有着广泛的应用。

药品冷冻干燥包括西药和中药两部分。西药冷冻干燥在国内已经得到了一定的发展，很多较大型的制药厂都有冷冻干燥设备。在针剂方面，冷冻干燥工艺采用得比较多，提高了药品质量和贮存期限，给医患双方都带来了利益。冻干药品的品种不多，产品价格高，干燥工艺不先进。在中药方面，局限在人参、鹿茸、山药、冬虫夏草等少量中药材的冻干，大量的中成药还没有采用冻干工艺，与国外差距较大。日本几年前就开展了"汉药西制"，改变了中药的熬制方法，解决了中药不能制成针剂或片剂的传统，也解决了中药不治急病的难题，因此我国中药冻干工艺及产品的研究很有潜力可挖。

在生物技术产品领域，冻干技术主要用于血清、血浆、疫苗、酶、抗生素、激素等药品的生产；生物化学的检查药品、免疫学及细菌学的检查药品；血液、细菌、动脉、骨骼、皮肤、角膜、神经组织及各种器官长期保存等。

第三节 干燥器的选择

实现物料干燥过程的机械设备称为干燥器。由于干燥过程中被干燥物料（湿物料）的种类很多，性状各异，有块状、片状、针状、纤维状、粒状、粉状、膏糊状甚至液状等；物料结构上有多孔疏松型的、紧密型的、耐热型的、热敏型的等。此外，许多湿物料易黏结成块，但在干燥过程中能逐步分散；也有的湿物料散粒性很好，但在干燥过程中会严重结块；有的物料仅需脱除表面水分，有的物料则需要脱除结合水分甚至结晶水分；有的产品仅需达到平均湿含量，有的产品则不仅要求平均湿含量符合指标，而且还有干燥均匀性要求；有的产品要求保持一定的晶型和光泽，有的产品要求不开裂变形。而每一种产品又有其独特的生产方式，所以需要不同类型的干燥器。这样，就带来了干燥器选型的问题。如何正确地选择干燥器，应放在设计干燥过程的首位。如果选择不当，就必然会带来设备投资不当或操作费用上升等问题，最终影响产品质量。所以，必须对选型问题给予足够的重视。但在工业生产过程中，通常的操作费用往往高于设备费用，因此，在选择干燥装置时，即使设备费用在某种程度上高些，也应选择操作费用低的设备较为有益。影响最佳干燥装置选择的因素有很多，除了装置本身的适应性外，还需综合考虑一些因素，例如，被处理物料的物化特性、产品产量与质量要求、辅助设备、能量消耗、环境污染和噪声的控制以及设备费用、操作费用等。

一、干燥器的基本要求

在中药生产过程中，根据所采用的标准和生产工艺不同，干燥器的类型也各不相同。选用干燥器的基本要求如下。

1. 必须满足干燥产品的质量要求，适应被干燥物料的性质和不同产品规格的要求，如达到指定干燥程度的含水率，保证产品的强度和不影响外观性状及使用价值等。

2. 设备的生产能力高，要求干燥速率快，干燥时间短。

3. 热效率高，能量消耗少。

4. 经济性好，辅助设备费用低。

5. 操作方便，制造、维修容易，操作条件好。

由于物料的多样性，为了满足各种物料的干燥要求，干燥器的形式也是多种多样的，每一种干燥器都具有一定的适应性和局限性。

二、干燥器的分类

为了适应被干燥物料在不同形态以及规格方面的要求，干燥器的种类很多，一般的划分方法有以下几种：

1. **按干燥器操作压力** 可分为常压式和真空式干燥器。

2. **按干燥器的操作方式** 可分为连续式和间歇式干燥器。前者适用于生产能力大而种类单一的情况，后者适用于处理物料的数量多而种类复杂的场合。

3. **按传热方式** 可分为对流干燥器、传导干燥器、辐射干燥器和介电加热干燥器。

4. **按干燥器的构造** 可分为喷雾干燥器、流化床干燥器、回转圆筒干燥器、滚筒干燥器、各种厢式干燥器、隧道式干燥器、气流式干燥器、微波干燥器、红外干燥器等。

5. **按照干燥介质的类别** 可分为空气、炉气或其他干燥介质的干燥器。

6. **按照生产规模** 可分为小规模、中等规模、大规模的干燥器。

7. **按被干燥物料的物理形态** 可分为液体、浆状、膏糊状、粉状、片状、块状及纤维状干燥器等。

在各种分类中，以传热方式进行分类最为常见，并且以其中的对流干燥多见。对流干燥中，干燥介质和物料的流向可以为并流、逆流和错流。在并流干燥器中，在物料进口端，湿含量高的物料与高温低湿的气体接触，传热传质推动力大，干燥速度很快，而在出口端，湿含量低的物料与低温高湿的气体接触，传热传质推动力小，干燥速度较慢。物料从进口到出口，干燥速度变化很大。并流干燥器的特点决定了它的适应场合，即湿物料能承受强烈干燥而不发生龟裂、变形或表面结硬壳等，干物料不耐高温，且产品湿含量较高的情况。

在逆流干燥器中，物料进口端湿物料与低温高湿的气体接触，出口端干物料与高温低湿的气体接触，干燥器中各处干燥推动力和干燥速度比较均匀。因而逆流干燥器适用于湿物料不允许强烈干燥，而干物料又可以耐高温、产品湿含量很低的场合。

在错流干燥中，干燥介质垂直穿过物料层，气流方向与物料流动方向相互垂直，气体进入和流出物料层时，其温度和湿度具有较大变化，要求物料能耐高温，并能承受快速干燥。

三、干燥器的选用原则

进行干燥器的选择时，首先是以湿物料的形态、干燥特性、产品的要求、处理量及所采用的热源等方面为出发点，进行干燥实验，确定干燥动力学和传热传质特性，确定干燥设备的工艺尺寸，并结合环境要求，选择出适宜的干燥器类型。若几种干燥器同时适用时，要进行成本核算及方案比较，选择其中最佳者。

1. **被干燥物料的性质** 湿物料不同，其干燥特性曲线或临界含水量也不同，所需的干燥时间可能相差悬殊，选择干燥器的最初依据是以被干燥物料的性质为基础的。选择干燥器时，首先应考虑被干燥物料的形态，物料的形态不同，处理这些物料的干燥器也不同（在处理液态物料时，所选择的设备通常限于喷雾干燥器、转鼓干燥器和搅拌间歇真空干燥器；对黏性不很大的液体物料，也可采用旋转闪蒸干燥器和惰性载体干燥器；对于膏状物和污泥的连续干燥，旋转闪蒸干燥器常是首选干燥设备；在需要溶剂回收、易燃、有致毒危险或需要限制温度时，真空干燥是常用的操作；对于颗粒尺寸小于

300μm 的湿粉、膏状物和污泥可采用带垂直回转架的干燥器，而对于颗粒尺寸大于 300μm 的颗粒结晶物料，通常采用直接加热回转干燥器）；对于吸湿性物料或临界含水量高的难于干燥的物料，应选择干燥时间长的干燥器；而临界含水量低的易于干燥的物料及对温度比较敏感的热敏性物料，则可选用干燥时间短的干燥器，如气流干燥器、喷雾干燥器；对产品不能受污染的物料（如食品、药品等）或易氧化的物料，干燥介质必须进行纯化或采用间接加热方式的干燥器；对要求产品有良好外观的物料，在干燥过程中干燥速度不能太快，否则可能会使表面硬化或严重收缩，这样的物料应选择干燥条件比较温和的干燥器，如带有废气循环的干燥器。

（1）物料的物理、化学性质　首先必须考虑物料对热的敏感性，它限制了干燥过程中物料的最高温度，这是选择热源温度的先决条件。此外还有重度、密度、腐蚀性、毒性、可燃性、粒子大小等。

（2）物料的状态　湿物料从形态上分，可能是块、颗粒、粉末、纤维，也可能是溶液、悬浮液或膏状物料，应充分了解物料从湿的状态至干燥状态过程中黏附性的变化，尤其对连续式的干燥器来说，物料能否连续不断地从供料、干燥移动至产品卸料是十分重要的，这是关系到干燥器能否正常运转的关键之一。

（3）物料中水分结合的状态　由于物料内部结构以及水分结合强度的不同，它决定了干燥的难易和物料在干燥器内停留时间的长短，这与干燥器选型有很大关系。例如，对难干燥的物料主要是给予较长的停留时间，而不是强化干燥的外部条件。显然，气流式干燥器中物料的停留时间仅几秒钟，不适于干燥内部有结合水的物料。

（4）干燥特性　确定湿物料的干燥条件时，必须考虑物料的干燥特性，如干燥所需的时间和操作条件（湿度、温度、气体压力与分压等）、所含水分性质（表面水、结合水）。对于粉粒状物料可选用气流干燥器或转筒干燥器；对于堆积状态的物料，其临界含水量高、干燥速度慢，应设法求取其临界含水率及干燥特性曲线，并依此来选择干燥器。

2. 产品质量及规格的要求　各种产品对质量和规格的要求各不相同，例如对最终含水量的高低、粉尘及产品的回收要求、能源供应条件等。

（1）产品的均匀性　产品的几何形状、含水量应在允许的范围内，因此干燥过程中产品的破碎、粉化也较为重要，如喷雾干燥则不适于脆性物料。

（2）产品的污染　对药品来说，产品的污染问题十分重要。选用干燥器时，应考虑干燥器本身的灭菌、消毒操作，防止污染。对热敏性物料要考虑变色、分解、氧化、炭化等问题。

（3）湿物料的形态或产品规格的要求　对液状或悬浮液状的物料，宜选用喷雾干燥器；冻结物料，可选用冷冻干燥器；糊状物料，可选用气流干燥器或隧道式、喷雾式、真空干燥或厢式干燥器；短纤维物料，可选用通风带式或厢式干燥器；有一定大小的物料，可选用并流隧道式、厢式、微波干燥器；粉粒包衣、胶膜状物料，可选用远红外干燥器。

3. 生产方式　选用连续式干燥器，当干燥器前后的工艺均为连续操作时，应考虑配套，选用连续式则有利于提高热效率、缩短干燥时间；选用间歇式干燥器，当干燥器前后的工艺不能连续操作时，干燥器也不宜选用连续式。对于物料数量少、品种多的场合最好选用间歇式干燥器；在要求产品含水量的误差小或者遇到物料加料、卸料、在设备内输送等有困难时均应选用间歇式干燥器。

4. 设备的生产能力　影响设备生产能力的因素是湿物料达到指定干燥程度所需的时间。而提高生产能力的方法是应尽可能缩短降速阶段的干燥时间，同时也可以减少生产成本。例如，将物料尽可能地分散，既可以降低物料的临界含水量，使水分更多地在速度较高的恒速干燥阶段除去，又可以提高降速阶段本身的速率，这对提高干燥器的生产能力是有利的。

5. 能耗的经济性　前已述及，干燥是一能耗较大的过程。为了最大限度地节约能源及资金，可以从以下几个方面来进行操作。

(1) 设置预脱水装置，用机械脱水的操作费用比一般干燥方法便宜，若能利用机械脱水可得到低含水量，则应考虑设置预脱水设备。

(2) 产品要求颗粒状，则选用喷雾干燥、流化床干燥装置，因其可直接获得颗粒产品，省去制粒步骤。

(3) 提高干燥器的热利用率。主要途径有：①减少废气带热，干燥器结构应能提供有利的气、固接触，在物料耐热允许的条件下空气的入口温度尽可能高；②在干燥器内设置加热面可减少干燥空气的用量，减少废气带热损失；③流向，在相同的进、出口温度下，逆流操作可获得较大的传热（传质）推动力，设备容积较小；④废热利用与废气再循环。

6. 环境保护　干燥过程的环境保护问题主要是指粉尘回收、溶剂回收、减少公害，如水、气污染，噪声，振动等。

选择干燥器时，首先应根据被干燥湿物料的形态、处理量的大小及处理方式初选出几种可用的干燥器类型。其次根据物料的干燥特性，估算出设备的体积、干燥时间等，从而对设备费用及操作费用进行经济核算、比较。最后，结合选址条件、热源问题等，选出适宜的干燥器。表 6-1 列出了一些主要干燥器的选型表，可供选型时参考。

表 6-1　干燥器选型表

湿物料的状态	物料的实例	处理量	适用的干燥器
液体或泥浆状	洗涤剂、树脂溶液、盐溶液、牛奶等	大批量	喷雾干燥器
		小批量	滚筒干燥器
泥糊状	染料、颜料、硅胶、淀粉、黏土、碳酸钙等的滤饼或沉淀物	大批量	气流干燥器 带式干燥器
		小批量	真空转筒干燥器
粒状 (0.01～20μm)	聚氯乙烯等合成树脂、合成肥料、磷肥、活性炭	大批量	气流干燥器 转筒干燥器 沸腾床干燥器
		小批量	转筒干燥器 厢式干燥器

续表

湿物料的状态	物料的实例	处理量	适用的干燥器
块状（20～100mm）	煤、焦炭、矿石等	大批量	转筒干燥器
		小批量	厢式干燥器
片状	烟叶、薯片	大批量	带式干燥器 转筒干燥器
		小批量	穿流式干燥器
短纤维	醋酸纤维、硝酸纤维	大批量	带式干燥器
		小批量	穿流式干燥器
一定大小的物料或制品	陶瓷器、胶合板、皮革等	大批量	隧道干燥器
		小批量	高频干燥器

干燥器的最终选择通常是在设备价格、操作费用、产品质量、安全及便于安装等方面的一个折中方案。要求所选干燥器同时全部满足上述技术指标及经济要求是不现实的，但这些要求可以作为评价干燥器性能相对优劣的标准，并促使生产企业不断革新和完善干燥设备。在不确定的情况下，应作一些初步的试验以查明干燥器设计和操作数据及物料对特殊操作的适应性。对某些干燥器，做大型实验是建立可靠设计和操作数据的唯一方法。因此，在选择前必须熟悉大多数干燥装置，才有可能选择出合适的干燥设备。

第四节 典型干燥设备的操作和应用

干燥是传热与传质同时发生的分离过程，被干燥的物料状态、物理特性各不相同，至今还没有能够适应所有物料的干燥设备。因此选择干燥设备时重要的一点是要根据具体条件综合考虑选择合适的干燥设备，选取最有利且可行的形式与干燥条件。现有的干燥设备中，最常见的是对流传热干燥，如热空气干燥，热空气直接与被干燥物料接触进行热交换以蒸发水分。常见干燥设备如流化床干燥设备、闪蒸干燥机、气流干燥机、喷雾干燥机、通风干燥机、流动干燥机、气旋转干燥机、搅拌干燥机、平行流动干燥机、回转滚筒烘干机等。不同的干燥对象决定了干燥设备的选择，而设备的操作规范与否又直接影响着药品的干燥质量。为此，以工业生产中常用的干燥设备CT-C-I型热风循环箱为例，详细介绍其生产操作规程及维修保养注意事项等。

一、热风循环烘箱

CT-C-I型热风循环箱适用于制药、化工、食品等行业的物料及产品的加热、固化、干燥脱水等项作业，如制药企业中的原料药、中药材、中药饮片、浸膏、粉剂、颗粒、冲剂、水丸、包装瓶等。CT-C-I型热风循环烘箱配用低噪音耐高温轴流风机和自动控温系统，整个循环系统全封闭，在节约能源方面，到了国内外先进水平，为企业提高了经济效益。

1. **工作原理** 该设备是利用蒸汽或电加热为热源，用轴流风机经散热器通过对流空气加热，在箱体内热风空气循环流通，加热空气即热空气直接与待干燥物料通过烘盘与物料层进行热量的传递，新鲜空气从进风口不断补充加热进入烘箱、烘盘，再从排湿口排出，这样不断循环补充加热，排出湿热空气来保持箱内适当的相对湿度，强化了传质传热过程，热风在箱内循环，起到了节约能源的效果，为高效节能通用干燥设备。

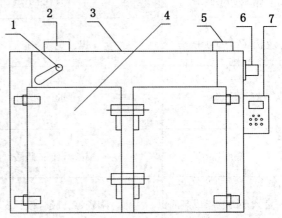

图 6-26　热风循环烘箱结构示意图
1. 循环手柄; 2. 出风口; 3. 加热装置; 4. 烘箱门; 5. 进风口; 6. 风机; 7. 控制面板

2. **结构特征与技术参数** CT-C-I型热风循环烘箱由机座、驱动系统、混合桶及电器控制系统等部件组成，见图 6-26。技术参数见表 6-2。

表 6-2　CT-C-I 型热风循环烘箱技术参数

型　号	CT-C-I 型	风机功率	0.45kW
产量	120kg/次	加热功率	12kW
温度范围	50℃～120℃	蒸汽压力	0.2～0.8MPa
工作室尺寸	170×100×147（mm）	蒸汽用量	20kg/h
外形尺寸	226×120×223（mm）	烘盘尺寸	460×640×45（mm）

3. **设备特点** CT-C-I 型热风循环烘箱配用低噪音耐高温轴流风机和自动控温系统，整个循环系统全封闭，使烘箱的热效率可达 80％以上。外形美观，操作方便。箱体内不留焊疤，器内外进行抛光，墙板式装配便于清洗。电脑控制化温度显示。门封采用医用硅胶，密封情况良好。拉车盘圆角光洁。

4. **操作前的准备**

（1）检查上一班次设备运行记录，有故障是否及时处理，严禁设备带病运行。

（2）检查烘箱内有无上班遗留物，清除其内部杂物、异物。

（3）打开压力表蒸汽阀门，检查蒸汽压力是否符合要求。

（4）打开排放管疏水器旁路阀，再打开送蒸汽阀门，排放管道内冷凝水及清扫管道。

（5）检查阀门、管道是否有泄漏并及时排除，然后关闭蒸汽总阀门，关闭排放管疏水器旁路阀。

（6）接通电源，按正常生产设定相关参数，按"启动"按钮，检查电机转向是否正确，转动中有无异常声响，并及时排除相应故障。

（7）按"电加热""蒸汽加热"按钮，检查电磁阀是否灵活，启闭是否可靠。

（8）检查测温探头、温控仪是否工作正常，各指示灯是否正常。

（9）检查设备良好按"停止"按钮关机，填写并悬挂设备运行状态标志牌。

5. 操作步骤

（1）打开烘箱门，拉出烘车，装上预干燥物品。

（2）推入烘车，关闭烘箱门，扣好紧固手柄。

（3）按预干燥物品性质设定相关参数（包括设定温度、上限温度、下限温度、风机延时、恒温时间、排温时间、关机时间）。

（4）按"启动"按钮，运行指示灯点亮。此时检查"自动"指示灯是否点亮，如果是"手动"指示灯点亮，按"自动/手动"按钮转换为自动状态。

（5）选择加热方式：电加热或蒸汽加热。

①选择电加热时，按"电加热"按钮即可，此时电加热指示灯亮。

②选择蒸汽加热时，先打开送蒸汽管道阀门，再按"蒸汽"按钮，此时蒸汽加热指示灯亮。

③电加热和蒸汽加热可单独使用，可同时使用，可相互转换。

（6）将排湿手柄放在适当位置。

（7）物品烘干后，将电加热和蒸汽加热关闭，关闭送蒸汽管道阀门，打开出汽管道疏水器旁路阀门，排放冷凝水。

（8）将排湿手柄置于全湿位置，风机继续运行一段时间（根据烘箱温度，通常约10分钟）后，待温度降至室温左右，按"停止"按钮，关闭风机。

（9）打开烘箱门，拉出烘车，取出干燥物品。

6. 清洁方法

（1）将烘车及烘盘移至清洗间。

（2）用抹布蘸饮用水擦洗烘车，直至烘车表面无残留物痕迹。

（3）用利刀清除烘盘表面大量可见的残留物，并用饮用水冲洗或加饮用水浸泡10～20分钟（视具体品种而定）后冲洗，直至烘盘表面无残留物痕迹。

（4）再用纯化水冲洗一遍。

（5）用抹布蘸75%乙醇溶液擦洗烘盘消毒，并将已消毒烘盘置烘车上。

（6）用抹布蘸饮用水擦洗烘箱内左右各叶片及箱顶内壁（每个品种结束后清洗一次，并在烘箱内温度降到适宜时清洗）。

（7）用拖把将烘车轨道及烘箱底部清洁干净。

（8）用湿抹布将设备外部及控制箱擦洗干净。

（9）将烘车推入烘箱中，关闭箱门；打开蒸汽阀门及鼓风，干燥烘盘。关闭蒸汽阀门及鼓风。

（10）清理现场，经检验合格后，挂上设备清洁状态标志，并填写清洁记录。

7. 维护保养

（1）定期检查电器系统中各元件和控制回路的绝缘电阻及接零的可靠性，以确保用电安全。

（2）设备保持清洁，干燥箱内积粉应及时清扫干净。

（3）定期检查设备的阀门开关是否控制灵敏，发现问题及时修复。

（4）定期检查设备的进气管，排水管是否畅通，检查自控系统是否运行正常，发现问题及时维护或更换。

（5）检查推车车轮是否损坏并及时更换已损零件。

8. 注意事项

（1）设备使用时应严格按照标准规程操作。

（2）温度指示与风机是否工作正常，否则应及时更换或维修。

（3）操作人员每天班前班后对烘箱进行检查。检查内容包括：确认部件、配件齐全；确认管路无跑、冒、滴、漏；保持其设备内外干净无油污、灰尘、铁锈、杂物。

（4）使用中出现异常时，应关闭电源与气源，待检查维修好后，方可重新进行操作。

（5）设备使用后应及时清洁1次，保持箱体内外（包括支架、箱门）整洁、无可见残留物、无油污。

（6）严禁将潮湿或腐蚀性物品、重物品放于箱体上盖。

（7）设备平时应保持整洁、干燥，每两周应大擦洗一次，特别是对平时不易清洁到的地方（如缝隙）。

（8）以维修人员为主，每三个月对烘箱进行整体检查，维修更换损件。

（9）维修工作完毕后应对烘架及整个烘箱进行彻底清理。

（10）烘箱每半年检修一次，指定专人对烘箱进行维修保养。

9. 故障排除　见表6-3。

表6-3　CT-C-I型热风循环烘箱故障原因及排除方法

故　　障	原　　因	排　除　方　法
温度低	1. 蒸汽压力太低	按要求提高蒸汽压力
	2. 疏水器失灵	疏水器有杂物阻塞
	3. 排湿阀处在常开状态	关闭排湿阀
	4. 风机转向不正确	电源线两相任意对调
	5. 显示仪表不正确	检查热电阻是否固定良好，接线是否正确
	6. 没有采取保温措施	必要时用标准电阻箱校验温度仪
温度不匀	1. 百叶窗叶片调整不当	调整百叶片的位置
	2. 烘箱门未关严	关好烘箱门
风机噪声大	1. 风机或电机螺栓松动	检查并排除
	2. 风机叶片碰壳，轴承磨损	检查并排除
	3. 电机缺相运转	检查线路及电器开关
干燥速度太慢	1. 箱内温度太低	见故障第1条
	2. 排湿选择不当	调整排湿阀开度
	3. 风量太小	检查风机及风管有无漏风和叶片是否杂物吸入
	4. 热量散失	检查需保温部位是否进行保温

二、履带式全自动干燥机

履带式全自动干燥机相对于喷雾干燥机、真空烘箱、冷冻干燥机、微波真空干燥机，设备优势为可在25℃～150℃真空条件下实现连续进料、连续出料，适用于中药浸膏、颗粒、粉末、丸剂等药品及生物制品的低温干燥。同时可在线自动清洗，符合《药品生产质量管理规范》的要求，以LWJ-I型履带式全自动干燥机为例，介绍其工作原理及操作使用注意事项。

1. **工作原理**　LWJ-I型履带式全自动干燥机是将经过第一次干燥后的软胶囊（胶皮含水量30％～40％）经加料口加入机器内，加料口由匀料装置使软胶丸均匀平铺在输料带上，以缓慢的速度向前运动，不会损坏软胶囊，使干燥后的软胶囊光亮美观。同时转轮除湿系统将干燥的空气以一定的速度均匀吹入输料系统内，软胶囊是由上向下输送，干燥风是由下向上逆行吹过。软胶囊内的水分被干空气吸出带走，湿空气在吸气口被吸走，由除湿系统处理成干空气，以便循环利用，这样软胶囊被很快干燥，干燥好的胶丸由输出口进入特制的不锈钢容器内，送到检丸室检丸。

2. **结构特征与技术参数**　本机主要由带双面铰链连接的可开启封盖、圆柱状壳体、装于壳体上的多个带灯视镜、可调速喂料泵、新型不粘履带、履带可调速驱动系统、真空设备、冷凝器、横向摆动喂料装置、一组全自动温控系统、加热板、收集粉碎装置、收集罐、清洗装置等组成。低温真空履带式干燥机的干燥处理量和履带面积可按照需要进行设计和制造，可以在不改变干燥机壳体的前提下通过增加壳体内的履带层数来达到，同时只需相应加大真空设备的排量和温控单元的容量即可，控制系统几乎无须作任何改动。多层式低温真空履带干燥机更有利于提高设备的经济性和使用效益。LWJ-I型履带式全自动干燥机主要技术参数见表6-4。

表6-4　LWJ-I型履带式全自动干燥机主要技术参数

干燥能力	对刚定型胶囊	软胶囊 约15000粒/小时
	对一次干燥后的胶囊	软胶囊 约25000粒/小时
干燥周期	对刚定型胶丸	8～12h
	对一次干燥后的胶丸	4～8h
干燥成品含水率		≤4
工作电源		380V/50Hz
履带速度		0.15m/min
整机功率		10.0kW
长×宽×高		2400×1620×2150(mm)
整机重量		约1100kg

3. **设备特点**　全套工艺自动化、管道化、连续化；实现真空条件下连续进料、连续出料；真空状态下完成干燥、粉碎、制粒；生产运行成本是真空烘箱、喷雾干燥器的

1/3，是冷冻干燥设备的 1/6。操作工人最多两名，大大降低了人力成本；干燥温度可根据物料工艺要求（25℃~150℃）调整；热敏性物料不变性、不染菌；30~60 分钟开始连续出干粉，出干粉率 99%；能解决高黏度、难干燥的各种液体及固体物料干燥；在线自动清洗，无染菌机会，符合《药品生产质量管理规范》的要求。

4. 操作方法　在确保设备各部分运转正常的情况下，进行以下操作：①拧动控制面板上"电源"开关至"开"位，如果反馈电相序正确无误，则控制电源指示灯和再生系统温控仪指示灯亮，并可启动运行；如果反馈电缺相或相序不正确，此时，虽然控制面板上的电源指示灯和再生系统温控仪指示灯有时也会亮，但此时便会发出连续报警声，并且除湿电机不能运行，这时必须断开电闸，检查并排除缺相现象或调换反馈电三相电源中任意两相电源即可。②如果反馈电相序正确无误，则控制电源指示灯和再生系统温控仪指示灯亮，同时控制面板上"湿度显示"上方的仪表"电有"，此时可观察到输料系统入口处的实时相对湿度。与此同时控制面板上再生系统温控仪也"燃亮"。③按下再生系统"开"按钮，中间继电器吸合，转轮电机和再生风机电机开始工作，同时加热器根据温控仪设定的温度开始加热，直至达到设定除湿机再生加热温度，开始由温控仪控制调节保持恒定的再生加热温度。④当再生系统连续工作 15~30 分钟后，按下除湿系统"开"按钮，除湿机开始工作，除湿机处于除湿状态。⑤打开制冷温度控制开关，此时可观察到除湿系统出口（即输料系统入口）空气温度，如空气温度超过温度控制仪的设定温度，制冷机组将自动开始工作。温度控制仪设定回差应控制在3℃~4℃左右，不能过低。⑥拧动输料系统开关，相应指示灯亮，调整变频调速频率，透过观察窗观察输料速度大小，调整至合适速度后（依据软胶囊软硬度而定），此时可进行下一步。⑦将一次干燥后用酒精清洗干净的软胶囊由加料口加入输料系统中。⑧观察输料系统的运行，数小时后干燥好的胶囊由出料口排出，此时可将此批胶囊送至检丸室检丸。⑨关闭机器时，先关闭输料系统，其顺序为先按下变频器"STOP"按钮，再拧动输料系统开关关闭输料系统，然后按下除湿系统"关"按钮，除湿系统停止工作，按下再生系统"关"按钮，则中间继电器释放，所有加热器和除湿风机停止工作，此时转轮电机和再生风机继续运行，同时时间继电器开始延时，时间继电器的延时时间可任意设定，一般设定 12 分钟为宜，待延时时间到，则转轮电机和再生风机停止工作。⑩关闭制冷系统开关，最后关闭电源开关。

5. 维护保养　请定期检查减速机内是否缺少润滑油（一般需每日添加一次）；定期检查输送带是否太松，是否走偏，并及时调整；转轮干燥机使用寿命很长，但经过较长时间（如经过一年或数年），如发现除湿效果太差应随时维修。

6. 注意事项　以下是在操作过程中尤其需要注意的事情。

（1）干燥室内温度不得超过 25℃。

（2）送入的软胶囊不宜太软，最好经过一次干燥。

（3）输料系统前、后门以及进料出料门在干燥过程中不要经常打开，以免湿空气进入，影响干燥效果。

（4）用酒精清洗后的软胶囊必须将酒精挥发干净后，方可进入本机进行最终干燥。

（5）系统安装时要求对再生空气的排出管道进行保温，管路不应过长，并向出口方向有不小于1％的坡度，如不能按此要求安装时，应在管道最低点设置冷凝水排出口，同时根据管道压头设置水封弯，以防湿空气从排水口溢出。

（6）允许使用电压在额定工作电压的±10％范围内，如不在此范围应使用交流稳压电源。

（7）控制面板上的加热按钮为除湿机第二组加热器开关，一般情况下不宜使用。

7. 故障排除　见表 6-5。

表 6-5　LWJ-I 型履带式全自动干燥机故障及排除

现　象	故　障　原　因	排　除　方　法
整机不工作	电源插头接触不良 空气开关没合上	换新插头 合上空气开关
除湿机不工作	除湿系统短路 除湿机接触器短路	参照结构图，检查线路，修好后再开机 检查更换接触器
除湿效果差	除湿转轮容量饱和 除湿机加热器烧坏 整机有泄漏	拆换新除湿转轮 更换加热器 检查并密封
减速机噪音大	减速机缺润滑油 减速机内太脏	加润滑油 清洗减速机
输送带走偏	轴承座松动 轴承座位置不正	调整螺栓并拧紧紧固螺钉 调整轴承座位置
链条拉断	链条太紧或太松	调整张紧轮松紧
温控仪显示故障	传感器或温控仪坏	找厂家维修更换
变频器显示故障	变频器坏	找厂家维修更换

第七章　传热原理与设备

物质系统内由于温度不同，使热量由一处转移到另一处的过程叫作传热过程，简称传热。在制药生产中，许多过程都与热量传递有关。例如，药品生产过程中的磺化、硝化、卤化、缩合等许多化学反应，均需要在适宜的温度下，才能按所希望的反应方向进行，并减少或避免不良的副反应；在反应器的夹套或蛇管中，通入蒸汽或冷水，进行热量的输入或输出；对原料提纯或反应后产物的分离、精制的各种操作，如蒸发、结晶、干燥、蒸馏、冷冻等，也必须在提供热量或一定温度的条件下，即有足够的热量输入或输出的条件下才能顺利进行。此外，生产中的加热炉、设备和各种管路，常包以绝热层，来防止热量的损失或导入，也都属于热量传递问题。在生产过程中，往往排出废水、废气及废渣，它们一般都含有热量，充分回收利用这些废热，对节约能源、改善生产操作条件具有重要意义，而回收废热也涉及传热过程。由此可见，传热过程在制药生产中占有十分重要的地位。

第一节　传热过程中的热交换

热量从物体的高温部分沿着物体传到低温部分，这就是热传导现象。热传导的机理相当复杂，目前了解得很不完全。一般而言，传导传热的实质是由于物体较热部分的粒子（分子、原子或自由离子）的热运动，与相邻的粒子碰撞，把它的动能的一部分传给后者，于是较热的粒子便将热能传给较冷的粒子，直至整个物体的温度完全相同，即达到平衡为止。我们把依靠物体中的微观粒子的热振动而传递热量的过程称为热传导。这种传热的特点是在热传导过程中，物体的微粒只是在平衡位置附近振动而不产生宏观的相对位移。固体或静止流体（或基本上静止的流体）的传热属于这种方式。在流体特别是气体中，除上述原因以外，连续而不规则的分子运动是导致传导传热的重要原因。此外，传导传热也可因物体内部自由电子的转移而发生。

虽然传导传热的微观机理尚未有公认的解释，但这一基本传热方式的宏观规律可用傅立叶（Fourier）定律加以描述，即

$$q = -\lambda \frac{\partial t}{\partial n} \qquad (7-1)$$

式中：q——密度，W/m^2；

$\dfrac{\partial t}{\partial n}$——法向温度梯度，$℃/m$；

λ——比例系数，称为导热系数，W/(m·℃)；

傅立叶定律指出，热流密度正比于传热面的法向温度梯度，式中负号表示热流方向与温度梯度方向相反，即热量从高温传至低温。式中的比例系数（即导热系数）λ是表征材料导热性能的一个参数，λ愈大，导热性能越好。

流体依靠分子互相变动位置，把热量从空间某一处传到另一处的现象称为对流传热。分子的对流运动是由于流体内部各点温度不同而引起密度差异的结果（这种对流称为自然对流），或是由于受外界机械作用所致（这种对流称为强制对流）。但工程上所处理的传热问题不可能仅是单纯的热对流，往往还涉及流体与固体之间的传热。把工程上经常遇到的流体流过固体壁面时与壁面之间的热量交换，以及流体与流体间的热交换，称为对流给热或对流传热。

对流传热是包含滞流边界层的导热和对流传热的综合过程，所以它除受热传导的规律影响外，往往还受流体流动规律的支配，因而要进行精确计算相当困难。工程上将对流传热的热流密度写成如下的形式：

流体被加热时：$q = \alpha (t_w - t)$ (7-2)

流体被冷却时：$q = \alpha (T - T_w)$ (7-3)

式中：α——给热系数，W/(m²·℃)；

t_w——加热流体的温度，℃；

T_w——壁温，℃；

T——热流体的温度，℃；

t——冷流体温度，℃。

以上两式称为牛顿冷却定理。其中，在许多情况下，热流密度并不与温差成正比，此时，给热系数 α 值不为常数而与 ΔT 有关，往往采用实验测定各种情况下的给热系数，并将其关联成经验表达式以供设计时使用。

热辐射亦是热量传递的方式之一。当物体向外界辐射的能量与其从外界吸收的辐射能不相等时，该物体与外界就产生热量的传递，这种传热方式称为辐射传热。以下将重点讨论辐射传热的基本原理。

一、辐射传热

从物理学知道，任何物体，只要其绝对温度不为零度，都会不停地以电磁波的形式向外界辐射能量；同时，又不断吸收来自外界其他物体的辐射能。由热辐射的本质可以看到，辐射传热过程的特点是在传热过程中伴随着能量形式的转化。即物体的内能首先转化为电磁波发射出去，当投射到另一物体表面而被吸收时，电磁波又转化为物体的内能。同时电磁波可以在真空中传播，所以热辐射线可以在真空中传播，无须任何介质，这是辐射传热与传导和对流传热的主要不同之处。

固体和液体的辐射传热与气体的辐射传热不同，前者只发生在物体的表面层，而后者则深入气体的内部。

（一）固体辐射

从理论上说，固体可同时发射波长从 $0 \sim \infty$ 的各种电磁波。但是，在工业上所遇见的温度范围内，有实际意义的热辐射波长位于 $0.38 \sim 1000 \mu m$ 之间，而且大部分能量集中于可见光和红外线短波部分区段，通常把波长在 $0.4 \sim 40 \mu m$ 范围内的电磁波称为热射线，因为它的热效应特别显著。

来自外界的辐射能投射到物体表面，也会发生吸收、反射和穿透现象。固体和液体不允许热辐射透过；气体对热辐射几乎没有反射能力。

理论研究中，将吸收率等于 1 的物体称为黑体。黑体是一种理想化的物体，实际物体只能或多或少接近黑体，但没有绝对的黑体。黑体的辐射能力，即单位时间黑体表面向外界辐射的全部波长的总能量，服从斯蒂芬-波尔兹曼（Stefan-Boltzmann）定律：

$$E_b = \sigma_0 T^4 \tag{7-4}$$

式中：E_b——黑体辐射能力，W/m^2；

σ_0——黑体辐射常数，其值为 $5.67 \times 10^{-8} W/(m^2 \cdot K^4)$；

T——黑体表面的绝对温度，K。

该定律表明黑体的辐射能力与其绝对温度的四次方成正比，有时又称为四次方定律。辐射传热对温度异常敏感，低温时热辐射往往可以忽略，而高温时则成为主要的传热方式。

（二）影响辐射传热的主要因素

1. 温度的影响　辐射热流量并不正比于温差，而是正比于温度四次方。这样，同样的温差在高温时的热流量将远大于低温时的热流量。例如 $T_1 = 720K$，$T_2 = 700K$ 与 $T_1 = 120K$，$T_2 = 100K$ 两者温差相等，但在其他条件相同情况下，热流量相差 240 多倍。因此，在低温传热时，辐射的影响总是可以忽略的；在高温传热时，热辐射则不容忽略，有时甚至占据主要地位。

2. 几何位置的影响　角系数代表在某表面辐射的全部能量中，直接投射到黑体的量所占的比例。角系数对两物体间的辐射传热有重要影响，角系数决定于两辐射表面的方位和距离，实际上决定于一个表面对另一个表面的投射角。对同样大小的微元面积，位置距辐射源越远，方位与以辐射源为中心的同心球面偏离越大，则所对应的投射角越小，角系数亦越小。对于两无限平壁或内包物体，距离的变化不会影响投射角，故角系数亦不改变。

3. 表面黑度的影响　实际物体的吸收率与投入辐射的波长相关，为避免实际物体吸收率难以确定的困难，可以把实际物体当成是对各种波长辐射能均能同样吸收的理想物体。这种理想物体称为灰体。灰体的辐射能力定义为黑度。当物体的相对位置一定，系统黑度只和表面黑度有关。因此，通过改变表面黑度的方法可以强化或减弱辐射传热。例如，为增加电气设备的散热能力，可在表面镀以黑度很小的银、铝等。

4. 辐射表面之间介质的影响　实际状态下，某些气体也具有反射和吸收辐射能的能力。因此，这些气体的存在对物体的辐射传热必有影响。

（三）气体辐射

气体辐射也是工业上常见的现象。在各种加热炉中，高温气体与管壁或设备壁面之间的传热过程不仅包含对流传热，而且还包含热辐射。高温设备对周围环境的散热，也是如此。严格来说，气体和固体表面之间的一切传热过程都伴随有辐射传热，只是当温度不高时，辐射传热可以忽略而已。

在工业常遇的高温范围，分子结构对称的双原子气体，如 O_2、N_2、H_2 等可视为透明体，即无辐射能力，也无吸收能力。但是，分子结构不对称的双原子气体及多原子气体，如 CO、CO_2、SO_2、CH_4 和水蒸气等一般都具有相当大的辐射和吸收能力。

气体辐射与固体辐射有很大的区别。气体辐射和吸收对波长有强烈的选择性，固体能够辐射和吸收各种波长的辐射能，而气体则不然。气体只能辐射和吸收某些波长范围内的辐射能。例如水蒸气只能辐射和吸收 $2.55\sim2.84\mu m$、$5.6\sim7.6\mu m$、$12\sim30\mu m$ 三个波长范围的辐射能，对其他波长的能量则不辐射也不吸收。

二、传热强化途径

传热过程的强化，就是力求换热设备在单位时间内单位传热面积传递的热量尽可能地多，力图用较少的传热面积或较小的设备来完成同样的任务。简言之，即是研究提高传热效果的途径和方法。

1. **增大传热面积**　增大传热面积，是设计换热器时首先要考虑的问题。如采用带有翅片结构的换热器，可增大传热面积。但对已经定型的换热设备，它的传热面积则已是确定了的。增大传热面积就意味着增加金属材料用量及增加投资费用，因此，通过增大传热面积来提高传热速率并非理想。而从挖掘设备潜力方面看，有效的途径应为增大平均温度差和传热系数。

2. **增大传热平均温度差**　平均温度差是传热过程的推动力，若其他条件一定，平均温度差越大则传热速率也就越大。生产中可采用下述方法增大平均温度差：①两流体采用逆流传热。②提高热流体或降低冷流体的温度。如增加蒸汽的压强来提高加热蒸汽的温度，或采用深井水代替自来水，以降低冷却水的温度等。③对蒸发、蒸馏等传热过程，采用减压操作以降低液体（冷流体）的沸点。

但是，增加传热温度差有时会受到工艺或设备条件的限制。例如，物料的温度由工艺所规定，不能随意变动，而且流体的进、出口温度往往也不能任意选取，因此对于流体流向已经确定的场合，传热温度差常常无法再改变。所以，通常认为强化传热的最有效途径是提高传热系数。

3. **增大传热系数**　传热系数受许多因素影响。要想提高传热系数，必须从降低对流给热热阻以及导热热阻等方面入手。

（1）**减小导热热阻**　换热器的导热热阻包括金属壁的热阻和污垢的热阻，其中金属壁的热阻一般较小，可以略去不计。但当壁面上沉积了一层污垢后，由于垢层的导热系数很小，即使垢层很薄，热阻也很大。例如，1mm 厚的水垢，就相当于 40mm 厚的钢板的热阻。因此，防止结垢或有效地除去垢层（如经常清洗传热面等）是强化传热的途径之一。

（2）降低给热热阻　亦即提高给热系数。一般是针对影响给热系数的各因素着手强化，可采取以下措施：

①增大流体的湍动程度，减小传热边界层厚度，从而提高给热系数、强化传热过程。增强流体湍动程度的方法有：一是增大流体的流速，对于列管式换热器通常采用增加程数或在管间设置挡板来提高流速。但流速增大阻力亦增大，动力消耗多，同时还受到输送设备的限制，因此提高流速有一定局限性。另一方法是改变流动条件，增强流体的扰动程度。如把传热壁面制成波纹形或螺旋形的表面，使流体在流动过程中不断地改变方向，以促使形成湍流；或在设备中安装搅拌装置，传热强化圈、超声波等造成强烈的扰动，以获得较高的给热系数，亦可达到强化传热的目的。

②选用导热系数大的流体。一般来说，导热系数大的流体，它的给热系数也较大，发生相变的物质，它的热焓较高，给热系数也较大。因此，采用导热系数大的物质作载热体，可提高传热效率。

③增加蒸汽冷凝时的给热系数。用饱和蒸汽作加热剂时，当其与一温度较低的壁面接触，蒸汽就在壁面上冷凝。若壁面能被凝液润湿，则有一薄层凝液覆盖其上，这种冷凝称膜状冷凝。当壁面是倾斜的或垂直放置时，所形成的液膜更为显著。蒸汽冷凝所放出的热，必须通过液膜才能到达壁面。由于蒸汽冷凝时气相内温变是均匀一致的，所以没有热阻，蒸汽放出的冷凝热要靠传导的方式通过液膜，而液体的导热系数不大，所以液膜具有较大的热阻。液膜愈厚，其热阻愈大，冷凝时的对流给热系数就愈小。但若蒸汽冷凝时冷凝液不能全部润湿壁面，则因表面张力的作用将使凝液形成液滴，这种冷凝称为滴状冷凝。随着冷凝过程的进行，液滴逐渐增大；将从倾斜的或垂直的壁面上流下，并在流动时带走其下方的其他液滴，使壁面重新露出，供再次生成新液滴之用。由于滴状冷凝时蒸汽不必通过液膜传热而直接在传热面上冷凝，故其给热系数远比膜状冷凝时大，相差可达几倍甚至几十倍。因此，设法消除膜状冷凝或减薄液膜的厚度，提高蒸汽冷凝时的给热系数，是增强传热效率的途径之一。若于蒸汽中加入滴状冷凝促进剂（如油酸、鱼蜡等），使蒸汽成滴状冷凝，可避免形成液膜；采用机械的方法，如把管子制成螺纹管，当蒸汽冷凝时，由于表面张力的作用，冷凝液从螺纹的顶部缩向螺纹的凹槽，使螺纹顶部暴露于蒸汽中，从而可促进传热过程。总之，影响传热系数的因素很多，但各因素对传热系数值的影响程度却很不相同。因此必须抓住主要矛盾，针对影响传热系数值最大的热阻，如着重提高两流体中给热系数小的一侧的给热系数，减小对流热阻，是提高传热系数、强化传热过程的有效方法。

第二节　常用换热设备

换热设备是进行各种热量交换的设备，通常称作热交换器或简称换热器。由于使用条件的不同，换热设备有多种形式与结构。根据换热目的不同，换热设备可分为加热器、冷却器、冷凝器、蒸发器和再沸器。根据冷、热流体热量交换原理和方式基本上可分为三大类，即混合式换热器（又称直接接触式换热器，冷热流体在器内直接接触传热）、间壁式换热器（冷热流体被换热器器壁隔开传热）和蓄热式换热器（热流体和冷流体交替进入同一换热器进行传热）。

制药工业生产中最常用的换热设备是间壁式换热器。间壁式换热器可分为夹套式换热器、沉浸式蛇管换热器、喷淋式换热器、套管式换热器、管壳式换热器（又称列管式换热器）。在传统的间壁式换热器中，除夹套式外，几乎都是管式换热器（包括蛇管、套管、管壳等）。管式换热器的共同缺点是结构不紧凑，单位换热器容积所提供的传热面积小，金属能耗量大。随着工业的发展，陆续出现了不少高效紧凑的换热器并逐渐趋于完善。这些换热器基本上可分为两类，一类是在管式换热器的基础上加以改进，而另一类则根本上摆脱圆管而采用各种换热表面，出现了各种板式换热器（螺旋板式换热器、板式换热器、板翅式换热器）、强化管式换热器、热管换热器和流化床换热器。以下将重点讨论几种典型间壁式换热设备。

一、管式换热器

管式换热器又称为列管式换热器，是最典型的间壁式换热器，它在工业上的应用有着悠久的历史。虽然同一些新型的换热器相比，它在传热效率、结构紧凑性及金属材料耗量方面有所不及，但其坚固的结构、耐高温高压性能、成熟的制造工艺、较强的适应性及选材范围广等优点，使其在工程应用中仍占据主导地位。

管壳式换热器主要由壳体、管束、管板和封头等部分组成，壳体多呈圆形，内部装有平行管束，管束两端固定于管板上。在管壳换热器内进行换热的两种流体，一种在管内流动，其行程称为管程；一种在管外流动，其行程称为壳程。管束的壁面即为传热面。为提高管外流体的给热系数，通常在壳体内安装一定数量的横向折流挡板。折流挡板不仅可防止流体短路、增加流体速度，还迫使流体按规定路径多次错流通过管束，使湍动程度大为增加（图 7-1）。常用的挡板有圆缺形和圆盘形两种，前者应用更为广泛。

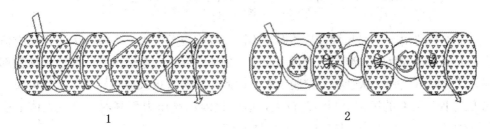

图 7-1　流体在壳内的折流

1. 圆缺形；2. 圆盘形

流体在管内每通过管束一次称为一个管程，每通过壳体一次称为一个壳程。为提高管内流体的速度，可在两端封头内设置适当隔板，将全部管子平均分隔成若干组。这样，流体可每次只通过部分管子而往返管束多次，称为多管程。同样，为提高管外流速，可在壳体内安装纵向挡板使流体多次通过壳体空间，称为多壳程。

在管壳式换热器内，由于管内外流体温度不同，壳体和管束的温度也不同。如两者温差很大，换热器内部将出现很大的热应力，可能使管子弯曲、断裂或从管板上松脱。因此，当管束和壳体温度差超过 50℃时，应采取适当的温差补偿措施，消除或减小热应力。根据所采取的温差补偿措施，换热器又可以进一步划分为固定管板式、浮头式、填料函式和 U 形管式。

（一）固定管板式换热器

当冷、热流体温差不大时，可采用固定管板即两端管板与壳体制成一体的结构形式，如图 7-2 所示，固定管板式换热器的封头与壳体用法兰连接，管束两端的管板与壳体采用焊接形式固定连接在一起。它具有壳体内所排列的管子多、结构简单、造价低等优点，但是壳程不易清洗，故要求走壳程的流体是干净、不易结垢的。

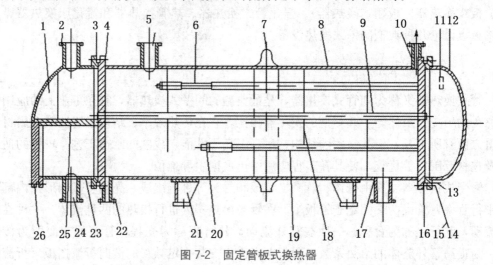

图 7-2　固定管板式换热器

1. 管箱；2. 接管法兰；3. 设备法兰；4. 管板；5. 壳程接管；6. 拉杆；7. 膨胀节；8. 壳体；9. 换热管；10. 排气管；11. 吊耳；12. 封头；13. 顶丝；14. 双头螺栓；15. 螺母；16. 垫片；17. 防冲板；18. 折流板或支撑板；19. 定距管；20. 拉杆螺母；21. 支座；22. 排液管；23. 管箱壳体；24. 管程接管；25. 分程隔板；26. 管箱盖

这种换热器由于壳程和管程流体温度不同而存在温差应力。温差越大，该应力值就越大，大到一定程度时，温差应力可引起管子的弯曲变形，会造成管子与管板连接部位泄漏，严重时可使管子从管板上拉脱出来。因此，固定管板式换热器常用于管束及壳体的温度差小于 50℃的场合。当温差较大，但壳程内流体压力不高时，可在壳体上设置温差补偿装置，例如，安装图 7-2 所示的膨胀节。

有时流体在管内流速过低，则可在封头内设置隔板，把管束分成几组，流体每次只流过部分管子，而在管束中多次往返，称为多管程。若在壳体内安装与管束平行的纵向挡板，使流体在壳程内多次往返，则称为多壳程。图 7-2 中所示即为单壳程、双管程固定管板式换热器。此外，为了提高管外流体与管壁间的传热系数，在壳体内可安装一定数量的与管束垂直的横向挡板，称为折流板，强制流体多次横向流过管束，从而增加湍流流动程度。

（二）浮头式换热器

浮头式换热器的结构如图7-3所示。它一端的管板与壳体固定，另一端管板可在壳体内移动，与壳体不相连的部分称为浮头。

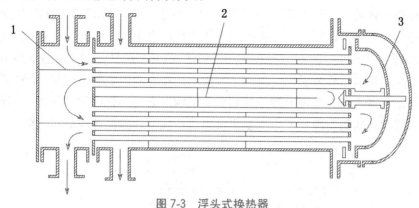

图7-3　浮头式换热器
1.管程隔板；2.壳程隔板；3.浮头

浮头式换热器中两端的管板有一段可以沿轴向自由浮动，管束可以拉出，便于清洗。管束的膨胀不受壳体的约束，因而当两种换热介质温差大时，不会因管束与壳体的热膨胀量不同而产生温差应力，可应用在管壁与壳壁金属温差大于50℃，或者冷、热流体温度差超过110℃的地方。浮头式换热器可适用于较高的温度、压力范围。浮头式换热器相对于固定管板式换热器，结构复杂，造价高。

我国生产的浮头式换热器有两种形式。管束采用$\Phi 19 \times 2$的管子，管中心距为25mm；管束采用$\Phi 25 \times 2.5$的管子，管中心距为32mm。管子可按正三角形或正方形排列。

（三）填料函式换热器

填料函式换热器的结构特点是浮头与壳体间被填料函密封的同时，允许管束自由伸长，如图7-4所示。该结构特别适用于介质腐蚀性较严重、温差较大且要经常更换管束的冷却器。因为它既有浮头式的优点，又克服了固定管板式的不足，与浮头式换热器相比，结构简单，制作方便，清洗检修容易，泄漏时能及时发现。

但填料函式换热器也有它自身的不足，主要是由于填料函密封性能相对较差，故在操作压力及温度较高的工况及大直径壳体（DN＞700mm）下很少使用。壳程内介质具有易挥发、易燃、易爆及剧毒性质时也不宜应用。

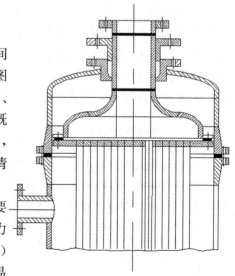

图7-4　填料函式换热器

（四）U形管式换热器

U型管式换热器的每根换热管都弯成U型，进出口分别安装在同一管板的两侧，封头以隔板分成两室。其结构特点如图7-5所示。这样，每根管子皆可自由伸缩，而与外壳无关。由于只有一块管板，管程至少有两程。管束与管程只有一端固定连接，管束可因冷热变化而自由伸缩，并不会造成温差应力。

这种结构的金属消耗量比浮头式换热器可少12%～20%，它能承受较高的温度和压力，管束可以抽出，管外壁清洗方便。其缺点是在壳程内要装折流板，制造困难；因弯管需要一定弯曲半径，管板上管子排列少，结构不紧凑，管内清洗困难。因此，一般用于通入管程的介质是干净的或不需要机械方法清洗的，如低压或高压气体。

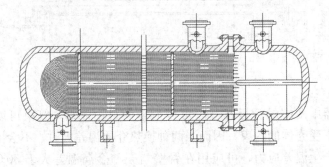

图7-5 U形管式换热器示意图

二、板式换热器

板式换热器是针对管式换热器单位体积的传热面积小、结构不紧凑、传热系数不高的不足之处而开发出来的一类换热器，它使传热操作大为改观。板式换热器表面可以紧密排列，因此各种板式换热器都具有结构紧凑、材料消耗低、传热系数大的特点。这类换热器一般不能承受高压和高温，但对于压强较低、温度不高或腐蚀性强而需用贵重材料的场合，各种板式换热器都显示出更大的优越性。板式换热器主要有螺旋板式换热器、平板式换热器、板翅式换热器和板壳式换热器等几种形式。

（一）螺旋板式换热器

螺旋板式换热器是由两张平行薄钢板卷制而成，在其内部形成一对同心的螺旋形通道。换热器中央设有隔板，将两螺旋形通道隔开。两板之间焊有定距柱以维持通道间距，在螺旋板两端焊有盖板。其结构如图7-6所示。冷热流体分别由两螺旋形通道流过，通过薄板进行传热。

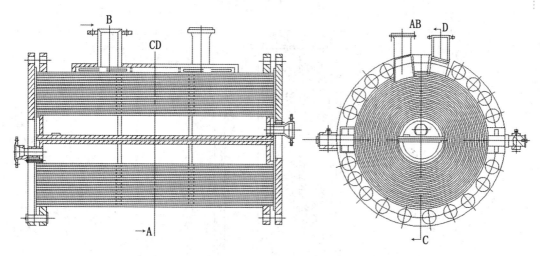

图 7-6 螺旋板式换热器

螺旋板式换热器的主要优点如下：①由于离心力的作用和定距柱的干扰，流体湍动程度高，故给热系数大。例如，水对水的传热系数可达到 $2000 \sim 3000 W/(m^2 \cdot ℃)$，而管壳式换热器一般为 $1000 \sim 2000 W/(m^2 \cdot ℃)$。②由于离心力的作用，流体中悬浮的固体颗粒被抛向螺旋形通道的外缘而被流体本身冲走，故螺旋板换热器不易堵塞，适于处理悬浮液体及高黏度介质。③冷热流体可作纯逆流流动，传热平均推动力大。④结构紧凑，单位容积的传热面为管壳式的 3 倍，可节约金属材料。例如直径和宽度都是 1.3m 的螺旋板式换热器，具有 $100m^2$ 的传热面积。

螺旋板换热器的主要缺点是：①操作压力和温度不能太高，一般压力不超过 2MPa，温度不超过 300℃ ～ 400℃。②因整个换热器被焊成一体，一旦损坏不易修复。

螺旋板换热器的给热系数可用下式计算

$$Nu = 0.04 Re^{0.78} Pr^{0.4} \tag{7-5}$$

上式对于定距柱直径为 10mm、间距为 100mm 按菱形排列的换热器适用，式中的当量直径为 $2b$，b 为螺旋板间距。

（二）板式换热器

板式换热器是高效紧凑的换热设备，是由许多金属薄板平行排列组成，板片厚度为 0.5～3mm，每块金属板经冲压制成各种形式的凹凸波纹面。人字形波纹板片如图 7-7 所示，此结构既增加刚度，又使流体分布均匀，加强湍动，提高传热系数。

组装时，两板之间的边缘夹装一定厚度的橡皮垫，压紧后可以达到密封的目的，并使两板间形成一定距离的通道。调整垫片的厚薄，就可以调节两板间流体通道的大小。每块板的四个角上，各开一个孔道，其中有两个孔道可以和板面上的流道相通；另外两个孔道则不和板面上的孔道相通。不同孔道的位置在相邻板上是错开的，如图 7-8 所示。冷热流体分别在同一块板的两侧流过，每块板面都是传热面。流体在板间狭窄曲折的通道中流动时，方向、速度改变频繁，其湍动程度大大增强，于是大幅度提高了总传热系数。

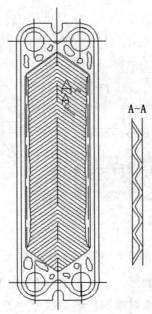

图 7-7　人字形波纹板片

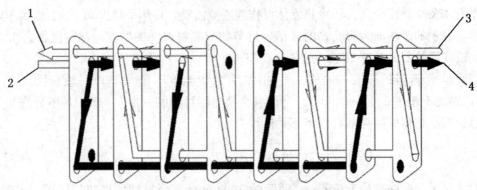

图 7-8　平板式换热器流体流向示意图
1. 热流体出口；2. 冷流体进口；3. 热流体进口；4. 冷流体出口

　　板式换热器的优点主要如下：①由于流体在板片间流动湍动程度高，而且板片厚度又薄，故传热系数 K 大。例如，在板式换热器内，水对水的传热系数可达 1500～4700W/(m² · ℃)。②板片间隙小（一般为 4～6mm），结构紧凑，单位容积所提供的传热面为 250～1000m²/m³；而管壳式换热器只有 40～150m²/m³。板式换热器的金属耗量可减少一半以上。③具有可拆结构，可根据需要调整板片数目以增减传热面积，故操作灵活性大，检修清洗也方便。

　　板式换热器的主要缺点是：允许的操作压强和温度比较低。通常操作压力不超过 2MPa，压强过高容易渗漏；操作温度受垫片材料的耐热性限制，一般不超过 250℃。

（三）板翅式换热器

　　板翅式换热器是一种更为高效紧凑的换热器，过去由于制造成本较高，仅用于宇航、电子、原子能等少数部门。现在已逐渐应用于化工和其他工业，取得良好效果。板翅式换热器的结构形式很多，但其最基本的结构元件是大致相同的。

如图 7-9 所示，在两块平行金属薄板之间，夹入波纹状或其他形状的翅片，将两侧面封死，即成为一个换热基本元件。将各基本元件适当排列（两元件之间的隔板是公用的），并用钎焊固定，制成逆流式或错流式板束。如图 7-9 所示的常用的逆流或错流板翅式换热器的板束。将板束放入适当的集流箱（外壳）就成为**板翅式换热器**。波纹翅片是最基本的元件，它的作用一方面承担并扩大了传热面积（占总传热面积的 67%～68%），另一方面促进了流体流动的湍动程度，对平隔板还起着支撑作用。这样，即使翅片和平隔板材料较薄（常用平隔板厚度为 1～2mm，翅片厚度为 0.2～0.4mm 的铝锰合金板），仍具有较高的强度，能耐较高的压力。此外，采用铝合金材料，热导率大，传热壁薄，热阻小，传热系数大。

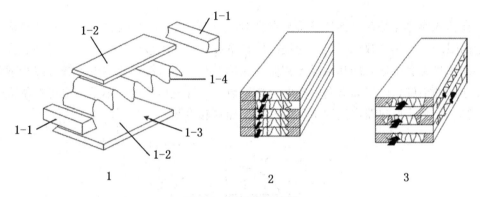

图 7-9　板翅式换热器

1. 单元分解示意图（1-1 侧条，1-2 平隔板，1-3 流体，1-4 翅片）；
2. 逆流板束示意图；3. 钳流板束示意图

板翅式换热器的结构高度紧凑，单位容积可提供的传热面高达 2500～4000m²/m³。所用翅片的形状可促进流体的湍动，故其传热系数也很高。因翅片对隔板有支撑作用，板翅式换热器允许操作压强也很高，可达 5MPa。主要缺点是流道小，容易产生堵塞并增大压降；一旦结垢，清洗很困难，因此只能处理清洁的物料；对焊接要求质量高，发生内漏很难修复；造价高昂。

（四）板壳式换热器

板壳式换热器与管壳式换热器的主要区别是以板束代替管束。板束的基本元件是将条状钢板滚压成一定形状然后焊接而成（图 7-10）。板束元件可以紧密排列、结构紧凑，单位容积提供的换热面为管壳式的 3.5 倍以上。为保证板束充满圆形壳体，板束元件的宽度应该与元件在壳体内所占弦长相当。与圆管相比，板束元件的当量直径较小，给热系数也较大。

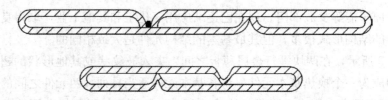

图 7-10　板壳式换热器的结构示意图

板壳式换热器不仅有各种板式换热器结构紧凑、传热系数高的特点，而且结构坚固，能承受很高的压强和温度，较好地解决了高效紧凑与耐温抗压的矛盾。目前，板壳式换热器最高操作压强可达 6.4MPa，最高温度可达 800℃。板壳式换热器的缺点是制造工艺复杂，焊接要求高。

三、夹套式换热器

夹套式换热器是在容器外壁安装夹套制成（图 7-11），结构简单；但其加热面受容器壁面限制，传热系数也不高。为提高传热系数，使釜内液体受热均匀，可在釜内安装搅拌器。当夹套中通入冷却水或无相变的加热剂时，亦可在夹套中设置螺旋隔板或其他增加湍动的措施，以提高夹套一侧的给热系数。为补充传热面的不足，也可在釜内部安装蛇管。夹套式换热器广泛用于反应过程的加热和冷却。

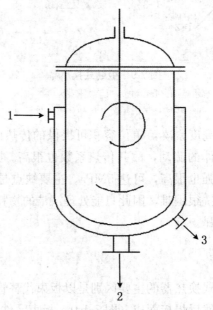

图 7-11　夹套式换热器
1. 蒸汽；2. 出料口；3. 冷凝水

四、沉浸式蛇管换热器

沉浸式蛇管换热器是将金属管弯绕成各种与容器相适应的形状（图 7-12），并沉浸在容器内的液体中。蛇管换热器的优点是结构简单，能承受高压，可用耐腐蚀材料制造。其缺点是容器内液体湍动程度低，管外给热系数小。为提高传热系数，容器内可安装搅拌器。

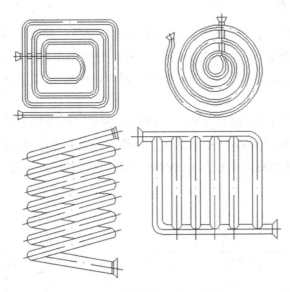

图 7-12　蛇管的形状示意图

五、喷淋式换热器

喷淋式换热器是将换热管成排固定在钢架上（图 7-13），热流体在管内流动，冷却

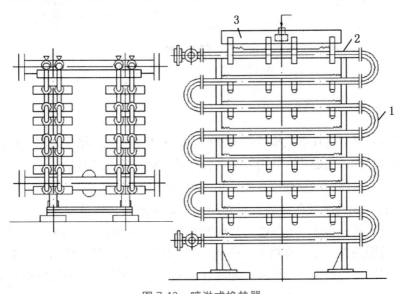

图 7-13　喷淋式换热器

1. 直管；2. U 型管；3. 水槽

水从上方喷淋装置均匀淋下，故也称喷淋式冷却器。喷淋式换热器的管外是一层湍动程度较高的液膜，管外给热系数较沉浸式增大很多。另外，这种换热器大多放置在空气流通之处，冷却水的蒸发亦带走一部分热量，可起到降低冷却水温度、增大传热动力的作用。因此，和沉浸式相比，喷淋式换热器的传热效果大有改善。

六、套管式换热器

套管式换热器是由直径不同的直管制成的同心套管，并由 U 形弯头连接而成（图 7-14）。在这种换热器中，一种流体走管内，另一种流体走环隙，两者皆可以得到较高的流速，故传热系数较大。另外，在套管换热器中，两种流体可为纯逆流，对数平均推动力较大。

套管换热器结构简单，能承受高压，应用亦方便（可根据需要增减管段数目）。特别是由于套管换热器同时具备传热系数大、传热推动力大及能够承受高压强的优点，在超高压生产过程（例如操作压力为 300MPa 的高压聚乙烯生产过程）中所用的换热器几乎全部都是套管式。

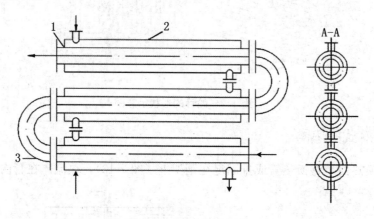

图 7-14 套管式换热器

1. 内管；2. 外管；3. U 型肘管

七、强化管式换热器

强化管式换热器是在管式换热器的基础上，采取某些强化措施，提高传热效果。强化的措施无非是管外加翅片，管内安装各种形式的内插物。这些措施不仅增大了传热面积，而且增加了流体的湍动程度，使传热过程得到强化。

1. 翅片管　翅片管是在普通金属管的外表面安装各种翅片制成。常用的翅片有横向与纵向两种形式。翅片与光管的连接应紧密无间，否则连接处的接触热阻很大，影响传热效果。常用的连接方法有热套、镶嵌、张力缠绕、钎焊及焊接等，其中焊接和钎焊最为密切，但加工费用较高。此外，翅片管也可采用整体轧制、整体铸造和机械加工的方法制造。翅片管仅在管的外表采取了强化措施，因而只对外侧给热系数很小的传热过程才具有显著的强化效果。用空冷代替水冷，不仅在缺水地区适用，而且在水源充足的地方，采用空冷也可取得较好的经济效果。

2. 螺旋槽纹管　对螺旋槽纹管的研究表明，流体在管内流动时受螺旋槽纹管的引导使靠近壁面的部分流体顺槽旋流，有利于减薄层流内层的厚度，增加扰动，强化传热。

3. **缩放管** 缩放管是由依次交替的收缩段和扩张段组成的波形管道。研究表明，由此形成的流道使流动流体径向扰动大大增加，在同样流动阻力下，此管具有比光管更好的传热性能。

4. **静态混合器** 静态混合器能大大强化管内对流给热，尤其是在管内热阻控制时，强化效果特别好。

5. **折流杆换热器** 折流杆换热器是一种以折流杆代替折流板的管壳式换热器。折流杆尺寸等于管子之间的间隙。杆子之间用圆环相连，四个圆环组成一组，能牢固地将管子支撑住，有效地防止管束振动。折流杆同时又起到强化传热、防止污垢沉积和减小流动阻力的作用。折流杆换热器在催化焚烧空气预热、催化重整进出料换热、烃类冷凝、胺重沸等方面都有作用。

八、热管换热器

热管是一种新型传热元件。最简单的热管是在一根抽除不凝性气体的金属管内充以定量的某种工作液体，然后封闭而成。当加热段受热时，工作液体遇热沸腾，产生的蒸汽流至冷却段遇冷后凝结放出潜热。冷凝液沿具有毛细结构的吸液芯在毛细管力的作用下回流至加热段再次沸腾。如此过程反复循环，热量则由加热段传至冷却段。

在传统的管式换热器中，热量是穿过管壁在管内、外表面间传递的。已经谈到，管外可采用翅片化的方法加以强化，而管内虽可安装内插物，但强化程度远不如管外。热管把传统的内、外表面间的传热巧妙地转化为两管外表面的传热，使冷热两侧皆可采用加装翅片的方法进行强化。因此，用热管制成的换热器，对冷、热两侧给热系数皆很小的气-气传热过程特别有效。近年来，热管换热器广泛地应用于回收锅炉排出的废热以预热燃烧所需之空气，取得很好的经济效果。

在热管内部，热量的传递是通过沸腾冷凝过程实现的。由于沸腾和冷凝给热系统都很大，蒸汽流动的阻力损失也很小，因此管壁温度相当均匀。由热管的传热量和相应的管壁温差折算而得的表观导热系数，是最优良金属导热体的 $10^2 \sim 10^3$ 倍。因此，热管对于某些等温性要求较高的场合尤为适用。

此外，热管还具有传热能力大，应用范围广，结构简单，工作可靠等一系列其他优点。

九、流化床换热器

流化床换热器，其外形与常规的立式管壳式换热器相似。管程内的流体由下往上流动，使众多的固体颗粒（切碎的金属丝如同数以百万计的刮片）保持稳定的流化状态，对换热器管壁起到冲刷、洗垢作用。同时，使流体在较低流速下也能保持湍流，大大强化了传热速率。固体颗粒在换热器上部与流体分离，并随着中央管返回至换热器下部的流体入口通道，形成循环。中央管下部设有伞形挡板，以防止颗粒向上运动。流化床换热器已在海水淡化蒸发器、塔器重沸器、润滑油脱蜡换热等场合取得实用成效。

第三节 列管式换热器的设计与选用

列管式换热器的设计和选用,首先涉及设计型计算的命题、计算方法及参数选择。设计型计算的命题方式包括设计任务、设计条件和设计目的。

例如,以某一热流体的冷却为例。设计任务:将一定流量的热流体自给定温度冷却至指定温度。设计条件:可供使用的冷却介质温度,冷流体的进口温度。设计目的:确定经济上合理的传热面积及换热器其他有关尺寸。

关于设计型问题的计算方法,其设计计算的大致步骤如下:

①首先由传热任务计算换热器的热流量(通常称为热负荷)

$$Q=q_{m_1} c_{p_1}（T_1-T_2） \tag{7-6}$$

②做出适当的选择并计算平均推动力 Δt_m。

③计算冷、热流体与管壁的对流给热系数及总传热系数 K。

④由传热基本方程 $Q=KA\Delta t_m$ 计算传热面。

一、设计和选用时应考虑的问题

关于设计型计算中参数的选择,由传热基本方程式可知,为确定所需的传热面积,必须知道平均推动力 Δt_m 和传热系数 K。为计算对数平均温差,设计者必须:①选择流体的流向,即决定采用逆流、并流还是其他复杂流动方式;②选择冷却介质的出口温度。

为求得传热系数 K,需计算两侧的给热系数 α,故设计者必须决定:①冷、热流体各走管内还是管外;②选择适当的污垢热阻。

同时,在设计型计算中,涉及一系列的选择。各种选择决定以后,所需的传热面积及管长等换热器其他尺寸是不难确定的。不同的选择有不同的设计结果,设计者必须做出适当的选择才能得到经济上合理、技术上可行的设计,或者通过多方案计算,从中选出最优方案。近年来,依靠计算机按规定的最优化程序进行自动寻优的方法得到广泛的应用。

选择的依据,通常考虑经济、技术两个方面,具体内容如下:

1. 流向的选择 为更好地说明问题,首先比较纯逆流和并流两种极限情况。当冷、热流体的进出口温度相同时,逆流操作的平均推动力大于并流,因而传递同样的热流量,所需的传热面积较小。此外,对于一定的热流体进口温度 T_1,采用并流时,冷流体的最高极限出口温度为热流体的出口温度 T_2。反之,如采用逆流,冷流体的最高极限出口温度可为热流体的进口温度 T_1。这样,如果换热的目的是单纯冷却,逆流操作时,冷却介质温升可选择得较大因而冷却介质用量可以较小;如果换热的目的是回收热量,逆流操作回收的热量温度(即温度 t_2)可以较高,因而利用价值较大。显然在一般情况下,逆流操作总是优于并流操作,应尽量采用。

但是，对于某些热敏性物料的加热过程，并流操作可避免出口温度过高而影响产品质量。另外，在某些高温换热器中，逆流操作因冷却流体的最高温度 t_2 和 T_1 集中在一端，会使该处的壁温特别高。为降低该处的壁温，可采用并流，以延长换热器的使用寿命。

2. 冷却介质出口温度的选择　冷却介质出口温度 t_2 越高，其用量可以越少，回收能量的价值也越高。同时，输送流体的动力消耗即操作费用也减少。但是，t_2 越高，传热过程的平均推动力 Δt_m 越小，传递同样的热流量所需的热面积 A 也越大，设备投资费用必须增加。因此，冷却介质的选择是一个经济上的权衡问题。目前，据一般的经验 Δt_m 不宜小于 10℃。如果所处理问题是冷流体加热，可按同样原则加热介质的出口温度 T_2。

此外，如果冷却介质是工业用水，给出温度 t_2 不宜过高。因为工业用水所含的许多盐类（主要是 $CaCO_3$、$MgCO_3$、$CaSO_4$、$MgSO_4$ 等）的溶解度随温度升高而减小，如出口温度过高，盐类析出，形成导热性能很差的垢层，会使传热过程恶化。为阻止垢层的形成，可在冷却用水中添加某些阻垢剂和其他水质稳定剂。即使如此，工业冷却水必须进行适当的预处理，除去水中所含的盐类。

3. 流速的选择　流速的选择一方面涉及传热系数即所需传热面的大小，另一方面又与流体通过换热面的阻力损失有关。因此，流速选择也是经济上的权衡问题。但不管怎样，可能的条件下，管内、外必须尽量避免层流状态。

4. 冷、热流体流动通道的选择　在管壳式换热器内，冷、热流体流动通道可根据以下原则进行选择：①不洁净和易结垢的液体宜在管程，因管内清洗方便；②腐蚀性流体宜在管程，以免管束和壳体同时受到腐蚀；③压强高的流体宜在管内，以免壳体承受压力；④饱和蒸汽宜走壳程，因饱和蒸汽比较清净，给热系数与流速无关而且冷凝液容易排出；⑤被冷却的流体宜走壳程，便于散热；⑥若两流体温差较大，对于刚性结构的换热器，宜将给热系数大的流体通入壳程，以减小热应力；⑦流量小而黏度大的流体一般以壳程为宜，因在壳程 $R_e > 100$ 即可达到湍流。但是不是绝对的，如流动阻力损失允许，将这种流体通入管内并采用多管程结构，反而能得到更高的给热系数。

5. 流动方式的选择　除逆流和并流之外，在管壳式换热器中冷、热流体还可作各种多管程多壳程的复杂流动。当流量一定时，管程或壳程越多，给热系数越大，对传热过程越有利。但是，采用多管程或多壳程必导致流体阻力损失即输送流体的动力费用增加。因此，在决定换热器的程数时，需权衡传热和流体输送两方面的得失。

6. 换热管的规格和排列的选择　换热管直径越小，换热器单位容积的传热面积越大。因此，对于洁净的流体管径可取的小些。但对于不洁净或易结垢的流体，管径应取的大些，以免堵塞。为了制造和维修方便，加热管的规格不宜过多。目前我国试行的系列标准规定采用 $\Phi 25 \times 2.5$ 和 $\Phi 19 \times 2$ 两种规格，对一般流体均适用。

管长的选择是以清洗方便和合理适用管材为准。我国生产的钢管长多为 6m、9m，故系列标准中管长有 1.5、2、3、4.5、6 和 9m 六种，其中以 3m 和 6m 更为普遍。

管子的排列方式有等边三角形和正方形两种（图 7-15A，图 7-15B）。与正方形相比，等边三角形排列比较紧凑，管外流体湍流程度高，给热系数大。正方形排列虽比较松散，给热效果也较差，但管外清洗方便，对易结垢流体更为适用。如将正方形排列的管束斜转 45°安装（图 7-15C），可在一定程度上提高给热系数。

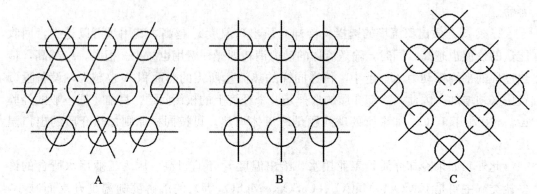

图 7-15 管子在管板上的排列
A. 正三角形排列；B. 正方形排列；C. 正方形错列

7. **折流挡板**   安装折流挡板的目的是提高管外给热系数，为取得良好效果，挡板的形状和间距必须适当。对圆缺形挡板而言，弓形缺口的大小对壳程流体的流动情况有重要影响。由图 7-16 可以看出，弓形缺口太大或太小都会产生"死区"，既不利于传热，又往往增加流体阻力。一般来说，弓形缺口的高度可取为壳体内径的 10%～40%，最常见的是 20%和 25%两种。

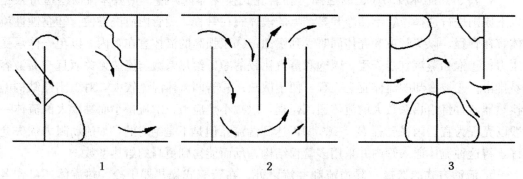

图 7-16 挡板切除对流动的影响
1. 切除过少；2. 切除恰当；3. 切除过多

挡板的间距对壳程的流动亦有重要影响。间距太大，不能保证流体垂直流过管束，使管外给热系数下降；间距太小，不便于制造和检修，阻力损失亦大。一般取挡板间距为壳体内径的 0.2～1.0 倍。我国系列标准中采用的挡板间距为：固定管板式有 100、150、200、250、300、350、450（或 480）、600mm 八种。

二、列管式换热器的传热系数

（1）管程传热系数 α_i 管内流动的传热系数可按 $R_e > 10000$ 圆形直管内强制湍流的传热系数的公式计算。

$$\alpha_i = 0.023 \frac{\lambda_1}{d_i} R_{ei}^{0.8} P_r^{0.3\sim0.4} \tag{7-7}$$

由此不难看出管程传热系数 α_i 正比于管程数 N_p 的 0.8 次方，即

$$\alpha_i \propto N_p^{0.8} \tag{7-8}$$

（2）壳程传热系数 α_0　壳程通常因设计有折流挡板，流体在壳程中横向穿过管束，流向不断变化，湍动增加，当 $R_e > 100$ 时即到达湍流状态。

管程传热系数的计算方法有多种，当使用 25％圆缺形挡板时，可用下式进行计算

$$\left.\begin{aligned}
N_u &= 0.36 R_e^{0.55} P_r^{1/3} \left(\frac{\mu}{\mu_w}\right)^{0.14} \qquad R_e > 2000 \\
N_u &= 0.5 R_e^{0.507} P_r^{1/3} \left(\frac{\mu}{\mu_w}\right)^{0.14} \qquad R_e = 10 \sim 2000
\end{aligned}\right\} \tag{7-9}$$

在式 7-9 中，定性温度取进出口主体平均温度，仅 μ_w 为壁温下的流体黏度。当量直径 d_e 视管子排列情况按下式决定（图 7-17）：

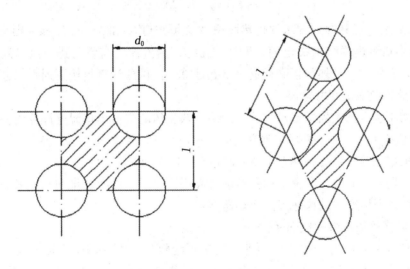

图 7-17　管子不同排列时的流通面积

d_0. 管径；l. 管距

对正方形排

$$d_e = \frac{4(l^2 - \frac{\pi}{4} d_0^2)}{\pi d_0} \tag{7-10}$$

对正三角形排列

$$d_e = \frac{4(\frac{\sqrt{3}}{2} l^2 - \frac{\pi}{4} d_0^2)}{\pi d_0} \tag{7-11}$$

式中：l 为相邻两管的中心距；d_0 为管外径。

式 7-9 中的流速 u_0 规定按最大流动截面积 A' 计算，

$$A' = BD(1 - \frac{d_0}{l}) \qquad (7-12)$$

式中：B——两块挡板间的距离；D——壳体直径。

由式 7-9 可知，当 $R_e > 2000$ 时，$\alpha_0 \propto \frac{u_0^{0.55}}{d_e^{0.45}}$。因此，减少挡板间距，提高流速或缩短中心距，减小当量直径皆可提高壳程传热系数。壳程传热系数与挡板间距 B 的 0.55 次方成反比，即

$$\alpha_0 \propto (\frac{1}{B})^{0.55} \qquad (7-13)$$

三、列管式换热器的选用和设计计算步骤

设有流量为 q_{m_1} 的热流体，需从温度 T_1 冷却至 T_2，可用的冷却介质温度 t_1，出口温度选定为 t_2。由此已知条件可算出换热器的热负荷 Q 和逆流平均推动力 $\Delta t_{m逆}$。根据传热基本方程式

$$Q = KA\Delta t_m = KA\psi\Delta t_{m逆} \qquad (7-14)$$

当 Q 和 $\Delta t_{m逆}$ 已知时，要求取传热面积 A 必须知道 K 和 ψ；而 K 和 ψ 则是由传热面积 A 的大小和换热器结构决定的。可见，在冷、热流体的流量及进、出口温度皆已知的条件下，选用或设计换热器必须通过试差计算。此试差计算可按下列步骤进行。

1. 初选换热器的尺寸规格

（1）初步选定换热器的流动方式，由冷、热流体的进、出口温度计算温差修正系数 ψ。ψ 的数值应大于 0.8，否则应改变流动方式，重新计算。

（2）根据经验，估计传热系数 $K_{估}$，计算传热面积 $A_{估}$。

（3）根据 $A_{估}$ 的值，参考系列标准选定换热管直径、长度及排列；如果是选用，可根据 $A_{估}$ 在系列标准中选择适当的换热器型号。

2. 计算管程的压降和给热系数

（1）参考表 7-1、表 7-2 选定流速，确定管程数目，由壳程阻力损失公式计算管程压降 ΔP_t。若管程允许压降 $\Delta P_允$ 已有规定，可以直接选定管程数目，计算 $\Delta P_允$。若 $\Delta P_t > \Delta P_允$ 必须调整管程数目重新计算。

（2）计算管内给热系数 α_i，如果 $\alpha_i < K_{估}$，则应改变管程数重新计算。若改变管程数不能同时满足 $\Delta P_t < \Delta P_允$、$\alpha_i > K_{估}$ 的要求，则应重新估计 $K_{估}$ 值，另选一换热器型号进行核算。

3. 计算壳程压降和给热系数

（1）参考表 7-1 的流速范围选定挡板间距，根据壳程阻力损失公式计算壳程压降 ΔP_s，若 $\Delta P_s > \Delta P_允$ 可增大挡板间距。

（2）计算壳程给热系数 α_0，如 α_0 太小可减少挡板间距。

表7-1 管壳式换热器的 K 值大致范围

热 流 体	冷 流 体	传热系数 K W/(m²·℃)
水	水	850～1700
轻油	水	340～910
重油	水	60～280
气体	水	17～280
水蒸气冷凝	水	1420～4250
水蒸气冷凝	气体	30～300
低沸点烃类蒸汽冷凝（常压）	水	455～1140
低沸点烃类蒸汽冷凝（减压）	水	60～170
水蒸气冷凝	水沸腾	2000～4250
水蒸气冷凝	轻油沸腾	455～1020
水蒸气冷凝	重油沸腾	140～425

表7-2 管壳式换热器内常用的流速范围

流 体 种 类	流速/(m/s)	
	管 程	壳 程
一般流体	0.5～3	0.2～1.5
易结垢液体	＞1	＞0.5
气体	5～30	3～15

表7-3 不同黏度液体在管壳式换热器中的流速（在钢管中）

液体黏度/mPa·s	最大流速/(m/s)	液体黏度/mPa·s	最大流速/(m/s)
＞1500	0.60	100～35	1.5
1000～500	0.75	35～1	1.8
500～100	1.10	＜1	2.4

4. 计算传热系数、校核传热面积　根据流体性质选择恰当的垢层热阻 R，由 R、α_i、α_0 计算传热系数 $K_{计}$，再由传热基本方程7-7计算所需传热面积 $A_{计}$。当次传热面积 $A_{计}$ 小于初选换热器实际所具有的传热面积 A，则原则上以上计算可行。考虑到所用传热计算式的准确程度及其他未可预料的因素，应使选用换热器传热面积留有15％～25％的裕度，使 $A/A_{计}=1.15～1.25$。否则需要重新估计一个 $K_{估}$，重复以上计算。

四、夹套式换热器的传热

制药工业上不少传热过程是间歇进行的，此时流体的温度随时间而变，属非定态过程。用饱和蒸汽加热搅拌釜内的液体（图 7-11），是最简单的非定态传热过程。

对此换热器，夹套内系蒸汽冷凝，因而各处温度相同，釜内液体充分搅拌各处温度均一，故在任何时刻传热面各点的热密度相同。但是，作为传热结果，釜内液体温度随时间不断上升，热流密度随时间不断减小。

对非定态传热问题通常关心的是一段时间内所传递的积累总热量 Q_T。设上述夹套换热器的传热面积为 A，则根据热流密度的定义可写出

$$q=\frac{\mathrm{d}Q_T}{A\mathrm{d}\tau} \tag{7-15}$$

将此式积分，可求出在任何时刻的积累传热量 τ，为

$$Q_T=A\int_0^2 q\mathrm{d}\tau \tag{7-16}$$

显然，为计算积累总热量 Q_T，只知道热流密度 q 的计算是不够的，尚需知道热流密度 q 随时间的变化规律。

解决间歇操作的夹套换热器的基本方程是传热速率方程式与热量衡算方程式。夹套内通入温度为 T 的饱和蒸汽加热，釜内液体因充分混合，温度 t 保持均一。因此，任何时刻的热流密度 q 与加热位置无关，可表示为

$$q=K（T-t) \tag{7-17}$$

式中传热系数 K 可由下式计算，即

$$K=\frac{1}{\dfrac{1}{\alpha_1}+\dfrac{\delta}{\lambda}+\dfrac{1}{\alpha_2}} \tag{7-18}$$

式 7-18 适用于流体与加热壁面的温度随时间的变化率不大的情况。因为各传热环节的热量积累可以忽略，使用时不会产生明显误差。

在 $\mathrm{d}\tau$ 时段内热量衡算，并忽略热损失与壁面的温升，可得

$$mc_p\mathrm{d}t=K（T-t) A\mathrm{d}\tau \tag{7-19}$$

式中，m——釜内液体的质量，kg；

$\quad\quad c_p$——釜内液体的比热容，J/(kg·℃)；

$\quad\quad A$——传热面积，m^2。

将上式积分，可得加热时间 τ 与相应液体温度 t_2 的关系为

$$\tau=\frac{mc_p}{KA}\ln\frac{T-t_1}{T-t_2} \tag{7-20}$$

式中 t_1 为釜内液体的初始温度。

由式 7-19 可以推出在一定加热时间内的累积传热量

$$Q_T=mc_p（t_2-t_1) =KA\Delta t_m\tau \tag{7-21}$$

式中，Δt_m 为加热始、末两时刻的对数平均温差，即

$$\Delta t_m=\frac{(T-t_1) - (T-t_2)}{\ln\dfrac{T-t_1}{T-t_2}} \tag{7-22}$$

第八章 制药用水生产设备

水是由氢、氧两种元素组成的无机化合物，在常温常压下为无色无味的透明液体，是人类生命的源泉。水，包括天然水（河流、湖泊、大气水、海水、地下水等）、人工制水（通过化学反应使氢氧原子结合得到的水）。水是地球上最常见的物质之一，是一切有机化合物和生命物质的基础，是人类赖以生存的宝贵资源，也是生物体最重要的组成部分。

水也是药品生产不可缺少的重要原辅材料。水是药物生产中用量大、使用广的一种辅料，用于生产过程及药物制剂的制备。制药工业中所用的水，特别是用来制造药物产品的水的质量，直接影响药物产品的质量，因此它必须同药品生产的其他原辅材料一样，达到药典规定的质量指标。制药用水的原水通常为饮用水。制药用水的制备从系统设计、材质选择、制备过程、贮存、分配和使用均应符合药品生产质量管理规范的要求。

饮用水为天然水经净化处理所得的水，其质量必须符合现行中华人民共和国国家标准《生活饮用水卫生标准》。饮用水可作为药材净制时的漂洗、制药用具的粗洗用水，除另有规定外，也可作为饮片的提取溶剂。纯化水为饮用水经蒸馏法、离子交换法、反渗透法或其他适宜的方法制备的制药用水，不含任何附加剂，其质量应符合纯化水项下的规定。注射用水为纯化水经蒸馏所得的水，应符合细菌内毒素试验要求。注射用水必须在防止细菌内毒素产生的设计条件下生产、贮藏与分装，其质量应符合注射用水项下的规定。灭菌注射用水为注射用水按照注射剂生产工艺制备所得，不含任何添加剂，主要用于注射用灭菌粉末的溶剂或注射剂的稀释剂，其质量应符合灭菌注射用水项下的规定。

第一节 水的纯化及设备

纯化水可作为配制普通药物制剂用的溶剂或试验用水；可作为中药注射剂、滴眼剂等灭菌制剂所用饮片的提取溶剂；口服、外用制剂配制用溶剂或稀释剂；非灭菌制剂用器具的精洗用水；也用作非灭菌制剂所用饮片的提取溶剂。纯化水不得用于注射剂的配制与稀释。纯化水有多种制备方法，制备过程中，应严格监测各生产环节，防止微生物污染，确保使用点的水质。

一、水的纯化

为适应制药工业的要求，不同来源的饮用水需要经逐级提纯水质，以达到药典规定的纯化水标准，通常采用的纯化技术包括前处理技术、脱盐技术、后处理技术等。

（一）前处理技术

城市的自来水作为原水虽然已经达到饮用水标准，但仍残留少量的悬浮颗粒，有机物和残余氯、钙、镁等离子，为了把这些杂质除去需要对原水进行前处理以去除原水中的悬浮物、胶体、微生物，降低原水中过高的浊度和硬度。前处理技术通常包括多介质过滤、活性炭过滤、软化处理、精密过滤和保安过滤等步骤。

多介质过滤：主要是滤出水中的悬浮性物质。多介质过滤器使用前要进行反洗和正洗，运行时多介质过滤器内必须完全充满水。每运行 2 天，需反洗 1~2 次（先反洗后正洗，正洗完毕后再运行）。

活性炭过滤器：主要是滤出水中的有机物、胶体物质和除氯。活性炭过滤器用前要进行反洗和正洗，运行时活性炭过滤器内必须完全充满水。每运行 2 天，需反洗、正洗 1~2 次（先反洗后正洗）。因复合膜不耐余氯，炭过滤器是为除余氯而设，因此，绝不能使未经过炭过滤器的水进入反渗透膜，否则膜的损坏无法恢复。

软化处理：是去除原水中易于沉积在反渗透膜上的钙、镁离子等。软化法是利用离子交换树脂与水中的钙镁离子进行交换，将水中的钙镁离子去除。软化器能自动完成反洗、再洗、冲洗、运行工作。

精密过滤：是采用 3~5μm 的精密滤芯，滤出 5μm 以上的粒子。精密过滤器的滤芯一般 90 天或每个过滤器的压力下降大于 0.1MPa 时更换或清洗一次。

保安过滤：是原水过滤的最后一道屏障，保安过滤器是保障处理系统安全的过滤器，又称滤芯过滤器。一般情况下保安过滤器放置在石英砂、活性炭、树脂等之后，是去除大颗粒杂质的最后保障，以防止反渗透膜被损坏。从广义上讲，精密过滤器也属于保安过滤器。保安过滤器的滤芯一般 90 天或每个过滤器的压力下降大于 0.1MPa 时更换或清洗一次。滤芯的清洗方法为 3%~5% NaOH 泡 12 小时以上，冲洗干净，再用 3%~5% 盐酸泡 12 小时以上，冲洗干净，晾干待用。

然而根据水质情况的特点，所选择的处理技术与设备也要有相应的调整变化，通常可以按下述情况具体应对。

①水源中悬浮物含量较高，需设置砂滤（多介质过滤器），选用多介质过滤器和软化器，则要求有反洗或再生功能，食盐的装卸方便，盐水配制、贮存、输送须防腐。

②水源中硬度高，需增加软化工序。

③水源中有机物含量较高，需增加凝聚；活性炭吸附，选用活性炭过滤器；要求设有机物存放地，并有反洗、消毒功能。

④水源中氯离子较高，为防止对后工序离子交换、反渗透的影响，需加氧化-还原处理（通常加 $NaHSO_3$）装置。

⑤水源中 CO_2 含量高时，需采用脱气装置。

⑥水源中细菌较多，需采用加氯或臭氧，或紫外灭菌以达到灭菌的效果。

（二）脱盐技术

根据原水中含有各类盐的数量，通常采用电渗析、离子交换、反渗透技术除盐，或三者的不同组合。

离子交换系统使用带电荷的树脂，利用树脂离子交换的性能，去除水中的金属离子。离子交换系统须用酸和碱定期再生处理。一般阳离子树脂用盐酸或硫酸再生，即用氢离子置换被捕获的阳离子；阴离子树脂用氢氧化钠再生，即用氢氧根离子置换被捕获的阴离子。由于这种再生剂都具有杀菌效果，因而同时也可控制离子交换系统中的微生物。离子交换系统既可设计成阴床、阳床分开，也可以设计成混合床形式。

电渗析（electric dialysis，ED）使用的工艺同电去离子技术（electrode ionization，EDI）相似，它利用静电及选择性渗透膜分离浓缩，并将金属离子从水流中冲洗出去。由于它不含有提高离子去除能力的树脂，该系统效率低于 EDI 系统，而且电渗析系统要求定期交换阴阳两极和冲洗，以保证系统的处理能力。因此，电渗析系统多使用在纯化水系统的前处理工序上，作为提高纯化水水质的辅助措施。

反渗透法制备纯化水的技术是 20 世纪 60 年代以来，随着膜工艺技术的进步发展起来的一种膜分离技术，已经越来越广泛地使用在水处理过程中。反渗透膜对于水来说，具有好的透过性。反渗透法的工艺操作简单，除盐效率高，同时还能去除大部分微生物、热原、胶体等，而且也比较经济。

（三）后处理技术

原水经过前处理和脱盐，纯度基本达标，但仍然会有少量细菌存在，通常采用紫外杀菌、臭氧杀菌、微孔过滤等方法最终除去细菌。尽管整个纯化水系统通过以上的各个流程处理，使水质达到了供水水质的要求，但为了防止管道中的滞留水及容器管道内壁滋生细菌而影响供水质量，在反渗透处理单元进出口的供水管道末端均应设置大功率的紫外线杀菌器，以保护反渗透处理单元免受水系统可能产生的微生物污染，杜绝或延缓管道系统内微生物的滋生。紫外线杀菌的原理较为复杂，一般认为它与对生物体内代谢、遗传、变异等现象起着决定性作用的核酸相关。在紫外光作用下，核酸的功能团发生变化，出现紫外损伤，当核酸吸收的能量达到细菌致死量而紫外光的照射又能保持一定时间时，细菌便大量死亡。紫外线杀菌装置由外壳、低压汞灯、石英套管及电气设施等组成。外壳由铝镁合金或不锈钢等材料制成，以不锈钢制品为好。其壳筒内壁有很高的光洁度要求，对紫外线的反射率要达 85% 左右。

在水处理系统中，水箱、交换柱以及各种过滤器、膜和管道，均会不断地滋生和繁殖细菌。消毒杀菌的方法虽然都提供了除去细菌和微生物的能力，但这些方法中没有哪一种能够在多级水处理系统中除去全部细菌及水溶性的有机污染。目前在高纯水系统中能连续去除细菌和病毒的最好方法是用臭氧消毒。

二、纯化水设备

纯化水设备是用于满足各行业需求制取纯化水的设备，多用于医药、生物化学、化工、医院等行业，整个系统都由 SUS304L 或 SUS316L 全不锈钢材质组合而成，而且在用水点之前都必须装备紫外线及臭氧杀菌装置（部分国家不允许使用臭氧，故而系统采用巴氏消毒）。纯化水设备核心技术采用反渗透、EDI 等最新工艺，比较有针对性地设计出成套高纯水处理工艺，以满足药厂、医院的纯化水制取及大输液制取的用水要求。

（一）离子交换制水设备

离子交换树脂是指具有离子交换基团的高分子化合物。它具有一般聚合物所没有的新功能——离子交换功能，本质上属于反应性聚合物。

离子交换树脂是最早出现的功能高分子材料，其历史可追溯到 20 世纪 30 年代。1935 年英国科学家 Adams 和 Holmes 发表了关于酚醛树脂和苯胺甲醛树脂的离子交换性能的工作报告，开创了离子交换树脂领域，同时也开创了功能高分子领域。离子交换树脂可以使水不经过蒸馏而脱盐，既简便又节约能源。

离子交换树脂是由交联结构的高分子骨架与能离解的基团所构成的不溶性、多孔的、固体高分子电解质。它能在液相中与带相同电荷的离子进行交换反应，此交换反应是可逆的，即可用适当的电解质冲洗，使树脂恢复原有状态，可供再次利用（再生）。

离子交换法除盐一般用于电渗析或反渗透等除盐设备之后，将盐类去除至纯化水要求，出水电阻率可控制在 $1\sim18M\Omega\cdot cm$ 之间。

1. **基本原理** 离子交换法是利用阴阳离子交换树脂中含有的氢氧根离子和氢离子与原水中的电解质离解出的阴阳离子进行交换，原水中的离子被吸附在树脂上，而从树脂上交换下来的氢离子和氢氧根离子则结合成水，从而达到去除水中盐的目的。如图 8-1 所示。

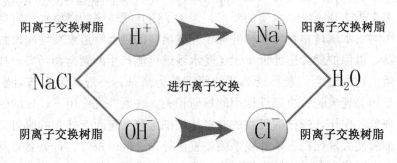

图 8-1　离子交换示意图

具体步骤是：溶液内离子扩散至树脂表面-由表面扩散到树脂内部-离子交换-被交换的离子从树脂内部扩散至表面-被交换的离子再扩散至溶液中。

2. **离子交换器** 离子交换设备分为有机玻璃柱和钢衬胶柱体两种，一般以阳柱、阴柱（填 2/3 柱高）、混合柱（填 3/5 柱高；阴阳树脂比例为 2∶1）顺序配置，一般装填的树脂为聚胶型苯乙烯，系强酸、强碱树脂，型号为 0017 和 2017。

有机玻璃柱：产水量 5m³/h 以下，高径比 5～10。

钢衬胶圆筒：产水量 5m³/h 以下，高径比 2～5。

离子交换器结构包括进水口、排气阀、上排污口、上布水板、树脂装入口、树脂排出口、下布水板、下排污口、出水阀、出水口、淋洗排水阀，如图 8-2 所示。

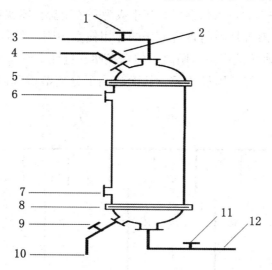

图 8-2　离子交换柱结构示意图

1. 排气阀；2. 进水阀；3. 进水口；4. 上排污口；5. 上布水板；6. 树脂装入口；
7. 树脂排出口；8. 下布水板；9. 冲洗排水阀；10. 下排污口；11. 出水阀；12. 下出水口

3. 离子交换法的主要特点　①设备简单，节约能源与冷却水，成本低；②所得水化学纯度较高，对热源和细菌也有一定的清除作用；③对新树脂需要进行预处理，老化后的树脂需要再生处理，消耗大量的酸碱。

4. 运行操作　离子交换一般以阳柱-阴柱-混合柱的顺序配置，一般操作步骤是打开全部排气阀，依次进行如下操作：开阳床进水阀并调节其流量，阳床排气阀出水-开阳床出水阀，开阴床出水阀-关阳床排气阀，阴床排气阀出水-开阴床出水阀，开混合床进水阀-关阴床排气阀，混合床排气阀出水-开混合床下排阀-检查水质合格后-开混合床出水阀，送出合格水，再关下排阀。

（二）电渗析技术

电渗析技术是 20 世纪 50 年代发展起来的一种膜分离技术。膜分离法实际上是一般过滤法的发展和延续。一般过滤法不是分子级水平的，它是利用相的不同将固体从液体或气体中分离出来；而膜分离是分子级水平的分离方法，该法关键在于过程中使用的过滤介质是膜。电渗析是在电位差推动力的作用下，溶液中的带电离子选择性地透过离子交换（选择透过）膜（荷电膜）的过程，是从水溶液中分离离子的一种分离技术。

1. 主要结构　电渗析器主要由隔板、离子交换膜、电极等部件组成。由 1 张阳膜、1 张淡水隔板，1 张阴膜、1 张浓水隔板按一定顺序组成的电渗析器膜堆的最小脱盐单元称为一个膜对；若干个膜对构成膜堆；电渗析器中一对电极之间所包含的膜堆称为一级，一台电渗析器的电极对数就是这台电渗析器的级数。电渗析器中淡水水流方向相同的膜堆称为一段，可按级段组装成各种方式，增加级数可降低电渗析的总电压，增加段数可以增加脱盐流程长度，提高脱盐率，一般每段内的膜对数为 150～200 对。用锁紧装置将电渗析器各部件锁紧成一个整体就是一台电渗析器，每台电渗析器的总膜对数不超过 400～500 对。将多台电渗析器串联起来成为一个脱盐整体就是一个系列。

2. 工作原理　电渗析是利用直流电场的作用使水中阴、阳离子定向迁移，并利用阴、阳离子交换膜对水溶液中阴、阳离子的选择性透过性，使原水在通过电渗析器时，一部分水被淡化，另一部分则被浓缩，从而达到了分离溶质和溶剂的目的。如图 8-3 所示。

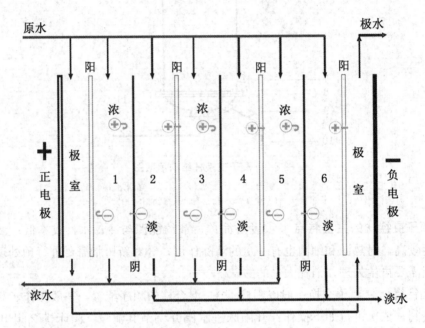

图 8-3　电渗析分离原理图

3. 工作工程　离子交换膜对电解质离子具有选择透过性，阳离子交换膜（简称阳膜）只能通过阳离子，同样阴离子交换膜（简称阴膜）只能通过阴离子，在外加直流电场作用下，水中离子作定向迁移以达到淡化和浓缩的目的。图 8-3 所示，在两极间，由阴阳离子交换膜和隔板多组交替排列，构成浓室（1、3、5）和淡室（2、4、6）。在直流电场作用下，2、4、6 室中水中阳离子向负极方向迁移，通过阳膜进入 3、5 和极室；阴离子向正极方向迁移，通过阴膜进入 1、3、5 室，这样 2、4、6 室出来的水就减少了阴阳离子数而成为淡水。1、3、5 室水中的阳离子向负极方向迁移时遇到阴膜受阻，阴离子向正电极方向迁移时遇到阳膜受阻，这样本室的离子迁移不出，而邻室阴、阳离子源源不断涌入，故称为浓缩水（浓水）。在正负两个电机端的仓室里阴离子和阳离子的浓度增加且不为电中性，故称为极水。

4. 特点　除盐率比较任意；消耗电量低；不消耗酸碱，对环境无污染；装置设计灵活、使用寿命长、操作维修方便；但制得的水比电阻较低，一般在 5 万～10 万Ω·cm。

5. **电渗析器操作注意事项** ①先通水后通电，先停电后停水；②要缓缓开启、关闭阀门，保证膜两端受压均匀，防止膜变形；③淡水压可略高于极水压；④化学清洗（酸洗、碱洗）绝对不能开整流器；⑤电渗析通电后，膜上有电，不可触摸膜堆，以防触电；⑥进电渗析器水的压力不得大于 0.3MPa。

（三）电去离子技术

电去离子技术（electrode ionization，EDI），实际上是在电渗析器的淡水室中填入混床树脂，其结构如图 8-4 所示。

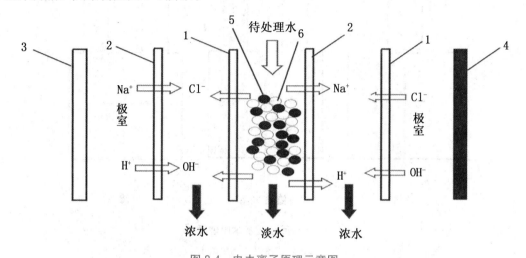

图 8-4　电去离子原理示意图

1. 阴离子交换膜；2. 阳离子交换膜；3. 正电极；4. 负电极；
5. 阴离子交换树脂；6. 阳离子交换树脂

1. **工作原理** EDI 装置将离子交换树脂充夹在阴、阳离子交换膜之间形成 EDI 单元。EDI 单元中间充填了离子交换树脂的间隔为淡水室。EDI 单元中阴离子交换膜只允许阴离子透过，不允许阳离子透过；而阳离子交换膜只允许阳离子透过，不允许阴离子透过。

在 EDI 中，既有离子交换的工作过程，又有电渗析的工作过程，还有树脂的再生过程，这三个过程同时发生，使得 EDI 能够连续、稳定地实现水的深度脱盐，提供高纯水或者超纯水。目前 EDI 技术适合于低含盐量水溶液的深度脱盐，通常是作为反渗透的后级处理工艺，提供产水电阻率在 5～16MΩ·cm 的高纯水及超纯水。

2. **EDI 技术制水特点** ①纯度高，出水水质电阻率高且稳定；②连续运行及自动再生，可 24 小时不断供水；③无须酸碱处理，更无酸碱废水处理问题；④运行成本低，操作简单及维护方便；⑤占地空间小，模块式组合可扩充。

（四）反渗透制水设备

反渗透又称逆渗透（reverse osmosis，RO），是一种以压力差为推动力，从溶液中分离出溶剂的膜分离操作。因为它和自然渗透的方向相反，故称反渗透。根据各种物料的不同渗透压，就可以使用大于渗透压的反渗透压力，即反渗透法，达到分离、提取、纯化和浓缩的目的。

1. 工作原理　对膜一侧的料液施加压力，当压力超过它的渗透压时，溶剂会逆着自然渗透的方向作反向渗透。从而在膜的低压侧得到透过的溶剂，即渗透液；高压侧得到浓缩的溶液，即浓缩液。用反渗透法制备纯化水常用的膜有醋酸纤维膜和聚酰胺膜。

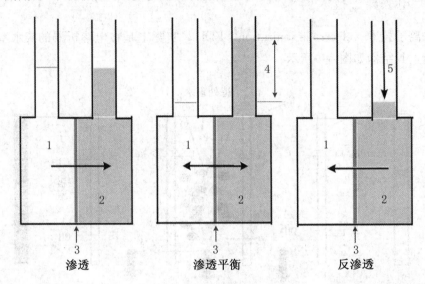

渗透　　　　　　　渗透平衡　　　　　　　反渗透

图 8-5　反渗透基本原理图

1. 纯水；2. 盐溶液；3. 半透膜；4. 渗透压；5. 外加压力

2. 反渗透装置　反渗透装置主要有板框式、管式（管束式）、螺旋卷式及中空纤维式四种类型。对装置的共同要求是：①对膜能提供合适的机械支撑；②能将高压盐水和纯水良好地分隔开；③在最小消耗能量的情况下，维持高压盐水在膜面上均匀分布和良好的流动状态以减少浓度差极化；④单位体积中膜的有效面积要大；⑤便于膜的装拆，装置牢固，安全可靠，价格低廉，制造维修方便。

3. 反渗透装置操作　通常反渗透操作包括运行操作、关机操作、系统清洗、停机操作等项内容。

（1）运行操作　当反渗透运行时，打开电源开关，启动运行按钮，反渗透可按编程控制，发出工作指令，高压泵自动开启，相应的工作阀门打开运行，机上的仪表开始进入工作状态；检查各工作点是否有异常情况（故障指示灯正常时均不亮），如无异常反渗透即投入正常运行。

（2）关机操作　分为正常关机和非正常关机两种。①系统正常关机：停机前首先缓慢开大浓水阀，随后用反渗透水低压（0.3～0.5MPa）冲洗膜元件 5 分钟左右，至浓水电导率达到进水电导率后，关闭高压泵电源及所有运行阀门，保证设备必须注满水，设备进入关机状态。②系统非正常关机：若遇到紧急特殊情况，如突然停电/停水或无法估计的事件发生，则首先关高压泵，依次关纯水泵-药泵-原水泵，随后关电源，然后关闭所有阀门和水源。

（3）**系统清洗**　当产水量比初始降低10％～20％或脱盐率下降10％时，需对系统进行清洗。常用清洗液为柠檬酸，用反渗透水配制，柠檬酸约2％浓度，用分析纯氨调节 pH 值至3.0。

（4）**停机操作**　当工作结束后，按开机操作反向关机；取下运行标志牌，按照相应清洁标准操作规程进行清洁检查，合格后，挂上"清洁合格"状态标志牌。

（五）纯化水系统

工业生产中制备纯化水，要根据实际情况选择不同的工艺流程，才能彻底地除尽原水中的杂质，使引出的纯水符合制药用水的质量标准。通常采用由几种纯水制备设备联合起来的系统来完成对原水的处理。

1. **二级反渗透纯化水系统**　原水→多介质过滤器→活性炭过滤器→软化器→精密过滤器→保安过滤器→一级反渗透→二级反渗透→紫外线杀菌器→纯化水。

2. **二级反渗透＋离子交换纯化水系统**　原水→多介质过滤器→活性炭过滤器→软化器→精密过滤器→保安过滤器→一级反渗透→二级反渗透→阳床→阴床→混合床→紫外线杀菌器→纯化水。

3. **二级反渗透＋电去离子技术系统**　原水→多介质过滤器→活性炭过滤器→软化器→精密过滤器→保安过滤器→一级反渗透→二级反渗透→电去离子技术系统（EDI）→紫外线杀菌器→纯化水。如图8-6，图8-7所示。

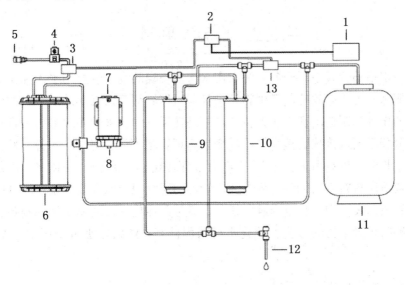

图8-6　EDI制水系统组成简图

1. 显示屏；2. 电导率分析（LED）；3. 电导率检测仪；4. 水压调节器；5. 进水口；
6. 预处理柱；7. 泵；8. 电磁阀；9. 反渗柱-1；10. 反渗柱-2；11. 压力水箱；
12. 排水管；13. 电导率检测仪

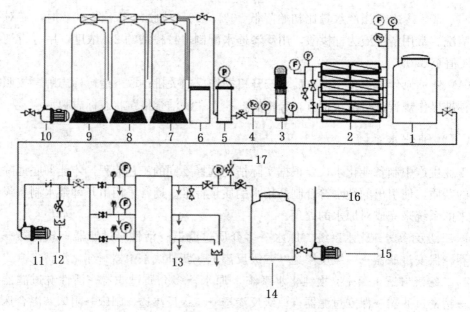

图 8-7　反渗透＋EDI 流程示意图

1. RO 水箱；2. 反渗透主机；3. 高压泵；4. 压力表；5. 保安过滤器；
6. 盐箱；7. 软化器；8. 碳柱；9. 砂柱；10. 原水泵；11. 增压泵；
12. 排放口；13. 排放口；14. 高纯水箱；15. 输送泵；
16. 去用水点；17. 回 RO 贮水箱

第二节　制备注射用水设备

注射用水指符合《中国药典》注射用水项下规定的水。注射用水为纯化水经蒸馏所得的制药用水。为了有效控制微生物污染且同时控制细菌内毒素的水平，纯化水、注射用水系统的设计和制造出现了两大特点：一是在系统中越来越多地采用消毒/灭菌设施；二是管路分配系统从传统的送水管路演变为循环管路。注射用水的制备、贮存和分配应能防止微生物的滋生和污染。《药品生产质量管理规范》规定，"纯化水、注射用水储罐和输送管道所用材料应当无毒、耐腐蚀；储罐的通气口应当安装不脱落纤维的疏水性除菌滤器；管道的设计和安装应当避免死角、盲管。纯化水、注射用水的制备、贮存和分配应当能够防止微生物的滋生。纯化水可采用循环，注射用水可采用 70℃ 以上保温循环"。

一、注射用水的工艺流程

注射用水应符合细菌内毒素试验要求，我国 2010 版《药品生产质量管理规范》"附录一"第五十条明确指出，"必要时，应当定期监测制药用水的细菌内毒素，保存监测结果及所采取纠偏措施的相关记录"。所以注射用水必须在防止产生细菌内毒素的设计条件下生产、贮藏及分装。为了提高注射用水的质量，普遍采用综合法制备注射用水。组合工艺流程有多种，现介绍如下几种流程：）

（1）离子交换树脂法　自来水→多介质过滤器→阳离子树脂床→阴离子树脂床→混合树脂床→膜滤→多效蒸馏水器或气压蒸馏水机→热贮水器→注射用水。

（2）电渗析→离子交换树脂法　自来水→砂滤器→活性炭过滤器→细过滤器（膜滤）→电渗析装置→阳离子树脂床→脱气塔→阴离子树脂床→混合树脂床→多效蒸馏水机或气压蒸馏水机→热贮水器→注射用水。

（3）反渗透-离子交换树脂法　自来水→多介质过滤器→活性炭过滤器→软化器→精密过滤→保安过滤器→一级反渗透→二级反渗透→紫外线杀菌器→多效蒸馏水机或气压式蒸馏水机→热贮水器→注射用水。

二、常用蒸馏水器

蒸馏水器是用电加热自来水制取纯水，利用液体遇热汽化遇冷液化的原理制备蒸馏水。化验室等部门使用的蒸馏水器一般都是采用优质的不锈钢材料，经过特殊处理后加工而成。这样不仅充分保证了蒸馏水的质量，而且也大大提高了设备的使用寿命。常用的蒸馏水器主要包括电热式单蒸馏水器、气压式蒸馏水器、塔式多效蒸馏水器、列管式多效蒸馏水器等。

（一）电热式单蒸馏水器

电热式单蒸馏水器结构组成为蒸发锅、隔沫装置、废气排出器和冷凝器等（图 8-8）。其工作原理是：原水→冷凝器（预热并将蒸汽冷却）→蒸发锅（加热沸腾）→除沫器（除去蒸汽携带的泡沫、雾滴）→冷凝器（与原水热交换形成蒸馏水）→出水（蒸馏水）。单蒸馏水器的作用是可除去不挥发性有机、无机杂质，如悬浮体、胶体、细菌、病毒及热源等。其工作特点是一次蒸馏，出水只能作为纯化水使用；产量小，电加热，适于无汽源的场合。

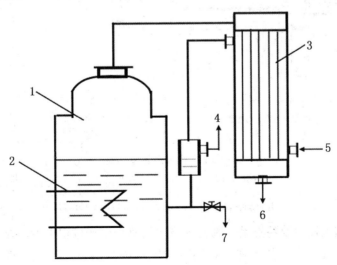

8-8　电热式蒸馏水器

1. 蒸发器；2. 电热器；3. 冷凝器；4. 废气排放；5. 冷却水；6. 蒸馏水；7. 废水排放

（二）气压式蒸馏水器

气压式蒸馏水器又称为热压式蒸馏水器，如图 8-9 所示，其结构主要由自动进水器、蒸馏水换热器、不凝气换热器、蒸发冷凝器、蒸汽压缩及循环罐、泵等。它的工作原理是将进料水加热，使其沸腾气化，产生二次蒸汽；把二次蒸汽压缩，其压强、温度同时升高；再使压缩的蒸汽冷凝，其冷凝液就是所制备的蒸馏水，蒸汽冷凝所放出的潜热作为加热原水的热源使用。

基本操作流程：进料水以 0.2～0.3MPa 的压力经 1 进入换热器 3，被预热后进入蒸发室 7 内，在蒸发室内被外来蒸汽加热蒸发成纯蒸汽（105℃），纯蒸汽由蒸发除雾器 8 上部除去其中夹带的雾沫和杂质，进入蒸汽压缩机 9 被压缩，被压缩的纯蒸汽，其温度升高到 120℃，将该高温压缩蒸汽再送回蒸发室 7 中的蒸发加热管 10 中，作为热源加热蒸发管外的进料水，其本身被冷却形成蒸馏水。蒸馏水经循环管进入换热器 3，对进料水进行加热，纯净的蒸馏水由蒸馏水出口 4 排出。不凝性气体经 5 排入大气，除去其中的不凝性气体 CO_2、NH_3 等。如此反复进行。整个过程，只需消耗蒸汽压缩机的电能及蒸发冷凝器补充加热用的少量蒸汽热量。

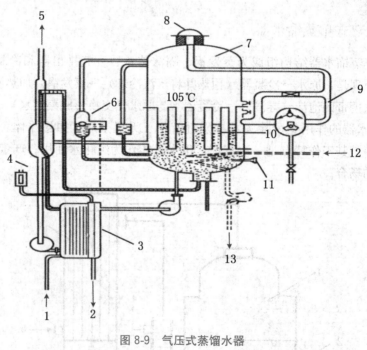

图 8-9　气压式蒸馏水器

1. 进料水口；2. 浓缩液出口；3. 换热器；4. 蒸馏水出口；5. 不凝性气体排出口；
6. 液位控制器；7. 蒸发室；8. 除雾器；9. 蒸汽压缩机；10. 蒸发室内加热管；
11. 电加热器；12. 蒸汽进口；13. 冷凝水排出口

气压式蒸馏水器主要特点是在制备蒸馏水的整个生产过程中不需要用冷凝水；热交换器具有回收蒸馏水中余热的作用，同时对原水进行预热；从二次蒸汽经过净化、压缩、冷凝等过程，在高温下停留 45 分钟，可以保证蒸馏水无菌、无热原；自动型的气压式蒸馏水机，当机器运行正常后，即可实现自动控制；产水量大，工业用气压式蒸馏水机的产水量为 0.5m³/h，最高可达到 10m³/h，耗汽量很少，具有很高的节能效果，但价格较高。

（三）塔式多效蒸馏水器

多效蒸馏水器的特点是耗能低、产量高、质量优，并有自动控制系统，是近年发展起来的制备注射用水的重要设备。

多效蒸馏水器根据组装方式可分为垂直串接式和水平串接式多效蒸馏水器。根据换热单元结构又可分为列管式、盘管式和板式三种形式。

盘管式多效蒸馏水器采用盘管式多效蒸发来制取蒸馏水。因各效重叠排列，又称塔式多效蒸馏水器，蒸发器是属于蛇管降膜蒸发器，板式现尚未广泛使用。塔式（盘管式）多效蒸馏水机属于垂直串接式多效蒸馏水器，系采用盘管式多效蒸发来制取蒸馏水的设备。如图 8-10 所示，此种蒸发器由进水泵、冷凝器、预热器、各效蒸发器、气液分离器（分离不凝性气体）、除沫装置等组成。蒸发传热面是蛇管结构，蛇管上方设有进料水分布器，将料水均匀地分布到蛇管的外表。

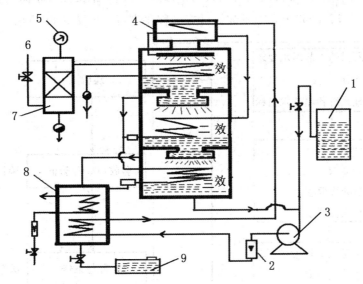

图 8-10　垂直串接式多效蒸馏水器

1. 去离子水；2. 转子计量器；3. 泵；4. 分布器；5. 压力表；6. 一次蒸汽；
7. 气液分离器；8. 热交换器；9. 蒸馏水接收器

塔式（盘管式）多效蒸馏水器的蒸发原理是：由锅炉来的蒸汽进入第一效蛇管内，冷凝水排出。进料水经进料水分布器均匀地分布到蛇管上，蛇管内通入热蒸汽，将进料水部分蒸发，剩余的水流至器底排出。二次蒸汽经丝网除沫，将外来进料水预热，出蒸发器，作为下一效的加热蒸汽。依次到下一效。二次蒸汽的冷凝水汇流到蒸馏水贮罐，蒸馏水温度 95℃～98℃。由于以上的工作原理，所以塔式（盘管式）多效蒸馏水器具有传热系数大、安装不需支架、操作稳定等优点。

（四）列管式多效蒸馏水器

列管式多效蒸馏水器是采用列管式的多效蒸发制取蒸馏水，多效蒸馏水器的效数多为3～5效，5效以上时蒸汽耗量降低不明显。列管式五效蒸馏水器主要由五只降膜式列管蒸发器（简称塔），内置发夹型换热器，一台冷凝器，以及机架、水泵、控制柜等组成。五只换热器分别在五只塔内，塔内的结构分为两部分：加热室及蒸发室，加热室由多根管子的外壁及塔芯组成；蒸发室由多根管子的内壁及塔体组成。在蒸发室内装有螺旋板，它的作用是除去蒸汽中的液滴。冷凝器内装有冷却水管和进料水管。五支塔和冷凝器，由进料水管、蒸汽管及冷却水管等连接在一起安装在机架上组成一台蒸馏水器主体，控制柜在主机旁单独安装。

第三节　制药工艺用水系统的设计与验证

制药工艺用水系统的设计、验证和运行管理，必须严格按照《中国药典》和《药品生产质量管理规范》的要求，按预先设计好的程序进行，如图8-11所示。

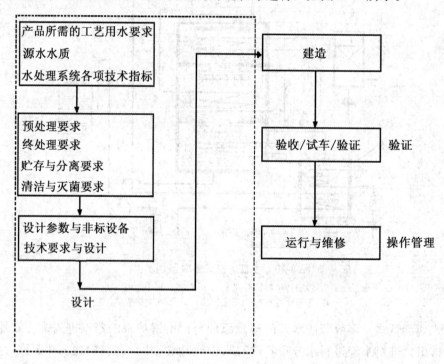

图 8-11　制药工艺用水系统的设计、验证和运行管理流程

一、制药工艺用水系统的设计

我国2010版《药品生产质量管理规范》第九十七条规定，"水处理设备的运行不能超过其设计能力。质量源于设计，药品生产企业用水系统的设计必须围绕防止微生物繁

殖和防止颗粒物污染。其一，任何时候打开任何一个用水点的水质都应符合水质标准；其二，控制微生物的繁殖和滋生、防止生成生物膜是关键；其三，所述均为前人经验之谈，不排斥创新"。我们应该基于验证的思想来做工程上的创新和改进。

1. 设计原则 贮存及分配系统设计原则包括：尽量使用新鲜制备的水；贮罐与用水量相匹配；流水不腐，保持循环，雷诺数大于 4000；储管和运输管道无死角和盲管；无球阀、无玻璃液位计；贮罐、管道宜用不锈钢材；管壁应光滑；进入储罐的空气经过过滤；贮罐须安装 0.2mm 疏水性呼吸器；设有消毒/灭菌装置，贮罐/管道须有灭菌、消毒接口，若采用蒸汽灭菌，应设置足够的疏水器。

2. 设计方面 在制药工艺用水的贮存、分配系统的设计方面也有严格的要求。应采用不锈钢制作，内壁电抛光并钝化处理；贮水罐安装 0.2mm 疏水性的过滤器并可加热消毒；采用蒸汽消毒时，设有足够蒸汽接口和疏水器相应的湿度、压力表；疏水器的选型要适应压力和凝水流量；应设加热夹套，或回路上安装加热器以保持水温；贮罐内维持一定的压力，并设有安全排放阀，必要时，可用惰性气体维持正压，以预防输送泵吸口发生气蚀；输送泵耐受高温，并选择机械密封，为保持管路稳定的压力，泵的性能曲线中扬程随流量变化应较小；泵的润滑剂采用纯化水本身；管路采用热熔或氩弧焊接连接，两段连续的管壁差不大于 0.5mm，管路上有一定的倾斜度，便于排放存水；用蒸汽灭菌时，管线上应设有足够的疏水器，疏水器的选型应与压力和流量相配；管路采用循环布置，回水流入贮存罐，回水应装有压力调节阀和流量显示器，使用点装阀门处的死角长度不应大于支管内径的 3 倍；管线上主管、支管上的阀门宜采用不锈钢隔膜材料，应耐受高温消毒，常为聚丙氟乙烯材质；贮存、分配系统应配备压力、温度、流量、电导等仪器表及必要的控制调节器；用纯蒸汽灭菌时，灭菌温度在 121℃以上；整个系统设置必要的取样阀，取样阀应避免死角，耐受灭菌操作。

二、制药工艺用水验证

能证明任何程序、生产过程、设备、物料、活动或系统确实能达到预期结果的有文件证明的一系列活动，被称之为验证。药品生产过程的验证内容必须包括：①空气净化系统；②工艺用水系统；③生产工艺及其变更；④设备清洗；⑤主要原辅料变更。如是无菌药品生产过程的验证内容还应增加：①灭菌设备；②药液滤过及灌封（分装）系统等的验证。

1. 制药工艺用水系统的验证目的 制药生产中其他原、辅、包材料是按批检验的，而作为原料纯化水或注射用水是连续流出，随时使用的，实践中又无法连续检测，故对其验证的目的是保证在各种水质及操作条件下水系统具有高度的可靠性和一致性。

2. 制药工艺用水系统的验证范围 应针对整个系统的所有设备、管道、仪表控制，按各个分系统逐个验证。包括多介质过滤器、活性炭过滤器、电渗析/离子交换器/反渗透/电去离子技术系统、输送泵及循环泵、紫外灯、终端过滤器、贮罐、管线及各类仪表等。

3. 制药工艺用水系统的工艺验证阶段

（1）第 1 个阶段 每一个制水阶段后，如源水、软化水、反渗透、混床、过滤、灭菌、贮罐、输送泵后；每一个用水点，每天取样，连续 2~4 周，化学与微生物全检。目的：确定操作参数范围，确定 SOP。

（2）第 2 个阶段　检测点、取样频率、化验，项目同第一阶段，连续 2~4 周。目的：确定操作范围下的可靠性、一致性。

（3）第 3 个阶段　取样点、频率、检查内容视情况自定。考察全年四季源水水质波动及全年操作条件下系统具有可靠性和一致性。

三个阶段共计一年时间。

三、制药用水系统常见问题及防范

1. 自动化程度低，无流量、电导、温度等的实时记录，无法实现客观趋势分析和纠偏措施。

2. 施工系统和验证文件无法实现可追溯，文件系统缺失。

3. 系统多处死角大于设计要求，导致消毒和清洗不彻底，产生红锈和生物膜。

4. 制水间布置凌乱，妨碍正常操作，同时影响企业形象。

5. 自动传感元器件故障率高，频繁维修，生产中断。

6. 纯化水采用过滤器＋紫外灯的消毒方式，无法实现周期性消毒，且过滤器本身是一个污染源。

7. 水质质量无法实现自动监控和打印记录，记录缺失，无法进行统计学分析。

8. 储存与分配系统未实现连续工作，微生物滋生风险升高。

9. 仪表未实现定期校验，缺乏校验记录。

第四节　典型设备规范操作

不同的制水目的和技术往往决定制水设备的选择，而选择了合适的制水设备并不是生产中的终点，只有对制水设备规范化的操作和应用才是决定制剂质量好坏的压轴环节。纯化水设备根据其纯化技术的不同分为离子交换设备、电渗析设备、反渗透制水设备，注射用水设备主要分为蒸馏设备和电去离子设备，主要代表有列管式多效蒸馏水器、塔式多效蒸馏水器、气压式蒸馏水器、电热式单蒸馏水器、电去离子技术系统等。

在此，以饮用水纯化过程前处理技术的典型设备活性炭过滤器为例，介绍其操作和应用。

活性炭过滤器用来过滤水中的游离物、微生物、部分重金属离子，并能有效降低水的色度。Title 活性炭过滤器是一种较常用的水处理设备，作为水处理脱盐系统前处理能够吸附前级过滤中无法去除的余氯，可有效保证后级设备使用寿命，提高出水水质，防止污染，特别是防止后级反渗透膜、离子交换树脂等的游离态余氧中毒污染。同时还吸附从前级泄漏过来的小分子有机物等污染性物质，对水中异味、胶体及色素、重金属离子等有较明显的吸附去除作用，还具有降低 COD（化学需氧量）的作用。

一、活性炭过滤器工作原理

活性炭是一种很细小的炭粒，单位面积有很大的微孔，通常我们叫它毛细管孔。这种毛细管孔具有很强的吸附能力，由于炭粒的表面积很大，在与水中杂质充分接触时，这些杂质能被吸附在微孔中，从而去除水体中的胶体等杂质。活性炭还能吸附水中的 Cl^- 离子以及臭氧，对水中的有机物也有一定的吸附能力，能明显的对水中的色素进行吸附，在水处理行业一般要求碘值在 700mg 以上，这样的活性炭吸附能力较强。

二、活性炭过滤器结构特征

活性炭过滤器一般采用不锈钢材质、炭钢材质，因为活性炭吸附水中 Cl^- 等氧化剂、金属离子，微孔中常常吸附大量的细菌以及具有腐蚀性的化学物质，对活性炭过滤器主体产生腐蚀，所以一般活性炭过滤器内要衬有防腐内衬。

三、设备特点及技术参数

活性炭过滤器使用特点是可以 24 小时连续工作，不需停机反冲洗，不需高扬程大流量的反冲洗泵。其在运行过程中除石英砂滤料外没有任何转动部件，故障率低，维护费用小。不需单设混凝池、澄清池等设施，不需反冲洗泵和电动阀门、气动阀门等设备，工程量小，一次性投资小。滤水压头损失小，总水压头损失≤0.5m。出水水质稳定、过滤效果好。滤料清洁及时，可保证高质、稳定的出水效果，无周期性水质波动现象。技术参数见表 8-1。

表 8-1 活性炭过滤器技术参数

型 号	BGB-150C	BGB-75C	BGB-10C
生产能力（kg/次）	150	75	10
包衣滚筒调速范围（rpm）	2～15	4～19	6～30
主机电动机功率（kW）	2.2	1.1	0.55
热风调温范围（℃）		常温～80℃	
热空气过滤精度（μm）		0.5μm（10 万级）	
热风机电动机功率（kW）	5.5	3	2.2
蠕动泵电动机功率（kW）	0.18	0.18	0.18
主机重量（kg）	750	650	350
热风机外形尺寸（mm）	1100×1150×2300	1100×900×2140	620×620×1600
排风机外形尺寸（mm）	800×920×2080	720×780×1950	720×780×1950

四、活性炭过滤器操作方法）

（1）活性炭预处理 颗粒活性炭进入过滤器前应先在清水中浸泡，冲洗去除污物；

内衬胶的过滤器即可直接装入过滤器,用 5% HCl 及 4% NaOH 溶液交替动态处理多次,流速 10m/h。用量约为活性炭体积的 3 倍左右,处理后淋洗至中性,不衬胶过滤器的此过程宜在敞开水箱中进行。

(2) 正常运行 打开下排阀、进水阀,待下排阀有水排出后,打开出水阀,关闭下排阀。

(3) 反洗 活性炭过滤器工作一段时间后,由于悬浮物的截留使其进出水压差逐渐增大,当此压差较大时,必须对其进行反洗;打开上排阀,关闭进水阀、出水阀,缓慢打开反洗阀进水,由于活性炭比重小,故进水量控制在 10m³/h。反洗时需密切注意排出水中不得有大量颗粒活性炭出现。

(4) 正洗 刚刚经过反洗投入使用的活性炭过滤器在出水前须排放。关闭反洗阀,再打开下排阀、进水阀。然后关闭上排阀,正洗流速可控制在 6.8m³/h,时间约 15 分钟,待出水合格后,再打开出水阀,关闭下排阀。进入正常运行。

(5) 更换活性炭 活性炭一般用来吸附余氯、有机物等。当经过一段时间后,活性炭吸附量达到饱和(可以从出水水质判断),此时应更换活性炭。方法是打开上部手孔和下部手孔,对活性炭进行全部更换,如活性炭材料是果壳活性炭可采用每半年添加柱体的 1/3 量即可(一般设计使用寿命为半年左右)。

五、使用注意事项

严禁未经培训人员上岗操作。反渗透系统运行一个时期后,如果淡水产量降低,切不可通过提高回收率来提高淡水产量,否则会导致膜元件浓水侧结垢,直接影响元件寿命。停机前,启动手动清洗开关,用反渗透清洁水冲洗反渗透膜元件 2.5 分钟,浓水排放,冲洗完毕后,关闭手动清洗开关。

活性炭过滤器压力过高出现现象是流量下降,排除方法是加大反洗量或查看上布水器是否堵塞;压力不变出现现象是水质下降、活性炭跑漏、细菌超标,排除方法是更换活性炭,查看下布水器,用蒸汽进行灭菌。

第九章　灭菌设备与操作

灭菌是指应用物理或化学等方法将物体上或介质中的微生物及其芽孢全部杀死,即获得无菌状态的过程。其有别于无菌操作,无菌是指物体或一定介质中没有任何活的微生物存在,或用任何方法都鉴定不出活的微生物的一种状态。

灭菌法是制药生产的一项重要操作,尤其对灭菌制剂、敷料和缝合线等。生产过程中的灭菌是保证安全用药的必要条件。

灭菌的目的既要杀死或除去药剂中的微生物,又要保证在灭菌过程中药物的理化性质和治疗作用不受任何影响,因此灭菌方法的选择必须结合药物的性质全面考虑。灭菌方法基本分为三大类:物理灭菌法(干热灭菌法、湿热灭菌法、射线灭菌法、滤过灭菌法、辐射灭菌法)、化学灭菌法(气体灭菌法、化学灭菌剂灭菌法等)和无菌操作法,其中物理灭菌法最为常用。

我国《药品生产质量管理规范》对灭菌设备的规定是:灭菌柜应具有自动检测、记录装置,其能力应与生产批量相适应,对产品(包括最终容器及包装)而言,选择何种灭菌方法和灭菌设备必须经验证合格方可使用。正确选择灭菌设备对保证灭菌产品的质量尤为重要。

第一节　干热灭菌设备与操作

干热灭菌设备通常没有水的介入,只是采用升高温度的方法来杀灭细菌。常用设备有热风循环烘箱、器具烘干灭菌柜、杀菌干燥机、辐射式干热灭菌机等,使用它们时,要注意被灭菌物品应有适当的装载方式,不能排列过密,以保证灭菌的有效性和均一性。

一、干热灭菌法原理

干热灭菌法是利用火焰或干热空气进行灭菌的方法。通过加热可使蛋白质变性或凝固,核酸破坏,酶失去活性,导致微生物死亡,达到灭菌的目的。

1. **火焰灭菌法**　系将被灭菌物品置于火焰上直接灼烧以达到灭菌目的的方法。该方法简便易行,灭菌效果可靠,适宜于不易被火焰损伤的瓷器、玻璃和金属制品如镊子、玻璃棒、搪瓷桶等器具的灭菌。有些金属或搪瓷的容器,加入少量的高浓度乙醇,点火燃烧,也可达到灭菌目的。

2. **干热空气灭菌法**　系指物质在干热空气中加热达到杀灭细菌目的的方法。一般在干热灭菌器或高温烘箱中进行。适用于耐高温但不宜用湿热灭菌法灭菌的物品,如玻璃器具、金属制容器、纤维制品、固体试剂、液状石蜡等均可采用本法灭菌。

《中国药典》规定,干热灭菌条件一般为 160℃~170℃,120 分钟以上;170℃~180℃,60 分钟以上或 250℃,45 分钟以上,也可采用其他温度和时间参数。无论采用何种灭菌条件,应保证灭菌后的产品的无菌保证水平(sterility assurance level)SAL* ≤10⁻⁶。采用干热过度杀灭的物品一般无须进行灭菌前污染微生物的测定。250℃,45 分钟的干热灭菌也可除去无菌产品包装容器及有关生产灌装用具中的热原物质。

二、干热灭菌设备

干热灭菌设备是产生高温干热空气进行灭菌的设备。其工作原理为加热破坏蛋白质和核酸中的氢键,导致核酸破坏,蛋白质变性或凝固,酶失去活性,微生物因而死亡。

(一)干热灭菌设备的分类

干热灭菌设备按使用方法分,一种是间歇式,即干热灭菌柜、烘箱等,在整个生产过程中是不连续的,适用于小批量的生产;一种是连续式,如隧道式干热灭菌机,整个生产过程是连续进行的,前端与洗瓶机相连,中间有相对独立的三部分组成:预热、干热灭菌、冷却,后端设在无菌作业区,自动化程度高,生产能力强,适用于大规模生产。

干热灭菌设备按干热灭菌加热原理来分,一种是热空气平行流灭菌,即热层流式干热灭菌机,它是将高温热空气经高效空气过滤器过滤,获得洁净度为百级单向流空气,然后直接加热;另一种是红外线加热灭菌,即辐射式干热灭菌机,它采用远红外石英管加热,采用辐射的热传递原理,获得百级的垂直平行流空气屏保护,不受污染,可直接灭菌。

(二)具体干热灭菌设备

现在中药制药企业常采用的设备如下。

1. **热风循环烘箱**　适用于固体物料的灭菌干燥。

2. **器具烘干灭菌柜**　本灭菌柜适用于固体物料的灭菌干燥(常用 LHJ-A 型)。

3. **杀菌干燥机**　适用于安瓿等玻璃瓶的灭菌干燥(常用 SZA 型)。如 SZA620/43 型安瓿烘干机。

4. **辐射式干热灭菌机**　又称红外线灭菌干燥机,主要用在水针剂的安瓿洗烘灌封联动机上,也可以对各种玻璃药瓶进行干燥、灭菌、除热原等。其工作原理为在箱体加热段的两端设置静压箱,提供 100 级垂直单向平行流空气屏,垂直单向平行流能使由洗瓶机输送网带送来的安瓿瓶立即得到 100 级单向平行流空气屏的保护,同时对出灭菌区的安瓿还起到逐步冷却作用,使得安瓿在出灭菌干燥机之前接近室温。箱内的湿热空气由箱体底部的排风机排出室外。依靠石英管辐射加热,石英管布置造成热场不均匀及个别局部死角,不能保证全部瓶子灭菌彻底。此外,由于石英管辐射效率随时间变化,所以会影响热场的稳定。

三、干热灭菌设备的要求

1. 设备应能够保证待灭菌品所需的灭菌温度和时间。

2. 为了防止灭菌时的热量损失，干热灭菌设备的外表面应有良好的隔热保温层。

3. 设备上应配置有各种验证仪表，及自动检测的记录装置。

4. 应有温度控制系统和记录系统。各个功能段均设有温度传感器和记录装置、温度设定器、时间控制器、微压力传感器、压力表，以确保灭菌温度的准确。其记录系统将温度探测、传感系统的温度读数准确无误的记录清楚。

5. 应有传送带速度控制器，它能保证传送带的速度与灭菌温度相适应，确保灭菌产品在设定的温度下通过干热灭菌机。

6. 灭菌产品的灭菌与干燥均在100级单向流洁净空气下进行，并保证设备内部空气处于正压状态，使外界空气不能侵入。

7. 设备箱体应密闭，内部结构便于拆卸、易于清洗，保证灭菌产品在运转过程中不受污染。

第二节　湿热灭菌设备与操作

湿热灭菌法是指物质在灭菌器内的饱和蒸汽或沸水中进行灭菌的方法，包括热压灭菌、流通蒸汽灭菌、煮沸灭菌和低温间歇灭菌等。蒸汽的比热大，穿透力强，容易使蛋白质变性。湿热灭菌操作简单方便、易于控制，是制剂生产中应用最广泛的一种灭菌方法，本法缺点是不适用于对湿热敏感的药物。

一、湿热灭菌法原理

湿热灭菌的原理是当被灭菌物品置于高温高压的蒸汽介质中时，蒸汽遇冷物品放出潜热，把被灭菌物品加热，温度上升到某一温度时，就使被灭菌物品上的菌体蛋白质和核酸等一部分由氢键连接而成的结构受到破坏，致使细菌体内的蛋白质结构——酶在高温和湿热条件下失去活性，最后导致微生物灭亡。

（一）热压灭菌法

在高压灭菌器内，利用高压水蒸气杀灭微生物的方法，称为热压灭菌法。本法是最可靠的湿热灭菌方法，经热压灭菌处理，能杀灭被灭菌物品中的所有细菌繁殖体和芽孢，故凡能耐热压灭菌的药物制剂，都可采用此法。影响湿热灭菌的主要因素有：

1. 微生物的种类与数量　微生物的种类不同，耐热、耐压性能存在很大差异，一般耐热、耐压的顺序由高到低依次为芽孢、繁殖体、衰老体。微生物数量愈少，所需灭菌时间愈短。

2. 蒸汽性质　蒸汽有饱和蒸汽、湿饱和蒸汽和过热蒸汽。饱和蒸汽热含量较高，热穿透力较大，灭菌效率高；湿饱和蒸汽因含有水分，热含量较低，热穿透力较差，灭菌效率较低;过热蒸汽温度高于饱和蒸汽,但穿透力差,灭菌效率低,且易引起药品的不稳定性。因此,热压灭菌应采用饱和蒸汽。

3. 药品性质和灭菌时间　由于药品的稳定性受灭菌温度与灭菌时间的影响大,所以在达到有效灭菌的前提下,尽可能降低灭菌温度和缩短灭菌时间。

4. 介质　介质中如糖类、蛋白质等营养成分含量愈高,微生物的抗热性愈强。介质pH 对微生物的繁殖也有一定影响,一般情况下,在中性环境微生物的耐热性最强,碱性环境次之,酸性环境则不利于微生物的生长和繁殖。

(二)流通蒸汽灭菌法

流通蒸汽灭菌法是指在常压下,采用 100℃流通蒸汽加热杀灭微生物的方法。灭菌时间通常为 30~60 分钟。该法适用于消毒及不耐高热制剂的灭菌,但不能保证杀灭所有的芽孢。

(三)煮沸灭菌法

煮沸灭菌法是指将待灭菌物置于沸水中加热灭菌的方法。煮沸时间通常为 30~60分钟。该法灭菌效果较差,常用于注射器、注射针等器皿的消毒。

(四)低温间歇灭菌法

低温间歇灭菌法是指将待灭菌物置于 60℃~80℃的水或流通蒸汽中加热 60 分钟,杀灭微生物繁殖体后,在室温条件下放置 24 小时,让待灭菌物中的芽孢发育成繁殖体,再次加热灭菌、放置,反复多次,直至杀灭所有芽孢。该法适合于不耐高温、热敏感物料和制剂的灭菌。其缺点是费时、灭菌效果较差。

二、湿热灭菌设备

湿热灭菌设备是利用高温高压的水蒸气或其他热力学灭菌手段杀灭细菌的设备,湿热灭菌设备可分以下几类。按蒸汽灭菌方法,分高压蒸汽灭菌器和流通蒸汽灭菌器;按灭菌工艺,分高压蒸汽灭菌器、快冷式灭菌器、水浴式灭菌器、回转水浴式灭菌器;按灭菌柜的形状,分长方形和圆形灭菌柜。

(一)高压蒸汽灭菌器

高压蒸汽灭菌器是应用最早、最普遍的一种灭菌设备,以蒸汽为灭菌介质,用一定压力的饱和蒸汽直接通入灭菌柜中,对待灭菌品进行加热,冷凝后的饱和水及过剩的蒸汽由柜体底部排出。用于输液瓶、口服液的灭菌,操作简单方便。高压蒸汽灭菌器的主要特点是升温阶段靠在入口处控制蒸汽阀门,用阀门产生的节流作用来调节进入柜内的蒸汽量和蒸汽压力,降温时截断蒸汽,随柜冷却至一定温度值才能开启柜门,自然冷却。空气不能完全排净,传热慢,使柜内温度分布不均匀,存在上下死角温度较低,灭菌不彻底。降温靠自然冷却,时间长,容易使药液变黄。开启柜门冷却时,温差大,容易引起爆瓶和安全事故。高压蒸汽灭菌器常用的有手提式、卧式、立式热压灭菌器。

热压灭菌器的种类很多,但其基本结构相似。凡热压灭菌器应密闭耐压,有排气口、安全阀、压力表和温度计等部件。中药制药企业常用的有真空灭菌器、安瓿灭菌器等。

1. 手动脉动真空灭菌器　适用于耐高温的物料及器具的灭菌(常用 XG1. PS 型)。操作规程如下:)

(1)灭菌前准备及检查　①打开蒸汽控制阀门,在蒸汽进入夹层之前,应先将管道中冷凝水排放干净。②打开水阀,为真空泵的正常运转做准备。③接通电源,动力电源和控制电源开关合闸送电,然后将控制器上的电源开关拨向"开"端,为程序运行做好准备。

(2)灭菌操作过程　①预置各灭菌参数。预置记录仪上下限控制温度,即非液体类物品推荐温度为132℃,上限温度预置在134℃,液体类设下限温度预置在121℃。预置灭菌时间,由灭菌数字开关直接预置定时,时间范围0~99分钟。非液体类物品在132℃灭菌时间预置3~4分钟,对于300mm×300mm×500mm的最大包裹,灭菌时间预置在5分钟以上,液体灭菌121℃时间预置在30分钟。预置干燥时间及脉动次数,一般器械、织物、器皿、橡胶手套、非液体类物品预置时间6~8分钟,而脉动一般为3次,若灭菌效果不好可将脉动次数设为4次。②在开门状态下,打开电源开关,此时"开门"灯亮,将所要灭菌的药品或物品安放在搁架上。将门轻轻转到关闭位,使门上齿进入主体齿条内,并靠近主体,然后按压"关门"按钮,密封门徐徐下降,到密封位置时,门自动停止下降,"关门"指示灯亮,"开门"指示灯灭,同时门密封。压缩气体经过阀门进入,实现密封。③打开程控电源开关,"真空""液体"指示灯同时闪烁,按下"真空"程序按钮后,"真空"灯亮,程序按顺序逐一进行。升温阶段:"升温"指示灯亮,真空泵启动,抽空阀和进气阀交替开启进行脉动真空,脉动次数达到预置值后,真空泵停止运转,抽空阀关闭,进气阀开启,进行升温,温度达到记录仪下限值,"升温"灯灭,进入灭菌阶段。灭菌阶段:灭菌计时开始时"灭菌"灯亮,计时时间达到预置值,进入排气阶段。排气阶段:"灭菌"灯灭,排气灯亮,真空泵重新启动,抽空阀打开,内柜压力迅速下降,当内柜压力下降到0.005MPa时"排气"指示灯灭,"干燥"指示灯亮。真空干燥阶段:内柜压力降到0.005MPa,"干燥"指示灯亮的同时,开始干燥计时,干燥时间到达预置值,真空泵停止运转,空气阀打开,内室压力回升至0.005MPa时,"结束"指示灯亮,进入结束阶段。结束阶段:空气阀继续开启,蜂鸣器呼叫(内室压力为零),按压力"复位"或"开门"按钮。密封用压缩气体被真空泵抽出,密封门徐徐升起,当升到开启位置时,"开门"指示灯亮,此时便可拉开密封门。灭菌结束后,切断电源(前门后门电源开关都关闭),关闭蒸汽阀,关闭供水阀门。

(3)操作注意事项　①开门、关门时应密切注意门升降情况,如有异常,立即按压相应按钮,停止门的动作,查看故障并排除。②关门时,用力不要过猛,以免破坏门开关。③当设备出现故障或停止时,若需开门,必须在确认内室压力为零时,将门罩取下,用手动扳手旋转驱动装置上的手动齿轮,将门升起,然后打开门。④水压低于0.1MPa时,切不可启动真空泵。⑤非灭菌过程,柜门不要关紧,以防门密封圈长期压缩变形而影响门的密封性能和寿命。

2. 安瓿灭菌器　适用于安瓿的灭菌(常用 XG1. OD 系列机动门安瓿灭菌器)。操作规程如下：）

（1）开机前准备工作　①启动压缩机，使压力上升到需要值，然后打开压缩气阀。②将蒸汽管道内的冷凝水排放干净，然后打开与灭菌器连接的蒸汽源开关，并检查其压力是否达到 0.3～0.5MPa。③打开清洗水阀门，为程序进行做准备。④打开真空泵水源阀门，并检查水源压力是否达到规定压力值（0.15～0.30MPa）。⑤接通动力电源和控制电源。

（2）灭菌程序操作　①打开密封门，将装载灭菌物品的内车推入灭菌室。②关闭密封门，选择灭菌程序，设置灭菌参数，当确认灭菌参数不需要修改后，启动灭菌程序。③灭菌过程中，操作人员应密切观察设备的运行情况，如有异常，及时处理。④灭菌结束后，待室内压力回零后，方可打开后门取出灭菌物品。⑤关闭压缩空气阀、蒸汽源开关、清洗水阀门、真空泵水源阀门。⑥关闭电源。注意灭菌结束后，应打开一个门，使室内处于无压状态。

（三）快速冷却灭菌器

快速冷却灭菌器采用先进的快速冷却技术，设备的温度、时间显示器符合 GMP 要求，具有灭菌可靠、时间短、节约能源、程序控制先进、缩短药品受热时间可防止药品变质等优点。广泛用于对瓶装液体、软包装进行消毒和灭菌。其缺点是柜内温度不均匀，快速冷却容易出现爆瓶现象。

工作基本原理是通过饱和蒸汽冷凝放出的潜热对玻璃瓶装液体进行灭菌，并通过冷水喷淋冷却，快速降温，灭菌时间、灭菌温度、冷却温度均可调，柜内设有测温探头，可测任意两点灭菌物内部的温度，并由温度记录仪反映出来，全自动三档程序控制器，能按预选灭菌温度、时间、压力自动检测补偿完成升温、灭菌、冷却等全过程。

1. 操作程序

（1）操作前准备与检查　①检查水、电、汽的供应情况。②排放掉汽源管路内的冷凝水。

（2）操作准备过程　①打开电源开关、蒸汽阀门、水源阀门，并开启空气压缩机及其控制阀。②设置参数。③在关门状态下，按"前开门"按钮开机门，开门指示灯亮。将所需灭菌的药品置于灭菌器内，关机门，使门板上啮合齿进入主体齿条内，然后按下"前关门"按钮，门自动下降至关闭位置，"前门状态"指示灯亮，"准备"指示灯亮。④选择"瓶装程序"按钮。

（3）升温阶段　进汽阀、排汽阀、慢排阀自动打开，进行置换，同时小进水阀自动打开，升温灯闪烁，当进水至上水位后，小进水阀自动关闭，升温灯常亮，置换时间达到设定值、升温至灭菌温度下限值时，进入灭菌阶段。

（4）灭菌阶段　灭菌灯亮，进汽阀自动打开，灭菌时间自动计时，当达到设定时间时，灭菌灯灭，进入排汽过程。

（5）排汽阶段　排汽灯亮，慢排阀自动打开，排出内室的蒸汽，排汽时间达到设定值时，慢排阀自动关闭，进入冷却过程。

（6）冷却阶段　冷却灯亮，水泵开1分钟后，水阀自动打开，内室开始降温，4分钟后，排汽阀自动打开，排出室内热水。当内室温度降至冷却温度下限值时，大进水阀自动打开，延时3分钟后关闭，排水阀打开，内室排水至下水位时，延时30秒水泵停，进入结束阶段。

（7）操作结束　①当内室压力回零，按"后开门"键，打开后机门，取出灭菌药品。②切断电源，关闭蒸汽阀、水源阀、压缩空气阀。③按快速冷却灭菌器清洁规程进行清洁。

2. 维护保养　①每日做好日常的维护工作。②严格执行操作过程和维护保养规程。③每周用饮用水对水位计进行清洁，防止水垢附在探针上，而导致水位计失灵。④每周用饮用水对喷淋盘进行清洗，清除内部污物，以免降低冷却效果。⑤每月将蒸汽过滤器及水过滤器下端的螺母拆下，取出滤网用注射用水冲洗干净后重新装入。⑥定期用生物指示剂等检测灭菌效果，以防灭菌效果达不到要求。⑦灭菌柜每年应做一次再验证。

（四）水浴式灭菌器

水浴式灭菌器广泛用于安瓿瓶、口服液瓶等制剂的灭菌，还可用于塑料瓶、塑料袋的灭菌，食品行业的灭菌也适用。采用计算机控制，可实现 F_0 值的自动计算监控灭菌过程，灭菌质量高，先进可靠。采用高温热水直接喷淋方式灭菌，灭菌结束后，又采用冷水间接喷淋进行冷却，既能保证药品温度降至50℃以下，又克服了快速冷却容易引起的爆瓶事故。去离子水作为载热介质对输液瓶进行加热、升温、保温（灭菌）、冷却。加热和冷却都在柜体外的板式交换器中进行。

1. 操作规程　打开电脑，进入操作界面，同时用钥匙打开灭菌柜开关。进入输入查询，根据工艺要求填写品名、数量、规格以及配方，点击退出。点击程序运行，选择设置好的品名、规格、数量以及配方号，最后依据工艺要求填写批号。打开压缩空气阀门，打开用水阀门，灭菌柜装药，插好温度探头，关闭灭菌柜。打开工业蒸汽阀门，在电脑操作界面点击程序启动。根据灭菌流程需要打开有色水罐与纯化水罐抽水泵开关。灭菌过程结束后关闭工业蒸汽阀门。待灭菌流程结束，温度降到室温，压力回到室压，即可打开柜门取药。

2. 维护保养　安全阀调好后，应每隔一月将其放汽手柄拉起反复排汽数次，防止长时间不用发生黏堵。探头内探测元件为易碎件，使用时应避免碰撞。灭菌室外探头连线不得用力拉扯，并防止挤压碾致变形。每半月将灭菌室内顶部喷淋盘拆下，清洗盘内污垢后复装。每月将灭菌室内底部的底隔板拆下清洗水箱内污垢后复装。定期检查压力表，定期校对温度传感器探头。每天排放压缩空气管路上的分水过滤器内存水。经常注意观察换热器疏水阀工作情况。定期擦拭测温探头的探针部分，清除表面的黏合物，保证温度信息的准确性。定期擦拭液位计的探针部分，清除表面的油污及黏合物，保证水位信息的准确性。清洗设备时不得将水溅到电器元件上，以防止短路。设备试运行一周后，将管路系统上的蒸汽及水过滤器的过滤网拆下清洗，以后每隔半年清洗一次。

铂热电阻与设备内部的测温探头有两线制、三线制、四线制三种方式，如果它们自身的电气线不够长，需要延长它们的接线，接线时一定要按照它们自身的线制进行连接，严禁在中间连接点处就把两根线短接(注:改变箔热电阻的自身线制将导致测温的不准确或不稳定),延长线的接线处应当用锡焊加固以防止导线的氧化。

3. 常见故障及处理方法 见表 9-1、表 9-2。

表 9-1 常见故障及处理方法表(1)

故 障 现 象	原 因 分 析	排 除 方 法
微机不能启动	未接通电源 微机故障	检查电源 请微机专业技术人员检修微机
微机不能进入操作界面	鼠标损坏 控制程序文件丢失	更换或检修鼠标 与制造商联系或重装程序文件
微机灭菌参数设置界面变大	屏幕分辨率被修改 显卡驱动程序丢失	修改屏幕分辨率为 800×600 返回 win98 平台重装显卡驱动程序
灭菌室不进水	压缩汽源未达到规定压力 未打开水源阀门 水位传感器故障 水过滤器阻塞	保证压缩汽源压力不低于 0.3MPa 打开水源阀门 检修或更换水位传感器 拆修水过滤器
灭菌室进水不止	水位传感器故障 进水阀 F1、F7 因故未关严	检修或更换水位传感器 检查阀门或程序
升温速度太慢	汽源压力低 蒸汽饱和度低 疏水器故障	汽源压力不得低于 0.3MPa 使用饱和水蒸气 检查疏水器
灭菌过程温度及压力不恒定	汽源压力低 灭菌室内异常进水	汽源压力不得低于 0.3MPa 检查阀门或程序
冷却开始时有爆瓶现象	冷却水温太低 换热器泄漏 F5 阀前的调节阀未调好	保证冷却水的温度不低于 15℃ 检查和更换换热器 重新调节进水截止阀的开度
冷却速度太慢	冷却水温太高 循环泵因气蚀打空 外排水管道不畅	保证冷却水的温度不高于 35℃ 暂停循环泵 3～5 秒后再启动 疏通外排水管道
排水速度太慢	内室压力过低 循环水管道不畅	检查压缩气情况 疏通循环水管道

表 9-2 常见故障及处理方法表(2)

故 障 类 别	故 障 现 象	故 障 分 析
门故障	门打不开	门密封胶条不抽回,喷射器不动作,检查信号;喷射器动作,门密封胶条抽不回去,检查压缩空气压力是否不够或压缩空气含水量是否过高;低温下打不开门属正常现象,下班后应关好灭菌柜后门,打开灭菌柜前门

续表

故障类别	故障现象	故障分析
门故障	关门后密封胶条不密封	检查门关位的限位开关是否到位,重新调整位置
	门在开、关的过程中不动作	检查支架或门罩,此为机械故障
	灭菌后自动开门	开门的24V电信号受到强电信号的影响
	门无法密封	检查压缩空气的压力是否低于0.3MPa
电气故障	压力无显示	检查通信电缆和压力变送器是否正确连接
	温度无显示	检查通信电缆和压力变送器是否正确连接
	温度跳跃不稳	检查探头是否损坏
	温度停止在一个数值上不变化	检查探头接口处或内部是否进水
	通讯中断或时断时续	检查通信线的各个接口是否接触良好,检查下位机的信号地线是否符合电气规范
	水位无显示或断不开时	检查:水位探针积有污垢,不能接通;水位探针接头处进水,造成短路;水位探针的地线接在有防锈漆的设备外壳上,导致水位检测电气回路不流畅;注运行过程中,上水位无显示,下水位有显示,属正常情况
泵故障	运行过程中,泵突然停止	泵保护启动,把泵保护复位(自动复位)后,重新关、开泵一次使泵重新运行起来
泵打空	运行过程中所有的温度变化缓慢或长时间停留在某一数值上	大部分情况是因为设备内部的水量少而导致泵打空,作为应急措施,可先停止泵10秒,再重新启动泵。要彻底避免这个现象,需要重新调整设备内的水位
冷却或升温停止	设备内的纯化水在程序运行过程中排泄出去	检查设备上的排泄阀F7,看是否被异物卡住
探头故障	升温过程或者降温过程中的 t_1、t_2、t_3、t_4 的温度的差异超过10度	检查温度的接线方式,探头的接线方式必须遵循其自身提供的线制方式来连接,禁止在中间把两线短接
数据存储故障	运行过程中,看不到趋势和报表	检查流程图界面上的门关信号是否正常,如果门关信号不正常,重新调整门驱动气缸的检测关门的磁感应开关到正常位置
软件故障	无法关机或无法启动程序	由于上次退出程序时没有完全退出,可软启动计算机
	流程图界面中鼠标和键盘不能操作,但温度和压力数据能自动刷新	部分程序软件故障,可强制关机后,重新启动微机,用断点恢复重新进入灭菌流程
	压力或温度跳变频繁或者通信偶尔中断	首先检查系统的所有信号地线和公用线的连接方式,如不能解决问题,可修改下位机软件中的通信延时

续表

故障类别	故障现象	故障分析
软件故障	所有的阀件出现瞬间全开现象	属于通信干扰现象,可检查信号地线和接地线的连接状况是否良好,或者在程序中做互锁措施
	程序出现非正常跳转	该情况属于设定数据传输错误,解决办法检查信号地线和接地线的连接状况是否良好,可以考虑更换 PLC 主机,或者修改软件检测错误传输数据
	死机故障	正常运行时处理外部事件(如拷贝软盘)容易死机
其他	PC 机指示灯亮,但对应阀件无动作	检查压缩空气压力是否低于 0.3MPa,阀导是否有电

(四)回转式水浴灭菌器

回转式水浴灭菌器与水浴式灭菌器的结构基本相同,工作过程也大致相同,分为准备、注水、升温、灭菌、排水排汽、结束七个过程,维护保养也基本相同;区别在于回转式水浴灭菌器灭菌时药液瓶随柜内的旋转内筒转动,再加上喷淋水的强制对流,形成强力扰动的均匀趋化温度场,使药液传热快、灭菌温度均匀,提高了灭菌质量,缩短了灭菌时间。

三、湿热灭菌设备的要求

湿热灭菌设备是严格按照国家有关的压力容器标准制造的,设备能够承受灭菌工艺所需的蒸汽压力。灭菌柜的形式以方形和圆形最为普遍。保证灭菌柜内具有蒸汽热分布均匀性,在灭菌柜内部任何一点的温度都应达到工艺规定的温度。保证灭菌柜适应于不同规格和不同的包装容器,并且有不同的装卸方式。应有蒸汽夹套及隔热层,以便在使用蒸汽灭菌前使设备预热,有利于降低能耗,减少散热。灭菌柜应有自动计算温度、压力、F_0 值控制检测系统,保证灭菌柜压力调节,确保灭菌温度。灭菌柜应有必要的检测记录仪表装置,要有周期定时器、顺序控制器,同时应配有灭菌车等。筒体和大门均应有安全连锁保护装置,保证灭菌柜密封门不能打开。

第三节 化学灭菌设备

化学灭菌法是使用化学药品直接作用于微生物而将其杀死,同时不影响制品的质量,而达到灭菌目的的方法。常用的方法有气体灭菌法和化学杀菌剂灭菌法,用于杀灭细菌的化学药品称为杀菌剂,以气体或蒸汽状态杀灭细菌的化学药品称为气体杀菌剂。

一、化学灭菌法原理

化学药品因品种和用量不同,有些可用于灭菌,有些只能用于抑菌。化学药品灭菌或抑菌的机理也因品种不同而异,有的使病原体蛋白质变性,发生沉淀;有的与细菌的酶系统结合,影响其代谢功能;有的降低细菌的表面张力,增加菌体胞浆膜的通透性,使细胞破裂或溶解。

理想的化学灭菌剂应具备的条件:杀菌谱广;有效杀菌浓度低;作用速度快;性质稳定,不易受有机物、酸、碱及其他物理、化学因素的影响;毒性低,对药品无腐蚀性;不易燃易爆;易溶于水,可在低温下使用;无色、无味、无臭,灭菌后易于从被灭菌物品上除去,无残留;价格低廉,来源丰富,便于运输。化学灭菌法一般包括气体灭菌法和表面消毒法。

(一)气体灭菌法

气体灭菌法是通过使用化学药品的气体或蒸汽对灭菌的物品、材料进行熏蒸杀死微生物的方法。药物制剂制备时,需灭菌处理的固体药物或辅助材料耐热性差,既不能加热灭菌,又不能滤过除菌时,可采用气体灭菌法进行灭菌。选用气体灭菌剂应当考虑除了符合一般化学灭菌剂的要求外,还应注意其形成气体或蒸汽的温度。

1. **环氧乙烷灭菌法** 制药工业上常用环氧乙烷作为灭菌气体。环氧乙烷的分子式为$(CH_2)_2O$,沸点是$10.9℃$,室温下为无色气体。环氧乙烷具有较强的穿透力,易穿透塑料、纸板及固体粉末等物质,并易从被灭菌物品中消散。环氧乙烷的杀菌力强,不仅可杀死微生物的繁殖体,对细菌芽孢、真菌和病毒等均具有杀灭作用。该气体对大多数固体呈惰性,故可用于塑料容器、对热敏感的固体药物、纸或塑料包装的药物、塑料制品、橡胶制品、衣物、敷料及器械的灭菌。

环氧乙烷具有可燃性,与空气混合时,当空气的含量达$3.0\%(V/V)$即可爆炸,应用时需用二氧化碳稀释。常用的混合气体是环氧乙烷10%,二氧化碳90%。

环氧乙烷对神经系统有麻醉作用,人与大剂量的环氧乙烷接触,可发生急性中毒,并能损害皮肤及眼黏膜,产生水泡或结膜炎,应用时须注意防护。

环氧乙烷灭菌时,一般先将待灭菌的物品放置于灭菌器内,密闭减压排除空气,预热$55℃\sim65℃$,在减压条件下输入环氧乙烷混合气体,保持一定的浓度、温度和湿度,经一定时间后,残余的环氧乙烷气体排入水中或抽真空排除环氧乙烷气体,然后送入无菌空气,直至将残余气体全部驱除。操作时控制的灭菌条件一般为:环氧乙烷浓度为$850\sim900mg/L$,3小时,$45℃$或$450mg/L$,3小时,$45℃$,相对湿度$40\%\sim60\%$,温度$55℃\sim65℃$。

2. **甲醛蒸气熏蒸灭菌法** 甲醛是杀菌力很强的广谱杀菌剂。纯的甲醛在室温下是气体,沸点是$-19℃$,但本品很容易聚合,通常以白色固体聚合物存在。甲醛蒸气可由固体聚合物或以液体状态存在的甲醛溶液产生。

甲醛蒸气与环氧乙烷相比,杀菌力更大,杀菌谱更广,但由于穿透力差,故只能用于空气杀菌。应用甲醛蒸气加热熏蒸灭菌时,一般采用气体发生装置,每立方米空间用40%甲醛溶液$30mL$,加热产生甲醛蒸气,室内相对湿度以75%为宜,密闭熏蒸$12\sim14$小时,残余蒸气用氨气吸收(氨醛缩合反应),或通入经处理的无菌空气排除。

3. 其他蒸气熏蒸灭菌法　加热熏蒸法还可用丙二醇,灭菌用量为 $1mL/m^3$;乳酸,灭菌用量为 $2mL/m^3$。丙二醇和乳酸的杀菌力不如甲醛,但对人体无害。此外,β-丙内酯、过氧醋酸、戊二醛、三甘醇也可以蒸气熏蒸的形式用于室内灭菌。

(二)表面消毒法

消毒是杀死物体上病原微生物的方法。表面消毒法是以化学药品作为消毒剂,配成有效浓度的液体,采用喷雾、涂抹或浸泡的方法达到消毒的目的。

多数化学消毒剂仅对细菌繁殖体有效,不能杀死芽孢,应用消毒剂的目的在于减少微生物的数量。具体应用时应根据药物作用特点及消毒对象选择药物。

1. 皮肤消毒　宜选用广谱、高效、速效、刺激性小的药物,如碘伏、过氧乙酸、碘酊、乙醇等。

2. 黏膜消毒　宜选用刺激性小、吸收少、受脓液及分泌物影响小的药物,如高锰酸钾、碘伏、表面活性剂、过氧化氢、甲紫等。

3. 器械消毒　宜选用广谱、高效、速效、对金属无腐蚀性的药物,如甲醛、过氧乙酸等。

4. 排泄物消毒　可选用价廉、不受有机物影响的药物,如漂白粉、洗消净、酚类等。

5. 环境消毒　使用便于喷洒或熏蒸的药物,如过氧乙酸、甲醛、酚类等。

三、化学灭菌设备

常用化学灭菌设备是环氧乙烷灭菌设备。以环氧乙烷的混合气体(环氧乙烷 10%、二氧化碳 90%,或环氧乙烷 12%、氟利昂 88%)或环氧乙烷纯气体作为灭菌的设备。

操作如下:将待灭菌的物品置于环氧乙烷灭菌器内,用真空泵抽出空气,在真空状态下预热至 55℃~65℃,当真空度达到要求后,输入环氧乙烷混合气体,保持一定的浓度、温度和湿度。灭菌完毕,用真空泵抽出灭菌室中的环氧乙烷,通入水中,生成乙二醇。然后通入无菌空气驱走环氧乙烷。适用于医用高分子材料、医用电子仪器、卫生材料等对湿、热不稳定的药物,还用于灭菌塑料容器、注射器、注射针头、衣服、敷料及器械等对环氧乙烷稳定的物品。

使用注意:灭菌后的物品应存放在受控的通风环境中,并用适当的办法对灭菌后的残留物质加以监控,以使残留气体环氧乙烷和其他挥发性残渣降至最低限度。

第四节　其他物理灭菌设备

其他物理灭菌设备通常是指除上述灭菌设备以外的灭菌设备,诸如滤过除菌设备、紫外线灭菌设备、辐射灭菌设备、微波灭菌设备等。

一、滤过除菌设备

滤过除菌法是以物理阻留的方法,使药液或气体通过无菌的特定滤器,去除介质中活的和死的微生物,达到除菌的目的。主要用于不耐热的低黏度药物溶液和相关气体物质的洁净除菌处理。

繁殖型微生物大小约 $1\mu m$,芽孢大小约为 $0.5\mu m$ 或更小。滤过除菌使用的滤器,其滤材可由多种材料制成,这些滤材均具有网状微孔结构,通过毛细管阻留、筛孔阻留和静电吸附等方式,能有效地除去液态或气体介质中的微生物及其他杂质微粒。各种滤器的除菌都不是某一种方式的单一作用,尤其是高效能的薄膜滤器更具有多因素的阻留机制。因而,要提高滤过除菌的质量,选择合适的滤材极其重要,必须综合考虑滤材的密度、厚度、孔径大小及是否具有静电作用等因素对滤过除菌效能的影响。目前常用的滤过除菌器主要有微孔滤膜滤器、垂熔玻璃滤器和砂滤棒。

(一)微孔滤膜滤器

以不同性质、不同孔径的高分子微孔薄膜为滤材的滤过装置称为微孔滤膜滤器,是目前应用最广泛的滤过除菌器。高分子微孔滤膜的种类很多,常见的有醋酸纤维膜、硝酸纤维膜、醋酸纤维与硝酸纤维混合酯膜、聚酰胺膜、聚四氟乙烯膜及聚氯乙烯膜。膜的孔径也可分成多种规格,分别从 $0.025\sim14\mu m$,滤过除菌器一般应选用 $0.22\mu m$ 以下孔径的滤膜作滤材。

(二)垂熔玻璃滤器

用硬质中性玻璃细粉经高温加热至接近熔点,融合制成均匀孔径的滤材,再黏结于不同形状的玻璃器内制成的滤器称为垂熔玻璃滤器,也包括直接由硬质中性玻璃烧制而成的玻璃滤棒。常见的有垂熔玻璃滤球、垂熔玻璃漏斗、垂熔玻璃滤棒三种。我国均有定型产品生产。

垂熔玻璃滤器主要特点是化学性质稳定,除强酸强碱外,一般不受药液的影响,对药物溶液不吸附,不影响药液的 pH,故制剂生产时常用于滤除杂质和细菌。

垂熔玻璃滤器的滤板孔径有多种规格,一般应用为 1 号、2 号用于粗滤,除去较大较多杂质,同时 2 号还用于油针制剂的滤过;3 号、4 号用于精滤,除去水溶液中较小较少的杂质;5 号用于除去较大的细菌、酵母菌。只有上海玻璃厂的 6 号(孔径 $2\mu m$ 以下)、长春玻璃总厂的 G6(孔径 $1.5\mu m$ 以下)和天津滤器厂的 IG6 号(孔径 $2\mu m$ 以下)三种规格滤板制成的垂熔玻璃滤器可以作为滤过除菌器使用。

(三)砂滤棒

在实际生产中,作为除菌目的砂滤棒使用的现已不多,常作为注射剂生产中的预滤器。国内生产的砂滤棒主要有两种,一种是硅藻土滤棒(苏州滤棒),由糠灰、黏土、白陶土等材料经 1200℃高温烧制而成,有三种规格,细号孔径为 $3\sim4\mu m$,可滤除介质中颗粒杂质及一部分细菌。另一种是多孔素瓷滤棒(唐山滤棒),由白陶土、细砂等材料混合烧结而成,按孔径大小有 8 种规格,孔径在 $1.3\mu m$ 以下的滤棒可用作滤除细菌使用。

应用滤过除菌法除菌操作时,为提高除菌效果,保证成品质量,应注意下列问题:①药液应预处理:先用粗滤器滤除较大颗粒杂质,再用砂滤棒或 G4、G5 号垂熔玻璃滤器滤除细微沉淀物或较大杆菌、酵母菌,最后再用微孔薄膜滤器或 G6 号垂熔玻璃滤器滤过。并收集滤液及时分装。②应配合无菌操作技术进行,必要时在滤液中添加适当的防腐剂。③新使用或已多次重复使用的滤器,须进行灭菌处理,检查滤除效果,必要时可测定滤器的孔径或采样作细菌学检查。

二、紫外线灭菌设备

紫外线灭菌设备是利用紫外灯管产生的紫外线照射杀灭微生物的设备。紫外线属于电磁波非电离辐射,其波长在 200～300nm,对微生物具有极强的杀伤力,其中灭菌力最强的是波长为 254nm 紫外线,对肠道病菌、黄曲霉菌和 HBsAg(乙型肝炎表面抗原)等病菌在较短时间内即可杀灭。紫外线灭菌机理是紫外线照射到微生物上,引起其核酸蛋白变性,同时紫外线照射后,空气产生微量的臭氧,共同发挥杀菌作用。

紫外线以直线进行传播,其强度与距离的平方成比例的减弱。故紫外线的穿透力较弱,不能穿透固体物质深部,故紫外线灭菌设备不能用于药液的灭菌和固体物质深部的灭菌,如蜜丸、片剂的灭菌;但紫外线可以穿透清洁的空气和纯净的水,因而可以广泛地用于纯净水、空气灭菌和表面灭菌。

紫外线灭菌的适宜温度在 10℃～55℃,相对湿度为 45％～60％,一般在 6～15m³ 的空间可装 30 瓦的紫外线灯一只,距离地面应为 1.8～2.0m。各种规格的紫外灯管均规定了有效使用期限,一般为 3000 小时,故每次使用应做好记录,并定期检查灭菌效果。紫外线灭菌设备的使用注意事项:

1. 紫外线对人体照射太久会引起结膜炎和皮肤烧伤,故一般在操作前开启紫外灯0.5～1 小时,操作时关闭。

2. 紫外灯必须保持无尘无油垢,否则降低辐射强度。

3. 普通玻璃可吸收紫外线,故玻璃容器中的药物如安瓿不能采用此法灭菌。

4. 紫外线能促使易氧化药物或油脂等变质,故生产此类药物时不宜与紫外线接触。

三、辐射灭菌设备

辐射灭菌设备是以放射性同位素 γ 射线杀菌的设备。将最终产品的容器和包装暴露在适宜的放射源(^{60}Co 或 ^{137}Cs)中辐射或在适宜的电子加速器中到达杀灭细菌的辐射器。

γ 射线是高能射线,绝大多数微生物对该射线敏感,且穿透力强,故适于较厚物品,特别是对已包装密封物品的灭菌,灭菌效果可靠,并可有效地防止"二次污染"。灭菌过程中,被灭菌物品温度变化小,一般温度只升高 2℃～3℃,故特别适于不耐热药品的灭菌。

β 射线是由电子加速器产生的高速电子束,故 β 射线灭菌又称电子束灭菌。β 射线穿透力弱,故通常只适于非常薄和密度低的物质灭菌,尤其适于芳香性药材的消毒。效果不及 γ 射线,但辐射分解反应小,易于防护。

辐射灭菌设备的缺点是设备费用高,有些药物灭菌后疗效可能降低,对液态药剂的稳定性也有影响。同时在使用过程中安全防护要求高。

用辐射灭菌设备对中药进行灭菌处理,是解决中成药微生物污染问题的有效途径,随着科学技术的发展,辐射灭菌必将受到重视并得到更加广泛的研究与应用。

四、微波灭菌设备

微波灭菌设备是指利用频率为 300MHz～300kHz 之间的电磁波杀灭细菌的设备。其灭菌原理是由于极性物质在外加电场中产生分子极化现象,并随着高频电场的方向变化而剧烈的转动,结果使电场能转变成分子热运动的能量,从而产生具有杀菌作用的热效应。同时,微生物中的活性分子构型遭受到微波高频电场的破坏,影响其自身代谢,导致微生物死亡。两者结合达到微波灭菌的目的。该法适用于液体和固体物料的灭菌,且对固体物料具有干燥作用。

微波灭菌设备由于微波能穿透到介质的深部,具有升温迅速、均匀的特点,灭菌效果可靠,灭菌时间也仅需几秒钟到数分钟。研究报道,微波的热效应灭菌作用必须在有一定含水量的条件下才能显示,含水量越多的物质,灭菌效果越好。具有低温、常压、省时(灭菌速度快,2～3 分钟)、高效、加热均匀、保质期长、节约能源、不污染环境、操作简单、易维护的优点。

第五节 典型设备规范操作

临床上要求疗效确切、使用安全的药物制剂,尤其是注射剂和直接用于黏膜、创伤面的药剂必须保证无菌。微生物包括细菌、真菌、病毒等,微生物的种类不同,灭菌方法不同,灭菌效果也不同。既要除去或杀灭微生物繁殖体和芽孢,最大限度提高安全性,又要保证药物的稳定性和有效性。细菌的芽孢具有较强的抗热能力,因此,灭菌的效果常常以杀灭芽孢为准。

物理灭菌法中主流的两类灭菌方法为干热灭菌法和湿热灭菌法,在同一温度下,湿热灭菌法的灭菌效果优于干热灭菌法,其原因在于湿热中细菌菌体蛋白较易凝固,湿热的穿透力比干热大,且湿热的蒸汽有潜热。工业生产中常用的干热灭菌设备有柜式电热烘箱、隧道式远红外烘箱、热层流式干热灭菌机等,常用的湿热灭菌设备有高压蒸汽灭菌器、流通蒸汽灭菌器、快冷式灭菌器等。

不同的药物类型导致了迥异的设备选择,而设备的操作规范与否又直接决定了药品的输出质量。在此,详细介绍以下几款常用灭菌设备的操作和应用。

一、隧道式臭氧灭菌干燥机

CMG 型隧道式臭氧灭菌干燥机适用于眼药水、口服液的塑料瓶经清洗后进行烘干、灭菌,是制药和食品行业必备设备。

1. **工作原理** 由输送带将清洗过的瓶子送入臭氧灭菌区内,臭氧发生器生产的臭氧经输送管道输入灭菌区,灭菌时间一般在 10～20 分钟可达到灭菌效果。经灭菌后的瓶子进入干燥区,该区内加热器的温度在 60℃～70℃ 之间,对塑料瓶进行热风循环,升温快,温度分布均匀。由风机将经过百级过滤器的热风送至干燥区,使瓶子内外残留水予以蒸发,达到干燥的目的。瓶子进入排放区,由风机不断将经过的百级净化的空气输入该区,目的是冷却瓶子并驱除瓶内残留的臭氧,它由一个风机连接通风管道将区内残留臭氧和冷却瓶后的废气排除到已设置好的排放通道,不会污染工作区域和危及操作者。

2. **结构特征与技术参数** 本机主要由机架部分、传动机构、输送部分、臭氧灭菌部分、加热干燥部分、臭氧发生器、冷却排风部分、电控部分等组成。

(1)机架部分 机架主要由槽钢和钢板焊接而成;工作室箱体内壁及外露均采用优质不锈钢,可拆卸,便于清洗消毒。

(2)传动机构 传动机构采用变频控制,由减速电机带动蜗轮蜗杆,再通过链轮传递,达到传动平稳、低噪音的效果。

(3)输送部分 采用 304 不锈钢网带将塑料瓶从设备的进口传送到设备的出口。输送带两侧的链条与传动链轮同步运行,可有效防止常见的输送带打滑和跑偏现象,为设备的稳定运行提供了有力的保障。

(4)臭氧灭菌部分 由清洗机清洗过的塑料瓶送入臭氧灭菌烘箱内的臭氧灭菌段,灭菌段均匀分布的臭氧对塑料瓶上的细菌进行氧化还原作用,达到良好的灭菌效果。

(5)加热干燥部分 由风机将室内空气送向三根 1500W 的加热管对空气进行加热,再将热空气经过百级过滤器过滤后均匀地送入干燥区域,对经过该区域的塑料瓶进行干燥。

(6)臭氧发生器 产生臭氧,连续不断地将产生的臭氧送入臭氧灭菌段,对该区域的瓶子进行消毒灭菌。

(7)冷却排风部分 位于加热干燥部分后面的冷却排风部分主要将干燥后的塑料瓶进行冷却,并将冷却后的废气通过排风机排出。

(8)电控部分 采用人机界面操作控制,操作简单直观,机器稳定可靠。

CMG 型隧道式臭氧灭菌干燥机技术参数见表 9-3。

表 9-3 CMG 型隧道式臭氧灭菌干燥机技术参数表

适用瓶子	10mL 塑料瓶	臭氧浓度	≥40ppm
生产能力	80～120 瓶/分	烘干温度	～80℃(可调)
电压	220V/50Hz	电机噪音	≤65dB
用电功率	5kW	机器净重	1200kg
臭氧量	～5g/h	外形尺寸	4000×800×1800(mm)

3. **设备特点** 本机加热部分及臭氧发生器均能自动控制,并且显示。输送带速度在一定范围内可调节。该机具有运行稳定,灭菌质量好,无故障,操作简单,好维修易保养的

特点。

4. **操作方法**　①设定所需加热量,由温控器加热温度至 60℃～70℃之间;②开启总控开关;③启动输送带开关,调节好输送带速度;④启动风机开关,使风机进入工作状态,待风机工作延迟一段时间后(由时间继电器设定),自行启动加热器和臭氧发生器一起工作;⑤如发现异常,操作总控开关,整机所有设置均停止工作。

5. **维护保养**　机器开箱检查验收时,在正常运输包装完好的情况下,若发现产品的部件、零件与装箱单不符,应及时与厂商联系。了解清楚说明书后进行安装、调整、操作等,避免造成损失和事故。

6. **注意事项**　开机前检查电源是否接通,排风通道是否畅通。瓶子是否充足,输送带拦瓶条定位是否合适。运行结束,按总控开关,关闭电源。

7. **故障排除**　见表 9-4。

表 9-4　CMG 型隧道式臭氧灭菌干燥机故障及排除

故 障 现 象	故 障 原 因	解 决 办 法
接通电源,电压表无指示,不工作	电源不通 1. 电源未接好 2. 保险丝断 3. 各接头接触不良 4. 开关坏 5. 交流接触器坏	1. 接好电源 2. 更换保险丝 3. 检查接头 4. 换开关 5. 换交流器接触器
电路正常,有气体输出且无臭氧味	冷却水流量大,温度低,空气遇冷在玻璃管表面结露,致使臭氧效率低或不产生臭氧	1. 调节却水流量,使出水温度大于 20℃,出水口滴水即可 2. 取出臭氧发生罐内玻璃管,擦干水珠或用气泵通气干燥露水 1 小时左右
臭氧发生罐内有红色火光或变压器噪音大	1. 臭氧发生罐内玻璃管破裂短路打火 2. 臭氧发生罐内电瓷与机体短路打火 3. 变压器坏	1. 更换玻璃管 2. 更换电瓷 3. 更换变压器
漏气	1. 接头未扎紧 2. 减压阀坏 3. 取样阀坏 4. 流量计胶垫坏 5. 气线损坏	1. 将接头扎紧 2. 更换减压阀 3. 换取样阀 4. 换流量计脚垫 5. 更换气线
臭氧浓度太低	1. 气体流量计开得过大 2. 发生罐内玻璃管上有水珠	1. 减小流量 1～2 L/min 2. 擦干玻璃管上的水珠
气路不通	1. 减压阀不通 2. 气体流量计没打开 3. 放水阀没关	1. 调整减压阀 0.15M 2. 打开流量计到 2 L/min 3. 关闭放水阀

二、脉动真空纯蒸汽灭菌器

MZX 系列机动门脉动真空纯蒸汽灭菌器(以下简称灭菌器)技术先进,设备制作考究,工艺先进。由外部蒸汽源提供饱和纯蒸汽作为灭菌介质。通过灭菌器控制系统启动真空泵对灭菌室强制抽真空进蒸汽,并反复若干次,在短时间内使灭菌室的空气排出量达到 100%,以消除灭菌室内冷点,排除被灭菌物品的温度"死角"。脉动真空后对物品实施灭菌,从而保证灭菌效果。对于不需脉动真空灭菌的物品,可用下排汽程序或液体程序实施灭菌。

1. 工作原理 MZX 系列机动门脉动真空压力蒸气灭菌柜灭菌原理是通过真空泵借助水的流动抽出灭菌柜室内冷空气,使其处于负压状态,然后输入饱和热蒸汽,使其迅速穿透到物品内部,如此反复 3 次或 4 次。在高温和高压力的作用下使微生物蛋白质变性凝固而灭活达到灭菌要求,蒸汽在锅内迅速扩散和渗透到锅内物品的深部达到有效的灭菌。灭菌器按照预先编制的程序驱动电气元件,控制纯蒸汽的流入排出,完成对物品的灭菌。灭菌后,抽真空使灭菌物品迅速干燥。

2. 结构特征及技术参数 MZX 系列机动门脉动真空纯蒸汽灭菌器主要由缸体、大门、管路系统、控制系统、灭菌车、搬运车等组成。

缸体及大门内表面采用机抛光处理,耐腐蚀。缸体上具有标准的 GMP 验证接口及超压泄放安全阀。验证接口可方便地为设备进行验证,超压泄放安全阀确保了缸体使用安全。灭菌器大门为机动门,自动控制,利用压力蒸汽施压于密封胶条密封灭菌室,门胶条受压均匀。真空泵采用联轴器及叶轮的设计可以大大减少振动,故障率小,维修方便。控制系统采用触摸屏控制系统,主要由 MT6070Ih 彩色触摸屏、CPU226 工业可编程序控制器组成。组态控制软件,具有抗干扰能力强、控制精确、运行稳定的特点。灭菌过程中随时采集 2 点温度点,以其最低点作为控制信号,确保了灭菌效果。工业可编程序控制器是目前控制领域最为可靠的控制系统,防震、防潮、防电磁干扰,性能稳定,运行可靠。

MZX 系列机动门脉动真空纯蒸汽灭菌器技术参数见表 9-5。

表 9-5 MZX 系列机动门脉动真空纯蒸汽灭菌器技术参数

容 器 类 型	Ⅰ 类		
设计压力	0.25MPa	安全阀设置	0.24MPa 开启,0.22MPa 关闭
设计温度	138℃	脉动次数设定	0~9 次
压缩空气源压力流量	0.5~0.8MPa	环境温湿度	温度≤40℃;温度≤90%
压缩空气源流量	0.036m³/min	设计寿命	8 年
外形尺寸 单扉(mm)	1020×1260×1770	1370×1260×1770	1370×1350×1770 1670×1350×1770
外形尺寸 双扉(mm)	1050×1260×1770	1400×1260×1770	1400×1350×1770 1700×1350×1770

3. 设备特点 设备采用机动门,具有安全、省力等特点,机动门触摸屏控制脉动真空蒸汽灭菌器完全按 GMP 标准设计制作,采用德国西门子软件技术及先进制作工艺,具有符合 GMP 验证所需的灭菌器资料及数据。控制系统采用上下位机控制方式,下位机采

用西门子可编程序控制器(以下简称 PLC),以提高系统的可靠性;上位机采用彩色触摸屏作为人机界面,显示清晰直接,动态显示灭菌时间、温度、压力、实时工况或灭菌温度曲线。选配打印机后,可以打印灭菌记录并保存。工作流程采用电脑控制,具有方便、省时、省力、总灭菌时间短、灭菌彻底可靠、物品干燥等特点。

4. 操作方法

(1)准备行程 在设备处于准备状态下,请装载待灭菌物品,关好灭菌器大门。

(2)升温行程 选择程序,按"启动"键,灭菌器自动运行,开始抽真空,真空达到 $-0.065MPa$(表压),延时 2 分钟,开始向内室进蒸汽,自动疏水排冷凝水、冷汽,脉动真空 3 次。通过内室温度、内室压力智能控制进汽、疏水,无超压,无假温,当温度达到灭菌温度时,自动转入灭菌行程。

(3)灭菌行程 进入灭菌行程,自动进汽,自动疏水,保温保压 10 分钟,时间到转入干燥行程。

(4)干燥行程 进入干燥行程,开始排汽,当压力下降到 $0.020MPa$(表压)时,开始抽真空,当压力达到 $-0.050MPa$(表压),再延时 8 分钟,开始回洁净空气,当内室压力回 $-0.015MPa$(表压)时,再抽真空、回空气,干燥总计 12 分钟,自动转为结束行程。

(5)结束行程 报警器响,灭菌结束,回空气后,开门取物。

5. 维护保养 本设备安装的场地应为硬质地面。用户的电源功率必须满足设备的用电需求。安装地点要求有通风散热装置,环境温度控制在不超过 40℃,相对湿度小于 90%。应具有排泄设施,排泄管道要求大于灭菌器排水管路直径,或制作专用排水地沟,排水管路要求从灭菌器出口开始由高往低安装,以避免引起管路积水。排泄管道还要避免过多的拐角,以保持排水通畅。本设备为 Ⅰ 类压力容器,为保设备在安全状态下使用,设备装有安全阀和安全连锁装置。定期排出干燥剂,加热至 60℃~100℃ 除潮,反复利用,定期排除发生器内积水(先断电,后开箱,再放水,发生器下部两端各有一个放水阀门)。

6. 注意事项 用仪表测量电源电压等参数,要求符合使用要求。检查电器接线、插头、插座是否有松动或接触不良现象,如有则要紧固。检查蒸汽、进水、压缩空气管路的连接是否正确。机动门开关是否灵活,门的密封和锁紧机构能否起作用。打开连接设备的进水、压缩空气阀门,观察压力表指示的压力是否满足设备的使用能力。

7. 故障排除 该机产生的故障包括真空泵不启动、真空泵运转但声音不正常或真空度不够、外筒压力调整偏高或升温太慢、温度超高、干燥过程中的故障等。

(1)真空泵不启动 ①检查三相供电源是否正常。②检查连线与插头,交流接触器和继电器是否正常。③PC 机输出有故障。④电机是否损坏。

(2)真空泵运转但声音不正常或真空度不够 ①是否反转,调整相序。②泵轴承损坏或泵有问题。③供水压力不够,缺水。④真空管路泄漏。⑤门封老化,自锁皮碗老化(更换)。⑥渗汽阀调整不当。⑦三相电动阀故障(更换或维修)。⑧传动皮带损坏或传动轮坏。

(3)外筒压力调整偏高或升温太慢 只能用手动控制进汽压力,此故障是因进汽减压阀损坏,需维修减压阀或更换。

(4)温度超高 ①传感器坏(阻值变大,可更换)。②内筒压力偏大,可调整减压器。③温度显示器误差,可调温度、传感器。

(5)干燥过程中常见故障处理 在干燥过程中,第一次抽真空完成后,不进行第二次。①干燥时间小于8分钟。②负压开关不动作(接触不良,没有断开),调整负压开关,使其达到程序要求标准,若仍不能达到,则需更换负压开关。

三、中成药蒸汽灭菌柜

中成药蒸汽灭菌柜适用于中药制药企业,主要用于对含生药原粉的中成药产品进行原料灭菌。多功能中成药蒸汽灭菌装置,采用了先进的门结构装置,传动相当灵活轻捷,维修直观简单,为国内同行业首创。电器控制系统简洁明了,管路系统气动元件均为国外进口,控制稳定性高。

1. **工作原理** 蒸汽遇冷物品放出潜热,把被灭菌物品加热,温度上升到某一温度时,就有一些沾染在被灭菌物品上的菌体蛋白质和核酸等一部分由氢键连接而成的结构受到破坏,尤其是细菌所依靠、新陈代谢所必需的蛋白质结构——酶,在高温和湿热条件下失去活性,最后导致微生物灭亡。

2. **结构特征与技术参数** 管路系统由角座式气动阀、过滤器、单向阀、疏水阀、真空泵及各种管件连接而成。控制系统由日本三菱 PLC 控制器、台湾 HITECH 触摸屏、微型面板打印机、日本 TOKYO 压力控制器及其他方式输入的开关量、模拟量进行处理,输出不同的控制信号,自动完成控制过程。

中成药蒸汽灭菌柜技术参数见表9-6。

3. **设备特点** 以往中药消毒杀菌大多采用[60]Co、环氧乙烷等方法,这些方法难以保证药性,或有残留,要不然就是费用昂贵,经试验蒸汽对中药材的杀菌是一种最适合用于中药杀菌的手段。中成药灭菌柜为卧式长方形,采用内、外蒸汽加热的方法,这样柜体的空间就得以充分的利用。柜体内部还设计有独特的防潮装置,可有效消除传统蒸汽灭菌的中药粉剂结块现象。

表9-6 中成药蒸汽灭菌柜技术参数

工作压力	0.21MPa
设计压力	0.245MPa
工作温度	132℃
真空度	−0.09MPa
内室容积	2250×750×1100(mm)
外形尺寸	2444×1370×1961(mm)
设备重量	2450kg

4. **操作方法**

(1)关门操作 在关门前,要检查一下门的密封材料有无开裂、损伤与污物,检查筒体与门密封材料的接触面有无损伤及污物,压缩空气是否到位,门密封条是否凸出太多,如是,则按一下门真空,把密封条收进去。关门时,一手轻按门口侧门板,另一手按关门键。

(2)开门操作 只有内筒的压力与外界大气压相等时才可以把门打开。开门前必须确认下列各项:内室压力为0MPa,必须在准备状态或结束状态下,门自锁装置解除。根据国家对压力容器安全性能的规定,本装置设有安全联锁装置,在内室压力大于0.01MPa时,门自锁,此时门不能打开。

（3）操作程序 ①打开水源、汽源。②打开蒸汽旁路阀,放掉冷凝水,当听到管道内有蒸汽流动声时,关闭旁路阀,打开蒸汽阀。③打开电源,开门装物。④关门,触摸屏显示"门已关""准备"字串。⑤按启动触摸键,进入自动操作程序:真空、升温、灭菌、干燥、结束。⑥开门取物:当灭菌室压力接近0MPa时,按门圈真空键10秒钟左右,开门。⑦关闭能源阀。⑧关闭电源。

（4）灭菌工作程序 ①准备:前后门关到位,空压气到位,触摸屏显示"准备"字串。②真空:预热至一定温度,按启动按钮,循环三次真空转入升温。③升温:灭菌室压力不断上升至设定压力,温度持续上升至设定值,转入灭菌。④灭菌:灭菌室压力、温度维持在设定范围内,到设定灭菌时间,转入干燥。⑤干燥:排汽1分钟左右,真空泵启动抽湿热蒸汽,其间真空、补气相循环,到设定干燥时间,结束真空干燥,补百级空气。⑥结束:灭菌室压力上升至0MPa,结束灯亮,按门真空键10秒后,开门取物。

5. 注意事项

（1）条件可靠性 ①安装控件通风状况是否良好。②灭菌柜大门开关是否通畅。③门密封条是否完好。④各能源供给是否正常。

（2）安全性 本装置为Ⅰ类压力容器,为保证安全正确使用本装置,请确定责任人。

（3）日常使用及维护事项 本装置为压力容器,为使每天都能正确、安全地使用,注意下列各项的同时,请给予维修与保护。①门的打开,请参照《门的操作方法》。②在放入或取出灭菌物时,请注意不要被碎玻璃扎伤。③本装置在使用过程中,请经常确认压力表的指示情况。当压力达0.25MPa以上时要关进蒸汽阀,切断电源,对供蒸汽的管路进行检查。④每天使用前,请检查内筒及内筒排汽口上有无污物。如过滤网上堆有杂物,会使灭菌不完全或干燥不良。⑤不能用潮湿酸性物擦洗屏面。

6. 故障排除 见表9-7。

表9-7 中成药蒸汽灭菌柜故障及排除

故 障 现 象	消 除 方 法
按启动键进行不了真空程序	屏幕程序是否显示有"准备"字串,门是否关到位
真空泵不运转或不抽真空	确认电源380V是否已接通 给水管道是否有故障 交流接触器、真空阀是否动作
门不能打开 门关不上	是否在准备或结束状态 内筒压力是否是0MPa 门密封圈是否损坏 气缸运行是否顺畅

第十章 输送机械设备

在药品的生产过程中,所处理的物料可分为流体和固体两大类,当我们需要将这些物料从一个设备输送至另一个设备或从一个位置输送到另一个位置时,就需要用到输送机械设备。在制药工业大规模生产过程中,物料输送直接影响产品的质量和生产效率,输送设备的选择将影响到设备的投资、维护以及运行成本,所以,学习输送机械设备对制药工业大规模生产极为重要。

根据物料的性质可以把输送设备分为流体输送设备和固体输送设备两大类,流体又可分为液体和气体两类,由于液体和气体性质差别较大,所以在输送设备上也有区别。本章根据物料性质将输送设备分为液体、气体和固体输送设备。

第一节 液体输送机械

通常情况下,输送液体的设备称为泵。在制药过程中,由于被输送液体的性质,如密度、黏度、稳定性、混悬液的颗粒大小等都有较大的差别,温度、压力、流量也有较大的不同,因此需要用到各种类型的泵。根据液体输送机械的原理、结构的不同可分为三大类,如表10-1所示。

表 10-1 液体输送设备分类

类 别	具体泵
叶片泵	离心泵、旋涡泵
容积泵	柱塞泵、齿轮泵、螺杆泵
其他	液环泵、滑阀泵、喷射泵

一、离心泵

离心泵是在工业中应用最为广泛的一种液体输送设备,其中流量大是其最大的特点,大流量液体的输送一般都选择离心泵。

(一)离心泵的主要结构

离心泵主要由两部分构成,其中旋转部件包括叶轮和泵轴;静止部件包括泵壳、底阀、轴封装置等。其中主要部件有叶轮、泵壳和轴封装置,如图10-1所示。

1. 叶轮 叶轮是使液体接受外加能量的部分,即通过叶轮将电动机的能量传递给液体。叶轮的结构如图10-2所示。叶轮内有3~8片弯曲的叶片,其弯曲方向与转动方向相反。图中 a 所示为叶片两侧均有盖板的叶轮,称为闭式叶轮,其工作效率高;图中 b 所示为在吸入口侧无盖板的叶轮,称为半闭式叶轮;图中 c 所示叶片两侧均无盖板,其效率低但不易堵塞,此种叶轮称为开式叶轮。

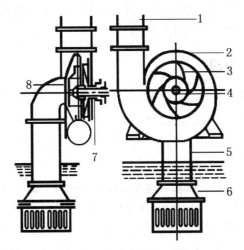

图 10-1 离心泵结构示意图

1. 排出管;2. 泵壳;3. 叶轮;4. 泵轴;5. 吸入管;6. 底阀;7. 轴封;8. 吸入口

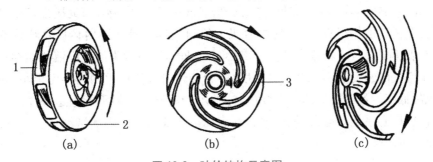

(a)　　　　　　　(b)　　　　　　　(c)

图 10-2 叶轮结构示意图

1. 后盖板;2. 前盖板;3. 叶轮

2. **泵壳** 泵壳亦称泵体,主要作用是将叶轮封闭在一定的空间,以使叶轮引进并排出液体,并将液体所获得的大部分动能转变成静压能,因此它又是一个转能装置。其结构如图 10-3 所示。泵壳不仅是一个液体汇集的部件,还是一个能量转变的装置。导轮是叶轮与泵壳之间装的一个带叶片的固定圆盘,它能将动能均匀缓和地转变为静压能,提高泵的效率。

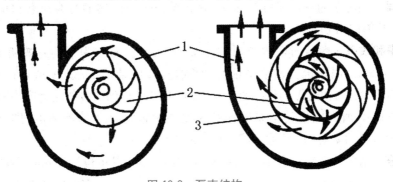

图 10-3 泵壳结构

1. 泵壳;2. 叶轮;3. 导轮

3. **轴封装置** 固定的泵壳与旋转的泵轴之间的密封称为轴封。它的作用是防止高压液体沿轴漏出,或者外界空气沿轴进入。常用的轴封装置有填料密封和机械密封两种,近年来,机械密封的轴封装置更为常用。

(二)离心泵的工作原理

离心泵工作基本原理可用离心力来加以说明。取一圆桶盛一半水,用木棍搅动水体,产生水面中心下降,边缘上升的现象,搅拌越快,现象越明显。这是由离心力造成的,水面边缘上升相当于将水从低处抛向高处,水面中心下降,形成低压区,可将水吸入,补充边缘抛出的液体,从而形成连续工作过程。

离心泵在启动前要先向泵壳内灌满所输送的液体。启动后电机带动叶轮高速旋转,叶片间的液体也随之旋转获得离心力,液体在离心力的作用下,从叶轮中心被抛向叶轮外缘,并在此过程中获得了能量,其中以动能增加为主。液体离开叶轮进入泵壳后,由于泵壳中流道逐渐扩大,液体流速减小,使部分动能转换为静压能。最终液体以一定的压强和速度从泵的排出口排出。

当叶轮内的液体被抛出后,叶轮中心处形成低压区,造成吸入口处压强低于贮槽液面的压强,在此压差的作用下,液体便沿着吸入管道连续地进入泵内。只要叶轮不停地旋转,离心泵就不停地吸入和排出液体。离心泵启动时,若泵内未能充满液体而存在大量空气,则由于空气的密度远小于液体的密度,叶轮旋转对气体产生的离心力很小,在叶轮中心处形成的低压不足以将液体吸入泵内,这种虽启动离心泵但不能输送液体的现象称为气缚。可见,离心泵是没有自吸能力的,在启动前必须向泵壳内灌满液体。为方便灌泵,底阀常使用单向阀。

(三)离心泵的主要性能参数

离心泵的主要性能参数包括流量 Q、扬程 H、功率 N、效率 η、转速 n。其中还包括允许吸上真空高度 Hs 和气蚀余量 Δh。这些参数是我们选择离心泵的重要参考依据。

1. **流量** 离心泵的流量又称为泵的送液能力,是指离心泵在单位时间内排出的液体体积,用 Q 表示,其单位为 m^3/s 或 m^3/h。

2. **扬程** 离心泵的扬程又称为压头,是指单位重量液体通过泵所获得的有效能量,用 H 表示,其单位为 m。

3. **功率和效率** 单位时间内泵对输出液体所做的功,称为泵的有效功率,以 Ne 表示,其单位为 J/s。原动机传递给泵轴的功率称为泵的轴功率,以 N 表示。离心泵运转时,由于泵轴与轴承、轴封等的机械摩擦,液体从叶轮进口到出口的流动阻力和泄漏等,要损失一部分能量,所以电机传给泵轴的功率是不可能全部传给液体的,即 N 一定大于 Ne。我们把有效功率与轴功率的比值,称为泵的总效率,以 η 表示。

4. **转速** 指泵的转轴每分钟的旋转圈数,用 n 表示,其单位为 r/min。在离心泵不变的情况下,一定的转速产生一定的流量 Q 和扬程 H,并对应一定的轴功率 N。

5. **允许吸上真空高度和气蚀余量** 离心泵的允许吸上真空高度是指不发生气蚀时

泵入口中心距贮槽液面的最大垂直距离,用 Hs 表示,其单位为 m。气蚀余量指泵吸入口处单位重量液体所具有的超过汽化压力的指定最小富余能量,用 Δh 表示,其单位为 m。

(四)离心泵的类型及选用

离心泵有多个种类,在实际生产过程中需要根据生产要求选择合适的类型,同一类型的泵也有不同的性能,在选择离心泵时,泵的性能既要充分满足生产需求,又要考虑节能等因素。

1. 离心泵的类型　制药企业中所用离心泵的种类繁多,按所输送液体的性质,离心泵可分为清水泵、耐腐蚀泵、油泵、杂质泵等;按叶轮的吸入方式,可分为单吸泵和双吸泵,如图 10-4 所示;按叶轮数目又可分为单级泵和多级泵。

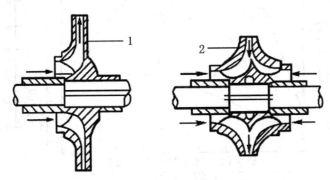

图 10-4　单吸泵和双吸泵示意图
1. 单吸泵;2. 双吸泵

(1)清水泵　一般用于输送清水或理化性质与水类似的清洁液体。应用最广泛的是单级单吸悬臂式离心水泵,系列代号为 IS。全系列扬程范围为 4.5~133m,流量范围为 3.75~460m³/h,被输送液体温度不超过 80℃。

(2)双吸泵　若输送液体流量要求较大,扬程要求不太高时,可采用双吸泵。双吸泵叶轮的宽度与直径比大于单级泵,且有两个吸入口,因此送液量大。双吸泵系列代号为 Sh,全系列扬程范围为 9~140m,流量范围为 120~30000m³/h,被输送液体温度不超过 80℃。

(3)多级泵　若输送液体需要高扬程且流量不大时,可采用多级泵,系列代号为 D,一般有 2 到 12 级。全系列扬程范围为 14~351m,流量范围为 10.8~850m³/h。

(4)耐腐蚀泵　其主要特点是与液体接触的部件用耐腐蚀材料制成,用于输送酸、碱及其他具有腐蚀性的液体,有 IH 系列和 MA 型耐腐蚀泵,其扬程范围为 20~125m,流量范围为 15~400m³/h,被输送液体温度介于 -20℃~105℃。

(5)杂质泵　其主要特点是叶轮、泵体采用耐磨材料,小磨损设计,泵的转速一般不高,叶轮流道宽,叶片数少。为防止固体颗粒进入轴封,一般采用清液为封液。为方便清洗,通常采用开式或半开式叶轮。杂质泵的系列代号为 P,还可细分为污水泵 PW、砂泵 PS、泥浆泵 PN 等。

(6)油泵　其主要特点是密封性能好,用于输送易燃易爆的液体。

2. 离心泵的选用　离心泵在选用时除了要根据输送物料的性质和操作条件选择不同类型的泵外,还要综合考虑泵的工作效率,在选用时可参考离心泵的特性曲线图,如图10-5所示。从图中可以看出,离心泵在一定的转速下有一最高效率点,在此点对应的流量和扬程下工作最经济。实际选用时流量和扬程在最高效率点正负8%的高效区内即可,如果没有合适的型号,则应选择泵的流量和压头都稍大的型号。

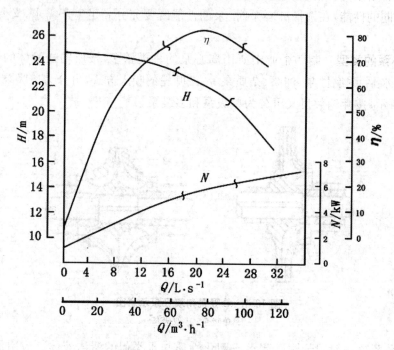

图 10-5　离心泵特性曲线图

离心泵在选配电机时必须依据泵的轴功率,同时考虑传动效率及电机超负荷的可能性。取最大流量计算出轴功率的1.2倍作为所选电机的功率。

某制药厂需安装一台离心泵,安装前经计算购买了一台刚好能满足生产需要的离心泵,安装后使用正常,但在使用一段时间后发现,泵的流量和扬程均有所下降,不能满足生产需求。根据上述情况分析,可能是由于电机功率过低,在使用一段时间后电机自身性能和传动效率下降,造成泵的流量和扬程下降,解决方法是更换一台稍大功率的电机(原电机功率的1.2倍)。

(五)离心泵的安装

离心泵之所以能吸取液体,与叶轮中心旋转所形成的真空度有关,吸液的实质是叶轮中心与贮槽液面的压差形成的吸液作用。在贮槽液面与大气相通,为一个标准大气压时,不考虑管道阻力等情况下,水的最大吸上真空高度为10.33m,如图10-6所示。

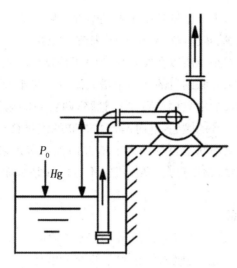

图 10-6　离心泵的安装高度示意图

P_0——大气压强；Hg——安装高度

但离心泵在实际工作时,叶轮中心处压力最低,当叶轮中心处压力小于等于液体输送温度下的饱和蒸汽压时,液体会汽化形成许多小气泡,气泡随液体流向桨叶,压力增大,使气泡瞬间凝结溃灭形成空穴,周围的高压液体高速冲击空穴,形成局部高压(几百个或更高大气压),在高达数万次每秒的高频高压的冲击下,造成叶轮表面机械剥裂与电化学腐蚀破坏,同时也使泵的工作效率显著降低,这种现象被称为气蚀现象。

为了避免气蚀现象的发生,应降低安装高度,使叶轮中心压力高于液体输送温度下的饱和蒸汽压,其安装高度即为允许吸上真空高度。为了保证离心泵在较宽的工况范围内正常工作,实际安装高度应比允许吸上真空高度更低,其安装高度降低的最小值即为气蚀余量。故一般的安装高度为允许吸上真空高度减去气蚀余量,但泵的参数是在标准工况下计算确定的,即 20℃清水,标准大气压和管道阻力不计情况下计算。实际使用过程中输送液体的温度、密度、流速、管道阻力和安装地海拔(大气压)等因素都会影响实际安装高度,如实际工况与标准工况相差较大时应重新计算。

通常安装离心泵时,可采用下列措施避免气蚀现象:①尽量减小吸入管道的压头损失;②泵的位置应靠近液源,缩短吸入管长度;③减少拐弯,并省去不必要的管件与阀门;④把泵安装在输送液面以下,输送液体温度要控制在规定温度以下。

某制药厂需安装一台离心泵,在购买前准确计算了泵所需要的功率,并按该功率的1.2倍购买了某型号离心泵,安装使用后发现液体输送量不达标,泵在工作中噪音很大。根据上述情况分析,可能是离心泵的安装高度过高所引起的气蚀现象,应降低安装高度解决上述问题。

(六)离心泵的使用、操作及维护

1. 离心泵的使用

(1)离心泵的流量调节　离心泵最简单的流量调节方法是在排出管路上加阀门,通过阀门的开启度来调节流量,本法在轴功率不变的情况下减少流量,降低了泵的效率。比较经济的办法是通过改变泵的转速或叶轮的直径来改变流量,但由于改变交流电机转速不易,改变叶轮直径调节范围小。所以在实际生产中还是以阀门调节流量为主。

(2)并联操作 离心泵并联的目的是为了增大流量。对于分别使用管路情况,两台泵并联的流量是单台的两倍;如果只用一台泵的管路,两台泵的液体同时涌入,会使管路阻力增加,相当于加了一个半开的阀门,这时两台泵并联的流量会小于单台的两倍。

(3)串联操作 离心泵串联的目的是为了增大扬程。多台泵串联操作类似于一台多级泵,但串联所需电机较多,磨损较大,操作维护不方便,因此,除特殊情况,一般选择多级泵来增加扬程。

2. 离心泵的操作要点

(1)启动前准备 ①用手拨转电机风叶,观察叶轮转动是否灵活,有无卡磨现象。②打开进水阀和排水阀,灌泵,使吸入管道和泵腔充满液体。③手动盘泵,使润滑剂进入机械密封端面。④点动电机,确定旋转方向以及有无其他异常。

(2)启动与运行 ①全开进水阀,关闭出水阀。②接通电源,启动电机,待泵正常运转后再逐渐打开出水阀,并将其调至所需流量。③注意观察仪表读数,检查轴封泄漏情况。④检查电机,轴承处的温度应小于70℃,一旦发生异常情况,应及时处理。

(3)停机 ①逐渐关闭出水阀,停机后切断电源。②关闭进水阀。③若环境温度低于0℃,应将泵内液体排尽,以免冻裂。④若长期停用,应将泵拆卸清洗,包装保管。

3. 维护保养操作规程

(1)运行中的维护 ①定期检查润滑剂的质量和油量,每季换油1次。②在运行过程中应注意轴承温度、振动、异响等,及时处理和发现异常情况。③注意泵出口流量和压力是否正常,若有变化应迅速查明原因,及时排除。④应经常检查进水管路、轴封等有无漏气现象。

(2)停机时的维护 ①备用泵要经常察看润滑剂的质与量。②每天盘车一次,一次90°,防止轴弯曲和轴承粘连。③泵长期停时,应放净泵内液体,将内部零件擦净、涂油。④每月将备用泵试运行一次。

二、往复泵

往复泵是一种常用的容积式泵,它通过活塞往复运动,周期性的改变泵腔体积来吸入和排出液体,在制药工业中常作为计量泵使用。

(一)往复泵工作原理

往复泵的装置如图10-7所示,当活塞自左向右运动时,工作室容积增大,泵体内压强降低,排出阀关闭,吸入阀打开,液体进入泵内,这是吸液过程。活塞移至右止点时,吸液过程结束。当活塞自右向左运动时,工作室容积减小,泵体内液体压强增大,吸入阀受压关闭,而排出阀则受压开启,将液体排出泵外,这就是排液过程。

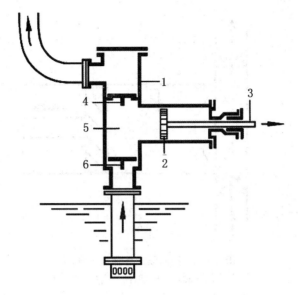

图 10-7 单动往复式泵工作原理示意图

1. 泵缸；2. 活塞；3. 活塞杆；4. 排出阀；5. 工作室；6. 吸入阀

(二)往复泵分类

单动式往复泵活塞往返一次,液体排出一次,其流量非常不均匀,为改善这一问题,多采用三联泵或双动泵,如图 10-8 所示。三联泵就是将三台泵并联,可使流量相对均匀,送液可连续进行,如图 10-9 所示。一般往复泵的活塞与输送液体接触,不适合输送含有固体颗粒的悬浮液,可用隔膜将活塞与输送液体隔开输送,如图 10-10 所示的隔膜泵。

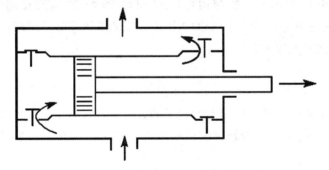

图 10-8 双动泵工作原理示意图

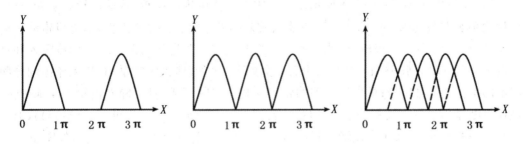

图 10-9 往复泵流量示意图

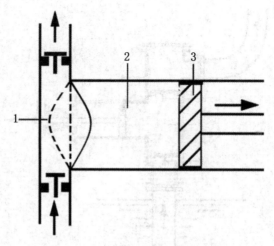

图 10-10 隔膜泵工作原理示意图

1. 隔膜;2. 水(或油);3. 活塞

(三)往复泵特点及应用范围

往复泵依靠活塞将机械能以静压能的形式直接传给液体,其理论流量等于单位时间内活塞所扫过的体积。流量与活塞的直径、行程和往复次数有关,与扬程无关。故往复泵的流量不能采用改变排出阀的开度来调节,改变曲柄转速和活塞行程可调节流量,但设备较复杂,一般多采用旁路回流法调节流量。在制药工业中常将往复泵作为计量泵使用,其中柱塞式计量泵最常用。其特点是可通过传动调节机构改变活塞行程,从而调节排液量。

往复泵的特点是流量不连续、结构复杂、体积大、扬程高。主要适用于小流量、高压力(扬程)、定量输送的场合,尤其适用于输送压力较高的液体或高黏度液体。不适用输送腐蚀性液体和含有固体颗粒的悬浮液。

三、旋转泵

旋转泵是靠泵内一个或一个以上的转子的旋转来吸入与排出液体的,故又称转子泵。其扬程高流量,均匀且恒定。旋转泵的结构形式较多,最常用的有齿轮泵和螺杆泵。

(一)齿轮泵

齿轮泵的结构如图 10-11A 所示。泵的主要构件由主动齿轮、从动齿轮和泵壳组成。两齿轮轴装在泵壳内,泵壳、齿轮和泵盖构成泵的工作腔。齿轮泵工作时,电机带动主动齿轮及与其啮合的从动齿轮,按图中所示的方向旋转。两齿轮与泵壳之间形成吸入和排出两个空间。吸入腔一侧的啮合齿分开,形成低压区,液体被吸入泵内,进入轮齿间分两路沿内壁被送到排出腔;排出腔一侧的轮齿互相合拢时形成高压,随着齿轮不断地旋转,液体不断排出。齿轮泵有外啮合和内啮合两种,外啮合齿轮泵工作可靠,制造容易,但流量和压头有些波动,近年来逐渐被制造稍复杂,但工作平稳的内啮合泵取代,如图 10-11B所示。

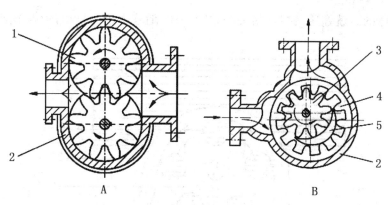

图 10-11 齿轮泵示意图

1. 齿轮;2. 泵体;3. 外齿齿轮;4. 内齿齿轮;5. 隔板

齿轮泵的流量小但扬程高;常用于输送黏稠液体和膏状物料,不能输送腐蚀性液体和含有固体颗粒的悬浮液。齿轮泵不能用阀门调节流量,一般带安全阀以防止超压。

(二)螺杆泵

螺杆泵主要由泵壳与一根或两根以上螺杆构成。如图 10-12 所示,双螺杆泵与齿轮泵相似,用两根互相啮合的螺杆吸入和排送液体。液体从螺杆两端进入,由中央排出。螺杆越长,则泵的扬程越高。螺杆泵不能用阀门调节流量,需配备安全阀以防止超压。

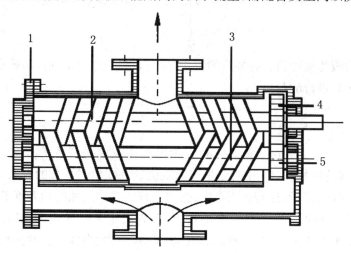

图 10-12 双螺杆泵结构示意图

1. 泵壳;2. 主动螺杆;3. 从动螺杆;4. 主动齿轮;5. 从动齿轮

螺杆泵有良好的自吸能力,流量比往复泵和齿轮泵均匀,扬程高,效率高,噪音小,使用寿命长;缺点是加工制造困难。适用于高压下输送高黏稠性的液体,也可气液混合输送。

(三)蠕动泵

蠕动泵的机械原理十分简单,如图 10-13 所示。它是通过对泵管进行交替挤压和释放来泵送流体的。就像用两根手指夹挤软管一样,随着手指的移动,管内形成负压,液体随之流动。

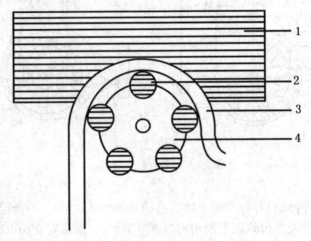

图 10-13 蠕动泵结构原理示意图
1. 压盖;2. 滚柱;3. 硅胶管;4. 滚轮

蠕动泵工作时无污染、精度高、剪切力低、密封性好以及操作维护简单,适用于各种具有研磨、腐蚀、氧敏感特性物料的输送,制药工业中常用于包衣液等溶液的输送;其缺点是泵的压力小,有流量脉冲,有特殊要求时可使用脉冲抑制器平稳流量。

四、泵的选用与运行

不同类型的液体输送设备有各自的特点,如何正确选用合适的液体输送设备,是制药企业生产能否顺利进行的前提。

(一)泵的选用

1. 根据液体输送任务确定输送方案　制定能完成输送任务的方案,包括泵的作业制,如间歇操作或连续操作、24 小时流量有无变化、维修时间等;泵的台数,通过泵运行的台数多少可大致控制流量,还有备用泵等;管路系统所要求达到的最大流量和扬程等。

2. 确定泵型　根据工艺条件及泵的特性,首先决定泵的形式,再确定泵的尺寸。从被输送物料的基本性质出发,如物料的温度、黏度、挥发性、毒性、化学腐蚀性、燃爆性等选择离心式、活塞式、回转容积式泵以满足生产工艺要求。

3. 确定选泵的流量和扬程　①流量的确定和计算:选泵时以最大流量为基础,根据工艺情况,考虑一定安全系数,取正常流量的 1.1～1.2。②扬程的确定和计算:先计算出所需要的扬程,用来克服两端容器的位能差,全系统的管道、管件和装置的阻力损失,以及两端(进口和出口)的速度差引起的动能差。③校核泵的轴功率:泵的样本上给定的功率和效率都是用水试验出来的,输送介质不是清水时,应考虑密度、黏度等对泵的流量和扬程性能的影响。

(二)泵的运行

1. **启动** 泵通常使用三相异步电动机驱动。对于离心泵须先全部关闭出口阀门再启动,其他正位移泵不允许全部关闭出口阀门。

2. **运行** 正常运行时,操作人员要定时巡回,认真观察仪表显示的输出压力、流量、温升、声音和轴密封等情况,仔细检查机组润滑情况,按时加油。同时可按操作规程采取相应措施处理异常情况或请维修人员进行检查。

3. **停泵** 安装了循环回路的泵,应先关闭和物料管路相关的泵出口阀再停泵。气温低于冰点时,应通过放液装置排空泵,避免冻裂泵壳。

第二节 气体输送机械

气体输送设备和液体输送设备的结构原理相类似,可分成离心式、往复式、旋转式等。但由于气体有可压缩性及膨胀性,当输送过程中压力改变时,其温度、密度、体积也随之改变,因此输送气体和液体的设备各有一些不同的特点。根据气体输送的特点,还可以按照出口气体的压力(终压)以及出口气体压力与进口气体压力的比值(压缩比)来进行分类,见表10-2。

表 10-2 气体输送机械分类

名称	终压(表压)	压缩比
通风机	≤15kPa	1~1.15
鼓风机	15~300kPa	<4
压缩机	>300kPa	>4
真空泵	当时当地的大气压	由真空度确定

一、通风机

通风机主要有轴流式和离心式两大类;也可按压力分为低压、中压和高压通风机;或按用途分为一般通风机、排尘通风机、高温通风机、防腐通风机和防爆通风机。

(一)离心式通风机

离心式通风机的结构如图10-14所示,与离心泵相似,依靠叶轮的旋转运动产生离心力,对气体起到输送作用。其叶轮比泵大很多,叶片更多更短,以适应气体的可压缩性和大流量的需要。机壳是蜗壳形,但机壳断面有方形和圆形两种。一般低、中压通风机多为方形,高压的多为圆形。离心通风机的性能参数有风量、风压、轴功率与效率等。

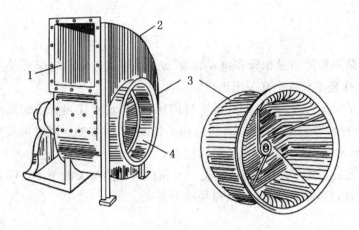

图 10-14 离心式通风机示意图

1. 排风口；2. 机壳；3. 叶轮；4. 吸入口

离心通风机根据输送气体的性质可分为一般离心通风机、排尘通风机、防爆离心通风机、塑料通风机（耐腐蚀），主要用于干燥，也用于厂房通风、空调。

（二）轴流式通风机

轴流式通风机结构如图 10-15 所示，它是通过装在圆柱形壳体中的螺旋形叶轮旋转把机械能传递给气体，使气体流动。由于气体沿轴向进出，所以称为轴流式通风机。

轴流式通风机的效率比离心式通风机高，但稳定工况范围窄。操作时不能在出口阀门关闭或出口阻力较大时启动或停机。

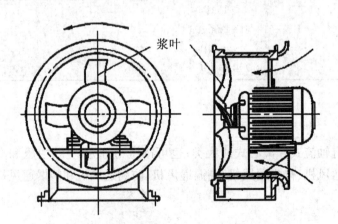

桨叶

图 10-15 离心式通风机示意图

二、鼓风机

工业生产上使用的鼓风机主要有离心式鼓风机和罗茨鼓风机两种，在制药企业中主要用于洁净空气的输送。

(一)离心式鼓风机

如图 10-16 所示为一台三级离心式鼓风机,气体从吸入口进入,经第一级叶轮压缩后,吸入第二级叶轮,经压缩进入第三级叶轮,如此依次进行,最后在蜗室将气体有序汇集后由排风口排出。离心鼓风机的送气量大,但所产生的风压不高,且出口阻力增大会使送气量显著减少。各级叶轮的直径也大致相同。离心鼓风机的选用方法与离心通风机相同。

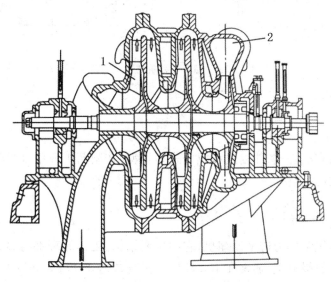

图 10-16 三级离心式鼓风机示意图

1. 叶轮;2. 蜗室

离心式鼓风机的特点:①压缩比不高;②连续送风无振动和气体脉动,不需空气贮槽;③风量大且易调节,易自动运转;④可处理含尘空气,不需润滑剂;⑤体积小重量轻,易安装;⑥效率比其他气体输送设备高。

(二)罗茨鼓风机

旋转式鼓风机的类型很多,在制药生产中应用最常见的是罗茨鼓风机。其工作原理与齿轮泵相似,如图 10-17 所示。它主要由一个跑道形机壳和两个转向相反的 8 字形转子所组成。转子之间以及转子和机壳之间的间隙都很小(0.2~0.5mm),两个转子转动时,在机壳内形成了一个低压区和高压区。气体从低压区吸入,从高压区排出。如果改变转子的旋转方向时,则吸入口和压出口互换。为此,在开车前应仔细检查转子的转向是否与标示方向相符。主要性能参数有排出口压力、气量、排气温度和轴功率等。

特点:①风量与转速成正比,当出口阻力变化时流量影响不大;②气体吸入排除周期性脉动,气体动力噪音较大;③结构简单无阀门,不用冷却和润滑,可得洁净空气;④转子之间以及转子和机壳之间有间隙,效率较低;⑤制造和安装精度要求较高,运行温度应低于 85℃，以防卡壳；⑥常用于气体流量较大而气压不高的场合。

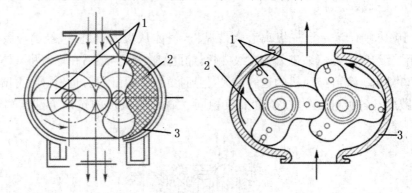

图 10-17　罗茨鼓风机结构原理示意图

1. 转子；2. 气体体积；3. 机壳

三、压缩机

空气压缩机有离心式、往复式和螺杆式等类型，在制药工业中，压缩机常为生产设备的气动部件提供压缩空气。

(一)离心式压缩机

离心式压缩机常称为透平压缩机，它的主要结构、工作原理都与离心鼓风机相似，但离心压缩机的叶轮级数多，通常在 10 级以上，转速高达 3500r/min 以上，终压常在 400～980kPa。其压缩比较高，气体体积变化大，温度升高很多，因此都分成几段，每段有若干级，段与段之间有冷却器。

离心式压缩机具有流量大、结构紧凑可靠、排出气体清洁等特点，但存在稳定工况区窄、效率低、制造精度高等缺点。

(二)往复式压缩机

往复式压缩机结构与往复泵相似，图 10-18 所示为立式单动双缸压缩机，在机体内装有两个并联的气缸，称为双缸，两个活塞连于同一根曲轴上。主要性能参数有排气量、轴功率与效率。

往复式压缩机排气量可用转速调节法、管路调节法等，但为了维持生产操作的稳定，常采用间断停转调节法。当用气量小于压缩机排气量时，将多余的气体储存在储气罐中，储气罐压力高于上限值，压缩机停运；储气罐压力低于下限值，设备重新启运供气。这种调节方法也是大多数空气压缩机的流量调节法。

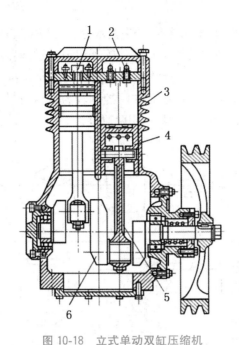

图 10-18　立式单动双缸压缩机

1. 吸气阀；2. 排气阀；3. 气缸；4. 活塞；5. 连杆；6. 曲轴

(三)螺杆式压缩机

螺杆式空气压缩机结构和工作原理与螺杆泵相似,但空气压缩机需喷油对压缩空气进行冷却。螺杆压缩机的主机壳体上均开有喷油孔,凭借自身的压力差,在压缩过程中将油喷到压缩腔,以冷却气体,密封各部件间隙,并起到吸振、消声及润滑的作用。得到的压缩空气进入油气分离器分离。

螺杆压缩机相对于活塞压缩机出现故障的概率要低得多,它具有性能可靠、振动小、噪声低、操作方便、易损件少、运行效率高的特点。

(四)压缩空气净化系统

压缩空气在制药工业中非常重要的一个作用是作为生产设备气动部件的动力来源。没有净化的压缩空气中含有固体尘埃、油雾以及水分,其中固体尘埃会造成气动部件磨损,油雾会残留在气动部件内造成阻塞,水分除了会阻塞气动部件外,还会破坏润滑效果。此外,在制药工业中,固体尘埃和油雾会成为污染源,降低洁净区的洁净度。所以需要对压缩空气进行净化。

压缩空气净化系统的一般组成如图 10-19 所示,空气压缩机采集自然界的大气,经压缩后形成高温高湿的压缩空气,在后冷却器中初步冷却送至贮气罐。贮气罐的作用一是降低流速,使部分油水、尘埃沉降,并经罐底阀排出;二是消除减缓供气系统内气流的脉冲,使后置设备更好的发挥各自的功效;三是可对空压机进行流量控制。经贮气罐排出的气体进入主管路过滤器,除去固体物、油分和液态水。经主管路过滤器进入空气干燥机,空气干燥方法一般为冷冻干燥法,所以空气干燥机也被称为冷干机,它通过降低气体温度,使压缩空气中过饱和的水汽冷凝析出,除去水分。压缩空气在进入设备时还要通过一组气动三联件,三联件由过滤器、减压阀和油雾器组成。过滤器进一步除去尘埃、油雾以及水分;减压阀控制进入设备的压力;油雾器将润滑油雾化,由压缩空气将其带入气动部件,起润滑作用。但制药、食品等行业对油污控制较为严格,在气动部件选用时要求无油润滑,在这种系统中,可以去掉油雾器,只用两联件。

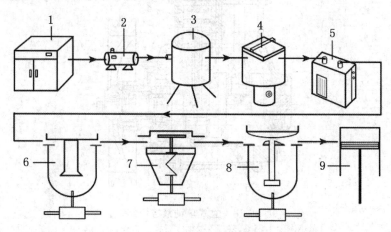

图 10-19　压缩空气净化系统

1. 空气压缩机;2. 后冷却器;3. 贮气罐;4. 主管路过滤器;5. 空气干燥机;6. 过滤器;
7. 减压阀;8. 油雾器;9. 气动部件

四、真空泵

制药企业生产中常用的真空泵按其结构可分为往复式真空泵、液环式真空泵、旋片式真空泵、流体作用泵等。在制药工业中广泛用于运输物料、吸尘、过滤、真空除气、真空干燥、冷冻干燥等。

(一)往复式真空泵

1. **主要结构**　如图 10-20 所示,往复式真空泵主要由曲轴、连杆、十字头、活塞、气阀、气缸、机身等组成,与往复式压缩机相似,只是压缩机采用自动开闭的吸、排气阀,而真空泵采用强制开闭的配气机构——滑阀。

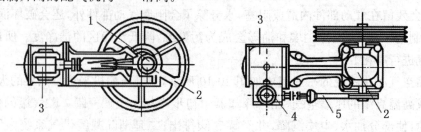

图 10-20　往复式真空泵结构

1. 偏心轮;2. 带轮;3. 气缸;4. 阀室;5. 操纵杆

图 10-21 为往复式真空泵滑阀机构的结构示意图,通过滑阀的左右移动,左(右)气道

可与滑阀上的气道口连通,这时右(左)缸气道吸气;当左(右)排气阀与左(右)缸气道连通时,左(右)缸就可通过排气阀向排出口排出气体。

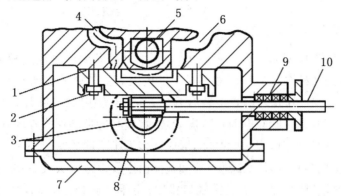

图 10-21 滑阀机构的结构示意图

1. 平面润滑;2. 排气阀;3. 排出口;4. 左缸气道;5. 吸入口;6. 右缸气道;7. 阀室盖;
8. 阀室;9. 填料函;10. 操纵杆

2. 工作原理 往复式真空泵的结构同原理同往复式压缩机相似,但是,真空泵的压缩比很高,所抽吸气体的压强很小,故真空泵的余隙容积必须更小,一般小于 3%。为减少余隙气体影响,也可在真空泵壁上设置平衡通道,在排气完成后将余隙气体排入活塞另一侧。

3. 操作要点

(1)开车前准备 ①开车前先检查曲轴油箱油位,气缸油杯油位,油中有无杂质。②开冷却水,检查气缸夹套冷却水是否通畅。③检查真空泵进口、出口法兰是否有漏气的可能,检查真空表是否灵敏。④开车前先盘车,是否运转自如,检查机件是否有故障。⑤气体在吸入真空泵之前,须经过缓冲罐,以分离空气中的灰尘、液滴。对腐蚀性气体应用酸或碱分别对气体进行过滤、洗涤等处理,并经常检查酸碱是否失效。

(2)启动 ①启动往复式真空泵。②观察真空泵的转动方向是否与要求方向一致。一般情况下,从带轮一侧观看,应是顺时针方向旋转。③逐渐关闭三通阀门,使真空泵的进气管与被抽容器逐渐接通。④当真空泵达到极限真空时,检查电流负荷,运转时电流表的读数应稳定,上下摆动很小,当电流急骤上升超载,应立即停车找出原因,进行故障自理。⑤在使用过程中,若发现真空度降低,应检查真空系统是否漏气,是否有不应打开的阀门忘记关闭。⑥如果是抽取水蒸气(从减压蒸馏或减压蒸发等设备出来的水蒸气),应先将气体通过冷凝器,使其中部分水蒸气冷凝下来,只让不冷凝的气体进入真空泵内。

(3)停车 ①关闭进气阀门。②切断电源。③关闭油杯针阀。④停车 10 分钟后,关闭冷却水阀。⑤放缓冲罐内存水。

(4)操作注意事项 ①往复式真空泵启动后,注意观察泵的运行情况,若泵的噪音大,振动厉害,有冲击声音,应停机及时处理。②冷却水的进出口温差不得超过 4℃,被抽气体温度不大于 40℃。③往复式真空泵是一种干式真空泵,操作时必须防止抽取气体中带有液体。④当室温在 0℃ 以下时,必须放净冷却水,以免冻坏气缸。

4. 应用范围　可用于设备内的空气或无腐蚀性气体,也可以抽吸水蒸气或微尘的气体;不宜抽取腐蚀性气体和含有悬浮颗粒的气体。

(二)液环式真空泵

液环式真空泵是典型的旋转式真空泵,在国内外制药生产中应用较为广泛。液环泵有单作用和双作用两种泵。单作用液环式压缩机因其液体介质经常是水,故又被称为水环泵,如图 10-22 所示,外壳内偏心地装有叶轮,其上有辐射状的叶片。泵壳内大约充有一半容积的水,启动泵后,叶轮顺时针方向旋转,水被叶轮带动形成水环并离开中心,形成水环。水环具有液封的作用,与叶片之间形成许多大小不同的密封小室,由于水的液封作用,叶轮右侧小室渐渐扩大,压力降低,被抽气体由进气口进入吸气室;叶轮左侧的小室渐渐缩小,压力升高,气体从排气室经排气口排出;由于叶轮连续转动,气体不停地吸入和排出。

双作用液环式真空泵结构如图 10-23 所示,它主要由一个近似于椭圆形的外壳和旋转叶轮所组成,壳中盛有适量的液体。工作时,叶片带动壳内液体随叶轮一起旋转。在离心力作用下,液体被抛向壳壁,并在壳壁内表面形成一椭圆形液环,液环起液封作用。这样,在椭圆形长轴的两端便形成两个月牙形空室。随着叶轮旋转,月牙形空室逐渐从小变大,即可吸入气体;叶轮继续旋转,空室从大变小,即可排出气体。叶轮旋转一周,空室从小变大和从大变小各两次。气体从两个吸入口进入壳内,从两个排出口排出。

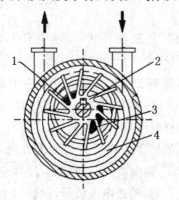

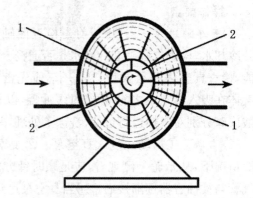

图 10-22　单作用液环式真空泵示意图　　　图 10-23　双作用液环式真空泵示意图

1. 排气孔;2. 叶轮;3. 吸气孔;4. 液环　　　　　1. 吸入口;2. 排出口

液环式真空泵中的被压缩气体与外壳之间被液环隔开,而只与叶轮接触,因而用于输送腐蚀性气体时,叶轮需要用耐腐蚀材料。液环液体应不与所输送气体发生作用,如压缩空气时可用水,压缩氯气时用硫酸。此泵结构简单紧凑、无阀门、经久耐用;但真空度不高,最高为 83.4kPa 左右。适用于抽吸含液体、固体的气体,尤其适于抽吸腐蚀性或爆炸性气体。

(三)旋片式真空泵

旋片式真空泵极限真空度可达 5×10^{-4} Pa。我国已有系列产品(2X 型)。该泵可用来抽除真空密封容器的干燥气体或含有少量可凝性蒸汽的气体。不宜抽除有爆炸性的、有腐蚀性的、对真空泵油起反应的以及含固体颗粒的气体。

1. **结构原理** 2XZ型旋片式真空泵系双级高速直联结构旋片真空泵(以下简称泵)。其抽气原理与2X型泵相同,它有偏心装在转子腔内的转子7及转子槽内的两旋片6。转子7带动旋片6旋转时,旋片6借离心力和旋片弹簧5的弹力紧贴缸壁,把进排气口分隔开来,并使进气腔容积周期性地扩大而吸气,排气容积周期性地缩小而压缩气体,借压缩气体的压力和油推开排气阀片11而排气,从而获得真空。图10-24为单级泵的工作原理示意图。双级是两个单级串联而成,进口压力高时,两级可同时排气;进口压力低时,气体由高级排入低级,然后再排出泵外。

2XZ型泵带有气镇阀15,其作用是向排气腔充入一定量的空气,以降低排气压力中的蒸汽分压。当其低于泵温下的饱和蒸汽压时,即可随充入空气排出泵外,而避免凝结在泵油中。具有延长泵油使用时间和防止泵油混水的作用,但气镇阀打开时,极限真空将有所下降,温度也有升高。

2XZ型泵具有体积小、质量轻、噪音低、起动方便等优点,此外,还有防止返油的措施和防止油封漏油污染场地的措施。

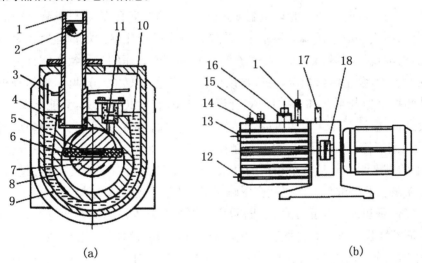

(a)   (b)

图10-24 旋片式真空泵工作原理图

1. 进气嘴;2. 滤网;3. 挡油板;4. 进气嘴O型密封圈;5. 旋片弹簧;6. 旋片;
7. 转子;8. 泵身;9. 油箱;10. 真空泵油;11. 排气阀片;12. 放油螺塞;
13. 油标;14. 加油螺塞;15. 气镇阀;16. 减雾器;
17. 手柄;18. 软接器

2. **泵的使用范围** ①泵是用来对密封容器抽除气体的基本设备之一。它可单独使用,也可作为增压泵、扩散泵、分子泵等的前级泵,维持泵,钛泵的预抽泵用。可用于真空器件制造、保温瓶制造、真空焊接、印刷、吸塑、制冷设备修理以及仪器仪表配套等。因为它具有体积小、质量轻、噪声低等优点,所以更适宜于实验室使用。②泵在环境温度5℃～40℃范围内,进气口压强小于1.3×10^5 Pa的条件下允许长期连续运转,被抽气体相对湿度大于90%时,应开气镇阀。③泵进气口连续畅通大气运转不得超过一分钟。④泵不适用于抽除对金属有腐蚀的、对泵油起化学反应的、含有颗粒尘埃的气体,以及含氧过高的、有爆炸性的、有毒的气体。

3. **泵的安装** ①泵应安装在干燥、通风和清洁的场所。②泵有手柄,带橡胶机脚,除运输及用于移动装置外,只要安放平稳即可。③装接电源应注意转向,从电机风扇一端看,叶轮应为顺时针转,如箭头所示。试转前,可用手转动联轴节或电机风扇,把泵腔内的存油排出,以免反转时喷油。对于三相电机,如果反向,可将任意二相接线交换连接。单向电机换向可见电动机使用说明。④连续被抽容器的管道,直径应不小于泵进气口径,应短和弯头少,以减少 13Pa 以下的抽速损失,同时注意管道的泄漏,橡胶管最好应经去硫处理。⑤畅通大气起动时,有少量的油雾排出,如恐影响工作环境可用塑料管道引离,或加装消雾装置。⑥本泵有防止停泵后返油和保持泵口真空的措施,一般无须在泵口装接电磁阀。

4. **使用方法** ①查看油位,以停泵时注油至油标中心为宜。过低对排气阀不能起油封作用,影响真空度;过高,可能会引起通大气起动时喷油。运转时,油位有所升高,属正常现象。油采用规定牌号的清洁真空泵油,从加油孔加入。加油毕后,应旋上螺塞。油宜经过滤,以免杂物进入,堵塞油孔。②泵可在通大气或任何真空度下一次起动。泵口如装接电磁阀,应与泵同时动作。③环境温度过高时,油的温度升高,黏度下降,饱和蒸汽压会增大,引起极限真空有所下降,特别是用热偶计测得的全压强。如加强通风散热,或改善泵油性能,极限真空可得到改善。④检查泵的极限真空以压缩式水银真空计为准,如该计经充分预抽校验,泵温达到稳定,泵口与该计直接接通,运转 30 分钟内,将达到极限真空。总压强计测得之值与泵油和真空计、规管误差有关,有时甚至很大,只能做参考。⑤如相对湿度较高,或被抽气体含较多可凝性蒸汽,接通被抽容器后,宜打开气镇阀,运行 20~40 分钟后关闭气镇阀。停泵前,可开气镇阀空载运行 30 分钟,以延长泵油寿命。⑥用油选择,泵油的黏度影响起动功率和泵的极限真空,黏度高时对真空度有利,起动功率则大一些。油在泵温下的饱和蒸汽压则会影响泵的极限总压强,越低越好。

5. **维护和保养** ①保证泵的清洁,防止杂物进入泵内。②保持油位。③存放下当水分或其他挥发性物质进入泵内而影响极限真空时,可开气镇阀净化之,观察极限真空回升情况,数小时无效,应更换泵油,必要时可再次更换。换油方法:先开泵运转约半小时,使油变稀,停泵从放油孔放油,再敞开进气口运转 10~20 秒钟,此间可从吸气口缓缓加入少量清洁泵油,以更换泵腔内存油。④不可混入柴油、汽油等其他饱和蒸汽压较大的油类,以免降低极限真空。拆洗泵内零件时,一般用纱布擦拭即可。有金属碎屑、砂泥或其他有害物质必须清洗时,可用汽油等擦洗,干燥后方可装配,切忌用汽油浸泡。⑤倘若因泵需拆开清洗或检修,必须注意拆装步骤,以免损坏机件。

6. **拆装步骤**

(1)拆卸 ①放油。②松开进气嘴法兰螺钉,拔出进气嘴,松开气镇法兰螺钉,拔出气镇阀。③拆下油箱。④拆除止回阀开口销,拆下止回阀叶轮。⑤拆除支座与泵的连接螺钉,拆下泵部装件,电机拆否视方便而定。⑥松开泵盖螺钉,拆下泵盖,拉出二转子及旋片。拆下低级转子时,应先拆下开口销。

（2）装配 ①用纱布擦净零件，防止回丝堵塞油孔，最好用清洗液和刷清洗。②把旋片装入转子槽内后，把高级转子装入定子即泵身内，装上高级泵盖、销、螺钉、键、联轴节，用手旋转，应无泄阻和明显轻重，装时应使定子顶面朝下，以借助重力使转子贴近定子圆弧面，此间隙最好为0.01mm。③低级转子装配方法同上。④装上止回阀，应使止回阀头平面对准进油嘴油孔，调整阀头平面最大开启度为0.8~1.2mm，具体可移动止回阀座、橡胶止回阀在阀杆孔中的位置来实现。⑤装上泵部的排气阀、挡油板等零件。⑥把泵、键、联轴节、电机装在支座上。⑦装油箱。⑧插入进气嘴，气镇阀，装上法兰固紧。

（3）注意事项 ①装配时摩擦面涂上清洁真空泵油。②记住零件原装配位置，可减少跑合时间。③紧固件应无松动。④磨损零件应检查并酌情修正或调换。⑤装配后应观察运转情况和在泵口测量极限真空，不合要求时应加以调整。⑥在检修泵的同时，亦应对系统管道、阀门和电动机等加以清理、检修。

（四）流体作用泵

流体作用泵，是利用液体流动时动能与静压能之间的相互转换来吸入和排出流体的，它既能输送液体，又能输送气体。在制药化工生产中，此类泵主要用作真空泵，称为喷射式真空泵。根据流体介质不同可分为蒸汽喷射泵和高压水喷射泵。

如图10-25所示为一单级蒸气喷射泵。工作时，水蒸气在高压下以1000~1400m/s的高速度从喷嘴喷出，在喷射过程中水蒸气的静压能转变为动能，从而在吸入口形成低压区，将被输送流体吸入。被吸入流体与蒸汽混合后，进入扩散管。混合流体流经扩大管时，流速逐渐降低，压强随之升高，即部分动能转化为静压能，最后经排出口排出。

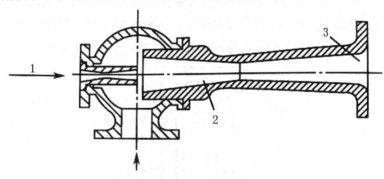

图10-25 单级蒸汽喷射泵
1. 工作蒸汽；2. 混合室；3. 压出口

喷射泵还可分为单级蒸汽喷射泵和多级蒸汽喷射泵。单级蒸汽喷射泵仅可得到90%的真空，如要得到95%以上的真空，可采用多级蒸汽喷射泵，便可得到更大的真空度。

（五）真空泵的维护

真空泵的维护：①安装于清洁、干燥、坚固处，室温在15℃~40℃为宜。②传动皮带安装松紧应适当。③连接泵的管道不要过长，不应小于泵的进气口径。被抽气体温度不得高于40℃，含尘的气体应过滤；有腐蚀性及与油易发生化学作用的气体，应加气体吸收与中和装置；含水蒸气过多的,应加去湿装置,以防污染泵轴,影响其真空度的提高和泵使用寿命。④泵启动前,要检查油量,保证足够,润滑系数是否可靠,有冷却水系统的还要检查冷却水是否通畅。⑤泵在运行过程中,油温不得高于 75℃,正常工作时应能听到"嗒、嗒⋯"的排气声音。⑥停机时,必须关闭通真空系统的阀门(避免泵油进入管道),然后关闭电机并打开放气阀,最后关闭冷却水。⑦保持泵油的清洁,一般情况下,每 1～2 个月换油一次。⑧泵不用时,要用胶塞把进气口塞紧,以免污物落入泵内。⑨泵静止停放时间不宜过长,通常情况下 30 天内应运行 4～6 小时,以防止泵内零件生锈。

第三节　固体输送机械

固体物料输送与液体和气体输送有很大的区别,但可借助一些气体输送设备帮助完成固体物料输送。固体物料输送按输送方式可分为两大类,一类是利用机械运动输送物料的机械输送,常用斗式、带式和螺旋式输送;另一类则是借助风力输送物料的气力输送,主要有吸送和压送两种方式。

一、机械输送

机械输送指利用机械运动输送物料,可输送液体、半固体及固体物料,对输送物料的形状没有特殊要求,适应性强,广泛应用于制药行业,特别是自动化、连续化制药生产设备。常用的机械输送设备有斗式提升机、带式输送机和螺旋输送机等。

1. 斗式提升机　斗式提升机由驱动轮、张紧轮、环形牵引构件和料斗组成,结构如图 10-26 所示。牵引构件环绕在驱动轮和张紧轮上的环形牵引构件(皮带或链条)上,每隔一定距离安装一料斗,通过驱动轮驱使牵引构件运行而带动料斗,完成物料输送。

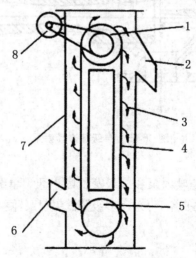

图 10-26　斗式提升机结构示意图
1. 主动轮;2. 卸料口;3. 料斗;4. 输送带;5. 从动轮;6. 进料口;7. 外壳;8. 电动机

料斗可分为深斗、浅斗和三角斗,如图 10-27 所示。输送干燥且容易流动的粒状和块状物料常用深斗;输送潮湿和流动性不良的物料,一般采用浅斗;沉重的块状物料,一般采用尖角形斗。物料的装入方式有掏取式和喂入式两种,掏取式适用于磨损性小的松散物料;喂入式适用于大块和磨损性大的物料。卸料方式则根据提升机的提升速度和输送物料的性质不同分为三种:重力式、离心式和混合式。重力卸料式适合料斗紧密排列,提升速度慢的场合;离心式卸料适用于提升速度较快的场合;混合式卸料是同时利用离心力和重力卸料,适用于低速运送物料,流动性不良的散状、纤维状和潮湿物料。

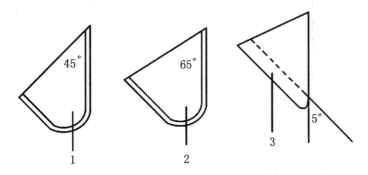

图 10-27　料斗形状示意图

1. 浅斗;2. 深斗;3. 三角斗

斗式提升机适合垂直提升粉粒体、小块状物料,具有结构简单、工作安全可靠、提升高度大(可以垂直或接近垂直方向向上提升)、横向尺寸小、占地面积小、密封性良好等优点。但过载能力差,须均匀供料,不能水平输送,料斗和牵引件易磨损。

2. 带式输送机　带式输送机是制药设备中最为常用的一种输送方式。主要由封闭的输送带、主动轮、从动轮、张紧装置、托辊及驱动装置等组成,如图 10-28 所示。工作原理是驱动滚筒通过摩擦传动带动输送带,使输送带连续运行而将带上的物料输送到一定的位置。

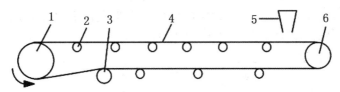

图 10-28　带式输送机结构示意图

1. 主动轮;2. 托辊;3. 张紧轮;4. 输送带;5. 加料口;6. 从动轮

输送带既是承载件又是牵引件,主要用来承放物料和传递牵引力,是成本最高,又最易磨损的部件。有橡胶带、各种纤维带、钢带、塑料带等。托辊的目的为限制承载重物的带下垂,分上、下托辊,上托辊有直形和槽形两种,下托辊只有直形一种,结构如图 10-29 所示。鼓轮,可分为主动轮和从动轮。卸料端为主动轮,上料端为从动轮,其作用是拉紧和转向输送带。张紧装置是为了补偿输送带因工作的松弛,保持输送带有足够的张力,防止带与鼓轮间的打滑。带式输送机常用矩形漏斗式均匀加料,物料可在输送带末端自由落下,不需卸料器,也可用挡板在中途卸料。

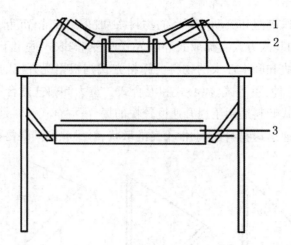

图 10-29 托辊结构示意图

1. 输送带;2. 上托辊;3. 下托辊

带式输送机是制药生产中常用的一种输送方式。其优点是工作速度快、输送距离长、生产效率高、构造简单可靠、使用方便、维护检修容易、无噪音、能够在全机身中任何地方进行装料和卸料。缺点是不密封、输送轻质粉状物料时易飞扬。适用于松散干湿粉料、颗粒及成件制品。

带式输送机的使用与维护应注意:①加料要均匀;②输送散物料时,注意清扫输送带的正反两面,保持带与滚筒及托辊间的清洁,减少磨损;③定期检查各运动部分的润滑,及时加注润滑剂,减少摩擦阻力;④向上输送物料的倾角过大时,最好选用花纹输送带,以免物料下滑;⑤对于倾斜布置的带式输送机,给料段应尽可能设计成水平段;⑥经常检查和调整带的张紧程度,防止带过松而使输送带产生振动或走偏;⑦发现输送带局部损伤,应及时修理,以防损伤扩大。

3. 螺旋输送机 主要由螺旋、外壳以及传动装置构成,结构如图 10-30 所示。当轴旋转时,螺旋把物料沿外壳推动;在运动中物料以滑动形式沿着壳槽移动。螺旋形状如图10-31 所示,有全叶式、带式、叶片式和成型叶四种。

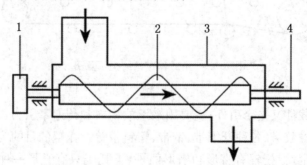

图 10-30 螺旋输送机结构示意图

1. 皮带轮;2. 螺旋;3. 外壳;4. 轴

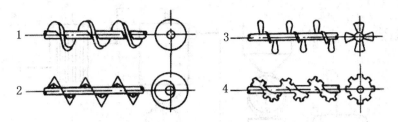

图 10-31　螺旋形状示意图

1. 全叶式；2. 带式；3. 叶片式；4. 成型叶

　　螺旋输送机构造简单，横截面尺寸小，制造成本低，密封性好，操作安全方便，便于改变加料和卸料位置，物料输送方向可逆，可同时完成物料的输送和混合、搅拌等工艺。但在输送过程中物料易粉碎，输送机零部件磨损较重，动力消耗大，输送长度较小，输送能力较低，倾斜输送时倾角小。适用于需要密封运输之物料，如粉状和颗粒状物料以及小块状的物料，不适用于输送易碎的、黏性大的和易结块的物料。

二、气力输送

　　气力输送指借助强烈的空气流沿管道流动，把悬浮在气流中的物料送至所需的地方。气力输送系统的优点是设备简单，占地面积小，费用少，输送能力和输送距离的可调性大，管理简便，易于实现自动化。但也存在动力消耗较大，管道和供料器磨损过快等缺点。输送的物料有限制，目前多用于输送粉状物料，不易输送潮湿易黏结和怕碎的物料。

　　1. **吸送式输送**　系统如图 10-32 所示。整个系统处于负压状态；可将几处物料送往一处；不怕粉尘外漏，适于小流量短距离输送。

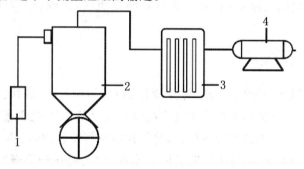

图 10-32　吸送式输送系统示意图

1. 吸嘴；2. 分离器；3. 除尘器；4. 风机

　　2. **压送式输送**　系统如图 10-33 所示。整个系统处于正压状态；输送强度大，可将物料送往多处，适合于大流量长距离输送。

　　3. **混合式输送**　在供料部分，通过吸嘴将物料从料堆吸入输料管，送分离器，分离出来的物料又被送入压送部分的输料管继续输送。它综合吸送式、压送式的特点，但结构较复杂。

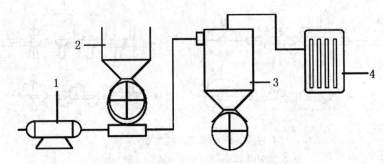

图 10-33 压送式输送系统示意图
1. 风机；2. 料斗；3. 分离器；4. 除尘器

第四节 典型设备规范操作

制药企业实际生产过程中为液体(指的是清液、混悬液等可流动物料)提供能量的输送设备包括离心泵、往复泵、旋转泵、旋涡泵、计量泵、齿轮泵、螺杆泵等。对于比重较轻又不很黏稠的液体，可以用压缩气体或抽真空设备来输送物料外，主要靠各种泵类设备来输送。这要根据液体的性质和要求以及流体的流动状态来选择设备。为气体提供能量的输送设备叫风机或压缩机，包括通风机、鼓风机、压缩机、真空泵等。空气要用空气压缩泵如涡轮式空压机、往复式空压机、螺杆压缩机等。输送固体(各种块状、粉状、粒状等非黏性物料的输送)设备有带式、斗式、螺旋管式、气力式、垂直振动式等。由于物性的不同，各个输送设备的操作条件也不尽相同。在此，分别以典型且常用的固体物料输送设备垂直振动输送机和液体物料输送设备 SK 系列水环真空泵为例，详细介绍其规范操作方法和注意事项等。

一、垂直振动输送机

垂直振动输送机是为制药企业在输送固体物料，如颗粒状、块状、丸状等物料的垂直提升输送而设计的，尤其适合物料直接进入微波干燥设备、灭菌之前使用。采用振动电机作振动源，利用两台振动电机的合成振幅，将物料沿螺旋输送槽向上输送，达到设计目的。

1. 工作原理 本机利用振动电机激振的原理，使物料在圆形螺旋盘中被激振起来，沿螺旋盘方向移位，经多层旋转上升，物料被垂直输送到高处。同时，提升过程中物料获得一定程度的干燥，达到预热处理与干燥目的。

2. 结构特征与技术参数 垂直振动输送机是由提升槽、振动电机、减振系统和底座等组成。该系列垂直振动输送机是采用振动电机作为振动源，固定在提升槽上的两台相同型号的振动电机中心线交叉一定角度安装，并做相反方向自同步旋转，振动电机所带的偏心块在旋转时各个瞬间位置所产生的离心力之分力沿抛掷方向作往复运动，使支承在减振器上的整个机体不停振动，使物料在提升槽内被抛起的同时向上运动，物料落入入料槽后，开始被抛起，此时可以使物料与空气充分接触，还可以起到散热冷却的作用。该垂直振动输送机对粉状、块状和短纤维状的固体物料(有黏性和易结块的除外)都可垂直输送,还可以完成对物料的干燥、冷却作用。分敞开式、封闭式两种结构。垂直振动输送机技术参数见表 10-3。

3. 设备特点 该机具有结构简单,技术参数先进,安装调整方便,维修量小,占地面积小及对基础无特殊要求等特点,而且设备费用和运行费用均较低。在有特殊要求时可同时完成冷却、干燥等多种工艺过程,是一种理想的物料垂直输送设备。

表 10-3　垂直振动输送机技术参数表

输送机送料高度(mm)	1420
电机功率(kW)	0.2×2
电热功率(kW)	5.6
旋振盘直径(mm)	600
机器重量(kg)	350
外形尺寸(mm)	1100×1000×1920

4. 操作方法 机器的具体操作步骤是:①逐级合上电源进户开关。②打开电控箱,合上 QF_1-QF_4 断路器。③右旋"加热"开关,三组全开,进行预加热。预热时间由用户根据药性试验确定,一般约 20 分钟。④打开急停按钮 1(红色)。⑤按绿色启动按钮,同时灯亮,振动开始。⑥加料开始工作。⑦如果一组温度偏高,二组温度开关可任意选择停、开。⑧主机转速可在任何方式下调整。⑨停机程序与上述步骤相反。

5. 维护保养 检查密封和轴承座有无裂纹、气孔或沙眼等缺陷,主轴是否存在裂纹、伤痕或沟槽等;对于轴颈来说,其接触交合面不应有伤痕,表面粗糙度应不大于0.6;传动系统中的所有零部件,在接触交合处,圆柱度偏差与圆度偏差不应大于0.05mm/m;输送机的机体要保持清洁,应对各部位螺栓的紧固程度进行检查;经常检查轴承是否温度过高或有无杂音,一般规定,其温度不能超过60℃;经常检查密封装置是否有漏油现象,皮带的摆动是否异常;输送机的润滑油系统是否正常,是否严格执行标准,螺旋槽产生的积料要定期进行清除;定期检查输送机的运转情况,如有异常现象应及时处理,不得延误。

6. 注意事项 机器应安装在 −10℃～400℃ 环境温度中,空气相对湿度不超过85%,无粉尘,不含腐蚀性气体;定期进行检查与日常维护工作,主要检查各部位螺丝有无松动,电线接头是否松脱;安装时应保证支撑管与水平垂直,其轴线不垂直度不大于总高的2/1000;地脚螺钉固定,接地保护;属于震动型的一定要固定好;提升机不允许与周围物件有刚性连接,并留有一定的活动间隙,以防影响振动产生噪音。正确选择垂直振动输送机的方向。垂直振动输送机,采用两台振动电机驱动,可以是双主轴,也可以是单主轴,交叉安装在底盘上,整机支撑在隔振弹簧上;当两台交叉安装的振动电机旋转时,其不平衡质量产生惯性力,水平分量产生的惯性力矩使输送机绕轴线产生旋转振动,垂直分量惯性力使输送机产生上下振动,合成振动的振动方向通常与水平面的夹角为35°～45°。

7. 故障排除 见表 10-4。

表 10-4　垂直振动输送机故障表现与排除

序号	故　障	表现形式	原因分析
1	机器不能起动	(1)电机不转,出现嗡嗡声 (2)电动机稍有转动,但不能进行正常运转 (3)皮带打滑,机器不振动	(1)一相断路 (2)外加力矩过大 (3)皮带过松
2	出现噪音或冲击声音	(1)隔振簧出现噪音 (2)驱动弹簧出现噪音 (3)主振弹簧出现噪音 (4)电机出现噪音 (5)底架配重块出现噪音	(1)机身未垫平或压缩量过小或弹簧断裂 (2)压缩量过小或弹簧断裂 (3)螺栓松动或碰撞或弹簧断裂 (4)风扇松动 (5)螺栓松动或有间隙
3	料槽堵料	(1)出料少,进料口发胀 (2)进料口发胀 (3)出料口发胀 (4)某些区段振幅小	(1)料槽进水,槽底板结 (2)加料过多 (3)受料设备堵塞 (4)槽体弹性弯曲振动
4	驱动部运转不灵活	(1)轴承座轴承温升过高 (2)偏心套轴承温升过高	轴承缺油、卡塞或损坏
5	机器出现摇摆或跳动	摇摆跳动	(1)隔振弹簧压缩量不均 (2)加料过多或堵料

二、水环式真空泵

水环式真空泵主要适用于化工、医药、食品等工业企业及科研部门的真空干燥、真空过滤、真空蒸发、真空消毒、真空浓缩等工艺过程。其中以 SK 系列水环真空泵最为常用。

1. 工作原理　泵的叶轮装于转动轴上,叶轮与泵体成一偏心安装,当叶轮顺时针转动时,迫使工作液在泵体内形成液环。在吸气阶段,液环逐渐远离轮毂,将泵送介质沿轴向从吸气口吸入空腔内;在排气阶段,液环逐渐逼近轮毂,将泵送介质沿轴向从排气口经泵盖排气通道排出,叶轮连续不断地旋转,就能达到不断地抽去密封容器中的气体,使容器形成真空,达到设计目的。

2. 结构特征与技术参数　泵由泵体、前后端盖、叶轮、轴等零件组成。进气管和排气管通过安装在端盖上的圆盘之上的吸气孔及排气孔与泵腔相连,叶轮用键固定于轴上,偏心地安装在泵体中。泵两端的总间隙由泵体和圆盘之间的垫片来调整,叶轮与前、后圆盘之间的间隙由轴套(SK-1.5/3/6)推动叶轮来调整,两端间隙保证均匀。而 SK-12 以上泵,轴与叶轮为过盈配合,此间隙由前端定位时确定。SK-120 无轴套,其余结构与 SK-6/12/30/42/60/85 相同。叶轮两端面与前、后圆盘的间隙决定了气体在泵腔内由进气口至排气口流动中损失的大小及其极限压力。SK 系列水环真空泵技术参数见表 10-5。

表 10-5　SK 系列水环真空泵技术参数表

| 型号 | 抽气量 (m³/min) | | 极限压力 (mmHg) | 电机功率 (kW) | 泵转速 (r.p.m) | 吸排气口径 (mm) | 泵重 (整机) (kg) | 推荐替代产品 |
	最大气量	吸入压力 −0.041MPa						
SK-0.15	0.15	0.12	−670	0.75	2850	G1″	30	2BV2060
SK-0.4	0.4	0.36	−670	1.5	2850	G1″	50	2BV2060
SK-0.8	0.8	0.75	−670	2.2	2850	G1″	80	2BV2061
SK-1.5	1.5	1.35	−700	4	1440	70	200	2BV5110
SK-3	3	2.8	−700	5.5	1440	70	320	2BV5111
SK-6	6	5.4	−700	11	1440	80	460	2BV5131

3. 设备特点　本型泵是在吸收国内外水环式真空泵优点的基础上而设计制造的新型水环泵。本型泵采用机械密封,运转平稳,具有真空度高、噪音低、耗能少、结构简单、维修方便等特点。尚可用于抽吸含水分量较大的气体、含少量腐蚀性气体和少量粉尘气体等流体的输送。

4. 操作方法　操作步骤总体上分为启动泵和停泵两个部分。

(1)启动泵　①启动前,检查电机运转,确认转动灵活(因长期不用会产生锈斑卡住)。②关闭水环泵进气口的阀门,打开辅助阀(放气阀)通向大气,点动水环泵,确认转向符合规定要求。③启动后,即开供水阀门,调节好供水流量(严禁在泵腔内放满水后启动,以免电机过载或叶轮、叶片打碎)。④打开泵进气口的阀门,关闭辅助阀门(放气阀),泵在正常工作时,当达到极限压力时,由于泵内产生物理现象会发出尖叫声(气蚀现象),请打开辅助阀或打开泵导气管上小阀门,真空度略有下降,此时噪声将下降。泵严禁在极限压力下工作,否则会产生气蚀,使泵的叶轮和机械密封等部件逐渐损坏。

(2)停泵　①关闭泵进气管口的阀门,使之与真空系统断开。②关闭供水管上阀门(流量调节阀不关闭),使泵体水排空。③断水数秒后,关闭水环泵电源,使完全停止(泵不允许无水连续工作,否则会损坏机械密封)。

5. 维护保养　本水环泵采用机械密封,比原先填料式密封更可靠,如发现真空度下降,查看是否机械松动及磨损或损坏,请及时修理或更换。正常工作时电机用轴承一般每年进行一次清洗并更换润滑油。水环泵被抽介质温度不得超过 80℃,建议进口管路上加冷却器,并适当增加供水流量,否则会影响真空度。水环泵被抽介质遇水会产生沉淀时,或使用硬水工作液时,请经常用溶剂清洗,或用除垢剂浸泡后冲洗即可。水环泵在长时间不使用时,应把泵体内水排尽后加入防锈液,以免叶轮在泵体内抱死。如果泵在低温场合下使用,每次使用后应排尽泵腔内的水,以防冻裂。长时间停止运转时,若电机不能起动,请将电机的风叶罩打开,转动风叶数圈,然后起动电机。

6. 故障排除　见表 10-6。

表 10-6   SK 系列型水环真空泵故障原因及消除方法表

故　　障	产 生 原 因	消 除 方 法
抽气量不够	选泵过小,系统过大	重新选配
	机械密封损坏	更换机械密封
	进水水量过高	降低水温
	系统漏气	检查连接法兰垫片,拧紧螺栓,容器补焊等
	叶轮两侧间隙不均	调整间隙
	电压过低,转速过慢	调整电压
真空度降低	系统漏气	检查连接法兰垫片,拧紧螺栓,容器补焊等
	机械密封损坏	更换机械密封
	叶轮两侧间隙不均	调整间隙
	进水水温过高	降低水温
振动或异声	地脚螺栓松动	拧紧地脚螺栓
	泵腔内有异物摩擦	停泵拆泵取出异物
	叶片断裂脱落	更换叶轮
	叶轮与吸排气盘摩擦	调整叶轮位置
	气蚀噪音	打开管路上的辅助阀,调节噪音
	轴承损坏	更换轴承
启动困难	叶轮与吸排气盘摩擦	调整叶轮位置
	泵腔内有异物	取出异物
	电机缺一相电	重新接线
	电机电压低	调整电压

第十一章　固体制剂生产设备

固体制剂与其他制剂相比,具有物理、化学稳定性好,便于服用及携带方便等特点。并且在制备过程中生产成本相对较低,适宜大规模生产。因此,固体制剂目前在临床上应用广泛。常见的固体剂型包括散剂、颗粒剂、片剂、胶囊剂、丸剂、膏剂等。在固体制剂的生产过程中,设备的应用水平直接决定了物料的成型程度及最终所得制剂质量的好坏,因此,生产设备的选择是十分重要的。

固体制剂生产过程中,一般需要将药物粉末与其他辅助成分等充分混合,再进行剂型所需操作等,最后制得所需的固体制剂。因此,固体制剂生产涉及物料干燥设备、粉碎设备、混合设备、颗粒制造设备、成型设备以及包装设备等。

第一节　丸剂成型过程与设备

丸剂是指药物细粉或药材提取物加适宜的胶黏剂或辅料制成的球形或类球形的制剂,一般供口服应用。按辅料的种类,丸剂可分为蜜丸、水丸、糊丸、蜡丸以及浓缩丸等。丸剂有小到油菜籽大小的微丸到每丸重达 9g 的大蜜丸,其制备方法各不相同。常用的丸剂的制备方法有塑制法、泛制法和滴制法。

一、塑制法制丸过程

塑制法是指药材细粉加适宜的黏合剂,混合均匀,制成软硬适宜、可塑性较大的丸块,再依次制丸条、分粒、搓圆而成丸粒的一种制丸方法。多用于蜜丸、糊丸、蜡丸、浓缩丸、水蜜丸的制备。

1. **原辅料的准备**　原辅料的准备是指按照处方将所需的药材挑选清洁、炮制合格、称量配齐、干燥、粉碎、过筛。蜂蜜经炼制,使蜜丸在胃肠道中逐渐溶蚀释药,故作用持久,常用作塑制法制丸的胶黏剂。使用时,须按照处方药物的性质,炼成程度适宜的炼蜜备用。一般嫩蜜适用于含较多油脂、黏液质、胶质、糖、淀粉、动物组织等黏性较强的药材制丸;中蜜适用于黏性中等的药材制丸,绝大部分蜜丸采用中蜜;老蜜适合于黏性差的矿物性和纤维性药材制丸。

2. **制丸材、分粒和搓圆**　药物细粉混合均匀后,加入适量胶黏剂,充分混匀,制成湿度适宜、软硬适度的可塑性软材,即丸块,中药行业称之为"合坨",是塑制法的关键,丸块的软硬程度及黏稠度,直接影响丸粒成型和在贮存中是否变形。优良的丸块应能随意塑型而不开裂,手搓捏而不黏手,不黏附器壁。生产一般用捏合机进行。丸块取出后应立即搓条;若暂时不搓条,应以保湿盖好,防止干燥。

将丸块制成粗细适宜的条形以便于分粒。制备小量丸条可用搓条板。但是由于搓条板所制取的丸条重量不精确,从而可能导致最终的丸重偏差较大,目前搓条板已被机器代替,只是用于教学中给学生实验的演示。制丸条时,将丸块按每次制成丸粒数称取一定质量,置于搓条板上,手持上板,两板对搓,施以适当压力,使丸块搓成粗细一致且两端齐平的丸条,丸条长度由所预定成丸数决定。大量生产时可用制丸条机。

3. 干燥　一般成丸后应立即分装,以保证丸药的滋润状态。有时为了防止丸剂的霉变,可进行干燥。

二、塑制法制丸设备

将药物细粉混合均匀后,加入适当的辅料,制成丸剂,分手工和机械两种方法,随着中药现代化、规模化的发展,中药蜜丸的生产也越来越科学化、机械化。

1. 捏合机　捏合机是由一对互相啮合和旋转的桨叶所产生强烈剪切作用而使半干状态的物料迅速反应从而获得均匀的混合搅拌。捏合机可以根据需求设计成加热和不加热形式,它的换热方式通常有电加热、蒸汽加热、循环热油加热、循环水冷却等。捏合机由金属槽及两组强力的 S 形桨叶构成,槽底呈半圆形,两组桨叶转速不同,且沿相对方向旋转,根据不同的工艺可以设定不同的转速,最常见的转速是 $28\sim42r/min$。由于桨叶间的挤压、分裂、搓捏及桨叶与槽壁间的研磨等作用,可形成不黏手、不松散、湿度适宜的可塑性丸块。丸块的软硬程度以不影响丸粒的成型以及在储存中不变形为度。

2. 丸条机　丸条机应用于大量生产时丸条的制备,分螺旋式和挤压式两种,丸条机的设备结构如图 11-1 所示。螺旋式丸条机工作时,丸块从漏斗加入,由轴上叶片的旋转将丸块挤入螺旋输送器中,丸条即由出口处挤出。出口丸条管的粗细可根据需要进行更换。挤压式出条机工作时,将丸块放入料筒,利用机械能推进螺旋杆,使挤压活塞在料筒中不断前进,筒内丸块受活塞挤压由出口挤出,呈粗细均匀状。可通过更换不同直径的出条管来调节丸粒质量。目前企业生产过程中,一般都在丸条机模口处配备丸条微量调节器,以便于调整丸条直径,来控制丸重,从而达到保证丸粒的重量差异在药典规定范围内的目的。

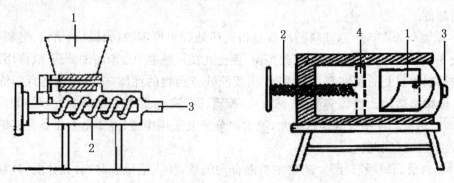

图 11-1　丸条机示意图

1. 加料口;2. 螺旋杆;3. 出条口;4. 挤压活塞

3. 轧丸机　大量生产丸剂时使用轧丸机,有双滚筒式和三滚筒式,其中以三滚筒式最为常见,其设备结构如图 11-2 所示,可用于完成制丸和搓圆的过程。双滚筒式轧丸机主要由两个半圆形切丸槽的铜制滚筒组成。两滚筒切丸槽的刀口相吻合。两滚筒以不同的速度作同一方向的旋转,转速一快一慢,约 90r/min 和 70r/min。操作时将丸条置于两滚筒切丸槽的刀口上,滚筒转动将丸条切断,并将丸粒搓圆,由滑板落入接收器中。

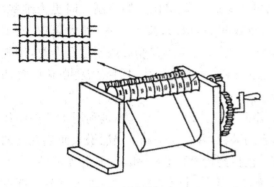

A. 滚双筒式轧丸机　　　　　　　　B. 三滚筒式轧丸机

图 11-2　滚筒式轧丸机示意图

三滚筒式轧丸机主要结构是三只槽滚筒,呈三角形排列,底下的一只滚筒直径较小,是固定的,转速约为 150r/min,上面两只滚筒直径较大,式样相同,靠里边的一只也是固定的,转速约为 200r/min,靠外边的一只定时移动,转速 250r/min。工作时将丸条放于上面两滚筒间,滚筒转动即可完成分割与搓圆工序。操作时在上面两只滚筒间宜随时揩拭润滑剂,以免软材黏滚筒。其适用于蜜丸的成型,通过更换不同槽径的滚筒,可以制得丸重不同的蜜丸。所得成型丸粒呈椭圆形,药丸断面光滑,冷却后即可包装。但是此设备不适于质地较松的软材制丸。

目前药厂多用联合制丸机,由制丸条和分粒、搓圆两大部分组成,一般采用双光电信号限位控制来协调各部分动作。通过控制第一光电信号来控制丸条的长度,通过第二光电信号来控制丸条的位置,从而达到控制丸重的作用。可一次完成制丸材、轧丸、搓圆的工艺,在生产中极为方便实用,常用的制丸机有大蜜丸机和小蜜丸机。大蜜丸机用于制成3~9g 的蜜丸,它包括两个部分,一部分是丸条机,利用在圆形壳体内水平旋转的螺旋推进器将坨料加压,随着螺旋推进器的推进压力逐渐升高,坨料由最前端的模口被压挤成长条推出;另一部分是轧丸机,丸条到达轧辊另一端时,被切断落到轧辊上,利用轧辊凹槽的凸起刀口将丸条轧割成丸。小蜜丸机用于直径 3.5~13mm 小丸的生产,它工作时将已经混合的药坨置于料斗内,由螺旋推进器通过条嘴挤出数条药条,药条经控制导轮送入制丸刀中,在刀辊的圆周运动和直线运动下制成药丸。

丸剂设备具有在应用过程中产生的粉尘量大,物料长时间暴露在空气中污染概率高,物料损耗大、设备部件及生产环境不易清洗的特点。而用于制作丸径小的中药丸的滚筒式搓丸机已经被联合制丸机所取代。

三、泛制法制丸过程

泛制法是指在转动的适宜的容器或机械中,将药材细粉与赋形剂交替润湿、撒布,不断翻滚,逐渐增大的一种制丸方法。主要用于水丸、水蜜丸、糊丸、浓缩丸、微丸的制备。泛制法制丸过程包括原材料的准备、起模、成型、盖面和干燥等过程。

1. 原辅料的准备　泛制法制丸时,药料的粉碎程度要求比塑制法制丸时更为细些,一般宜用 120 目左右的细粉。某些纤维性组成较多或黏性过强的药物(如大腹皮、丝瓜络、灯心草、生姜、葱、荷叶、红枣、桂圆、动物胶、树脂类等),不易粉碎或不适泛丸时,须先制汁作润湿剂泛丸;动物胶类如龟板胶、虎骨胶等,加水加热熔化,稀释后泛丸;树脂类药物如乳香、没药等,用黄酒溶解作润湿剂泛丸。

2. 起模　起模是泛丸成型的基础,是制备水丸的关键。泛丸起模是利用水的湿润作用诱导出药粉的黏性,使药粉相互黏着成细小的颗粒,并在此基础上层层增大而成丸模的过程。起模应选用方中黏性适中的药物细粉,包括药粉直接起模和湿颗粒起模两种。

3. 成型　将已筛选均匀的球形模子,逐渐加大至接近成丸的过程。若含有芳香挥发性或特殊气味或刺激性极大的药物,最好分别粉碎后,泛于丸粒中层,可避免挥发或掩盖不良气味。

4. 盖面　盖面是指使表面致密、光洁、色泽一致的过程,可使用干粉、清水或清浆进行盖面。盖面是泛丸成型的最后一个环节,作用是使整批投产成型的丸粒大小均匀、色泽一致,提高其圆整度及光洁度。

5. 干燥　控制丸剂的含水量在 9% 以内。一般干燥温度为 80℃ 左右,若丸剂中含有芳香挥发性成分或遇热易分解变质的成分时,干燥温度不应超过 60℃。可采用流化床干燥,可降低干燥温度,缩短干燥时间,并提高水丸中的毛细管和孔隙率,有利于水丸的溶解。

四、泛制法制丸设备

泛制法多用于水丸的制备,而水丸大生产只能用泛制法,多用手工操作,但具有周期长、占地面积大、崩解及卫生标准难控制等缺点。而用机器制备则可克服上述缺点,近年多用机械制丸。应用泛制法制丸的设备有小丸连续成丸机等。小丸连续成丸机组的设备结构如图 11-3 所示,包括进料、成丸、筛选等工序。它由输送、喷液、加粉、成丸、筛丸等部件相互衔接,构成机组。工作时,罐内的药粉由压缩空气运送到成丸锅旁的加料斗内,经过配制的药液存放在容器中,然后由振动机、喷液泵或刮粉机把粉、液依次分别撒入成丸锅内成型。药粉由底部的振动机或转盘定量均匀连续地进入成丸锅内,使锅内的湿润丸粒均匀受粉,逐步增大。最后,通过圆筛筛选合格丸剂。

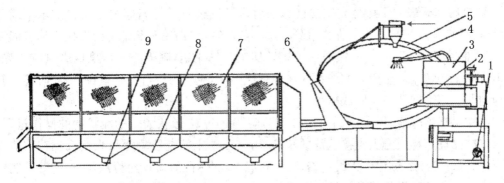

图 11-3　小丸连续成丸机

1. 喷液泵；2. 喷头；3. 加料斗；4. 粉斗；5. 成丸锅；6. 滑板；7. 圆筒筛；8. 料斗；9. 吸射器

第二节　片剂成型过程与设备

片剂创用于 19 世纪 40 年代，随着压片机械的出现得以迅速发展。由于片剂的剂量准确，使用、运输和携带方便，价廉、产量高等优点，已无可争议地成为临床应用的首选药物剂型。近十几年来，片剂生产技术与机械设备方面也有较大的发展，如流化制粒、粉末直接压片、半薄膜包衣、新辅料、新工艺以及生产联动化等。随着工艺技术的不断改进，片剂的质量逐渐提高，功能日益多样化，促进了医学事业的进步，为患者带来更多的便利。

一、片剂的生产过程

片剂通常系指将药物或中药材提取物、药材提取物加药材细粉或药材细粉与适宜辅料混匀压制而成的圆片状或异形片状的固体制剂。

片剂的生产需要经过以下工艺：原辅料→粉碎→过筛→物料配料→混合→制粒→干燥→压片→包装→储存。

1. **粉碎与过筛**　粉碎主要是借机械力将大块固体物料碎成适用大小的过程，固体药物粉碎是制备各种剂型的首要工艺。对于药物所需的粉碎度，要综合考虑药物本身性质和使用要求，例如当主药为难溶性药物时，必须有足够的细度以保证混合均匀及溶出度符合要求。药物粉碎后，需要通过过筛使粗粉与细粉分离，并通过控制筛孔的大小得到需要的药物粉末。粉碎后药物表面积增大，溶解与吸收加强，生物利用度提高。《中国药典》中对标准药筛的的孔径进行了规定，共分为九种筛号，一号筛的筛孔内径最大，依次减小，九号筛的筛孔内径最小。

2. **配料混合**　在片剂生产过程中，主药粉与赋形剂根据处方称取后必须经过几次混合，以保证充分混匀。主药粉与赋形剂并不是一次全部混合均匀的，首先加入适量的稀释剂进行干混，而后再加入黏合剂和润湿剂进行湿混，以制成松软适度的软材。大量生产时采用混合机、混合筒或气流混合机进行混合。对于小剂量药物，主药与辅料量相差较悬殊，可用等体积递增配研法混合；如果含量波动较大，不易混合，可采用溶剂分散法，即将量小的药物先溶于适宜的溶剂中再与其他成分混合，通常可以混合均匀。

3. 制粒和干燥　干燥是利用热能除去含湿的固体物质或膏状物中所含的水分或其他溶剂,获得干燥物品的工艺操作,已制好的湿颗粒应根据主药和辅料的性质于适宜温度(一般控制在50℃～60℃)尽快通风干燥。加快空气流速,降低空气湿度或者真空干燥,均能提高干燥速度。干燥后的颗粒往往会粘连结块,应当再进行过筛整粒,整粒时筛网孔径应与制粒用筛网孔径相同或略小。

制粒是把熔融液、粉末、水溶液等物料加工成有一定形状大小的粒状物的操作过程。除某些结晶性药物或可供直接压片的药粉外,一般粉末状药物均需事先制成颗粒才能进行压片,以保证压片过程中无气体滞留,药粉混合均匀,同时避免药粉积聚、黏冲等。制粒的目的在于改善粉末的流动性及片剂生产过程中压力的均匀传递、防止各成分离析及改善溶解性能等目的。

4. 压片　压片是片剂成型的关键步骤,通常由压片机完成。压片机的基本机械单元是两个钢冲和一个钢冲模,冲模的大小和形状决定了片剂的形状。压片机工作的基本过程为:填充—压片—推片,这个过程循环往复,从而自动完成片剂的生产。

5. 包衣　片剂包衣是指在素片(或片芯)外层包上适宜的衣料,使片剂与外界隔离。包衣后可达到以下目的:①隔离外界环境,增加对湿、光和空气不稳定药物的稳定性;②改善片剂外观,掩盖药物的不良气味,减少药物对消化道的刺激和不适感;③控制药物释放速度和部位,达到缓释、控释的目的,如肠溶衣,可避开胃中的酸和酶,在肠中溶出;④防止复方成分发生配伍变化。根据使用目的和方法的不同,片剂的包衣通常分糖衣、肠溶衣及薄膜衣等数种。糖衣层由内向外的顺序为隔离层、粉衣层、糖衣层、有色糖衣层、打光层。包衣层所使用材料应均匀、牢固、与药片不起作用,崩解时限应符合药典片剂项下的规定,不影响药物的溶出与吸收;经较长时期贮存,仍能保持光洁、美观、色泽一致,并无裂片现象。包衣方法有锅包衣法、空气悬浮包衣法、压制包衣法以及静电包衣、蘸浸包衣等。

6. 包装　包装系指选用适当的材料或容器、利用包装技术对药物半成品或成品的批量经分(灌)、封、装、贴签等操作,给一种药品在应用和管理过程中提供保护、签订商标、介绍说明,并且经济实效、使用方便的一种加工过程的总称。包装中有单件包装、内包装、外包装等多种形式。药品包装的首要功能是保护作用,起到阻隔外界环境污染及缓冲外力的作用,并且避免药品在贮存期间,可能出现的氧化、潮解、分解、变质;其次要便于药品的携带及临床应用。

二、制粒方法

制粒过程是固体制剂生产过程中重要的环节,通过制粒能够去掉药物粉末的黏附性、飞散性、聚集性,改善药粉的流动性,使药粉压缩性好,便于压片。根据药物性质和生产工艺的不断革新,研究者开发了一系列制粒方法,主要有湿法制粒、干法制粒、流化床制粒和晶析制粒等。同样,要根据药物的性质选择制粒方法,为压片做好准备。湿法制粒适用于受湿和受热不起化学变化的药物;因其所制成的颗粒有外形美观、成形性好、耐磨性强的特点,因此在医药工业的片剂生产过程中应用最为广泛。当片剂中成分对水分敏感,或在干燥时不能经受升温干燥,而片剂组分中具有足够内在黏合性质时,可采用干法制粒。该法不加任何液体,在粒子间仅靠压缩力使之结合,因此常用于热敏材料及水溶性极好的药物。虽其应用方法简单省时,但是由于压缩引起活性降低需要注意。

1. 湿法制粒　湿法制粒是指在粉末中加入液体胶黏剂(有时采用中药提取的稠膏)混合均匀,制成颗粒。湿法制粒是经典的制粒方法,增加了粉末的可压性和黏着性,可防止在压片时多组分处方组成的分离,能够保证低剂量的药物含量均匀。湿颗粒法制造工艺适用于受湿和受热不起化学变化的药物。湿法制粒的生产工艺为:混合→制软材→过筛→干燥。

制颗粒前需先制成软材,制软材是将原辅料细粉置混合机中,加适量润湿剂或黏合剂,混匀。润湿剂或黏合剂用量以能制成适宜软材的最少量为原则。软材的质量,由于原辅料性质的不同很难订出统一规格,一般"握之成团、触之即散"为宜。

制备的软材需要通过筛网筛选合适的湿颗粒,颗粒的大小一般根据片剂大小由筛网孔径来控制,一般大片(片重 0.3～0.5g)选用 14～16 目筛,小片(片重 0.3g 以下)选用 18～20 目筛制粒。过筛的方法可分为一次过筛和多次过筛法。一次过筛制粒时可用较细筛网(14～20 目),只要通过筛网一次即得;也可采用多次制粒法,即先使用 8～10 目筛网,通过 1～2 次后,再通过 12～14 目筛网,这种方法适用于有色的或润湿剂用量不当以及有条状物产生或者黏性较强的药物。湿颗粒应显沉重,少细粉,整齐而无长条。湿粒制成后,应尽可能迅速干燥,放置过久湿粒也易结块或变形。

2. 干法制粒　干法制粒是将粉末在干燥状态下压缩成型,再将压缩成型的块状物破碎制成颗粒。当片剂中成分对水分敏感,或在干燥时不能经受升温干燥,而片剂成分中具有足够内在黏合性质时,可采用干法制粒。制粒过程中,需要将混合物料先压成粉块,然后再制成适宜颗粒,也称大片法。阿司匹林对湿热敏感,其制粒过程即采用大片法制粒。干法制粒可分压片法和滚压法。压片法是将活性成分、稀释剂(如必要)和润滑剂混合,这些成分中必须具有一定黏性。在压力作用下,粉末状物料含有的空气被排出,形成相当紧密的块状,然后将大片碎裂成小的粉块。压出的大片粉块经粉碎即得适宜大小的颗粒,然后将其他辅料加到颗粒中,轻轻混合,压成片剂。滚压法与压片法的原理相似,不同之处在于滚压法应用压缩磨压片,在压缩前预先将药物与赋形剂的混合物通过高压滚筒将粉末压紧,排出空气,然后将压紧物粉碎成均匀大小的颗粒,加润滑剂后即可压片。该法使用的压力较大,才能使某些物质黏结,有可能会导致药物的溶出速率延缓,因此该法不适宜于小剂量片的制粒。

3. 流化床制粒　流化床制粒是用气流将粉末悬浮,呈流态化,再喷入胶黏剂液体,使粉末凝结成粒。制粒时,在自下而上的气流作用下药物粉末保持悬浮的流化状态,黏合剂液体由上部或下部向流化室内喷入使粉末聚结成颗粒。可在一台设备内完成沸腾混合、喷雾制粒、气流干燥的过程(也可包衣)是流化床制粒法最突出的优点。但是,影响流化床制粒的因素较多,黏合剂的加入速度、流动床温度、悬浮空气的温度及流量和速度等诸多因素均可对颗粒成品的质量与效能产生影响,操作参数比湿法制粒更为复杂。

4. 晶析制粒　晶析制粒法是使药物在液相中析出结晶的同时进行制粒的全新的制粒方法。制备的颗粒是由微细的结晶结聚而成的球形粒子,其颗粒的流动性、充填性、压缩成型性均好,大大改善了粉体的加工工程,因此可少用辅料或不用辅料直接压片。

三、制粒设备

药物的性质不一样,制粒采用的方法也就不一样,常用的制粒设备有挤压制粒机、转动制粒机、高速搅拌制粒机、流化床制粒机、压片制粒设备、滚压制粒设备以及喷雾干燥制粒设备等。

1. 挤压制粒机 挤压制粒机的基本原理是利用滚轮、圆筒等将物料强制通过筛网挤出,通过调整筛网孔径,得到需要的颗粒。制粒前,按处方调配的物料需要在混合机内制成适宜于制粒的软材,挤压制粒要求软材必须黏松适当,太黏挤出的颗粒成条不易断开,太松则不能成颗粒而变成粉末。目前,基于挤压制粒而设计的制粒机主要有摇摆式制粒机、旋转挤压制粒机和螺旋挤压制粒机,结构如图 11-4 所示。

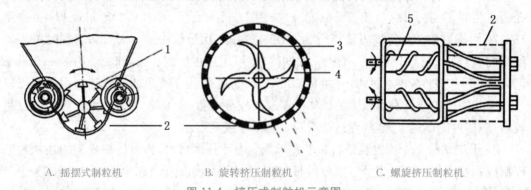

A. 摇摆式制粒机　　　　B. 旋转挤压制粒机　　　　C. 螺旋挤压制粒机

图 11-4　挤压式制粒机示意图

1. 七角滚轮;2. 筛网;3. 挡板;4. 刮板;5. 螺杆

摇摆式制粒机的主要构造是在一个加料斗的底部用一个七角滚轮,借机械动力作摇摆式往复转动,模仿人工在筛网上用手搓压而使软材通过筛孔而成颗粒。筛网具有弹性,可通过控制其与滚轴接触的松紧程度来调节制成颗粒的粗细。筛网多为金属制成,维生素 C、水杨酸钠等药物遇金属会变质、变色,可使用尼龙筛网。工作时,电动机带动胶带轮转动,通过曲柄摇杆机构使滚筒作往复摇摆式转动。在滚筒上刮刀的挤压与剪切作用下,湿物料挤过筛网形成颗粒,并落于接收盘中。摇摆式制粒机虽然工作原理及操作都简单,但对前期物料的性能有一定的要求,即混合所得的软材要适合制粒、松软得当。太松则不能通过设备挤压形成颗粒,而太软则会使挤出的颗粒成条状不易断开。

影响摇摆式制粒机所制得颗粒质量的因素主要是筛网和加料量。加料过多,或筛网过松,则制得颗粒粗且紧密;加料过少,或筛网较紧,则制得颗粒细且疏松。摇摆式制粒机所制得颗粒成品粒径分布均匀,利于湿颗粒的均匀干燥;而且机器运转平稳,噪声小,易清洗。由于挤压所出的制粒产品水分较高,必须具有后续干燥工艺,为了防止刚挤出的颗粒堆积在一起发生粘连,多对这些颗粒采用高温热风扫式干燥,使颗粒表面迅速脱水,然后再用振动流化干燥。使用过程中,需要注意安装筛网的松紧作用、材质及效果。由于摇摆式制粒机是通过滚筒对筛网的挤压而得到颗粒,因此,物料对筛网的摩擦力和挤压力较大,使用尼龙筛网非常容易破损需经常更换,而金属筛网则需要注意清洁以防止污染物料。

旋转制粒机适合于黏性较大的物料,可避免人工出料所造成的颗粒破损,具有颗粒成型率高的特点。由底座、加料斗、颗粒制造装置、动力装置、齿条等部分组成。颗粒制造装置为不锈钢圆筒,圆筒两端各备有不同筛号的筛孔,一端孔的孔径比较大,另一端孔的孔径比较小,以适应粗细不同颗粒的制备。圆筒的一端装在固定底盘上,所需大小的筛孔装在下面,底盘中心有一个可以随电动机转动的轴心,轴心上固定有十字形四翼刮板和挡板,两者的旋转方向不同。制粒时,将软材放在转筒中,通过刮板旋转,将软材混合切碎并落于挡板和圆筒之间,在挡板的转动下被压出筛孔而成为颗粒,落入颗粒接受盘而由出料口收集。

螺旋挤压制粒机分为单螺杆及双螺杆挤压制粒机,同样具有操作方便、易于清洗的特点。其工作原理与摇摆式制粒机和旋转挤压制粒机相似,只在转子的形状上有所不同,螺旋挤压制粒机通过螺杆将物料压出。

螺旋挤压制粒机虽然有其优点,但是由于制粒的生产过程中工序复杂、操作工人的劳动强度大、生产环境的粉尘噪声大、清场困难等特点,在企业的大生产中已越来越被高效混合的一步制粒机所取代,其更多地应用于小型企业及实验室的中试。

2. **转动制粒机** 转动制粒是在物料中加入一定量的黏合剂或润湿剂,通过搅拌、振动和摇动形成颗粒并不断长大,最后得到一定大小的球形颗粒。转动制粒过程分为微核形成阶段、微核长大阶段、微丸形成阶段,最终形成具有一定机械强度的微丸。在微核形成阶段,首先将少量黏合剂喷洒在少量粉末中,在滚动和搓动作用下聚集在一起形成大量的微核,在滚动时进一步压实;然后,将剩余的药粉和辅料在转动过程中向微核表面均匀喷入,使其不断长大,得到一定大小的丸状颗粒;最后,停止加入液体和粉料,使颗粒在继续转动、滚动过程中被压实,形成具有一定机械强度的颗粒。

转动制粒特别适用于黏性较高的物料。主要有圆筒旋转制粒机和倾斜旋转锅两种机型,如图 11-5 所示。

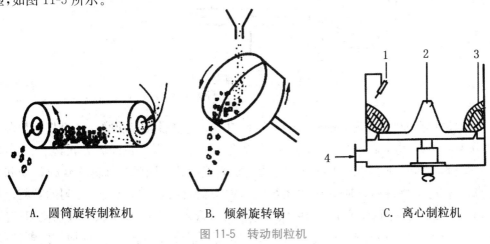

A. 圆筒旋转制粒机   B. 倾斜旋转锅   C. 离心制粒机

图 11-5 转动制粒机

1. 喷嘴;2. 转盘;3. 粒子层;4. 通气孔

转动制粒机又叫离心制粒机。物料加入后,在高速旋转的圆盘带动下做离心旋转运动,从而集中到器壁。然后,从圆盘的周边吹出的空气流使物料向上运动,而黏合剂从物料层斜面上部喷入,与物料相结合,靠物料的激烈运动使物料表面均匀润湿,并使散布的粉末均匀附着在物料表面,层层包裹,形成颗粒。颗粒最终在重力作用下落入圆盘中心,落下的粒子重新受到圆盘的离心旋转作用,从而使物料不停地做旋转运动,有利于形成球形颗粒。如此反复操作可以得到所需大小的球形颗粒。颗粒形成后,调整气流的流量和温度可对颗粒进行干燥。

转动制粒法的优点是处理量大,设备投资少,运转率高;缺点是颗粒密度不高,难以制备粒径较小的颗粒。在希望颗粒形状为球形、颗粒致密度不高的情况下,大多采用转动制粒。但是由于其同样存在着粉尘及噪声大、清场困难的特点,因此目前制药企业的大生产中应用较少,多用于实验室的样品中试及教学演示。

3. 高速搅拌制粒机　是通过搅拌器混合以及高速造粒刀的切割作用而将湿物料制成颗粒的装置,是一种集混合与造粒功能于一体的高效制粒设备,在制药工业中有着广泛应用。高速搅拌制粒机主要由制粒筒、搅拌桨、切割刀和动力系统组成,其结构如图 11-6所示。

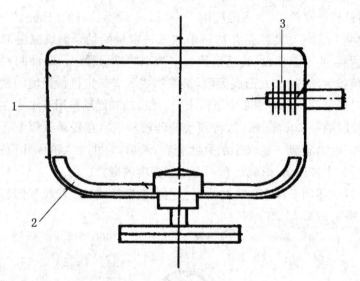

图 11-6　高速搅拌制粒机
1. 容器;2. 搅拌桨;3. 切割刀

高速搅拌制粒机工作时,先将原辅料按处方比加入盛料筒,启动搅拌电机将干粉混合1~2 分钟,待混合均匀后,加入黏合剂,再将湿物料搅拌 4~5 分钟即成为软材。然后,启动造粒电机,利用高速旋转的造粒刀将湿物料切割成颗粒。因物料在筒内快速翻动和旋转,使每一部分的物料在短时间内均能经过造粒刀部位而被切割成大小均匀的颗粒。药粉和辅料在搅拌桨的作用下混合、翻动、分散形成大颗粒;然后,大块颗粒被切割刀绞碎、切割,并配合搅拌桨,使颗粒得到强大的挤压、滚动而形成大小适宜、致密均匀的颗粒;部分结合力弱的大颗粒被搅拌器或切割刀打碎,碎片作为核心颗粒经过包层进一步增大,最终形成适宜的颗粒。其中,制粒颗粒目数大小由物料的特性、制料刀的转速和制粒时间等因素制约,改变搅拌桨的结构、调节黏结剂的用量及操作时间可改变制备颗粒的密度和强度。

搅拌混合制粒是在一个容器内进行混合、捏合和制粒,8～10分钟即可得到大小均匀、质地结实的颗粒。与传统的挤出制粒相比具有省工序、操作简单、快速等优点;与传统的槽型混合机相比,可节约15%～25%的黏合剂用量。并且,槽型混合机所能进行操作的品种可无须多大改动,即可应用该设备操作。该方法处理物料量大,制粒又是在密闭容器中进行,工作环境好,设备清洁比较方便,清场容易,能够达到 GMP 的要求;而且压片时流动性好,压成片后硬度高,崩解、溶出性能也较好。虽然搅拌混合制粒设备存在着高耗能、高耗时的缺点,但是由于工人的劳动强度与其他湿法制粒的设备相比,明显减小,工序工时也相对减少。因此,搅拌混合制粒设备目前为较常用的制粒设备。

4. 流化床制粒机　　目前,流化床制粒机广泛应用于粉体制粒和粉体、颗粒、丸的肠溶、缓控释薄膜包衣。操作时,把物料粉末与各种辅料装入容器中,适宜温度的气流从床层下部通过筛板吹入,使物料呈流化状态并且混合均匀,然后均匀喷入黏合剂液体,粉末开始聚结成粒,经过反复的喷雾和干燥,颗粒不断长大,当颗粒的大小符合要求时停止喷雾,然后继续送热风将床层内形成的颗粒干燥,最后收集制得颗粒,送至下一步工序。该设备的运转特点是粉末受到下部热空气的作用而流态化,然后定量喷入黏结剂,物料在床层内不断翻滚运动,使粉料在流态化的同时团聚得到颗粒。

流化床制粒装置如图 11-7 所示,主要由容器、气体分布装置(如筛板等)、喷嘴、气固分离装置(如袋滤器)、空气进口和出口、物料排出口组成。盛料容器的底是一个不锈钢板,布满直径 1～2mm 筛孔,开孔率为 4%～12%,上面覆盖一层 120 目不锈钢丝制成的网布,形成分布板。上部是喷雾室,在该室中,物料受气流及容器形态的影响,产生由中心向四周的上下环流运动。胶黏剂由喷枪喷出。粉末物料受胶黏剂液滴的黏合,聚集成颗粒,受热气流的作用,带走水分,逐渐干燥。喷射装置可分为顶喷、底喷和切线喷三种:顶喷装置喷枪的位置一般置于物料运动的最高点上方,以免物料将喷枪堵塞;底喷装置的喷液方向与物料方向相同,主要适用于包衣,如颗粒与片剂的薄膜包衣、缓释包衣、肠溶包衣等;切线喷装置的喷枪装在容器的壁上。流化床制粒装置结构可分成四部分,空气过滤加热部分构成第一部分;第二部分是物料沸腾喷雾和加热部分;第三部分是粉末收集、反吹装置及排风结构;第四部分是输液泵、喷枪管路、阀门和控制系统。该设备需要电力、压缩空气、蒸汽三种动力源,电力供给引风机、输液泵、控制柜;压缩空气用于雾化胶黏剂、脉冲反吹装置、阀门和驱动汽缸;蒸汽用来加热流动的空气,使物料得到干燥。

流化制粒根据处理量和用途不同,有间歇式流化沸腾制粒器和强制循环型流化床制粒器两种作业形式。如果期望得到粒径为数百微米的产品,可采用批次作业方式的间歇式流化沸腾制粒器。该设备的运转特点是先将原料粉流态化,然后定量喷入黏合剂,使粉料在流化状态下团聚形成合适粒径的微粒,原始颗粒的聚并是该过程的主要机理。当处理量较大时,则应选用连续式流化制粒设备,这类装置多由数个相互连通的流化室组成,药粉经过增湿、成核、滚球、包覆、分级、干燥等过程形成颗粒。它是在原料粉处于流化态时连续地喷入黏结剂,使颗粒不断翻滚长大得到适宜粒径后排出机外。可通过优化多室流化床的工艺条件,使颗粒形成的不同阶段都处在最佳操作条件下完成。

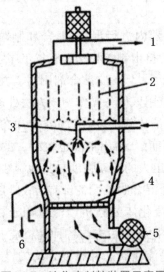

图 11-7 流化床制粒装置示意图

1. 空气出口;2. 袋滤器;3. 喷嘴;4. 筛板;5. 空气进口;6. 产品出口

流化床制粒机适用于热敏性或吸湿性较强的物料制粒,且要求所用物料的密度不能有太大差距,否则难以制成颗粒。在符合要求的物料条件下,流化床制粒机所制得的颗粒外形圆整,多为 30 至 80 目之间,因此在压片时的流动性和耐压性较好,易于成片,对于提高片剂的质量相当有利。由于其可直接完成制粒过程中的多道工序,减少了企业的设备投资,并且降低了操作人员的劳动强度。因此,该设备有生产流程自动化、生产效率高、产量大的特点。但是由于该设备动力消耗较大、对厂房环境的建设要求较高,在厂房设计及应用时需注意到这一点。

5. 压片制粒设备 压片制粒设备的工作原理是先将物料压成粉块,然后再制成适宜的颗粒(又称大片法)。压片时,粉末状物料含有的空气在压力作用下被排出,形成相当紧密的块状,再将大片弄成小的粉块。压出的大片粉块经粉碎即得适宜大小的颗粒,然后将剩余的润滑剂加到颗粒中,轻轻混合即可压片。

6. 滚压制粒设备 滚压制粒设备主要由加料斗、螺旋推进器、滚筒和筛网等组成,使用压缩磨进行,在进行压缩前预先将药物和赋形剂的混合物通过高压滚筒将粉末压紧,排出空气,然后将压紧物粉碎成均匀大小的颗粒。滚压制粒设备工作时先将干燥后的各种干粉物料从干法制粒机的顶部加入,经滚压形成一定形状的薄片,随后进入轧片机内,在轧片机的双辊挤压下,物料变成片状,片状物料经过破碎、整粒、筛粉等过程,得到需要的粒状产品。颗粒加润滑剂后即可压片。

7. 喷雾干燥制粒设备 它是一种将喷雾干燥技术与流化床制粒技术结合为一体的新型制粒技术。其原理是通过机械作用,将原料液用雾化器分散成雾滴,增大水分蒸发面积,加速干燥过程,并用热空气(或其他气体)与雾滴直接接触,在瞬间将大部分水分除去,使物料中的固体物质干燥成粉末而获得粉粒状产品的一种过程。溶液、乳浊液或悬浮液,以及熔融液或膏状物均可作为喷雾干燥制粒的原料液。根据需要,喷雾干燥制粒设备可得到粉状、颗粒状、空心球或团粒状的颗粒,也可用于喷雾干燥。

喷雾干燥制粒设备结构如图 11-8 所示,由原料泵、雾化器、空气加热器、喷雾干燥制粒器等部分构成。制粒时原料液经过滤器由原料泵输送到雾化器雾化为雾滴,空气由鼓风机经过滤器、空气加热器及空气分布器送入喷雾干燥制粒器的顶部,热空气与雾滴在干燥制粒器内接触、混合,进行传热与传质,得到干燥制粒产品。

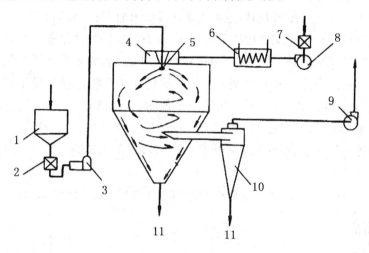

图 11-8　喷雾干燥制粒设备示意图

1. 原料罐;2. 过滤器;3. 原料泵;4. 空气分布器;5. 雾化器;6. 空气加热器;
7. 空气过滤器;8. 鼓风机;9. 引风机;10. 旋风分离器;11. 产品

喷雾干燥制粒过程分为三个基本阶段:第一阶段,原料液的雾化。雾化后的原料液分散为微细的雾滴,水分蒸发面积变大,能够与热空气充分接触,雾滴中的水分得以迅速汽化而干燥成粉末或颗粒状产品。雾化程度对产品质量起决定性作用,因此,原料液雾化器是喷雾制粒的关键部件。第二阶段,干燥制粒。雾滴和热空气充分接触、混合及流动,进行干燥制粒。干燥过程中,根据干燥室中热风和被干燥颗粒之间运动方向可分为并流型、逆流型和混流型。第三阶段,颗粒产品与空气分离。喷雾制粒的产品采用从塔底出粒,但需要注意废气中夹带部分细粉。因此在废气排放前必须回收细粉,以提高产品收率,防止环境污染。

雾化器是喷雾制粒的关键部件,要保证溶液的喷雾干燥制粒过程是在瞬间完成的,必须最大限度地雾化分散原料液,增加单位体积溶液的表面积,才能使传热和传质过程加速,利于干燥制粒的进行。雾滴越细,其表面积越大。根据雾滴形成的方式可将雾化器分为气流式雾化器、压力式雾化器和旋转式雾化器。一般情况下,气流式雾化器所得雾滴较细,而压力式和旋转式雾化器所得雾滴较粗。因此,常选用压力式或旋转式雾化器制备较大颗粒产品,而气流式雾化器常用于较细的粉状产品。

喷雾干燥制粒设备具有部件易清洗、生产效率高、操作人员少的特点;并且在整个过程中物料都处于密闭状态,避免了粉尘的飞扬,保证了生产环境的洁净度要求。但是由于喷雾干燥制粒设备装置复杂,耗能高,占地面积大,企业的一次性投资成本较大;而且设备中的关键部件雾化器及粉末回收装置价格较高,因此,喷雾干燥制粒设备不是中小制药企业制粒设备的首选。

四、压片过程与设备

片剂的成型设备称为压片机,通常是将物料摆放于模孔中,用冲头进行压制形成片状的设备。片剂的生产方法有粉末压片法和颗粒压片法两种。粉末压片法是直接将均匀的原辅料粉末置于压片机中压成片状,这种方法对药物和辅料的要求较高,只有片剂处方成分中具有适宜的可压性时才能使用粉末直接压片法;颗粒压片法是先将原辅料制成颗粒,再置于压片机中冲压成片状,这种方法通过制粒过程使药物粉末具备适宜的黏性,大多片剂的制备均采用这种方法。片剂成型是药物和辅料在压片机冲模中受压,当到达一定的压力,颗粒间接近一定的程度时,产生足够的范德华力,使疏松的颗粒结合成了整体的片状。压片机基本结构是由冲模、加料机构、填充机构、压片机构、出片机构等组成。压片机又分为单冲冲撞式压片机、旋转式压片机和高速旋转式压片机等。此外,还有二步(三步)压片机和多层片压片机等。

1. **电动单冲冲撞式压片机** 电动单冲冲撞式压片机设备结构如图 11-9 所示,是由冲

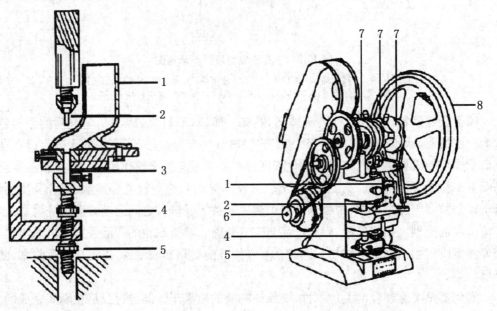

图 11-9 电动单冲冲撞式压片机

1. 加料斗;2. 上冲;3. 下冲;4. 出片调节器;5. 片重调节器;
6. 电动机;7. 偏心轮;8. 手柄

模(模圈、上冲、下冲)、饲料装置(饲料靴、加料斗)及调节器(片重调节器、出片调节器、压力调节器)组成的。单冲压片机的压片过程是由加料、压片至出片自动连续进行的。这个过程中,下冲杆首先降到最低,上冲离开模孔,饲料靴在模孔内摆动,颗粒填充在模孔内,完成加料。然后饲料靴从模孔上面移开,上冲压入模孔,实现压片。最后,上冲和下冲同时上升,将药片顶出冲模。接着饲料靴转移至模圈上面把片剂推下冲模台而落入接收器中,完成压片的一个循环。同时,下冲下降,使模内又填满了颗粒,开始下一组压片过程;

如此反复压片出片。单冲压片机每分钟能压制 80～100 片。

单冲压片机所制得片剂的质量和硬度（即受压大小）受模孔和冲头间的距离影响，可分别通过片重调节器和压力调节器部分调整。下冲杆附有上、下两个调节器，上面一个为调节冲头使与模圈相平的出片调节器，下面一个是调节下冲下降深度（即调节片剂重量）的片重调节器。片重轻时，将片重调节器向上转，使下冲杆下降，增加模孔的容积，借以填充更多的物料，使片重增加。反之，上升下冲杆，减小模孔的容积可使片重减轻。冲头间的距离决定了压片时压力的大小，上冲下降得愈低，上、下冲头距离愈近，则压力愈大，片剂越硬。反之，片剂越松。

单冲压片机结构简单，操作和维护方便，可方便地调节压片的片重、片厚以及硬度。但是，单冲压片机压片时是一种瞬时压力，这种压力作用于颗粒的时间极短；而且存在空气垫的反抗作用，颗粒间的空气来不及排出，会对片剂的质量产生影响。因此，单冲压片机制的片剂容易松散，大规模生产时质量难以保证，而且产量也太小，多作为实验室里做小样的设备，用于了解压片原理和教学。

2. 旋转式压片机　单冲压片机的缺点限制了其在大规模片剂生产中的应用，目前的片剂生产多使用旋转式压片机，旋转式压片机对扩大生产有极大的优越性。旋转式压片机是基于单冲压片机的基本原理，又针对瞬时无法排出空气的缺点，在转盘上设置了多组冲模，绕轴不停旋转，变瞬时压力为持续且逐渐增减压力，从而保证了片剂的质量。

旋转式压片机的核心部件是一个可绕轴旋转的三层圆盘，上层装有上冲，中层装有模圈，下层装有下冲。圆盘位于绕自身轴线旋转的上、下压轮之间，此外还有片重调节器、出片调节器、刮料器、加料器等装置。图 11-10A 是常见的旋转式多冲压片机的结构示意图，图 11-10B 是工作原理示意图，图中将圆柱形机器的一个压片全过程展开为平面形式，以更直观地展示压片过程中各冲头所处的位置。

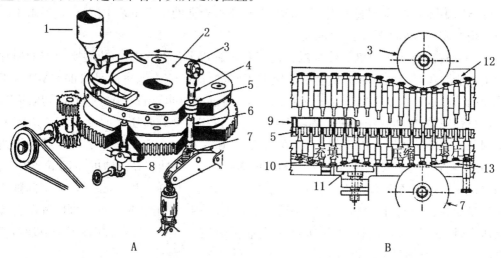

图 11-10　旋转式压片机示意图

1. 加料斗；2. 旋转盘；3. 上压轮；4. 上冲；5. 中模；6. 下冲；7. 下压轮；
8. 片重调节器；9. 栅式加料器；10. 下冲下行轨道；11. 重量控制用凸轮；
12. 上冲上行轨道；13. 下冲上行轨道

工作时,圆盘绕轴旋转,带动上冲和下冲分别沿上冲圆形凸轮轨道和下冲圆形凸轮轨道运动,同时模圈作同步转动。此时,冲模依次处于不同的工作状态,分别为填充、压片和退片。处于填充状态时,颗粒由加料斗通过饲料器流入位于其下方置于不停旋转平台之中的模圈中,这种充填轨道的填料方式能够保证较小的片重差异。圆盘继续转动,当下冲运行至片重调节器上方时,调节器的上部凸轮使下冲上升至适当位置而将过量的颗粒推出。通过片重调节器调节下冲的高度,可调节模孔容积,从而达到调节片重的目的。推出的颗粒则被刮料板刮离模孔,并在下一次填充时被利用。接着,上冲在上压轮的作用下下降并进入模孔,下冲在下压轮的作用下上升,对模圈中的物料产生的较缓的挤压效应,将颗粒压成片,物料中空气在此过程中有机会逸出。最后,上、下冲同时上升,压成的片子由下冲顶出模孔,随后被刮片板刮离圆盘并滑入接收器。此后下冲下降,冲模在转盘的带动下进入下一次填充,开始下一次工作循环。下冲的最大上升高度由出片调节器来控制,使其上部与模圈上部表面相平。

旋转式压片机的多组冲模设计使得出片十分迅速,且能保证压制片剂的质量。目前,多冲压片机的冲模数量通常为 19、25、33、51 和 75 等,单机生产能力较大。如 19 冲压片机每小时的生产量为 2 万~5 万片,33 冲为 5 万~10 万片,51 冲约为 22 万片,75 冲可达66 万片。多冲压片机的压片过程是逐渐施压,颗粒间容存的空气有充分的时间逸出,故裂片率较低。同时,加料器固定,运行时的振动较小,粉末不易分层,且采用轨道填充的方法,故片重较为准确均一。

目前国内制药企业常用的旋转式压片机为 ZP-33B 型,与 ZP-33 型相比,ZP-33B 型压片设备改善了其前身压力小、噪声高、粉尘大、不能换冲模压制异型片的缺点。设备的生产能力也有进一步提高,可以达到 4~11.8 万片/小时,并且配备了断冲、超压等自我保护系统。但是由于与高速旋转式压片机相比,生产效率低、粉尘大、操作复杂、设备及生产环境清洁困难等缺点,旋转式压片机目前仅应用于大企业的生产工艺中试、产量要求不高的中小企业或实验室的教学演示过程中。

3. 高速旋转式压片机　传统敞开的压片过程以及压片工序的断裂所导致的压片间粉尘和泄漏在国内大型制药企业中也屡见不鲜,而这已经不能再满足目前 GMP 对于压片间的洁净度要求了。随着制药工程的进步,通过增加冲模的套数、装设二次压缩点、改进饲料装置等,旋转式压片机已逐渐发展成为能以高速度旋转压片的设备。以 ZPYG500系列的高速旋转式压片机为例,设备在工作时,压片机的主电机通过交流变频无级调速器,并经蜗轮减速后带动转台旋转。转台的转动使上、下冲头在导轨的作用下产生上、下相对运动。颗粒经充填、预压、主压、出片等工序被压成片剂。并且,设备配备有间隙式微小流量定量自动润滑系统,可自动润滑上下轨道、冲头,降低轨道磨损。同时配备有传感器压力过载保护装置,当压力超压时,能保护冲钉,自动停机。以及配备了强迫加料器各种形式叶轮,可满足不同物料需求。

但是,高速旋转式压片机由于填料迅速,位于饲料器下的模孔的装填时间不充分,如何确保模圈的填料符合规定是最主要的问题。现在已设计出许多动力饲料方法,这些方法可在机器高速运转的情况下迅速地将颗粒重新填入模圈,这样有助于颗粒的直接压片,并可减少因内部空气来不及逸出所引起的裂片和顶裂现象。

五、包衣过程与设备

一般药物经压片后,为了保证片剂在储存期间质量稳定或便于服用及调节药效等,有些片剂还需要在表面包以适宜的物料,该过程称为包衣。片剂包衣后,素片(或片芯)外层包上了适宜的衣料,使片剂与外界隔离,可达到增加对湿、光和空气不稳定药物的稳定性、掩盖药物的不良气味、减少药物对消化道的刺激和不适感、靶向及缓控释药、防止复方成分发生配伍变化等目的。

合格的包衣应达到以下要求:包衣层应均匀、牢固,与药片不起作用,崩解时限应符合药典片剂项下的规定;经较长时期贮存,仍能保持光洁、美观、色泽一致,并无裂片现象;且不影响药物的溶出与吸收。根据使用目的和方法的不同,片剂的包衣通常分糖衣、薄膜衣及肠溶衣等数种。包糖衣的一般工艺为:包隔离层、粉衣层、糖衣层、有色糖衣层、打光。

1. **喷雾包衣机** 喷雾包衣机设备结构如图 11-11 所示,主要由喷雾装置、铜制或不锈钢制的糖衣锅体、动力部分和加热鼓风吸尘部分。

糖衣锅体的外形为荸荠形,锅体较浅、开口很大,各部分厚度均匀,内外表面光滑,这种锅体设计有利于片剂的快速滚动,相互摩擦机会较多,而且散热及液体挥发效果较好,易于搅拌;锅体可根据需要采用电阻丝、煤气辅助加热器等直接加热或者热空气加热;锅体倾斜安装,下部通过带轮与电动机相连,做回转运动。糖衣锅的转速、温度和倾斜角度均可随意调整。片剂在锅中不断翻滚、碰撞、摩擦,散热及水分蒸发快,而且容易用手搅拌,利用电加热器边包层边对颗粒进行加热,可以使层与层之间更有效的干燥。

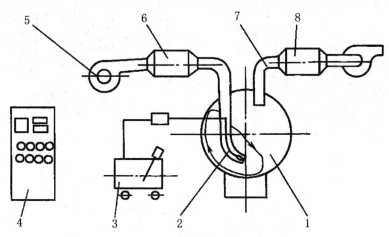

图 11-11 喷雾包衣机示意图

1. 包衣锅;2. 喷雾系统;3. 搅拌器;4. 控制器;5. 风机;6. 热交换器;7. 排风管;8. 集尘过滤器

喷雾装置分为"有气喷雾"和"无气喷雾",有气喷雾是包衣溶液随气流一起从喷枪口喷出,适用于溶液包衣。有气喷雾要求溶液中不含或含有极少的固态物质,黏度较小。一般有机溶剂或水溶性的薄膜包衣材料应用有气喷雾的方法。包衣溶液或具有一定黏性的溶液、悬浮液在压力作用下从喷枪口喷出,液体喷出时不带气体,这种喷雾方法称为无气喷雾法。当包衣溶液黏度较大或者以悬浮液的形式存在时,需要较大的压力才能进行喷雾,因此无气喷雾时压力较大。无气喷雾不仅可用于溶液包衣,也可用于有一定黏度或者含有一定比例的固态物质的液体包衣,例如用于含有不溶性固体材料的薄膜包衣以及粉糖浆、糖浆等的包衣。

2. 高效包衣机 高效包衣机由包衣机、包衣浆贮罐、高压喷浆泵、空气加热器、吸风机、控制台等主辅机组成。片芯在包衣机洁净密闭的旋转转筒内,不停地作复杂轨迹运动,翻转流畅,交换频繁。恒温包衣液经高压泵,同时在排风和负压作用下从喷枪喷洒到片芯。由热风柜供给的10万级洁净热风穿过片芯从底部筛孔经风门排出,包衣介质在片芯表面快速干燥,形成薄膜。

锅型结构高效包衣机的结构大致可分成间隔网孔式、网孔式、无孔式三类。网孔式高效包衣机如图 11-12A 所示。它的整个圆周都带有 1.8～2.5mm 圆孔。整个锅体被包在一个封闭的金属外壳内,经过预热和净化的气流从锅的右上部通过网孔进入锅内,热空气穿过运动状态的片芯间隙,由锅底下部的网孔穿过再经排风管排出。这种气流运行方式称为直流式,在其作用下片芯被推往底部而处于紧密状态。热空气流动的途径可以是逆向的,即从锅底左下部网孔穿入,再经右上方风管排出,称为反流式。反流式气流将积聚的片芯重新分散,处于疏松的状态。在两种气流的交替作用下,片芯不断地变换"紧密"和"疏松"状态,从而不停翻转,充分利用热源。

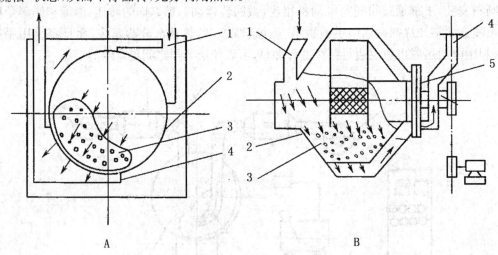

图 11-12 高效包衣机示意图
1. 进气管;2. 锅体;3. 片芯;4. 排风管;5. 风门

间隔网孔式外壳的开孔部分不是整个圆周,而是按圆周的几个等分部位,如图 11-12B 所示。在转动过程中,开孔部分间隔地与风管接通,处于通气状态,达到排湿的效果。这种间隙的排湿结构使热量得到更加充分的利用,节约了能源;而且锅体减少了打孔的范围,制作简单,减轻了加工量。

无孔式锅体结构则是通过特殊的锅体设计使气流呈现特殊的运行轨迹,在充分利用热源的同时,巧妙地将其排出。锅体上没有开孔,不仅简化了制作工艺,而且锅体内光滑平整,对物料没有任何损伤。

3. 流化床包衣设备 流化床包衣设备与流化制粒、流化干燥设备的工作原理相似,通过将包衣液喷在悬浮于一定流速空气中的片剂表面,同时,加热空气使片剂表面溶剂挥发而成膜。不同之处在于干燥和制粒时由于物料粒径较小,比重轻,易于悬浮在空气中,流化干燥与制粒设备只要考虑空气流量及流速的因素;而包衣的片剂、丸剂的粒径大,自重力大,难于达到流化状态,因此流化床包衣设备中加包衣隔板,减缓片剂的沉降,保证片剂处于流化状态的时间,达到流化包衣的目的。

流化式包衣机是一种常用的薄膜包衣设备,具有包衣速度快、对素片形状无要求的优点,但是由于在流化式包衣过程中药片作悬浮运动时,碰撞较强烈,因此成片的颜色不佳且外衣易碎,需要通过在包衣过程中调整包衣物料比例和减小锅速、锅温来解决。

第三节 胶囊剂成型过程与设备

胶囊剂系指药物装于空心硬质胶囊中或密封于弹性软质胶囊中而制成的固体制剂。胶囊剂可分为硬胶囊剂和软胶囊剂(亦称胶丸)两类。硬胶囊剂系将固体药物填充于空硬胶囊中制成。硬胶囊呈圆筒形,由上下配套的两节紧密套合而成,其大小用号码表示,可根据药物剂量的大小而选用。硬胶囊剂的制备分为空胶囊的制备和药物的填充。软胶囊剂又称胶丸剂,系将油类或对明胶等囊材无溶解作用的液体药物或混悬液封闭于软胶囊中而成的一种圆形或椭圆形制剂。软胶囊剂又可分有缝胶丸和无缝胶丸,分别采用压制法和滴制法制成。

一、硬胶囊剂成型过程

硬胶囊剂是将粉状、颗粒状、片剂或液体药物直接灌装于胶壳中而成,能达到速释、缓释、控释等多种目的。胶壳有掩味、遮光等作用,利于刺激性、不稳定的药物的生产。根据药物剂量的大小,可选用规格为 000、00、0、1、2、3、4、5 的 8 种硬胶囊。硬胶囊剂的溶解时限优于丸、片剂,并可通过选用不同特性的囊材以达到定位、定时、定量释放药物的目的,如肠溶胶囊、直肠用胶囊、阴道用胶囊等。

1. **硬胶囊的原料** 空胶囊的主要成囊材料为明胶。明胶是由骨、皮水解而制得的,分为 A 型与 B 型两种。由酸水解所制得的明胶被称为 A 型明胶,等电点 pH 值 7~9;由碱水解所制得的明胶被称为 B 型明胶,等电点 pH 值 4.7~5.2。以骨骼为原料所制得的骨明胶,质地坚硬,透明度差且性脆;以猪皮为原料所制得的猪皮明胶,透明度好,富有可塑性。因此,为兼顾胶囊壳的强度和可塑性,采用骨、皮的混合胶较为理想。同时,为了进一步增加明胶的可塑性,通常还需加入甘油、山梨醇、CMC-Na、HPC、油酸酰胺磺酸钠等增塑剂,以及增稠剂琼脂、遮光剂二氧化钛(2%~3%)、食用色素等着色剂、防腐剂尼泊金等辅料。但是以上组分并不是任一种空胶囊都必须具备,而应根据具体情况加以选择。

2. **胶囊的型号** 空胶囊的规格由大到小分为 000、00、0、1、2、3、4、5 号共 8 种,一般常用的是 0~5 号,相对应的容积分别为 0.75、0.55、0.40、0.30、0.25、0.15mL。

3. 胶壳(空胶囊)的制备 空胶囊的制作过程可分为溶胶、蘸胶制坯、干燥、拔壳、截割及整理等六个工序,主要由自动化生产线完成。空胶囊应贮存在密闭的容器中,环境温度不应超过 37℃(15℃～25℃最适宜),RH(相对湿度,relative humidity)不得超过 40%(30%～40%最适宜),即应阴凉干燥处避光保存备用。

4. 填充 若药料的粒度适宜,能够满足硬胶囊剂的填充要求,即可直接填充。但是若由于药物流动性差等原因,则需加一定的稀释剂、润滑剂等辅料。胶囊有平口与锁口两种,生产中一般使用平口胶囊,待填充后封口,以防其内容物漏泄。

二、硬胶囊剂的填充设备

硬胶囊充填设备以主轴传动工作台运动方式分为两大类:一类是连续式,另一类是间歇式。按充填形式又可分为重力自流式和强迫式两种。按计量及充填装置的结构可分为冲程法、插管式定量法、填塞式。不同充填方式的充填机适应于不同药物的分装,要根据药物的流动性、吸湿性、物料状态(粉状或颗粒状、固态或液态)选择充填方式。

现以间歇回转式全自动胶囊填充机为例,介绍硬胶囊填充机的结构和工作原理。硬胶囊填充的一般工艺过程为空心胶囊自由落料→空心胶囊的定向排列→胶囊帽和体的分离→剔除未被分离的胶囊→胶囊的帽体进行水平分离→胶囊体中被充填药料→胶囊帽体再次套合及封闭→充填后胶囊成品被排出机外。

胶囊的内容物可以是粉末、颗粒、微粒,甚至连固体药物及液体药物都可进行填充。填充粉末及颗粒的方法如图 11-13 所示,有:①冲程法,是依据药物的密度、容积和剂量之间的关系,直接将粉末及颗粒填充到胶囊中定量。可通过变更推进螺杆的导程,调节充填机速度,来增减充填时的压力,从而控制分装重量及差异。半自动充填机就是采取这种充填方式,它对药物的适应性较强,一般的粉末及颗粒均适用此法。②填塞式定量法,它是用填塞杆逐次将药物装粉夯实在定量杯里,达到所需充填量后药粉冲入胶囊定量填充。定量杯由计量粉斗中的多组孔眼组成。工作时,药粉从锥形贮料斗通过搅拌输送器直接进入计量粉斗的定量杯中,并经填塞杆多次夯实;定量杯中药粉达到定量要求后充入胶囊体。充填重量可通过调节压力和升降充填高度来调节。这种充填方式装量准确,对流动性差的和易黏的药物也能达到定量要求。③插管式定量法,这种方法将空心计量管插入贮料斗中,使药粉充满计量管,并用计量管中的冲塞将管内药粉压紧,然后计量管旋转到空胶囊上方,通过冲塞下降,将孔里药料压入胶囊体中;每副计量管在计量槽中连续完成插粉、冲塞、提升,然后推出插管内的粉团,进入囊体。填充药量可通过计量管中冲杆的冲程来调节。

微粒的充填主要依据容积定量法,具体方法有逐粒充填法及双滑块定量法等。

硬胶囊剂填充机是硬胶囊剂生产的关键设备,由机架、胶囊回转机构、胶囊送进机构、粉剂搅拌机构、粉剂填充机构、真空泵系统、传动装置、电气控制系统、废胶囊剔出机构、合囊机构、成品胶囊排出机构、清洁吸尘机构、颗粒填充机构组成。

硬胶囊填充机工作时,首先由胶囊送进机构(排序与定向装置)将空胶囊自动地按小头(胶囊身)在下,大头(胶囊帽)在上的状态,送入模块内,并逐个落入主工作盘上的囊板孔中。然后,拔囊装置利用真空吸力使胶囊帽留在上囊板孔中,而胶囊体则落入下囊板孔中。接着,上囊板连同胶囊帽一起被移开,胶囊体的上口则置于定量填充装置的下方,药物被定量填充装置填充进胶囊体。未拔开的空胶囊被剔除装置从上囊板孔中剔除出去。最后,上、下囊板孔的轴线对正,并通过外加压力使胶囊帽与胶囊体闭合。出囊装置将闭合胶囊顶出囊板孔,进入清洁区,清洁装置将上、下囊板孔中的胶囊皮屑、药粉等清除,胶囊的填充完成,进入下一个操作循环。由于每一工作区域的操作工序均要占用一定的时间,因此主工作盘是间歇转动的。

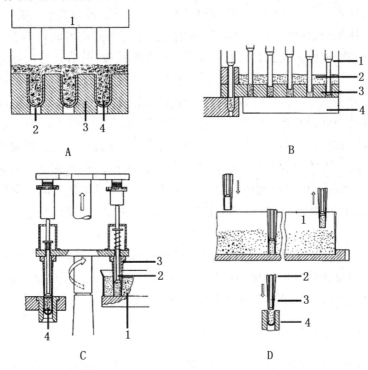

图 11-13　填充定量方法示意图

A. 冲程法:1. 充填装置;2. 囊体;3. 囊体盘;4. 药粉
B. 填塞式定量法:1. 计量盘;2. 定量杯;3. 药粉;4. 填塞杆
C. 间歇插管式定量法:1. 药粉;2. 冲杆;3. 计量管;4. 囊体
D. 连续插管式定量法:1. 计量槽;2. 计量管;3. 冲塞;4. 囊体

　　国内硬胶囊填充机研发起步较晚,而国外的生产历史较长。目前国内大多数制药企业所应用的国外代表产品一般为德国 Bosch 公司的 GKF 系列产品,填充机的生产能力可以最高达到 15000 粒/小时。而国内产品近几年发展速度很快,例如半自动的胶囊填充机 ZJT 系列已达到机电一体化的程度,并且主要技术性能指标已经接近或达到了国外同类产品的技术水平。

三、软胶囊剂成型过程

　　软胶囊剂俗称胶丸,系将一定量的药液直接包封于球形或椭圆形的软质囊中制成的制剂。其生产制造过程要求在洁净的环境下进行,且产品质量与生产环境密切相关。一般来说,要求其生产环境的相对的湿度为 30％～40％,温度为 21℃～24℃。软胶囊囊材是用明胶、甘油、增塑剂、防腐剂、遮光剂、色素和其他适宜的药用材料制成。其大小与形态有多种,有球形(0.15～0.3mL)、椭圆形(0.10～0.5mL)、长方形(0.3～0.8mL)及筒形(0.4～4.5mL)等,可根据临床需要制成内服或外用的不同品种,胶囊壳的弹性大,故又称弹性胶囊剂或胶丸剂。

软胶囊的制备工艺包括配料、化胶、滴制或压制、干燥等过程。首先是原辅料的混合过程,如果药物本身是油类的,只需加入适量抑菌剂,或再添加一定数量的玉米油(或PEG400),混匀即得。固态药物需要粉碎过 100～200 目筛,再与玉米油混合,经胶体磨研匀,或用低速搅拌加玻璃砂研匀,使药物以极细腻的质点形式均匀地悬浮于玉米油中。软胶囊壳主要含明胶、阿拉伯胶、增塑剂、防腐剂(如山梨酸钾、尼泊金等)、遮光剂和色素等成分,其中明胶∶甘油∶水为 1∶0.3～0.4∶0.7～1.4 的比例为宜,根据生产需要和药物的性质,选择适宜的辅料,将以上物料混合、搅拌、加热、溶化、保温过滤,制成胶浆备用。

软胶囊的制法有两种:滴制法和压制法。滴制法和制备丸剂的滴制法相似,冷却液必须安全无害,与明胶不相混溶,一般为液体石蜡、植物油、硅油等。制备过程中必须控制药液、明胶和冷却液三者的密度以保证胶囊有一定的沉降速度,同时有足够的时间冷却。滴制法设备简单,投资少,生产过程中几乎不产生废胶,产品成本低。但目前因胶囊筛选及去除冷却剂的过程相对复杂困难,滴丸法制备软胶囊在大规模生产过程中受到一定的限制。

软胶囊制备常采用压制机生产,将明胶与甘油、水等溶解制成胶板,再将药物置于两块胶板之间,调节好出胶皮的厚度和均匀度,用钢模压制而成。压制法产量大,自动化程度高,成品率也较高,计量准确,工业化大生产较为适合。

四、软胶囊剂的生产设备

成套的软胶囊生产设备包括明胶液溶制设备、药液配制设备、软胶囊压(滴)制设备、软胶囊干燥设备、回收设备。目前,常用的软胶囊生产设备有滴制式软胶囊机(滴丸机)和旋转式压囊机。

1. 滴制式软胶囊机(滴丸机) 滴丸机是滴制法生产软胶囊的设备,其基本工作原理是将原料药与适当熔融的基质混合、分散后,物料从滴头快速、连续地滴入冷凝介质中,液滴在冷却过程中受表面张力和内应力的作用形成圆整、均匀的软胶囊。

全自动滴丸机工作时,首先将药液加入料斗中,明胶浆加入胶浆斗中,当温度满足设定值后(一般将明胶液的温度控制在 75℃～80℃,药液的温度控制在 60℃左右为宜),机器打开滴嘴,根据胶丸处方,调节好出料口和出胶口,由剂量泵定量。胶浆、药液应当在严格同心的条件下先后有序的从同心管出口滴出,滴入下面冷却缸内的冷却剂(通常为液体石蜡,温度一般控制在 13℃～17℃)中,明胶在外层,先滴到冷却剂上面并展开,药液从中心管滴出,立即滴在刚刚展开的明胶表面上,胶皮继续下降,使胶皮完全封口,油料便被包裹在胶皮里面,再加上表面张力作用,使胶皮成为圆球形药滴在表面张力作用下成型(圆球状)。在冷却磁力泵的作用下,冷却剂从上部向下部流动,并在流动中降温定型,逐渐凝固成软胶囊,将制得的胶丸在室温(20℃~30℃)冷风干燥,再经石油醚洗涤两次,再经过95%乙醇洗涤后于30℃~35℃烘干,直至水分合格后为止,即得软胶囊。

2. 压囊机　软胶囊的大规模生产多由压囊机完成。压囊机的设备结构如图 11-14 所示,主要由贮液槽、填充泵、导管、楔形注入器和滚模构成。

模具由左右两个滚模组成,并分别安装于滚模轴上。滚模的模孔形状、尺寸和数量可根据胶囊的具体型号进行选择。两根滚模轴做相对运动,带动由主机两侧的胶皮轮和明胶盒共同制备得到的两条明胶带向相反方向移动,相对进入滚模压缝处,一部分以加压结合,此时药液通过填充泵经导管注入楔形喷体内,借助供料泵的压力将药液及胶皮压入两个滚模的凹槽中,由于滚模的连续转动,胶带全部轧压结合,使两条胶皮将药液包封于胶膜内,剩余的胶带切断即可。

工作时,将配制好的明胶液置于机器上部的明胶盒中,由下部的输胶管分别通向两侧的涂胶机箱。明胶盒由不锈钢制成,桶外设有可控温的夹套装置,一般控制明胶桶内的温度在 60℃左右。预热的涂胶机箱将明胶液涂布于温度为 16℃~20℃的鼓轮上。随着鼓轮的转动,并在冷风的冷却作用下,明胶液在鼓轮上定型为具有一定厚度的均匀的明胶带。由于明胶带中含有一定量的甘油,因而其塑性和弹性较大。两边所形成的明胶带被送入两滚模之间,下部被压合。同时,药液通过导管进入温度为 37℃~40℃的楔形注入器中,并被注入旋转滚模的明胶带内,注入的药液体积由计量泵的活塞控制。当明胶带经过楔形注入器时,其内表面被加热而软化,已接近于熔融状态,因此,在药液压力的作用下,胶带在两滚模的凹槽(模孔)中即形成两个含有药液的半囊。此后,滚模继续旋转所产生的机械压力将两个半囊压制成一个整体软胶囊,并在 37℃~40℃发生闭合而将药液封闭于软胶囊中。随着滚模的继续旋转或移动,软胶囊被切离胶带,制出的胶丸,先冷却固定,再用乙醇洗涤去油,干燥即得。

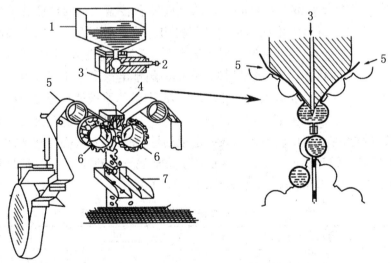

图 11-14　自动旋转压囊机示意图

1. 贮液槽;2. 填充泵;3. 导管;4. 楔形注入器;5. 明胶带;6. 滚模;7. 斜槽

压囊机分为平板膜式和滚膜式两种,其中以滚膜式应用较为普遍。而平板模式软胶囊压制机与滚膜式相比,生产能力可提高 50%。其工作原理是通过往复冲压平模,在连续生产过程中可以做到自动对胶皮,完成物料的灌装,并且直接冲切成软胶囊。

第四节 典型设备规范操作

由于制剂的剂型不同,所选择的成型设备也不尽相同,如丸剂的成型设备包含有捏合机、丸条机、轧丸机等;片剂的生产设备有制粒机、压片机、包衣机等;胶囊剂的成型设备有压囊机、充填机等。在制药企业实际生产过程中,各设备的规范操作就成了该制剂质量好坏的关键。在此,仅以生产中常用的典型的固体制剂设备为例,介绍其规范操作流程及使用注意事项。

一、多功能制丸机

以 ZW-1000 型多功能制丸机为例,本机属于离心式制丸制粒机械。具有起母、造粒(丸)、包衣等三种基本功能。所谓起母,上粉,主要是指粉状药剂加入离心机内,喷入适量的雾化浆液,从而获得球形母粒的过程,母粒尺寸一般为 0.2～0.8mm。充填硬胶囊的微丸制剂及各种冲剂也可采用这种方法制备。本机采用高精度的机械传动方式,可连续自动(也可手动)加工成中药、保健、食品行业生产所需成型的圆状、片状、条状产品。制出的丸剂效果较好,成品药丸大小均匀、颗粒圆滑、饱满光泽。本机还具有抛光、烘干的功能,采用热电烘干工艺,既方便又实用。本机与药物接触的部分及外壳全部采用不锈钢材制造,符合药品生产质量管理规范的标准。

1. **工作原理** 将机制或手工制得的球形母粒或方形晶核输入离心机中旋转后,适量地喷入雾化的浆液和喷撒粉料,最后获得球度很高的球形颗粒。

2. **结构特征与技术参数** 在离心主机的上筒体和转盘之间的环形缝隙处具有过渡曲面,上筒体的顶盖上设有喷枪和挡板的升降机构。转盘和下筒体之间为离心机的通风腔。由鼓风机将空气送入该腔,并经环形缝隙流入造粒腔。在造粒过程中形成的灰尘(带有少量的药粉)经除尘机排出,清洗机器时,从排水阀排出污水。喷浆泵组给喷枪压送浆液,而喷枪的开启与关闭是靠电磁阀来控制的。在喷枪中,浆液的雾化是靠压缩空气喷射形成的,压缩空气的通断是由电磁阀来控制。从几何学角度而言,制粒过程实际上是母粒尺寸的"长大"过程,在放置的转盘上输入一定量的母粒时,由于离心力和摩擦力以及挡板的作用,散状颗粒在转盘和上筒体的过渡曲面上形成涡旋运动的粒子流,使母粒尺寸逐渐"长大"。ZW-1000 型多功能制丸机技术参数见表 11-1。

表 11-1 ZW-1000 型多功能制丸机技术参数表

	母料最少输入量(空白粒)	5kg
整机性能参数	球粒最大输出量	15～35kg
	造粒时间(一次)	30～80min
	最大放大倍数 k=D/d*	2

续表

整机性能参数	造粒直径 D	0.25~2.5mm
	电源	380V;50Hz
	压缩空气供应量	大于 1.0m³/min(0.5MPa)
	热风空气温度	小于 80℃
	鼓风量	不低于 4m³/min

* d——母粒(料)输入时直径。

3. **设备特点** 一机多用,拆洗方便简单;体积小,重量轻,性能稳定,操作简单,清洗方便;省电安全,噪音低,造型美观;与药物接触的部分及外壳全部采用不锈钢材料,符合药品生产质量管理规范标准要求。

4. **操作方法**

(1)造粒前准备工作 ①把喷枪挂在主机的喷枪支杆上正常工作的高度处。在供粉机的料斗内装入粉料。②贮浆桶内注入浆液(黏结剂)。在气控柜上调节喷气压力为 P=0.2MPa,将"供风、转盘"频率设置为0,按下"供风、转盘、喷液(雾)"键,调节喷枪的喷嘴,使喷枪雾化良好,然后锁紧喷嘴。③整机复原到初始状态,将供粉机推到主机旁边,提升料斗对准主机进料口并推至合适位置,然后打开主机上盖的活动板,安装供粉送料嘴。

(2)造粒过程的操作 ①打开主机上盖的活动板,在主机内侧加入母粒(不能少于3kg)。②在触摸屏上分别启动供风机和除尘机;在气控柜上,将喷气压力调至 0.2MPa,再调节供风频率,使鼓风流量恰好在工艺要求值上。③在触摸屏上,启动喷液(雾),将变频器转速设为 150~200r/min,将气控柜喷枪选择开关置于"堵液"位置以便贮液桶的浆液快速回流,观察喷浆泵组的工作是否正常,塑料管内是否有气体活动,当一切都正常,把喷液泵速度调至工艺要求的润湿母粒转速。④按下触摸屏"供风、转盘"键,将转速调至工艺要求值,观察离心机内粒子流的运动情况,并利用气控柜上的"悬臂升降"开关和喷枪支杆上的各个手轮,把喷枪与挡板调到适当的位置和高度,以达到良好的搅拌状态和喷射角度。此时,可能产生大量粉尘,因此要适度调节好除尘风管上的蝶阀开度。⑤按下触摸屏"喷液"按钮,开始润湿母粒并进一步调节喷枪的喷射方向和角度使母粒处于均匀润湿状态,防止浆液喷到上筒体内壁面和转盘表面上,导致母粒黏结成块。⑥待母粒适当的润湿后,按下气控柜上的"供粉"按钮,设置供粉电机频率,将送料杆转速调至工艺要求值。随着母粒尺寸的增大,应逐渐加大供粉量和喷浆量。⑦在造粒过程中,当供粉量过大时,粒子流内粉末增多,颗粒尺寸增长太慢或多余粉料另起母粒,使颗粒尺寸大小不一,此时应加大喷浆流量,或减小供粉量,反之,粒子流太潮,出现黏结团块现象时,说明喷浆量过大,此时,应增大供粉量和加大鼓风量使粒子流快速干燥或减少浆量。⑧造粒过程中注意观察和及时排除喷枪侧部和造粒挡板后壁上的黏结块,如粒子流在盘转表面分布成面时则说明主机的转速不够,应加大转盘的转速,反之,如发生颗粒粉碎严重,则说明转盘的转速过快,减小其转速。⑨当颗粒尺寸达到预定的要求或消耗了计划的粉料时,应将气控柜上的"供粉""喷浆"停止开关按下,然后根据粒子流的干湿情况,继续运转主机 1～2 分钟且加大供风量,使颗粒进一步得到抛光和干燥。打开出料口靠转盘的离心力输出颗粒,降低鼓风量和转盘的转速,颗粒出完后,用刷子清理干净转盘表面。至此,制颗粒过程全部结束。⑩起母时,把粉料当作母粒输入主机,然后只喷浆不供粉即可。

5. 注意事项　本机适用于环境温度为 -5℃～40℃,相对湿度小于 90%。周围无导电尘埃和腐蚀金属气体,安放在通风、清洁的位置;操作时,工作台面应无其他无关物品。制丸机安放在稳妥的台面上,在确认电源电压的情况下,电源处应靠近台面,电源插座要有可靠的接地线,严禁用力拉拔电源线,以防止人为翻倒、摔坏制丸机和其他事故发生。本机使用后,拆下内六角螺丝,以滚轴为界分上、下两部分打开,取下四根滚轴,用医用酒精擦洗干净;或者根据制丸需要调换规格不同的滚轴,可按图示安装复位,再用医用酒精擦洗,调换制丸滚轴和出条离合滚轴时,必须切断总电源,拔出电源插头。制丸机在开机使用中,严禁用手和毛刷或其他工具接触制丸滚轴和出条离合滚轴,以避免扎伤手指,严禁在无上盖壳,齿轮箱盖的保护下,通电加工制丸,避免发生不必要的人身事故;如遇电源线损坏(如裸线外露等),必须使用专用电源线,到当地办事处维修部购买更换。如遇开关或插座失灵,必须停止使用,严禁变更线路继续使用,应及时更换同规格的插头或插座,以免发生机械、人身事故。包衣机器在不使用时,可直接拆洗,向顺时针方向旋转,将其拔出即可。在水丸包衣器轴的外露部分应涂少量清洁的食用油,以防止产生浮锈,严禁直接用水清洗整机或电加热器。在电加热器使用过程中,严禁与水接触,以防止导电,造成电击等人身事故。本机不使用时,必须放置在干燥、清洁通风处。

6. 故障排除　见表 11-2。

表 11-2　ZW-1000 型多功能制丸机常见故障及排除表

本机常见故障	产 生 原 因	排 除 方 法
本机通电后,电机不运转	电源线接触不良或电源插头松动 开关接触不良	必须切断电源,才能进行以下操作: 修复电源或调换同规格插头 修理或更换同规格开关
本机制丸时,轴刀转动或药面黏槽	出料挡板松动,与轴刀最底部产生距离,不能将药丸从轴刀槽内刮落	调整到出料板与轴刀槽的最底部距离(大约 0.1mm),并将固定螺丝拧紧
本机工作时,电机突然停止转动	电容断路 齿轮卡住	检查齿轮槽是否有杂物并做好清洁处理
本机工作时,轴刀有轻微跳动	压紧块螺钉松动	打开上盖,将 6 只内六角螺钉均匀拧紧
本机在运转过程中,产生异常噪音	轴刀与机体摩擦部位干燥、无油	将数滴清洁食用油注入油眼处 各齿轮槽涂少量黄油
加热器发热失效	插头松动或电源线脱落	更换同规格插头或修复电源插座

二、干式挤压制粒机

湿式造粒法是制粒加工行业中最常用的经典工艺方法,配料中需加入水或不同浓度的医用乙醇等润湿剂,再行制成颗粒,然后经长时间的烘干,对产品质量影响很大,生产效率低,而且设备投资大。对此,我们吸收国外先进技术的优点,成功研制了 GZL 型干式挤压制粒机,该机利用原材料的结晶水直接干挤压成颗粒,简化了工艺,提高了产品的品质。

1. 工作过程 本机主要通过轧辊机构和水平送料机构完成制粒。轧辊机构是将一定密度的粉料挤压成高密度条片的装置,动力通过减速器带动主动轴旋转,主动轴通过一组齿轮传动被动轴,使主动轴、被动轴上的轧辊作对挤转动。主动轴是固定的,不作水平移动,而被动轴在油缸和物料的反作用力下,作水平移动,直到油缸的推力和物料的反作用力达平衡。水平送料机构由调速电机带动送料螺旋桨以 10～32r/min 转动,以满足各种物料的需要,共同完成制粒任务。

2. 结构特征与技术参数 本机主要由送料螺旋桨、轧辊机构、破碎机组、造粒机组、加压机构、抽真空机构、控制机构及容器等组成。本机由四台变频器控制,分别是整粒破碎、轧轮、压料、送料电机。加压机构通过手动油泵,将油压推给挤压油缸,在整个油压系统上有一套高压控制阀和贮能器,以及压力继电器。贮能器能吸收系统中的压力波动,压力继电器用来控制油压系统的最高压力,以防止在压力过高时损坏机件。GZL 型干式挤压制粒机的技术参数见表 11-3。

3. 设备特点 该机制粒过程无须水或乙醇等润湿剂,便可获得稳定的颗粒;它可节省湿式造粒法的中间工艺(润湿、撮合、干燥),大大缩短时间,从而提高生产效率。可获得密度高的颗粒,无大气污染等公害问题,结构上完全符合我国制药行业的《药品生产质量管理规范》的要求,属于小型设计,安装所需面积小。干粉直接制粒,无须任何黏结剂。颗粒的强度可以调整,通过调节轧辊的压力控制颗粒的强度。产品为砂粒状不规则颗粒。生产能力强,自动化程度高,适合工业化规模生产,造粒成本低。

表 11-3 GZL 型干式挤压制粒机的技术参数表

轧轮直径	200mm
轧轮宽度	30mm
挤压力	6.2T
压辊转速	10～50r/min
压辊电机	1.1kW
垂直压料转速	20～250r/min
垂直压料电机	0.75kW
水平输料转速	10～62r/min
水平输料电机	0.55kW
外形尺寸	1000×800×1600(mm)

4. 操作方法

(1)调试运行 检查接线无误后,接通控制回路开关,触摸控制屏接通电源,电源指示灯亮启,控制屏发出声音,出现主画面。手动对设备各电机进行调试,首先检查筛粉电机,合上筛粉电机,筛粉电机运行,观察电机运行方向,是否正确,如反向请换相。然后合上制粒电机主控器,检查制粒电机运行情况,改变频率,调整电机转数。

(2)正常运转 可以对其中的三个变频电机进行转数设置,还可以设置启动间隔(筛粉电机、整粒电机、轧轮电机、压料电机、进料电机等各个电机启动之间的间隔时间)。上料时间、上料间隔是对上料的双室隔膜泵的控制。可以对系统的参数进行设置,当所有参数设置完成后,返回主画面,按下"启/停",系统将自动运行;当系统运行时,按下监视键,监视系统各部位运行情况;在监视画面中,可以观察到设备的运行情况。另外,此系统配有自动检测系统,当设备运行状态正常时,状态检测为:正常;当系统有故障发生时,故障指示灯发出声音,提示有故障发生,同时在画面中系统状态检测栏出现:故障,此时按下监视画面中的故障键,来随时排除故障。

5. 注意事项　干式挤压制粒机的额定产量是指某特定物料片状物每小时的产量,该机是以结晶乳糖的产量为20kg。在干式挤压制粒机产量上,各种物料差别很大,有些物料的每小时产量可超过额定产量,也有些物料的产量要小于额定产量。其实际产量要根据物料性能而定,成品产量以成粒量50%计算;成品粒度通过改变破碎整粒机的筛板孔径可在较大范围调整;主机所用实际功率为所选电机功率的70%;轧辊转速通过改变电机与减速机之间的皮带轮传动比来进行调整。

6. 故障排除　如果物料的可压性和流动性较好,但产量较低,硬度不是高就是低,其主要原因可能是:各要素没有选择好,要重新调整;重新检查物料的水分含量有无变动;检查机房里操作温度和湿度有无变化。

油压打不上去,其原因可能是:如果连续工作达一年以上者可考虑各球阀和柱塞封环磨损(检查更换);如果工作未达到一年时,其原因可能是液压油内可能有脏物停留在阀面上,促使阀关闭不严,高低压串通,处理方法可先用摇泵杆断断续续地打油或时快时慢打油,看是否能将脏物冲走,如还是不行就需要卸开清洗;油路中某处漏油(堵漏);经重新卸洗过的泵,可能由于油路中有气体,则可拧开放气螺丝(油缸上各有一个)或拧松有关接头放气。

轧棍轮处表面严重黏合,在生产过程中有时候会遇到物料黏性比较大,开始运转不久就有物料压黏在轧辊轮表面上,机器上的刮刀无法刮下来,而且越黏越多,越黏越牢,从而引起油压迅速上升,直到触发压力保护器启动,停车。遇到这种情况,可采取以下两种方法:研究采用适于该物料的轧辊轮;涂上防黏油或在物料中掺入润滑剂粉末。

侧面有细粉渗漏:检查侧封板安装是否正确,是否安装到位;检查侧封板是否磨损严重,由于侧封板材料多为聚四氟材料,是易损件,故应定期更换。

第十二章 液体制剂生产设备

液体制剂系指药物分散在适宜的液体分散介质中所制成的液体形态的制剂。通常是将药物以不同的分散方法和不同的分散程度分散在适宜的分散介质中制成的液体分散体系,可供内服或外用。

液体制剂具有以下优点:①药物以分子或微粒状态分散在介质中,分散度大,吸收快,能较迅速地发挥药效;②给药途径多,可以内服,也可以外用,如用于皮肤、黏膜和人体腔道等;③易于分剂量,服用方便,特别适用于婴幼儿和老年患者;④能减少某些药物的刺激性,如调整液体制剂浓度而减少刺激性,避免溴化物、碘化物等固体药物口服后由于局部浓度过高而引起胃肠道刺激作用;⑤某些固体药物制成液体制剂后,有利于提高药物的生物利用度。但液体制剂有以下不足:①药物分散度大,又受分散介质的影响,易引起药物的化学降解,使药效降低甚至失效;②液体制剂体积较大,携带、运输、贮存都不方便;③水性液体制剂容易霉变,需加入防腐剂;④非均匀性液体制剂,药物的分散度大,分散粒子具有很大的比表面积,易产生一系列的物理稳定性问题。

液体制剂的理化性质、稳定性、药效甚至毒性等均与药物粒子分散度的大小有密切关系。药物以分子状态分散在介质中,形成均相液体制剂,如溶液剂、高分子溶液剂等;药物以微粒状态分散在介质中,形成非均相液体制剂,如溶胶剂、乳剂、混悬剂等。液体制剂的品种多,临床应用广泛,在制药企业实际生产过程中占有重要地位。液体制剂按给药途径分为内服和外用两种,内服的制剂包括合剂、口服液、糖浆剂、乳剂、混悬剂等;外用的包括洗剂、滴剂、搽剂、灌洗剂等。本章主要讨论内服液体制剂中的合剂、注射剂中最终灭菌小容量注射剂及最终灭菌大容量注射剂。

第一节 合剂生产设备

合剂系指药材用水或其他溶剂,采用适宜方法经提取、纯化、浓缩制成的内服液体制剂,单剂量灌装者也可称"口服液"。《中国药典》规定,口服溶液剂的溶剂、口服混悬剂的分散介质常用纯化水,少数含有一定量的乙醇。通常口服液的服用量多为 10mL/支。

合剂主要是在汤剂、注射剂的基础上改革与发展起来的新剂型。它吸收了糖浆剂、注射剂的工艺特点,将汤剂进一步精制、浓缩、灌封、灭菌,既改进了汤剂服用体积大、味道不佳、临用时需要煎煮、患者不易接受以及易污染细菌等缺点,又因采用适当的方法提取,使得中药材中所含有的活性成分能很容易被提取出来,保持了汤剂的用药特色,尤其易为老人及儿童所接受。此外,提取工艺和制剂的质量标准容易制定,特别是其能工业化生产,因而发展迅速。

一、合剂生产的工艺流程

中药合剂的一般制备过程为中药材经过适当方法提取综合性有效成分,经精制后加入添加剂,使溶解、混匀并滤过澄清,最后按注射剂工艺要求,将药液灌封于瓶中,灭菌即得。合剂制备的一般工艺流程可简化为:配制→过滤→灌封→灭菌→检漏→贴签→装盒。合剂生产的工艺流程及区域划分如图 12-1 所示。

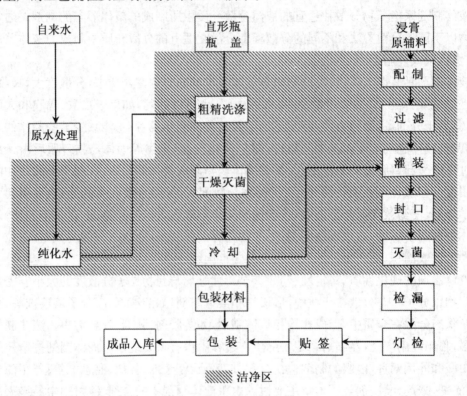

■■■■ 洁净区

图 12-1 口服液生产工艺流程图

合剂的质量要求不如水针剂、输液剂严格,在生产过程中,灌封前也分为三条生产路径同时进行。第一条路径是纯化水的制备;第二条路径是空瓶、瓶盖的处理;第三条路径是合剂的制备。后两条路径到了灌封工序汇集在一起,灌封后,药液灌封于瓶中,继续进行灭菌、检漏、贴签、装盒、外包装等操作,即得成品。

二、合剂瓶的种类与式样

合剂(口服液剂)可以用安瓿瓶、塑料瓶、直口瓶和螺口瓶进行包装。其中直口瓶包装的口服液剂目前市场占有率较高。但是,其缺点是在撕拉铝盖的拉舌时,有时会断裂,给使用者造成不必要的麻烦,此外有时还可出现封盖不严的情况,影响到药液的质量。直口瓶外形如图 12-2 所示。

螺口瓶是在直口瓶的基础上发展起来的一种具有市场前景的口服液剂的改进包装,它克服了封盖不严的缺点,结构上取消了撕拉铝盖这种启瓶盖方式,且可以制成防盗盖形式。该种瓶的制造成本相对较高,实际应用受到了一定限制。

塑料瓶包装成本较低,服用方便。但是塑料瓶对生产环境和包装材料的洁净度要求较高,并且有透气性,产品不易灭菌,因此应用范围受限。

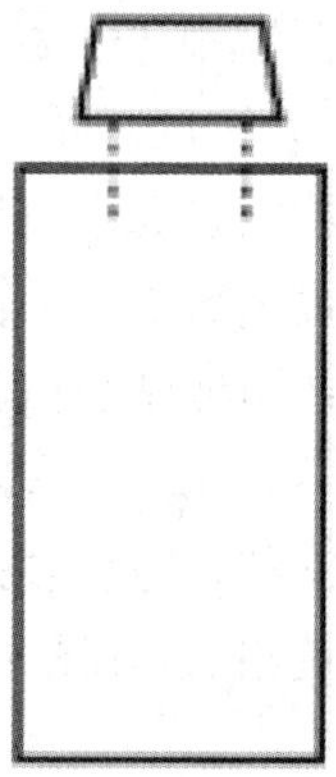

三、合剂的洗瓶设备

图 12-2　直口瓶外形结构示意图

在制备合剂前也必须对容器进行充分的清洗,其目的是使合剂达到无菌或基本无菌状态,防止合剂被微生物污染导致药液腐败变质,保证合剂的质量。因此在确保药液无菌之外,还必须对瓶的内外壁进行彻底清洗,并且每次清洗后,必须除去残水。目前一些制药企业中常用的洗瓶设备有如下几种。

(一)超声波式洗瓶机

利用超声技术清洗是目前制药工业界较为先进且能实现连续生产的方法,其具有清洗洁净度高、清洗速度快等特点,其清洗效率及效果均很理想。运用针头单支清洗技术与超声波清洗技术相结合的原理,制成的连续回转超声波洗瓶机,实现了大规模处理安瓿的要求。

1. **超声波清洗原理**　超声波洗涤机采用经陶瓷产生的高压电效应发生超声波,达到 $16\sim25kHz$ 范围内。由超声波频率发生器发出的超声频率,通过换能器振子将能量散发出去,使清洗液发生超声化作用,进行洗涤。

超声波洗涤需要在液体里进行,应选用黏度小的,能溶解清洗污物的液体作为清洗液,清洗一般使用去离子水或蒸馏水,水温恒定在 $60℃\sim70℃$ 能加速污物的溶解,提高洗涤效果。

浸没在清洗液中的瓶子在超声波发生器的作用下,使瓶子与液体接触的界面处于剧烈的超声振动状态时所产生的一种“空化”作用,将瓶子内外表面的污垢冲击剥落,从而达到清洗的目的。所谓空化是在超声波作用下,液体中产生微气泡,小气泡在超声波作用下逐渐长大,当尺寸适当时产生共振而闭合。在小泡湮灭时自中心向外产生微驻波,随之产生高压、高温,小泡涨大时会摩擦生电,于湮灭时又中和,伴随有放电、发光现象,气泡附近的微冲流增强了流体搅拌及冲刷作用。在超声波作用下,微气泡不断产生与湮灭,“空化”不息。“空化”作用所产生的搅动、冲击、扩散和渗透等一系列机械效应大部分有利于瓶子的清洗。将安瓿浸没在超声波清洗槽中清洗,不仅可保证其外壁洁净,也可保证安瓿内部无尘、无菌,从而达到洁净要求。

该种清洗设备被广泛地应用于液体制剂瓶式包装物的清洗,是近几年来最为优越的清洗设备之一,具有简单、省时、省力、清洗效果好、成本低等优点。

2. **转盘式超声波洗瓶机** 转盘式超声波洗瓶机的主体部分是连续转动的立式大转盘,大转盘四周均匀分布若干机械手机架,每个机架上装两个或三个机械手,该洗瓶机突出特点是每个机械手夹持一支瓶子,在上下翻转中经多次水气冲洗,并随大转盘旋转前进完成送瓶工作。由于瓶子是逐个进行清洗,清洗效果能得到很好的保证。KCQ40型是这类超声波洗瓶机的典型代表,适用于5~20mL口服液瓶。

KCQ40型转盘式超声波洗瓶机主要由超声波发生器(换能器)、水气净化系统、水气吹洗装置、进出瓶机构、水气控制系统、循环水加热系统、温控系统和故障保护及调整控制系统组成,如图12-3所示。其工作过程为:

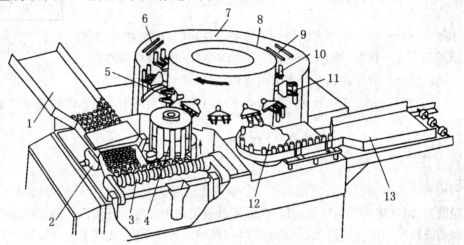

图 12-3 KCQ40 型超声波洗瓶机结构示意图

1. 料槽;2. 超声波换能头;3. 送瓶螺杆;4. 提升轮;5. 瓶子翻转工位;
6、7、9. 喷水工位;8、10、11. 喷气工位;12. 拨盘;13. 滑道

(1)口服液瓶预先整齐地放置于贮瓶盘中,将整盘的玻璃瓶放入洗瓶机的料槽中,用推板将整盘的瓶子推出,使玻璃瓶留在料槽中,料槽中的玻璃瓶全部口朝上,相互紧靠。料槽的平面与水平面成30°的角,料槽上方置有淋水器,将料槽中的玻璃瓶注满循环水(循环水由机内泵提供压力,经过滤后循环使用),注满水的瓶子在重力的作用下下滑至水箱的水面以下。

(2)装满水的玻璃瓶滑至水面以下,利用超声波在液体中的空化作用对玻璃瓶进行清洗。超声波换能头紧紧地靠在料槽末端,其与水平面也成30°角,因此可以保证瓶子顺畅地通过。

(3)经过超声波初步清洗的瓶子,由送瓶螺杆将瓶子理齐并逐个送入提升轮的送瓶器中,送瓶器由旋转滑道带动做匀速回转的同时,受固定的凸轮控制作升降运动,旋转滑道运转一周,送瓶器完成接瓶、上升、交瓶、下降一个完整的运动周期。

(4)提升轮将玻璃瓶逐个交给匀速旋转的大转盘上的机械手。大转盘四周均匀分布着机械手机架,每机架上左右对称装两对机械手夹子,大转盘带动机械手匀速转动,夹子在提升轮和拨盘的位置上,由固定环上的凸轮控制开夹动作接送瓶子。机械手在瓶子翻转工位由翻转凸轮控制翻转180°,使瓶子也翻转180°,瓶口向下接受下面逐个工位的水、气冲洗。

(5)在喷水、气工位 6～11,固定在摆环上的射针和喷管完成对瓶子的三次水和三次气的内外冲洗。射针插入瓶内,从射针顶端的五个小孔中喷出的水的激流冲洗瓶子内壁和瓶底,与此同时固定喷头架上的喷头则喷水冲洗瓶外壁,位置 6、位置 7、位置 9 喷出的是压力循环水和压力净化水,位置 8、位置 10、位置 11 均喷出压缩空气以便吹净残留的水。射针和喷管固定在摆环上,摆环由摇摆凸轮和升降轮控制完成"上升—跟随大转盘转动—下降—快速返回"这样的运动循环。

(6)洗干净的瓶子在机械手夹持下再经翻转凸轮作用翻转 180°,使瓶口恢复向上,然后送入拔盘,拔盘拨动玻璃瓶由滑道送入下一步工序,即干燥灭菌隧道。

该超声波洗瓶机能够实现平稳的无级调速,水气的供和停由行程开关和电磁阀控制,压力可根据需要调节并由压力表显示,并且水、气可由外部或机内泵加压并经机器上的三个过滤器过滤。主要技术参数见表 12-1。

3. 转鼓式超声波洗瓶机 该机主体部分为卧式转鼓,进瓶装置及超声处理部分基本与 QCL40 型相同,经过超声处理后的瓶子继续下行,经排列与分离,以一定数量的瓶子为一组,由导向装置缓缓推入到作间歇回转动作的转鼓上,并被插入到转

表 12-1 KCQ40 型转盘式超声波洗瓶机的主要技术参数

适用规格	5～25mL
生产能力	15000 瓶/h(最大)
纯化水 耗水量	0.4m³/h
压缩空气 耗气量	30m³/h
功率	12.35kW(含加热功率 9kW)380V/50Hz
外形尺寸	2100×1800×1600(mm)
机器净重	1400kg

鼓上面的针筒上,随着转鼓的回转,在后面不同的工位上间歇地进行冲循环水、冲净化压缩空气、冲新蒸馏水、再冲新蒸馏水的过程,最后,在末工位,瓶子从转鼓上退出,翻转使瓶口向上,从而完成洗瓶工序。

4. 简易超声波洗瓶机 用功率超声对水中的小瓶进行预处理,送到喷淋式或毛刷清洗装置。因为增加了超声预处理,大大改进了清洗效果,但由于未对机器结构做其他大的改动,故瓶子只能整盘清洗,不能提供联动线使用,工序间瓶子传送只能由人工完成,增加了污染概率。

(二)冲淋式洗瓶机

冲淋式洗瓶机是用泵将水加压,经过滤器过滤后压入冲淋盘,由冲淋盘将高压水流分成许多股激流或者使用射针将瓶内外冲洗干净,主要由人工操作。有的辅以离心机甩水,也可使用净化压缩空气吹去水,从而将残水除净。缺点是耗水量较大。常见设备如 KXP 型直线式洗瓶机及 KWH 型瓶外清洗烘干机。

1. KXP 型直线式洗瓶机 该机主要用于对直管瓶的清洗,采用螺杆送瓶,瓶子经过加压的循环水、去离子水两道内外多次冲淋后,由净化压缩空气吹去遗留水珠,以达到清洗的目的。

2. KWH 型瓶外清洗烘干机 该机与 KXP 型直线式洗瓶机相似,是口服液生产线中灌封后的清洗烘干设备。采用螺杆、不锈钢网带输送瓶子,瓶子经过加压的自来水反复冲洗,把附着在瓶上的灰尘、砂粒等杂质清除干净。然后由净化压缩空气吹去表面水珠,再进入烘道,热风循环适温烘干。

(三)毛刷式洗瓶机

毛刷式洗瓶机既可以单独使用,也可接联动线。方法是以毛刷的机械运动再配以碱水或酸水、自来水、纯化水使得口服液瓶能获得较好的清洗效果。此法洗瓶的缺点是由于以毛刷的运动进行洗刷,难免会有一些毛掉入口服液瓶中,此外瓶壁内粘的很牢的杂质不易被清洗掉,还有一些死角也不易被清洁干净。

四、合剂灌封机

合剂(口服液)灌封机是口服液剂生产线中的主要设备,是用于易拉盖口服液玻璃瓶的自动定量灌装和封口设备。根据口服液玻璃瓶在灌装中完成送瓶、灌液、加盖、扎封的运动形式,灌封机有直线式和回转式两种。灌封机上一般主要包括自运送瓶、灌药、送盖、封口、传动等几个部分。下面简单介绍几种常用口服液剂的灌封机。

(一)YGZ10 系列灌封机

YGZ10 系列灌封机灌封部分的关键部件是泵组件和药量调整机构,它们的主要功能就是定量灌装药液。大型联动生产线上的泵组件是由不锈钢精密加工而成,药量调整机构有粗调和细调两套机构。送盖部分主要有电磁振荡台。滑道实现瓶盖的翻盖、送盖,实现瓶盖的自动供给。封口部分主要有三爪三刀组成的机械手完成瓶子的封口。密封性和平整性是封口部分的主要指标。该灌封机的操作方式分为手动和自动两种,由其操作台上的钥匙开关控制。手动方式主要用于设备的调式和试运行,自动方式主要用于机器联线的自动生产。该机采用可编程控制器和变频调速控制,具有无瓶不灌、无瓶不上盖的功能。

该设备的使用时应注意:①灌封机在开机前应对包装瓶和瓶盖进行人工目测检查;②在启动机器以前要检查机器润滑情况,从而保证运转灵活;③手动 4～5 个循环以后,应当对所灌药量进行定量检查;④调整药量调整部件,至少保证 0.1mL 的精确度,此时可自动操作,使得机器联线工作;⑤操作人员在联线工作中要随时观察设备,处理一些异常情况,例如下盖不通畅、走瓶不顺畅或碎瓶等,并抽检轧盖质量;⑥发现异常情况,如出现机械故障,可以按动安装在机架尾部或设备进口处操作台上的紧急制动开关,进行停机检查、调整。

(二)DGK5/20 型口服液瓶易拉盖自动灌轧机

DGK5/20 型口服液瓶易拉盖自动灌轧机主要适用于口服液制剂生产中的计量灌装和轧盖。它是将灌液、加铝盖、轧口功能汇于一机,采用螺旋杆将瓶垂直送入转盘,结构合理,运转平稳。灌液分两次灌装,避免液体泡沫溢出瓶口,并设有缺瓶止灌装置,以免料液损耗,污染机器及影响机器的正常运行。轧盖由三把滚刀采用离心力原理,将盖收轧锁紧,因此本机在不同尺寸的铝盖及料瓶的情况下,都能正常运转。该机具有生产效率高、结构紧凑、占地面积小、计量精度高、无滴漏、轧盖质量好、轧口牢固、铝盖光滑无折痕、操作简便、清洗灭菌方便、变频无级调速等特点。

该设备的使用操作准备为:①检查润滑部位、油位正常;②检查各拨轮的位置、灌装头、旋盖头与瓶的轴线位置;③首先手动机器是否正常,各传动件运行是否正常,各机构动作是否准确、灵活。④接通电源,打开总控开关,点动主机按钮,观察各部件运转是否正常。

该设备的操作程序为:①首先打开电源开关,电源指示灯亮。②旋动送盖旋钮,将送盖轨道充满盖。主机指示灯指示,缓慢旋动主机调速按钮,至所需位置。③按输送启动按钮,再按主机启动按钮。④将清洁好的瓶子放在传送带上,进行灌装生产。⑤操作完毕后,关机顺序与开机相反。⑥按设备清洁规程进行清洁。

该设备的维修保养为:①减速器每三个月换机油一次;②各传动链轮、齿轮、凸轮定期加黄油。

该设备的注意事项为:①机器在运转过程中,或自动运行状态下停机时,严禁将手或其他工具伸进工作部位;②在生产过程中,传送带轨道上有药液时,应及时清洗。

(三)KGF 型口服液灌封机

KGF 型口服液灌封机灌装、封口合二为一,结构紧凑,是口服液生产线中的灌装主机,主要用于对易拉盖(或铝塑盖)直管瓶的灌装、上盖、封口。采用螺杆进瓶,送瓶可靠;局部跟踪灌装,不易产生泡沫;电磁振荡送盖,上盖率高。

除以上几种以外,还有 DGZ8 型口服液灌装轧盖机、GZZG 型口服液灌轧机、YGL 系列易拉盖灌轧机等。

五、合剂联动生产线

合剂(口服液)如果单机生产,从洗瓶机到灌封机,都必须由人工进行搬运工作,在此过程中,大大地增加了药液污染的概率,例如空瓶等待灌封时环境的污染、人体的接触以及由于人流与物流设计问题而造成不必要的污染等。因此,要想达到较高的产品质量,就必须改变这种状况。而采用联动生产线方式即能提高和保证口服液剂的生产质量,又减少了生产人员的数量和劳动强度,设备布置更为紧密、合理,车间管理也得到了相应的改善。因此,采用联动线灌装口服液可保证产品质量达到 GMP 需求。

口服液联动生产线主要是由洗瓶机、灭菌干燥设备、灌封设备、贴签机等组成。其目的是为了更合理地整合、利用资源,进一步地保证产品的质量。根据生产的需要,可以把上述各台生产设备有机地连接起来形成口服液剂联动生产线。

口服液联动线联动方式有串联方式和分布方式两种。

分布式联动方式是将同一种工序的单机布置在一起,进行完该工序后,将产品集中起来送入下道工序,此种联动方式能够根据每台单机的生产能力和实际需要进行分布,例如可以将两台洗瓶机并联在一起,以满足整条生产线的需要,并且可避免一台单机产生故障而使全线停产,该联动生产线用于产量很大的品种。

图 12-4 口服液联动生产线分布式联动方式示意图

串联式联动方式为每台单机在联动线中只有一台,此种方式适用于产量中等情况的生产。要求各台单机的生产能力要相互匹配。在联动线中,生产能力高的单机要适应生产能力低的设备。此种方式的缺点是如果一台设备发生故障,易造成整条生产线停产。目前国内口服液剂联动生产线一般采用该种联动方式。在该种方式中,各单机按照相同生产能力和联动操作要求协调原则设计来确定其参数指标,节约生产场地,使整条联动生产线成本下降。

YLX-1/2 型口服液自动灌封联动机组是工业生产中常见的口服液灌封联动设备。该机组是由 YQC10A 型超声波洗瓶机、GMS500 型隧道灭菌烘箱及 YGZ10 型液体灌封机组成。见图 12-5。

该机组的生产过程为口服液瓶由洗瓶机入口处被送入后,清洗干净的口服液瓶被推入灭菌干燥机隧道,经过干燥灭菌后,瓶子被隧道内的传送带送到出口处的振动台,由振动台送入灌封机入口处的输瓶螺杆,在灌封机完成灌装封口后,再由输瓶螺杆送到贴签机进行贴签。贴签后将产品装盒、装箱。

目前贴签机的连接有两种方式,一种是直接和贴签机相连完成贴签;另一种是由瓶盘装走,进行清洗和烘干外表面,送入灯检待检查,经过可见异物检查合格后,再送入贴签机进行贴签。

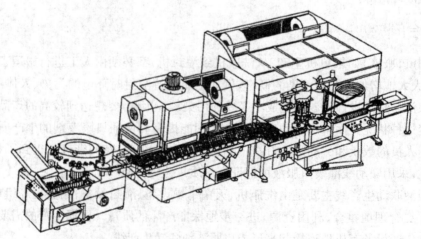

图 12-5 YLX-1/2 型口服液自动灌封联动机组外形示意图

第二节　最终灭菌小容量注射剂生产工艺过程与设备

最终灭菌小容量注射剂是指装量小于 50mL,采用湿热灭菌法制备的灭菌注射剂。水针剂一般多使用硬质中性玻璃安瓿做容器。除一般理化性质外,其质量检查包括无菌、无热原、无可见异物、pH 等项目均应符合相关规定。其生产过程包括原辅料与容器的前处理、称量、配制、滤过、灌封、灭菌、质量检查、包装等步骤。

一、最终灭菌小容量注射剂生产工艺流程

按照生产工艺中安瓿的洗涤、烘干、灭菌、灌装的机器设备不同,可将最终灭菌小容量注射剂生产工艺流程分为单机灌装工艺流程和洗、烘、灌、封联动机组工艺流程。

最终灭菌小容量注射剂单机灌装工艺流程与环境区域划分见图 12-6。

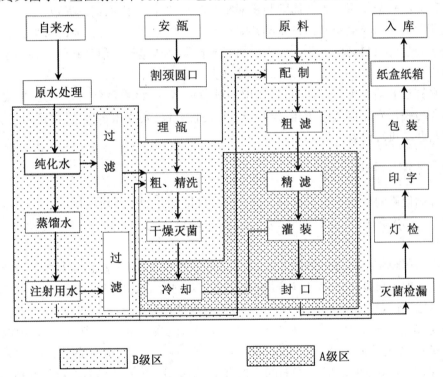

图 12-6　最终灭菌小容量注射剂单机灌装工艺流程示意图

从上图可以看出,总流程由制水、安瓿前处理、配料及成品四部分组成。

水针剂在生产过程中,灌封前分为三条生产路径同时进行。

第一条路径是注射液的溶剂制备。注射液的溶剂常用注射用水,其制备在此不加赘述。

第二条路径是安瓿的前处理。当安瓿的长度尺寸及清洁度都达不到灌封的要求时,需要对安瓿进行割圆(即割颈和圆口)处理。一般生产时割颈和圆口在一台割圆机上完成。为使安瓿达到清洁要求,需要对安瓿进行清洗和干热灭菌。安瓿的清洗在洗瓶机上

进行。洗涤后的安瓿,一般在烘箱中进行干燥。大量生产可采用电烘箱干燥,但烘干所需时间太长,目前多采用隧道式烘箱。干热灭菌后,空安瓿处理完毕,即可进行灌封。

第三条路径是注射液的制备。原料药经检验测定含量合格后,按处方规定计算出每种原辅料的投料量,将原辅料分别按要求溶于经检查合格的注射用水中。注射液的配制与一般液体制剂的配制方法即溶解法基本相同。为了保证药液可见异物检查合格,药液配好后,需经半成品检定合格后,再进行滤过。滤过系借助于多孔性材料把固体微粒阻留,使液体通过,从而将固体与液体分离的操作过程。一般先粗滤,后精滤。滤过后进行可见异物检查。检查合格后,即可进行灌装、封口。

上述第二、第三条路径到了灌封工序即汇集在一起,灌封是将药液灌注到安瓿内并对安瓿加以封口的过程,通常在一台灌封机上完成。

灌封后的安瓿,需要立即灭菌,以免细菌繁殖。灭菌时,既要保证不影响安瓿剂的质量指标,又要保证成品完全无菌,应根据主药性质选择相应的灭菌方法与时间,必要时可采用几种方法联合使用。灭菌通常与检漏结合起来,在同一灭菌器内完成。

灭菌后的安瓿经擦瓶机擦拭干净后,即可进行质量检查。安瓿剂的可见异物检查可使用安瓿异物光电自动检查仪。检查合格后进行印字与包装。印字和包装在印字机或印包联动机上完成。印字、包装结束,即水针剂生产完成。

在水针剂的整个生产过程中,所使用的设备较多,在此主要介绍以下几种:安瓿洗瓶机、安瓿灌封机、安瓿擦瓶机、安瓿异物光电自动检查仪、安瓿印字机、贴签机、扎捆机及安瓿洗灌封联动机等设备。

二、安瓿的种类与式样

水针剂使用的玻璃小容器称为安瓿。目前我国水针剂生产所使用的容器一般都用玻璃安瓿。因为安瓿在灌装后能立即烧熔封口,可做到绝对密封并保证无菌,所以应用广泛。

通常采用硬质中性玻璃制作安瓿,其化学稳定性好,适合于盛装近中性或弱碱性注射剂。含钡玻璃的耐碱性好,可作为碱性较强的注射剂容器。含锆的中性玻璃具有较高的化学及热稳定性,较好的耐酸、耐碱性,内表面耐水性较高,不受药液腐蚀。安瓿多用无色玻璃制成,这便于检查药液的可见异物。对于需要避光贮存的水针剂,可以采用琥珀色玻璃制造安瓿,以滤除紫外线。新国标 GB 2637-1995 规定水针剂使用的安瓿一律为曲颈易折安瓿(以下简称易折安瓿)。安瓿的规格有 1mL、2mL、5mL、10mL、20mL 五种。

安瓿作为盛装注射药品的容器,其不经过洗涤与灭菌就不能满足注射剂药液的灌装质量要求。但是安瓿在其制造及运输过程中难免会被微生物及尘埃粒子所污染,为此在灌装药液前安瓿必须进行洗涤,并要求在最后一次清洗时,要采用经微孔滤膜精滤过的注射用水加压冲洗,然后再经灭菌干燥方能灌注药液。洗瓶是注射剂生产过程中不可缺少的一道工序。下面介绍目前常用的几种注射剂容器处理设备。

三、安瓿洗瓶机

目前国内药厂常使用的安瓿洗涤设备有三种,即喷淋式安瓿洗涤机组、加压气水喷射式安瓿洗涤机组与超声波安瓿洗涤机组。

(一)喷淋式安瓿洗瓶机组

喷淋式安瓿洗瓶机组名称很多，如有的叫安瓿冲淋机、清洗机、注水机，结构形式也多。机组是由喷淋式灌水机、甩水机、蒸煮箱、水过滤器及水泵等机件组成。其设备简单，曾被广为采用。

1. 洗涤过程　喷淋洗涤法是将安瓿经灌水机灌满滤净的去离子水或蒸馏水，再用甩水机将水甩出。如此反复三次，以达到清洗的目的。该法洗涤安瓿清洁度一般可达到要求，生产效率高，劳动强度低，符合批量生产需要。但洗涤质量不如加压喷射气水洗涤法好，一般适用于 5mL 以下的安瓿，但不适用于曲颈安瓿，故使用受到限制。

2. 工艺过程　喷淋式灌水机主要由传送带、淋水板及水循环系统三部分组成，如图 12-7 所示。洗瓶时，把装满安瓿的铝盘放在传送带上送入箱体内。安瓿在安瓿盘内一直处于口朝上的状态，经传送带输送，使安瓿逐一通过上方的各组喷头，顶部淋水板上由多孔喷头喷出的洗涤用水淋洗安瓿，冲淋水压为 0.12～0.2MPa，并通过喷头上直径为 1～1.3mm 的小孔喷出，其具有足够冲淋力量将瓶内外污物冲净，并将安瓿内注满水。未灌入安瓿内喷淋而下的洗涤用水流入水箱。流入水箱内的洗涤用水在经过滤器过滤、净化的同时，需要经常更换。

但这种洗瓶方式的缺点是占用场地大、耗水量多且不能确保每支安瓿淋洗效果，个别瓶子因受水量小而导致冲洗不充分，因此洗涤效果欠佳。

可以利用一排往复运动的注射针头插入传送到位的一组安瓿内进行喷淋，使水直接冲洗瓶子内壁，克服个别安瓿瓶内注不满水、冲洗不充分的缺点，达到清洗的目的。有的清洗机在安瓿盘入机后，利用一个翻盘机构使安瓿口朝下，上面有多孔喷嘴冲洗瓶外壁，下面一排注射针头由下向上插入安瓿内喷冲瓶内壁，使污尘能及时流出瓶口。还有的清洗机分循环水冲淋、蒸馏水冲淋及无油压缩空气吹干等过程，以确保清洗质量。

经冲淋、注水后的安瓿送入蒸煮箱加热蒸煮，在蒸煮箱内通蒸汽加热约 30 分钟，随即趁热将蒸煮后的安瓿送入甩水机，将安瓿内的积水甩干。然后再送往喷淋机上灌满水，再经蒸煮消毒、甩水，如此反复洗涤 2～3 次即可达到清洗要求。

3. AX-5-Ⅱ型喷淋式灌水机　图 12-7 所示，该机主要由运载链条、冲淋板、轨道、水箱及离心泵和过滤器等部分组成。装满安瓿的安瓿盘，由人工放在运动着的运载链条上，运载链条将安瓿盘送入喷淋区，接受顶部冲淋板中的净化水冲淋。冲淋用的循环水，首先从水箱由离心泵抽出，经过泵的循环抽吸压送形成高压水流。高压水流通过过滤器滤净后压入冲淋板。冲淋板将高压水流分成多股细激流，急骤喷入运行的安瓿内，同时也使安瓿外部得到清洗。灌满水的安瓿由运载链条从机器的另一端送出。由人工从机器上拿走，放入甩水机进行甩水。

该设备的使用方法是根据生产厂家的具体要求配上与过滤器配套的过滤网，按照使用的安瓿盘尺寸调整轨道，使安瓿盘能顺利通过为宜；将冲洗液体注入水箱，水面距水箱口 20～30mm 为宜；开动水泵和电动机，将装有安瓿的安瓿盘放到运载链条上，由运载链条带动安瓿进入喷淋区,然后从出口取出;生产结束时,应等机内的最后一盘安瓿取出后,切断电源;注意及时加入和更换冲洗液体,确保洗涤效果。

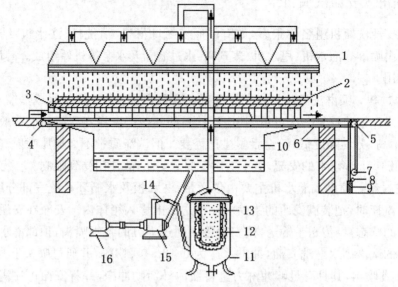

图 12-7　安瓿喷淋式灌水机示意图

1. 多孔喷头;2. 尼龙网;3. 盛安瓿的铝盘;4. 链轮;5. 止逆链轮;6. 链条;
7. 偏心凸轮;8. 垂锤;9. 弹簧;10. 水箱;11. 过滤缸;12. 涤纶滤袋;
13. 多孔不锈钢胆;14. 调节阀;15. 离心泵;16. 电动机

该设备的保养及注意事项是在各班开车前,要在蜗轮减速器轴瓦上注入润滑油,并应定期更换;运载链条不应加润滑油,以防止污染水;冲淋板要定期刷洗,防止冲淋板的喷淋小孔阻塞,以免影响冲洗效果;长期不使用机器时,应用塑料布或其他东西盖好。

4. 安瓿蒸煮箱　其设备结构如图 12-8 所示。主要由箱体、蒸汽排管、导轨、箱内温度计、压力表、安全阀、淋水排管、密封圈等组成。

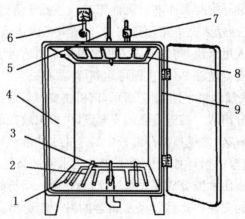

图 12-8　安瓿蒸煮箱的结构示意图

1. 箱内温度计;2. 导轨;3. 蒸汽排管;4. 箱体;5. 温度计;
6. 压力表;7. 安全阀;8. 淋水排管;9. 密封圈

安瓿蒸煮箱是安瓿在冲淋洗涤后,使附着于安瓿内外表面上的不溶性尘埃粒子,经湿热蒸煮落入水中以达到洗涤效果的设备。箱的顶部设置淋水喷管,在箱内底部设置蒸汽排管,每根排管上开有 $\Phi1\sim\Phi1.5$ 的喷气孔,蒸汽直接从排管中喷出,加热注满水的安瓿,达到蒸煮安瓿的目的。

该设备的使用方法为将喷淋清洗后灌满水的安瓿放在小车上。然后将小车推到已开门的蒸煮箱前。将其导轨与蒸煮箱导轨对齐后,由人工将小车沿导轨推入箱内。关闭并紧固好蒸煮箱门。将进气阀稍稍打开一点,同时打开排气阀,以便排出箱内的空气,达到最佳的蒸煮效果。然后缓慢开启进气阀,待排气阀有蒸汽排出时再关小进气阀,时间大约为 5 分钟左右,注意不要将进气阀全关闭,稍留一点。待箱内温度升至 100℃时,控制所要求的压力,保持半小时;蒸煮完毕后先将进气阀关闭,打开排水阀。当压力表降到 50kPa 以下时,打开箱体上面的排气阀。待压力表降到零时,方可打开箱门。将小车拉出箱外,自然冷却备用。

该设备的保养应按压力容器规范进行维护保养;定期检查测量仪表、安全阀等;保持箱内清洁,定期消毒。轻装轻卸,不撞击,不超载。

5. AS-Ⅱ型安瓿甩水机 图 12-9 所示为常见的安瓿甩水机,它主要由外壳、离心架框、机架、固定杆、不锈钢丝网罩盘、电机及传动机件组成。

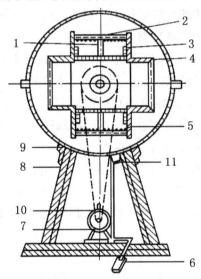

图 12-9 AS-Ⅱ型安瓿甩水机结构图

1. 安瓿;2. 固定杆;3. 铝盘;4. 离心架框;5. 不锈钢丝
网罩盘;6. 刹车踏盘;7. 电动机;8. 机架;
9. 外壳;10. 皮带;11. 出水口

甩水机的作用是将从冲淋洗瓶机及蒸煮箱中取出的盘装安瓿内的剩余积水甩干净,以便再进行喷淋灌满水,再经蒸煮消毒、甩水。将盘装安瓿放入离心架框中,离心架框上焊有两根固定安瓿盘的压紧栏杆,用压紧栏杆将数排安瓿盘固定在离心机的转子上,机器开动后根据安瓿盘离心力原理,利用大于重力 80～120 倍的离心力作用及在极短的时间内急刹车时的惯性力作用,将安瓿内外的洗水甩净、沥干。

该设备的使用方法应按照安瓿的规格,以安瓿盘加盖后能放入、取出来调整离心架框压盘的高度;将装满安瓿的安瓿盘加盖后,放入离心架框内,按启动按钮使机器旋转1～2分钟;按停止按钮、刹车、取出安瓿盘即可。使用时需要注意两点:其一,放入安瓿盘后关好进料口,然后再按启动按钮,以确保安全,其二,如需停车时,先按停止按钮,再踩刹车踏板,否则不能停车。

该甩水机的保养应定期检查机器,一般每月全部检查一次。检查轴承座、轴、离心架框等各部的疲劳、损伤情况及磨损情况。尤其是离心架框,对每一部分都要仔细检查,发现裂纹与破损情况应及时修理,严禁带伤使用,以防止事故的发生;轴端滚动轴承,每两个月须拆开注黄油一次。

(二)气水喷射式安瓿洗瓶机组

气水喷射式安瓿洗瓶机组的工艺及设备较复杂,但洗涤效果比喷淋式安瓿洗瓶机组要好,可达到 GMP 要求。该种机组适用于大规格安瓿和曲颈安瓿的洗涤,是目前水针剂生产上常用的洗涤方法。

1. 洗涤过程　加压喷射气水洗涤法是目前生产上已确认较为有效的洗涤法。它是利用已过滤的蒸馏水(或去离子水)与已过滤的压缩空气,由针头喷入待洗的安瓿内,交替喷射洗涤,进行逐支清洗。压缩空气的压力一般为 300～400kPa,冲洗顺序为气→水→气→水→气,一般 4～8 次,最后再经高温烘干灭菌。

制药企业一般将加压喷射气水洗涤机,安装在灌封机上,组成洗、灌、封联动机。气、水洗涤的程序由机械设备自动完成,大大地提高了生产效率。

2. 工作原理　该设备主要由供水系统、压缩空气及其过滤系统、洗瓶机等三大部分组成。如图 12-10 所示。整个机组的关键设备是洗瓶机。气水喷射式安瓿洗瓶机组的洗瓶机工作时,首先将安瓿加入进瓶斗。在拨轮的作用下,依次进入往复摆动的槽板中,然后落入移动齿板上,经过二水二气的冲洗吹净。在完成了二水二气的洗瓶过程中,气水开关与针头架的动作配合协调。当针头架下移时,针头插入安瓿,此时气水开关打开气或水的通路,分别向安瓿内注水或喷气。当针头架上移时,针头移离安瓿,此时气水开关关闭,停止向安瓿供水、供气。

气水喷射式安瓿洗瓶机组的关键技术是洗涤水和空气的过滤。为了防止压缩空气中带入油雾而污染安瓿,必须使空气经过净化处理,即将压缩空气先冷却使压力平衡,再经洗气罐 8 水洗,焦炭(木炭)9、瓷圈 10、双层涤纶袋滤器 3 等过滤使空气净化。净化的压缩空气一部分通过管道进入贮水罐 1,洗涤用水由压缩空气压送,经双层涤纶袋滤器 2 过滤,并维持一定的压力及流量至喷水阀 4,水温不低于 50℃;另一部分净化的压缩空气则通过管道至喷气阀 5。

3. 使用时注意事项

(1)压缩空气和洗涤用水预先必须经过过滤处理,特别是空气的过滤尤为重要,因为压缩空气中带有润滑油雾及尘埃,不易除去。滤得不净反而污染安瓿,以致出现所谓"油瓶"。压缩空气压力约为 0.3MPa。

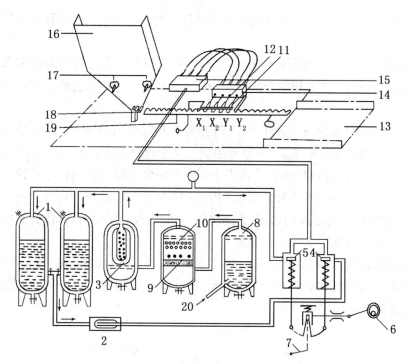

图 12-10   气水喷射式安瓿洗瓶机组工作原理示意图

1. 贮水罐；2、3. 双层涤纶袋滤器；4. 喷水阀；5. 喷气阀；6. 偏心轮；
7. 脚踏板；8. 洗气罐；9. 木炭层；10. 瓷圈层；11. 安瓿；12. 针头；
13. 出瓶斗；14. 针头架；15. 气水开关；16. 进瓶斗；
17. 拨轮；18. 槽板；19. 移动齿板；20. 压缩空气进口
X_1 位置,注水洗瓶；X_2 位置,补充注水洗瓶；
Y_1 位置,注水洗瓶；Y_2 位置,补充注水洗瓶

（2）洗瓶过程中水和气的交替,分别由偏心轮与电磁喷水阀或电磁喷气阀及行程开关自动控制,操作中要保持针头与安瓿动作协调,使安瓿进出流畅。

（3）应定期维护所有传动件并及时加注润滑油。对失灵机件应该及时调整。

（三）超声波安瓿洗瓶机

超声波清洗是目前制药工业界较为先进且能实现连续生产的安瓿洗瓶设备,具有清洗洁净度高、清洗速度快等特点,其洗涤效率及效果均很理想,是其他洗涤方法不可比拟的。超声波清洗原理见本章第一节。下面介绍一下超声波安瓿洗瓶机的相关内容。

1. **洗涤过程**　超声波安瓿洗涤机由针鼓转动对安瓿进行洗涤,每一个洗涤周期为：进瓶→灌循环水→超声波洗涤→蒸馏水冲洗→压缩空气吹洗→注射用水冲洗→压缩空气吹净→出瓶。针鼓连续转动,安瓿洗涤周期进行。常见的有 QCA18 型安瓿超声波清洗机等。

2. **工艺流程**　安瓿从进瓶斗进入摆动斗内,在接受外壁喷淋、冲洗和灌满水后,沉入水中。在水中经超声波清洗、控制门分离,安瓿分别落入各自的水下通道。同时借助于推瓶杆和导向器相互配合,使转鼓上的喷射针管顺利地插入安瓿内。并经做间歇回转的转鼓把安瓿带出水面,依次地转到各个工位。在转鼓停歇时间内,经过循环水冲洗、净化压

缩空气吹、净化水冲洗、净化压缩空气再吹等过程,最后,在出瓶工位由翻瓶器把安瓿送入出瓶斗内列队输出到下一工位。

3. 工作原理 工业上常用连续操作的机器来实现大规模处理安瓿的要求。运用针头单支清洗技术与超声技术相结合的原理构成了连续回转超声清洗机,其原理如图 12-11 所示。

18 工位连续回转超声波洗瓶机由 18 等分圆盘及针盘、上下瞄准器、装瓶斗、推瓶器、出瓶器、水箱(底部装配超声波发生器)等组成。整个针盘有 18 个工位,每个工位有一排针,可安排一组安瓿同时进行洗涤。利用一个水平卧装的轴,拖动有 18 排针管的针鼓转盘间歇旋转,每排针管有 18 支针头,构成共有 324 个针头的针鼓。与转盘相对的固定盘上,于不同工位上配置有不同的水、气管路接口,在转盘间歇转动时,各排针头座依次与循环水、压缩空气、新鲜蒸馏水等接口相通。

将安瓿排放在呈 45°倾斜的安瓿斗中,安瓿斗下口与清洗机的主轴平行,并开有 18 个通道。利用通道口的机械栅门控制,每次放行 18 支安瓿到传送带的 V 形槽搁瓶板上。传送带间歇地将安瓿送到洗涤区。

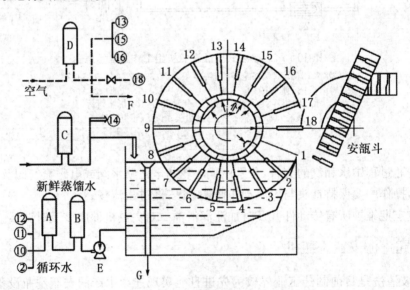

图 12-11 18 工位连续回转超声波洗瓶原理示意图

1. 引盘;2. 注循环水;3、4、5、6、7. 超声清洗;8、9. 空位;
10、11、12. 循环水冲洗;13. 吹气排水;14. 注新蒸馏水;
15、16. 压气吹净;17. 空位;18. 吹气送瓶
A、B、C、D. 过滤器;E. 循环泵;F. 吹除玻璃屑;
G. 溢流回收;图中带圈数字均为管线接口

新鲜蒸馏水(50℃左右)用泵送至孔径为 $0.45\mu m$ 的微孔膜滤器 C,经除菌后送入并注满超声洗涤槽,除菌后的新鲜蒸馏水还被引到接口 14,用以最后冲净安瓿内壁。洗涤槽内有溢流口,用以保持液面高度。由洗涤槽底部安装的超声波发生器产生超声波作用于安瓿,使安瓿与液体接触的界面产生"空化"作用,将安瓿内外表面的污垢冲击剥落,而达到清洗目的。在超声水槽下部的出水口与循环水泵相连,用泵将循环水先后打入 $10\mu m$

滤芯粗滤器 B 及 1μm 滤芯细滤器 A 以去除超声冲洗下来的灰尘和固体杂质粒子,最后以 0.18MPa 压力进入 2、10、11、12 四个接口。

由无油压缩机来的表压为 0.3MPa 的压缩空气,经孔径为 0.45μm 的微孔膜滤器 D 除菌后压力降至 0.15MPa,通到接口 13、15、16 及 18,用以吹净瓶内残水和推送安瓿。

4. 回转超声安瓿清洗机的特点

(1)利用先进的超声波清洗技术,采用安瓿倒置冲洗及使用符合 GMP 的高质量水、气供给系统,可使安瓿外壁洁净无污物,安瓿内部洁净,没有灰尘粒子,没有细菌和孢子病原霉菌等。洗涤效果好,安瓿符合药品生产管理规范的质量要求。

(2)适合所有的安瓿洗涤,但有噪声。

(3)采用了多功能的自控装置。清洗机动力采用直流电机驱动,调节调压变压器进行无级调速,起到联锁控制作用。水阀、气阀采用电磁阀。以针鼓上回转的铁片控制继电器触点来带动水、气路的电磁阀启闭,通电,电磁阀吸合,水气通过;断电,电磁阀关闭,可以实现电气自动控制。

(4)利用水槽液位带动限位棒使晶体管继电器动作,以启闭循环水泵。

(5)水槽内水位达到规定高度,晶体管继电器动作接通电源启动循环水泵、超声波装置、电加热管,确保上述电器工作正常。水位未达到规定高度,直流电机、循环水泵、电加热管、超声波装置均不启动。可防止无水启动损坏电器部件。

(6)预先调节电接点压力式温度计的上、下限,控制接触器的常开触点闭合,使得电热管工作,保持水温。另有一个调节用电热管,供开机时迅速升温用,当水温达到上限时打开常闭触点,调节用电热管则关闭。

5. 使用注意事项与机器保养

(1)一般安瓿清洗时以蒸馏水作为清洗液。清洗液温度越高,越可加速污物溶解。同时,温度越高,清洗液的黏度越小,振荡空化效果越好。但温度增高会影响压电陶瓷及振子的正常工作,易将超声能转化成热能,做无用功,所以通常将温度控制在60℃～70℃为宜。

(2)直流电机切忌直接启动和关闭。开启时使用调压器由最小值调到额定使用值。关闭时则先由额定使用值调至最小值,再切断电源。

(3)随时观察进瓶通道内的落瓶情况,及时清除玻璃屑,以防卡阻进瓶通道。

(4)定时向链条、凸轮摆杆等关节处加油,以保持良好的润滑状态。

四、安瓿灌封设备

将滤净的药液定量的灌入经过清洗、干燥及灭菌处理的安瓿内,并加以封口的过程,称为灌封。完成灌装和封口工序的机器,称为灌封机。

目前,各生产企业普遍采用拉丝灌封的封口方式。拉丝灌封机是在熔封的基础上,加装拉丝钳机构的改进灌封机,封口效果理想。同时,更先进的洗、灌、封联动机和洗、烘、灌、封联动机也普遍使用。联动机是集中了安瓿洗涤、烘干、灭菌以及灌封多种功能于一体的机器。

注射液灌封是注射剂装入容器的最后一道工序,也是注射剂生产中最重要的工序,注射剂质量直接由灌封区域环境和灌封设备决定。因此,灌封区域是整个注射剂生产车间的关键部位,应保持较高的洁净度。为保证灌封环境的洁净,GMP 规定,药液暴露部位均需达到 A 级层流空气环境,凡有灌封机操作的车间必须配置净化空调系统。同时,灌封设备的合理设计及正确使用也直接影响注射剂产品的质量。

(一)安瓿灌封的工艺过程

安瓿灌封的工艺过程一般应包括安瓿的排整→灌注→充惰性气体→封口等工序。

1. 安瓿的排整 将密集堆排的灭菌后的安瓿按照灌封机动作周期的要求,即在一定的时间间隔内,将定量的(固定支数)安瓿按一定的距离间隔排放在灌封机的传送装置上的操作过程。

2. 安瓿的灌注 将配制、过滤后的药液经计量,按一定体积注入安瓿中的操作过程。计量机构应便于调节,以适应不同规格、尺寸安瓿的要求。由于安瓿颈部尺寸较小,经计量后的药液需要使用类似注射针头状的灌注针灌入安瓿,又因灌封是数支安瓿同时进行,所以灌封机相应地有数套计量机构和灌注针头。

3. 安瓿充填惰性气体 为了防止药品氧化,因此需要向安瓿内药液上部的空间充填惰性气体以取代空气。常用的惰性气体有氮气、二氧化碳气体,因后者可改变药液的 pH,且易使安瓿熔封时破裂,所以应尽量使用氮气。充填惰性气体的操作是通过惰性气体管线端部的针头来完成的。此外,5mL 以上的安瓿在灌注药液前还需预充惰性气体,提前以惰性气体置换空气。

4. 安瓿的封口 利用火焰加热,将已灌注药液且充填惰性气体的安瓿颈部熔融后使其密封的操作过程。加热时安瓿需要自转,使颈部均匀受热熔融。国内的灌封机上均采用拉丝封口工艺。拉丝封口时瓶颈玻璃不仅有火焰加热后的自身融合,而且还用拉丝钳将瓶颈上部多余的玻璃靠机械动作强力拉走,同时加上安瓿自身的旋转动作,可以保证封口严密不漏,并且使封口处玻璃厚薄均匀,而不易出现冷爆现象。

图 12-12 为 LAG1-2 安瓿拉丝灌封机的外形示意图(拉丝钳图中未绘出)。LAGI-2拉丝灌封机整机主要由进瓶斗、梅花转盘、传动齿板、灌药充气部分、封口部分、出瓶口部分等组成。具体工艺流程如下。

(1)灭菌的洁净安瓿瓶装入进瓶斗后,在梅花转盘的拨动下,依次排整进入到移动齿板之上。

(2)安瓿随移动齿板逐步地移动到灌注针头位置处。

(3)随后充气针头和灌药针头同时下降,分别插入数对安瓿内,完成吹气、充惰性气体以及灌注药液的动作。

(4)安瓿的充气和灌药都是两个一组同时完成的。其先后次序为吹气→第一次充惰性气体→灌注药液→第二次充惰性气体,这几个工作步骤都是在针头插入安瓿内的瞬间完成的。

(5)机器上还设有自动止灌装置。如果灌注针头处没有安瓿时,可通过止灌装置进行控制,停止供输药液,不使药液流出污染机器并同时造成浪费。

（6）在充气和灌药时,此时移动齿板与固定齿板位置重叠,安瓿停止在固定齿板上。同时,压瓶机构将安瓿压住,帮助安瓿定位。当针头退出时,吹气针头停止供气,灌药针头停止供药液,压瓶机构也相应移开。

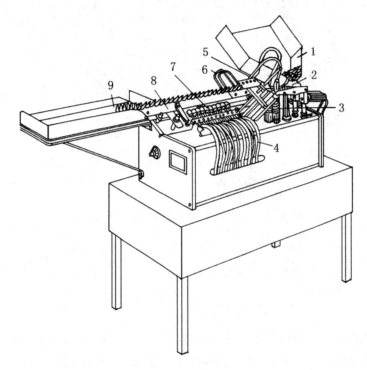

图 12-12　LAGI－2 安瓿拉丝灌封机的外形示意图

1. 加瓶斗；2. 梅花转盘；3. 灌注器；4. 燃气管道；5. 灌注针头；6. 止灌装置；
7. 火焰熔封灯头；8. 传动齿板；9. 出瓶斗

（7）完成灌装的安瓿将由移动齿板逐步地移动到封口位置。

（8）到了封口位置后,安瓿在固定位置上不停地自转。同时,有压瓶机构压在安瓿上面,使得安瓿不会左右移动,保证了拉丝钳在夹拉丝口时的正常工作。

（9）在封口时,安瓿的丝颈首先经过火焰预热。当丝颈加热到融熔状态时,由钨钢制成的夹钳及时夹住丝颈,拉断达到融熔状态的丝头。安瓿丝颈在被夹断处由于是熔融状态,而且安瓿在不停地自转,丝颈的玻璃便熔合密接在一起,完成了封口工序。

（10）在拉丝过程中,夹钳共完成四个连续的动作。夹钳张开→前进到安瓿丝头位置→夹住丝头→退回到原始位置。然后再从第一步开始,重复上述动作。安瓿封口后,再由移瓶齿板逐步地移向出瓶轨道,沿出瓶轨道移至出瓶斗。

（二）安瓿拉丝灌封机的工作原理

根据安瓿规格大小的差异,安瓿灌封机一般分为 1～2mL、5～10mL 和 20mL 三种机型,这三种不同机型的灌封机不能通用,但其机械结构形式基本相同。见图 12-13。

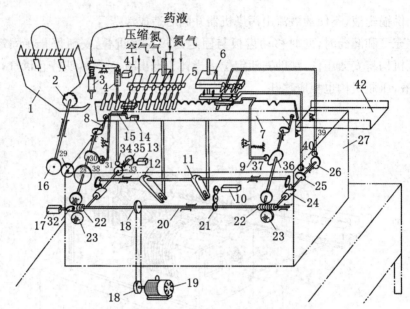

图 12-13　LAG1-2 安瓿拉丝灌封机结构示意图

1. 进瓶斗；2. 梅花转盘；3. 针筒；4. 导轨；5. 针头架；6. 拉丝钳架；7. 移瓶齿板；
8. 曲轴；9. 封口压瓶机构；10. 移瓶齿轮箱；11. 拉丝钳上、下拨叉；12. 针头
架上、下拨叉；13. 气阀；14. 行程开关；15. 压瓶装置；16、21、28. 圆柱齿轮；
17. 压缩气阀；18. 皮带轮；19. 电动机；20. 主轴；22. 蜗杆；23. 蜗轮；
24、30、32、33、35、36. 丁凸轮；26. 拉丝钳开口凸轮；27. 机架；
29. 中间齿轮；31、34、37、39. 压轮；38. 摇臂压轮；
40. 火头摇臂；41. 电磁阀；42. 出瓶斗

1. 安瓿灌装机构　该设备由凸轮-拉杆装置、注射灌液装置及缺瓶止灌装置三大部分组成。图 12-14 所示为 LAG1-2 安瓿拉丝灌封机灌装机构的结构示意图。

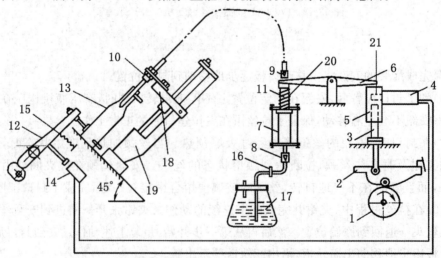

图 12-14　LAG1-2 型安瓿拉丝灌封机灌装机构的结构示意图

1. 凸轮；2. 扇形板；3. 顶杆；4. 电磁阀；5. 顶杆座；6. 压杆；
7. 针筒；8、9. 单向玻璃阀；10. 针头；11. 压簧；12. 摆杆；
13. 安瓿；14. 行程开关；15. 拉簧；16. 螺丝夹；
17. 贮液罐；18. 针头托架；19. 针头托架座；
20. 针筒芯；21. 电磁感应探头

(1)凸轮-拉杆装置　由凸轮、扇形板、顶杆、顶杆座及针筒等构件组成。它的功能是完成将药液从贮液罐中吸入针筒内并输向针头,灌装进入安瓿内的操作。它的整个传动系统为,凸轮1连续转动到图示位置时,通过扇形板2,转换为顶杆3的上、下往复移动,再转换为压杆6的上下摆动,最后转换为针筒芯20在针筒7内的上下往复移动。在有安瓿的情况下,顶杆3顶在电磁阀4伸在顶杆座内的部分(即电磁感应探头21),与电磁阀4连在一起的顶杆座5上升,使压杆6摆动,压杆6另一端即下压,推动针筒7的针筒芯20向下运动,此时,单向玻璃阀8关闭,针筒7下部的药液通过底部的小孔进入针筒上部。针筒的针筒芯继续上移,单向玻璃阀9受压而自动开启,药液通过导管经过针头而注入安瓿13内直到规定容量。当针筒芯在针筒内向上移动时,即当凸轮不再压扇形板时,筒内下部产生真空,针筒的针筒芯靠压簧11复位,此时单向玻璃阀8打开,9关闭,药液又由贮液罐17中被吸入针筒的下部,与此同时,针筒下部因针筒芯上提而造成真空再次吸取药液,顶杆和扇形板依靠自重下落,扇形板滚轮与凸轮圆弧处接触后即开始重复下一个灌药周期,如此循环,完成安瓿的灌装。

(2)注射灌液装置　由针头、针头托架及针头托架座等组成。它的功能是提供针头进出安瓿灌注药液的动作。针头10固定在针头架18上,随它一起沿针头架座19上的圆柱导轨作上下滑动,完成对安瓿的药液灌装;当需要填充惰性气体以增加制剂的稳定性时,充气针头与灌液针头并列安装在同一针头托架上,一起动作。

(3)缺瓶止灌装置　由摆杆、行程开关、拉簧及电磁阀等组成。它的功能是当送瓶装置因某种故障致使在灌液工位出现缺瓶时,能自动停止灌液,以免药液的浪费和污染机器。当因送瓶斗内安瓿堵塞或缺瓶而使灌装工位的灌注针头处齿形板上没有安瓿时,摆杆12与安瓿接触的触头脱空,拉簧15将摆杆下拉,直至摆杆12触头与行程开关14触头相接触,行程开关14闭合,此时接触电磁阀的电流可打开电磁阀4,致使开关回路上的电磁阀4动作,使顶杆3失去对压杆6的上顶动作而控制注射器部件,从而达到了自动止灌的功能。

大规格安瓿灌封机与小规格安瓿灌封机的灌装装置的结构相似,差别在于灌注药液的容量、注射针筒的体积及相应的压杆运动幅度大小。

2. 安瓿拉丝封口机构　封口是将已灌注药液且充惰性气体后的安瓿瓶颈密封的操作过程。拉丝封口是指当旋转安瓿瓶颈玻璃在火焰加热下熔融时,采用机械方法将瓶颈闭口。

拉丝封口主要由拉丝装置、加热装置和压瓶装置三部分组成。图12-15所示为LAG1-2安瓿拉丝灌封机气动拉丝封口机构结构示意图。

拉丝装置包括拉丝钳、控制钳口开闭部分及钳子上下运动部分。按其传动形式分为气动拉丝和机械拉丝两种。两者之间的不同之处在于如何控制钳口的启闭部分,气动拉丝是通过气阀凸轮控制压缩空气经管道进入拉丝钳使钳口启闭,气动拉丝结构简单,造价低,维修方便;而机械拉丝则是由钢丝绳通过连杆和凸轮控制拉丝钳口的启闭,机械拉丝结构复杂,制造精度要求高,并且不存在排气的污染,适用于无气源条件下的生产。

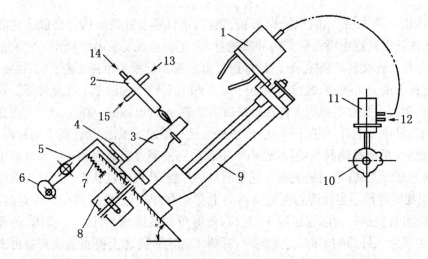

图 12-15　LAGI-2 安瓿拉丝灌封机气动拉丝封口机构结构示意图

1. 拉丝钳；2. 吹嘴；3. 安瓿；4. 压瓶滚轮；5. 摆杆；6. 压瓶凸轮；7. 拉簧；8. 蜗轮蜗杆箱；
9. 拉丝钳座；10. 偏心凸轮；11. 启动气阀；12、13. 压缩空气；14. 煤气；15. 氧气

气动拉丝封口工作原理：①灌好药液并充入惰性气体的安瓿 3 经移瓶齿板作用进入图示位置时，安瓿颈部靠在上固定齿板的齿槽上，安瓿下部放在蜗轮箱的滚轮上，底部则放在呈半圆形的支头上，安瓿上部由压瓶滚轮 4 压住以防止拉丝钳 1 拉安瓿颈丝时安瓿随拉丝钳移动。此时，由于蜗轮转动带动滚轮旋转，从而使安瓿旋转，同时压瓶滚轮 4 也在旋转。②加热火焰温度为 1400℃ 左右，对安瓿颈部需加热部位圆周加热到一定火候，拉丝钳口张开向下，当达到最低位置时，拉丝钳收口，将安瓿头部拉住，并向上将安瓿熔化丝头抽断而使安瓿闭合。加热火焰由煤气 14、压缩空气 13 和氧气 15 混合组成。③当拉丝钳到达最高位置时，拉丝钳张开、闭合两次，将拉出的废丝头甩掉，这样整个拉丝动作完成。拉丝过程中拉丝钳的张合由启动气阀 11、偏心凸轮 10 控制压缩空气 12 完成。④安瓿封口完成后，由于压瓶凸轮 6 作用，摆杆 5 将压瓶滚轮 4 拉起，移动齿板将封口的安瓿移至下一位置，未封口的安瓿送入火焰位置进行下一个动作周期。

(三)安瓿灌封过程中常见问题及解决方法

注射剂安瓿的封口一般包括拦腰拉封和顶封两种方法，一般制药企业都会采用拦腰拉封的方法进行生产，该产品具有顶部光滑、结实、严密等优点。灌封机灌注药液是由以下四个动作协调进行：①移动齿档送安瓿；②灌注针头下降；③灌注药液入安瓿；④灌注针头上升后安瓿离开同时灌注器吸入药液。这四个动作按顺序进行，而且必须协调。一般情况下，生产的成品能够通过合格检验。但在实际应用过程中，许多因素都会影响安瓿灌封后的质量。诸如在生产过程中出现冲液现象，束液不良，封口出现泡头、瘪头、尖头、焦头等质量问题。

1. **冲液现象**　冲液是指在灌注药液过程中，药液从安瓿内冲起溅在瓶颈上方或冲出瓶外，冲液的发生会造成容量不准、药液浪费、封口焦头和封口不严密等问题。

解决冲液现象的主要措施有以下几种：①注液针头出口多采用三角形的开口，中间拼

拢形成"梅花形针端",这样的设计能使药液在注液时沿安瓿瓶身进液,而不直冲瓶底,减少了液体注入瓶底的反冲力;②调节注液针头进入安瓿的位置使其恰到好处;③改进提供针头托架运动的凸轮设计,使针管吸液和针头注药的行程加长,非注液时的行程缩短,保证针头出液先急后缓。

2. 束液不良　束液是指注液结束时,针头上不得有液滴沾留挂在针尖上,若束液不良则液滴容易弄湿安瓿颈,既影响注射剂容量,又会出现焦头或封口时瓶颈破裂等问题。

解决束液不良现象的主要方法有以下几种:①改进灌药凸轮的设计,使其在注液结束时返回行程缩短、速度快;②设计使用有毛细孔的单向玻璃阀,使针筒在注液完成后对针筒内的药液有微小的倒吸作用;③一般生产时常在贮液瓶和针筒连接的导管上夹一只螺丝夹,靠乳胶管的弹性作用控制束液,可使束液效果更好。

3. 封口质量问题　封口质量直接受封口火焰温度的影响,若火焰温度过高,拉丝钳还未下来,安瓿丝头已被火焰加热熔化并下垂,拉丝钳无法拉丝;火焰温度过低,则拉丝钳下来时瓶颈玻璃还未完全熔融,不是拉不动,就是将整支安瓿拉起,影响生产操作。生产中,常因火焰温度控制不好而产生"泡头""瘪头""尖头"等问题,产生原因及解决措施如下。

①泡头:煤气太大、火力太强导致药液挥发,可调小火焰;预热火头太高,可适当降低火头位置;主火头摆动角度不当,一般摆动 $1°\sim2°$ 角;安瓿压脚没压好,使瓶子上爬,应调整上下角度位置;拉丝钳子位置太低,造成钳去玻璃太多,玻璃瓶内药液挥发,压力增加,而成泡头,需将拉丝钳调到相应位置。

②瘪头(平头):瓶口有水迹或药迹,拉丝后因瓶口液体挥发,压力减少,外界压力大而使瓶口倒吸形成平头,可通过调节灌装针头位置和大小,不使药液外冲;调节回火火焰不能太大,防止使已圆好口的瓶口重新熔融。

③尖头:煤气供给量过大,导致预热火焰、加热火过强、过大,使拉丝时丝头过长,可把煤气量调小些;火焰喷枪离瓶口过远,使加热温度太低,应调节中层火头,对准瓶口,离瓶 $3\sim4mm$;压缩空气压力太大,造成火力急,导致温度低于玻璃的软化点,可将空气量调小一点。

④焦头:主要因安瓿颈部沾有药液,封口时炭化而致。例如灌药室给药太急,溅起药液在安瓿内壁上;针头回药慢,针尖挂有药滴且针头不正,针头碰到安瓿内壁;瓶口粗细不均匀,碰到针头;压药与打药行程未配合好;针头升降不灵,火焰进入安瓿内等均可导致"焦头"。通过调换针筒或针头;更换合格安瓿;调整修理针头升降装置等加以解决。

此外,充惰性气体二氧化碳时容易发生瘪头、爆头,要引起注意。

由此可见,控制调节封口火焰的大小是封口质量好坏的关键,一般封口温度调节在 $1400℃$,由煤气和氧气压力控制,煤气压力大于 $0.98kPa$,氧气压力为 $0.02\sim0.05MPa$ 。火焰头部与安瓿瓶颈间最佳距离为 $10mm$,生产中拉丝火头前部还有预热火焰,当预热火焰使安瓿瓶颈加热到微红时,再移入拉丝火焰熔化拉丝,有些灌封机在封口火焰后还设有保温火焰,使封好的安瓿慢慢冷却,以防止安瓿因突然冷却而发生爆裂现象。

(四)安瓿灌封机维修与保养

灌封是注射剂装入容器的最后一道工序,也是注射剂生产中最重要的工序,安瓿灌封机也是小容量注射剂制备的关键设备之一,因此该设备能否运行正常,各部件运转是否良好,其配套设备能否配合协调,直接决定着注射剂的质量。

1. 灌封机自身的使用和保养

(1)每次开车前,应先进行过滤药液的可见性异物检查,待检查合格后,再对贮液罐进行检查。

(2)调整机器时,工具的选择及使用要适当,严禁用过大的工具或用力过猛。对松动的螺钉,一定要紧固。每次开车前,均应先用手轮摇动机器,查看各工位是否协调,待整个传动部位运转正常后,接通电源,方可开机。

(3)检查调整好针头(充药针头、吹气针头、通惰性气体针头),并在日光灯下挑选安瓿,剔除不合格安瓿(裂纹、破口、掉底、丝细、丝粗等)。将选好的安瓿轻轻倒入安瓿斗中。

(4)先轻微开启燃气(煤气)阀点燃灯火,再开助燃气(压缩空气)调整好火焰,开车检查充填和封口情况,如是否有擦瓶口、漏药(碳化)、容量不准,是否有通气不均匀,或大或小等。并取出开车后灌封好的安瓿 20～30 支,检查封口是否严密、圆滑、药液可见性异物检查是否合格,随时剔除焦头、泡头、漏水等不合格品。检查合格后才能正常工作。

燃气头应该经常从火焰的大小来判断是否良好,因为燃气头的小孔使用一定时间后容易被积炭堵塞或小孔变形而影响火力。

灌封机火头上面要装排气管,用以排除热量及燃气过程中产生的少量灰尘,同时又能保持室内温度、湿度和清洁,有利于产品质量和工作人员的健康。

(5)在生产时,充填惰性气体应该注意根据产品的要求通二氧化碳或氮气,并检查管路和针头是否通畅,有否漏气现象。还应注意通气量大小,一般以药液面微动为准。

(6)机器必须保持清洁,生产过程中应及时清除机器上的药液和玻璃碎屑,严禁机器上有油污,严防药液及水漏滴进电机或是插头部位,以保证电器安全。

(7)结束工作时,彻底清理卫生,应将机器各部件清洗一次。先用压缩空气吹净碎玻璃,再用水或酒精擦净机器上的油污和药液,要对所有的注油孔加油一次,并空车运转使其润滑。每周应彻底擦洗一次,特别是擦净平常使用中不易清洗到的地方。

(8)停机时,拉丝钳应避免停留在喷枪火焰区,防止拉丝钳口长时间受高温、潮湿而损伤。

(9)停机时,要先关电源,再依次关燃气(煤气)阀门和助燃气(压缩空气)阀门。

(10)在机器使用前后,应按照制造厂家提供的详细说明书等技术资料检验机器性能。

(11)灌封机每季度小修一次,每年大修一次。

2. 压缩空气贮罐的使用、维护和保养

(1)使用前,应检查压缩空气蒸汽预热保温是否正常(温度保持在 50℃～60℃)。

(2)使用时,检查压力是否稳定,缓慢打开压缩空气阀,使压力控制在规定的压力范围内。

（3）安全装置每季度校正，一次压力表每半年校验一次。

3. 惰性气体使用方法

（1）第一次使用惰性气体时，需要调整定值器，定到所需气量。以后再使用时，就不能随意变动。

（2）使用惰性气体时，先打开总开关，拉开拉丝开关。然后，慢慢开启高压气瓶阀门。当电接点压力表指示的压力达到高限，高压信号电铃响起时，再将阀门开大一点即可。

（3）当听到低压限铃响起时，说明气瓶内气量不足，应该换新气瓶。

五、安瓿洗、烘、灌、封联动机

最终灭菌小容量注射剂洗、烘、灌、封联动机组灌装工艺流程示意图见图 12-16。

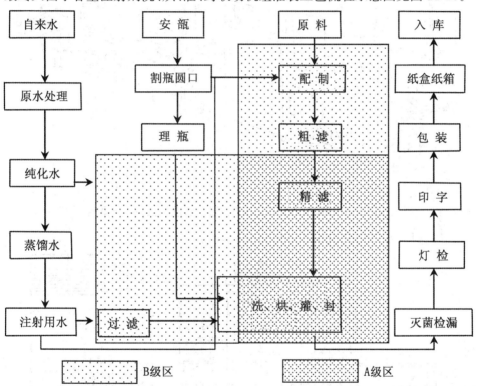

图 12-16　最终灭菌小容量注射剂洗、烘、灌、封联动机组灌装工艺流程示意图

安瓿洗、烘、灌、封联动机是一种将安瓿洗涤、烘干灭菌以及药液灌封三个步骤联合起来的生产线，联动机由安瓿超声波清洗机、隧道灭菌箱和多针拉丝安瓿灌封机三部分组成。联动机实现了注射剂生产承前联后同步协调操作，不仅节省了车间、厂房场地的投资，又减少了半成品的中间周转，将药物受污染的可能性降低到最小限度，因此具有整机结构紧凑、操作便利、质量稳定、经济效益高等优点。除了可以联动生产操作之外，每台单机还可以根据工艺需要，进行单独的生产操作。

1. 安瓿洗、烘、灌、封联动机工艺流程　安瓿上料→喷淋水→超声波洗涤→第一次冲循环水→第二次冲循环水→压缩空气吹干→冲注射用水→三次吹压缩空气→预热→高温灭菌→冷却→螺杆分离进瓶→前充气→灌药→后充气→预热→拉丝封口→计数→出成品。

安瓿洗、烘、灌、封联动机主要部件有机座、传动装置、输送带、计重泵、拉丝结构、燃烧组、层流装置、电控柜等。

图 12-17 为 ACSD 安瓿超声波灌洗机，ACSD-2 型安瓿洗烘灌封联动机是使用 2mL 安瓿进行注射剂生产的专用机械设备。该机由 CAX-18Z/2mL 型超声波洗涤机、SMH-18/400 型隧道灭菌箱、DALG-6Z/2mL 型多针拉丝灌封机组成。

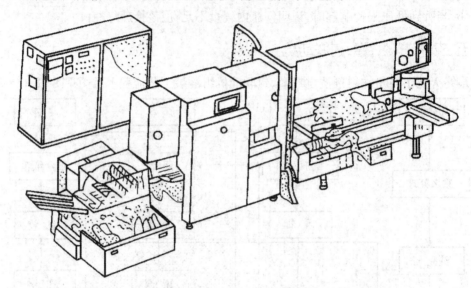

图 12-17　ACSD-2 型安瓿超声波灌洗机联动机外形示意图

安瓿洗、烘、灌、封联动机结构原理如图 12-18 所示。

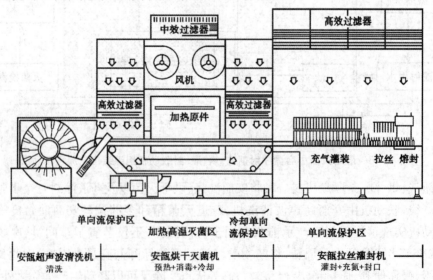

图 12-18　安瓿洗烘灌封联动机工作原理示意图

2. 安瓿洗、烘、灌、封联动机主要特点

（1）采用了先进的超声波清洗技术对安瓿进行洗涤，并配合多针水气交替冲洗及安瓿倒置冲洗。洗涤用水是经孔径为 $0.2 \sim 0.45 \mu m$ 滤器过滤的新鲜注射用水,压缩空气也需经孔径 $0.45 \mu m$ 的滤器过滤,除去了灰尘粒子、细菌及孢子体等。整个洗涤过程采用电气控制。

(2)采用隧道式红外线加热灭菌和热层流干热空气灭菌两种形式对安瓿进行烘干灭菌。在 A 级层流净化空气条件下,通常 350℃高温干热灭菌 5 分钟,即可去除生物粒子、杀灭细菌和破坏热原,并使安瓿达到完全干燥。

(3)安瓿在烘干灭菌后立即采用多针拉丝灌封机进行药液灌封。灌液泵采用无密封环的柱塞泵,可快速调节装量,还可进一步调整吸回量,避免药液溅溢。驱动机构中设有灌液安全装置,当灌液系统出现问题或灌装工位没有安瓿时,能立即停机止灌。每当停机时,拉丝钳钳口能自动停于高位,避免烧坏。

(4)在安瓿出口轨道上设有光电计数器,能随时显示产量。

(5)联动机中安瓿的进出采用串联式,减少了半成品的中间周转,可避免交叉污染,加之采用了层流净化技术,使安瓿成品的质量得到提高。

(6)联动机的设计充分地考虑了运转过程的稳定性、可靠性和自动化程度,采用了先进的电子技术,实现计算机控制,实现机电一体化。整个生产过程达到自动平衡、监控保护、自动控温、自动记录、自动报警和故障显示,减轻了劳动强度,减少了操作人员。

(7)生产全过程是在密闭或层流条件下工作的,符合 GMP 要求。

(8)联动机的通用性强,适合于 1mL、2mL、5mL、10mL、20mL 五种安瓿规格,并且适合于我国使用的各种规格的安瓿。更换不同规格安瓿时,换件少,且易更换。

(9)该机价格昂贵,部件结构复杂,对操作人员的管理知识和操作水平要求较高,维修也较困难。

六、安瓿擦瓶机

安瓿擦瓶机是用来擦拭经消毒检漏后安瓿外表面的机器。安瓿经消毒检漏后,虽经热水冲淋,其外表面仍难免残留有水渍、色斑及其他影响印字等不清洁物质存在,个别破损的安瓿还会将药水污溢于其他安瓿的外表面,这样会给下道工序质量检查及印字带来困难。因此,消毒检漏后的安瓿需擦净安瓿的外表面,为此工艺上设有擦瓶机。在制药企业中以 AC-3 型安瓿擦瓶机最为常用。

1. 工作原理 该机主要由进瓶盘、拨瓶轮轨道、擦辊与传送带、出瓶轨道、出瓶盘等部分组成。该机的工作原理是将经高温灭菌后的安瓿放入进瓶盘内,利用与水平面成 60°倾角的进瓶盘(在图的右上方,未示出),使安瓿具有自动下行的动力,在进瓶盘的下口设有一个等速旋转的拨瓶轮,将安瓿依次在拨瓶爪作用下单个进入宽度仅容一个安瓿通过的下瓶轨道。轨道栏杆间距调节到只容许一只安瓿灵活通过的宽度。在传递带的带动下,安瓿一个接一个的进入擦辊和行走皮带之间。轨道底部有传送带,安瓿缓慢经过两组擦辊部位。擦辊由胶棒及干绒布套(或干毛巾套)组成。擦辊轴水平卧置于安瓿轨道一侧的中端处,它由链轮拖动旋转。当传送带将安瓿拖带到有擦辊处,受摩擦作用边自转边被传送带推着向前移动。擦辊在作连续转动的同时,与侧送来的安瓿产生摩擦,从而完成擦拭动作。两组擦辊中第一只擦滚直径比第二只擦辊直径大 20～40mm。用于揩擦安瓿的中、上部,第二个擦辊直径稍小,用于揩擦安瓿的中、下部,其直径差异应适于相应的安瓿的丝颈与瓶身直径的差异。这样,安瓿经过两只不同直径的擦辊摩擦后,不同高度的部位都被揩擦干净了。经辊擦干净的安瓿又于轨道末端的出瓶盘集中贮存。

2. **擦瓶机的使用方法**　①调整下瓶、出瓶轨道及行走皮带与擦辊之间的距离,以适应所擦安瓿的规格大小,使安瓿在揩擦中松紧适中,以既能通过顺利、姿势正确,又能揩擦干净为宜。②将灭菌后的安瓿装入进瓶盘,一般不应超过 600 支。开车前,操作者先用手引抚安瓿进入轨道,并使第一支安瓿进入揩擦区。然后,先按动点动按钮进行试车,待安瓿能顺利地通过揩擦区,并经过检查揩擦情况合格后,才能按动连续工作按钮,使机器连续运转工作。③连续工作开始后,要定时检查安瓿的揩擦质量,以防工作中调整部分的松动,而降低揩擦的质量。

3. **擦瓶机的注意事项**　①为了防止安瓿容易破碎情况的发生,最好使用符合标准规格要求的安瓿。在生产中,如果出现破瓶,应立即停车。用酒精或汽油(在允许使用汽油的情况下)将溅出的药液擦拭干净,清除玻璃碎片,以免引起粘连使机器运行不畅。如果揩擦黏性高药品的安瓿,例如 50% 葡萄糖等,应及时对所有运行轨道用酒精(或汽油)进行擦洗,以除掉安瓿外面所黏带的药液,防止引起故障。②擦辊外面的大绒布套旋绕方向一定不要搞错,并要保持其清洁、干燥。

4. **擦瓶机的保养**　①定期检查机件,一般要每三个月检查一次。检查轴承、齿轮、链轮、链条及其他活动部分的转动灵活性及磨损情况,发现缺陷时,应及时修理,不得勉强使用,以免影响整机的寿命。对容易溅落上玻璃碎片的活动部件,要每班清理一次。②本机应安装在清洁干燥的室内使用,距离墙壁不得少于 700mm,以便于检修。③每班工作前时,要对所有需要润滑的部位进行注油,特别注意给蜗轮减速器注油时,要注到标准位置。④机器如长期不使用时,要用防锈油涂盖,各镀铬抛光工作表面,传动部位,要用油封好。

七、安瓿的灯检设备

注射剂质量检查中,可见异物检查是否合格是保证注射剂质量的关键。因为注射剂生产过程中难免会带入一些异物,如未滤去的不溶物、容器或滤器的剥落物以及空气中的尘埃等。微粒污染对人体所造成的危害已引起普遍关注,较大的微粒可引起血栓、微粒过多可造成水肿和静脉炎、异物侵入组织可引起肉芽肿;此外微粒还可以引起过敏反应、热原样反应,尤其像橡胶屑、炭黑、纤维、玻璃屑等异物在体内会引起肉芽肿、微血管阻塞及肿块等不同的损伤。这些带有异物的注射剂通过可见异物检查必须剔除。

经过真空灭菌检漏、外壁洗擦干净的安瓿通过一定照度的光线照射,用人工或光电设备可进一步判别是否存在破裂、漏气、装量过满或不足等问题。对于空瓶、焦头、泡头或有色点、浑浊、结晶、沉淀以及其他异物等不合格的安瓿加以剔除。

1. **人工灯检**　人工灯检,要求灯检人员视力不低于 0.9(每年必须定期检测视力)。人工目测检查主要是依据待测安瓿被振摇后药液中微粒的运动从而达到检测目的。按照我国 GMP 的相关规定,一个灯检室只能检查一个品种的安瓿。人工灯检的工作台及背景为不反光的黑色或白色(检查有色异物时用白色),目的是有明显的对比度,以提高检测效率;检查时一般采用40W青光的日光灯作光源,并用挡板遮挡以避免光线直射入眼内。要求检测时将待测安瓿置于检查灯下距光源200~250mm处轻轻转动安瓿,目测药液内有无异物微粒并按国家药典的相关规定把不合格的安瓿加以剔除。

2. 安瓿异物光电自动检查仪　半自动或自动安瓿异物检查仪的原理是利用旋转的安瓿带动药液一起旋转,当安瓿突然停止转动时,药液由于惯性会继续旋转一段时间,此时只有药液是运动的。在安瓿停转的瞬间,以束光照射安瓿,在光束照射下产生变动的散射光或投影,背后的荧光屏上即同时出现安瓿及药液的图像。利用光电系统采集运动图像中微粒的大小和数量的信号,并排除静止的干扰物,经电路处理可直接得到不溶物的大小及多少的显示结果。再通过机械动作及时准确地将不合格安瓿剔除。

八、安瓿的印字包装设备

安瓿完成灌封、灭菌、检漏、擦瓶等各工序,并经灯检、热原、pH等质量检查合格后,最后一道工序是印字和包装,其过程包括安瓿印字、装盒、加说明书。GMP明确规定,安瓿没有印字(或标记)不允许出厂或进入市场。这是因为许多注射剂的颜色都是一样的,不印字的注射剂,无法分辨药的品名及剂量。另外,任何药品都有有效期,不印字,人们也无法判断所用药品是否失效。不知道品名、剂量和有效期的注射剂是绝对不能用的。所以,必须在注射剂成品的安瓿上印字。印字内容包括普通人能读懂的药品名称、剂量、批号、有效期以及商标等标记。并将印字后的安瓿每10支装入贴有明确标签的纸盒里。安瓿印包机应包括开盒机、印字机、装盒关盖机、贴签机、扎捆机等四个单机联动而成。印包生产线的流程如图12-19所示。现分述各单机的功能及结构原理。

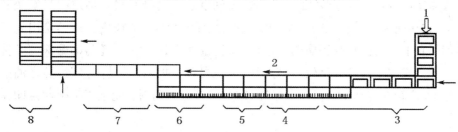

图12-19　安瓿印包生产线流程图
1. 贮盒输送带;2. 传送带;3. 开盒区;4. 安瓿印字理放区;5. 放说明书;
6. 关盖区;7. 贴签区;8. 扎捆区

(一)开盒机

安瓿的尺寸在国家标准中是有一定规定的,因此相应的装安瓿用纸盒的尺寸、规格也是标准的。开盒机就是按照标准纸盒的尺寸设计与工作的。开盒机的作用是将一叠叠堆放整齐的贮放安瓿的空纸盒盒盖翻开,以供贮放印好字的安瓿。

开盒机由传动机构、贮盒输送带、光电管、推盒板、翻盒爪、弹簧片、翻盒杆及机架等构件组成。

翻盒动作的机械过程是翻盒爪与往复推盒板做同步转动,当往复推盒板将一只纸盒推送到开盒台上翻盒爪(一对)的位置,翻盒爪与盒底相接触时,就给纸盒一定的压力,迫使纸盒底部向上翘,使纸盒底部越过弹簧片的高度,此时翻盒爪已转过盒底,纸盒上无外力,盒底的自由下落将受到弹簧片的阻止,张开口的纸盒搁架在弹簧片上,并只能张着口被下一只盒子推向前方。后者在推盒板的推送下按图的方向自右向左移动。前进中的盒底在将要脱开弹簧片下落的瞬间,遇到曲线形的翻盒杆将盒底张口进一步扩大,直至将盒盖完全翻开,至此开盒机的工作已经完成。翻开的纸盒由另一条输送带输送到安瓿印字机下,等待印字后装盒。

翻盒爪需有一定的刚度和弹性,既要能撬开盒口,又不能压坏纸盒,翻盒爪的长度太长,将会使旋转受阻,翻盒爪若太短又不利于翻盒动作。因此对翻盒爪的材料及几何尺寸要求极为严格。

(二)安瓿印字机

为了方便、安全地使用安瓿剂,灌封、检验后的安瓿在包装时需在安瓿瓶体上用油墨印写清楚药品名称、有效日期、产品批号等,否则不许出厂和进入市场。

安瓿印字机除了往安瓿上印字外,还应完成将印好字的安瓿摆放于纸盒里的工序。

1. 工作原理　安瓿印字机由安瓿输送机构和印字机构两部分组成,其中关键的工作部分是印字机构,其作用是用油墨将字轮上的字清晰地复印在安瓿瓶身上。该机构由橡皮印字轮、字轮、上墨轮、钢质轮、匀墨轮等组成。两个反向转动的送瓶轮按着一定的速度将安瓿逐只自安瓿盘输送到推瓶板前,即送瓶轮、字轮的转速及推瓶板和纸盒输送带的前进速度等需要协调,这四者同步运行。作往复间歇运动的推瓶板每推送一只安瓿到橡皮印字轮下,也相应地将另一只印好字的安瓿推送到开盖的纸盒槽内。油墨是用人工的方法加到匀墨轮上。匀墨轮与钢质轮紧贴在一起,通过对滚,由钢质轮将油墨滚匀并传送给橡皮上墨轮。橡皮上墨轮与字轮(字轮上的字板可以更换)在转动中接触,随之油墨即滚加在字轮上,字轮在转动中与橡皮印字轮接触,将带墨的钢制字轮上正字模印翻印在橡皮印字轮上。

由安瓿盘的下滑轨道滚落下来的安瓿将直接落到镶有海绵垫的托瓶板上,以适应瓶身粗细不匀的变化。推瓶板将托瓶板及安瓿同步送至橡皮印字轮下。转动着的橡皮印字轮在压住安瓿的同时也拖着其反向滚动,将橡皮印字轮上的反字油墨字迹以正字形式印到安瓿上。印好字的安瓿从托瓶板的末端甩出,落入传送带上盒盖已打开的空纸盒内。将放入盒中的安瓿摆放整齐,并放入一张预先印刷好的使用说明书,最后再盖上盒盖,由输送带送往贴签机。

通常安瓿瓶身上需要印有三行字,其中第一、二行要印上厂名、剂量、商标、药名等字样,是用铜板排定固定不变的,第三行则是药品的批号。由于安瓿与橡皮印字轮滚动接触的周长只占其 1/3,故全部字必须布置在小于 1/3 安瓿周长的范围内。而第三行药品的批号需要使用活版铅字,准备随时变动调整,这就使字轮的结构十分复杂且需紧凑。

如果印字机字轮上的弹簧强度控制的不合适,将导致印出的字迹不清晰,容易产生糊字现象,这也是油墨印字的缺点。同时油墨的质量也对字迹的清晰程度有影响。

2. **安瓿印字机的使用**　在印字之前需在匀墨轮上涂好油墨。使油墨均匀后,安装好字版并进行药品批号的更换,调整好与字轮的间距,再把经质量检查合格后的安瓿,由工人放入到倾斜的安瓿盘内,一次放 200～500 支安瓿为宜。然后进行印字。需要一名或两名工人负责印完字后的安瓿质量检查及整理盒盖等工作。

(1)开车前的准备工作　开车前,先要检查机器各部分有无故障,于齿轮和轴处加入润滑油。用少许油墨进行印字,并观察印字范围及字迹是否清晰,调整到机器符合要求后,再开始印字。

(2)注意事项

①涂油墨时,要遵循少而勤的原则。

②发现字迹太浓和不整洁等现象时,需清理匀墨轮和橡皮印字轮,并用汽油擦洗字版;发现字迹太淡等现象时,需添加油墨;发现字迹前后浓淡不一等现象时,需调整字轮与橡皮印字轮的距离。

3. **安瓿印字机的保养**

①要定期对机器进行检查,一般每三个月进行一次。重点检查轴承、齿轮、链轮、链条及活动部分是否转动灵活。观察磨损情况,发现问题应及时维修解决,不得勉强使用,以免损坏机器。

②该机器应安装在干燥、清洁的室内,离墙边 600～800mm,以便于检修和保养。

③使用时,如有安瓿破损,应立即停车,擦干药液并清除玻璃碎屑后,再进行工作。

④机器不用时,应立即将匀墨轮、钢质轮、上墨轮、字轮和橡皮印字轮用汽油擦洗干净,并将印字部分用塑料布盖好,以保持清洁。

(三)贴标签机

贴标签工作可由贴标签机来完成,通常包括涂浆糊、贴标签两部分。装有安瓿和说明书的纸盒在传送带前端受到悬空的挡盒板的阻挡不能前进,而处于挡板下边的推板在做间歇往复运动。当推板向右运动时,空出一个纸盒长使纸盒下落在工作台面上。在工作台面上纸盒是一只只相连的,因此推板每次向左运动时推送的是一串纸盒同时向左移动一个纸盒长。在胶水槽内贮有一定液面高度的胶水。由电机经减速后带动的大滚筒回转时将胶水带起,再借助一个中间滚筒可将胶水均布于上浆滚筒的表面上。上浆滚筒与左移过程中的纸盒接触时,自动将胶水滚涂于纸盒的表面上。做摆动的真空吸头摆至上部时吸住标签架上的最下面一张标签,当真空吸头向下摆动时将标签一端顺势拉下来,同时另一个做摆动的压辊恰从一端将标签压贴在纸盒盖上,此时真空系统切断,真空消失。由于推板使纸盒向前移动,压辊的压力即将标签从标签架上拉出并被滚压平贴在盒盖上。

当推板右移时,真空吸头及压辊也改为向上摆动,返回原来位置。此时吸头重新又获得真空度,开始下一周期的吸、贴标签动作。

贴标签机的工作要求送盒、吸签、压签等动作协调。两个摆动件的摆动幅度需能微量可调,吸头两端的真空度大小也需各自独立可调,方可保证标签及时吸下,并且不致贴歪。另外也可防止由于真空度过大,或是接真空时太猛而导致的双张标签同时吸下的现象。

(四)不干胶贴签机

现在大量使用不干胶代替胶水,可省去涂浆糊工序。目前不干胶贴签机已被广泛应用。标签直接印制在背面有胶的胶带纸上,并在印刷时预先沿标签边缘划有剪切线,胶带纸的背面贴有连续的背纸(也叫衬纸),所以剪切线并不会使标签与整个胶带纸分离。

印有标签的整盘胶带纸装在胶带纸轮上,经过多个中间张紧轮,引到剥离刃前。由于剥离刃处的突然转向,刚度大的标签纸保持前伸状态,被压签轮压贴到输送带上不断前进的纸盒面上。背纸是柔韧性较好的纸,被预先引到背纸轮上,背纸轮的缠绕速度应与输送带的前进速度协调,即随着背纸轮直径的变大,其转速需相应降低。完成贴签动作。

(五)捆扎机

捆扎机的作用是将装入安瓿的药盒一组组捆扎在一起。具体操作过程是先由压绳器压住绳子始端,再由插入器将绳子送到上、下绳嘴口附近,此时抬绳凸轮动作将绳子抬到绳嘴打结位置,并由绳嘴配合完成拉结动作,即将绳子在绳嘴上缠绕成圈。脱圈器脱下绳圈并使其成结,然后由割刀切断绳子即可。

(六)开盒印字贴标签联动机

该机由全自动开盒、自动印字、自动贴标签三个单机组成生产流水线,其运转稳定、操作方便。既能联动又能单机生产,解决了包装工序的繁重体力劳动,节约劳动力,是机电、气一体化新型包装设备。

第三节 最终灭菌大容量注射剂生产工艺过程与设备

最终灭菌大容量注射剂是指 50mL 以上的最终灭菌注射剂,简称大输液或输液。输液容器材料有玻璃、塑料。其中塑料中常用聚乙烯、聚丙烯、聚氯乙烯或复合膜等。

输液剂主要用于抢救危重患者,补充体液、电解质或提供营养物质等,使用范围广泛。由于输液剂的用量大而且是直接进入血液的,故质量要求高于小针注射剂,因此,生产条件的控制也应相对地严格一些,如配制输液剂的配药车间要求空气净化条件严格,为防止外界空气污染,要封闭,并设有满足要求的空气输入与排出系统。配药用器具、输液泵等应该使用特殊钢材制备。设备内腔需光滑无死角,易于蒸汽灭菌。配药缸及整个工艺管线要求封闭操作。配药缸分单层及双层,当需加热时,单层配药缸内有不锈钢蒸汽加热管,双层配药缸则是利用夹层实现药液的冷却或加热,一般配药缸内都装有搅拌器,以保证各种药液迅速混合均匀。此外输液剂的生产工艺与小针注射剂也有一定的差异,其生产过程中还有一些专用的设备。

目前,国内主要采用灭菌生产工艺制备输液剂,输液剂生产过程包括原辅料的准备、浓配、稀配、瓶外洗、粗洗、精洗、灌封、灭菌、质量检查、包装等工序。

最终灭菌大容量注射剂按包装方式分为硬包装大容量注射剂和软包装大容量注射剂,硬包装大容量注射剂又分为玻璃瓶和塑料瓶。玻璃瓶包装的特点是化学稳定性和物理稳定性好,玻璃瓶不易与药液发生化学反应,且其温度适应性、透明度、不溶性微粒、水蒸气渗透、溶出物试验等理化检验项目好;而塑料瓶的特点是质轻、耐热性好、机械性质好、透明性好、表面光泽良好、耐药品性良好、耐环境应力龟裂性好、电气绝缘性好,易于保存和运输,且不可重复使用。软包装大容量注射剂又分为软袋和软瓶,软包装具有塑料瓶包装的特点,但其穿刺力和穿刺部位不渗透性没有塑料瓶包装好,且易变形。

因此,我们着重介绍最终灭菌大容量注射剂玻璃瓶和塑料瓶的工艺流程及其生产设备。

一、最终灭菌大容量注射剂玻璃瓶生产工艺流程及生产设备

最终灭菌大容量注射剂玻璃瓶灌装工艺流程示意图见图 12-20。

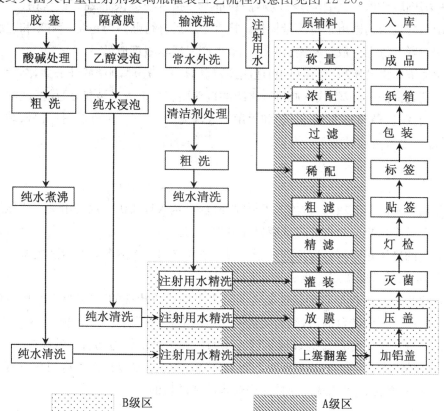

图 12-20　最终灭菌大容量注射剂玻璃瓶工艺流程示意图

从上图可以看出,总流程由制水、空输液瓶的前处理、胶塞及隔离膜的处理、配料及成品等五部分组成。

输液剂在生产过程中,灌封前分为四条生产路径同时进行。

第一条路径是注射液的溶剂制备。注射液的溶剂常用注射用水,其制备在此不加赘述。

第二条路径是空输液瓶的处理。为使输液瓶达到清洁要求,需要对输液瓶进行多次清洗,包括清洁剂处理、纯化水清洗、注射用水清洗等工序。输液瓶的清洗可在洗瓶机上进行。洗涤后的输液瓶,即可进行灌封。

第三条路径是胶塞的处理。为了清除胶塞中的添加剂等杂质,需要对胶塞进行清洗处理。可在胶塞清洗机上进行。胶塞经酸碱处理,用纯化水煮沸后,去除胶塞的杂质,再经纯化水、注射用水清洗等工序,即可使用。隔离膜的处理在此不详细介绍。

第四条路径是输液剂的制备。其制备方法、工艺过程与水针剂的制备基本相同,所不同的是输液剂对原辅料、生产设备及生产环境的要求更高,尤其是生产环境的条件控制,例如在输液剂的灌装、上膜、上塞、翻塞工序,要求环境为局部 A 级。

输液剂经过输液瓶的前处理、胶塞与隔离膜的处理及制备这三条路径到了灌封工序即汇集在一起,灌封后药液和输液瓶合为一体。

灌封后的输液瓶,应立即灭菌。灭菌时,可根据主药性质选择相应的灭菌方法和时间,必要时采用几种方法联合使用。既要保证不影响输液剂的质量指标,又要保证成品完全无菌。

灭菌后的输液剂即可进行质量检查。检查合格后进行贴签与包装。贴签和包装在贴签机或印包联动机上完成。贴签、包装完毕,生产完成输液剂成品。

玻璃输液瓶由理瓶机(送瓶机组)理瓶经转盘送入外洗机,刷洗瓶外表面,然后由输送带进入滚筒式清洗机(或箱式洗瓶机),洗净的玻璃瓶直接进入灌装机,灌满药液立即封口(经盖膜、胶塞机、翻胶塞机、轧盖机)和灭菌。灭菌完成后,进行贴标签、打批号、装箱等工序,最后成品进入流通领域。

(一)理瓶机

由玻璃厂来的输液瓶,通常由人工拆除外包装,送入理瓶机。也有用真空或压缩空气拎取瓶子并送至理瓶机。再经过洗瓶机完成洗瓶工作。

理瓶机的作用是将拆包取出的瓶子按顺序排列起来,并逐个输送给洗瓶机。理瓶机型式很多,常见的有圆盘式理瓶机及等差式理瓶机。

圆盘式理瓶机工作原理为低速旋转的圆盘上搁置着待洗的玻璃输液瓶,固定的拨杆将运动着的瓶子拨向转盘周边,经由周边的固定围沿将瓶子引导至输送带上。

等差式理瓶机工作原理为数根平行等速的传送带被链轮拖动着一致向前,传送带上的瓶子随着传送带前进。与其相垂直布置有差速输送带,差速是为了达到在将瓶子引出机器的时候,避免形成堆积从而保持逐个输入洗瓶的目的。

(二)外洗瓶机

洗瓶是输液剂生产中一个重要工序。国家标准 GB2639-90 规定,玻璃输液瓶有 A型、B 型两种型号,分别有 50mL、100mL、250mL、500mL 及 1000mL 五种规格。

外洗瓶机是洗涤输液瓶外表面的设备。常用的有 WX6 型外洗机。通常有两种洗涤方式，一种洗涤方式为毛刷旋转运动，瓶子通过时产生相对运动，使毛刷能全部洗净瓶子表面，毛刷上部安有喷淋水管，可及时冲走刷洗的污物。另一种洗涤方式为毛刷固定两边，瓶子在输送带的带动下从毛刷中间通过，以达到清洗目的。

(三)玻璃瓶清洗机

大多数输液剂采用玻璃瓶灌装，且多数为重复使用。为了消除各种可能存在的危害到产品质量及使用安全的因素，必须在使用输液瓶之前对其进行认真清洗。所以洗瓶工序是输液剂生产中的一个重要工序，其洗涤质量的好坏直接影响产品质量。

玻璃瓶清洗机主要用来清洗玻璃输液瓶内腔。其种类很多，常用洗瓶设备有滚筒式洗瓶机和箱式洗瓶机。

1. **滚筒式洗瓶机**　滚筒式清洗机是一种带毛刷刷洗玻璃瓶内腔的清洗机。该机的主要优点是结构简单、操作可靠、维修方便、占地面积小，粗洗、精洗可分别置于不同洁净级别的生产区内，不产生交叉污染。单班年生产量为 200～600 万瓶，适合于中小规模的输液剂生产厂。滚筒式洗瓶机由两组滚筒组成，其设备外形及工作位置示意图如图 12-21 所示。一组滚筒为粗洗段，另一组滚筒为精洗段，中间用长 2m 的输送带连接。滚筒作间歇转动。常见的设备如 CX200/JX200 滚筒式洗瓶机。

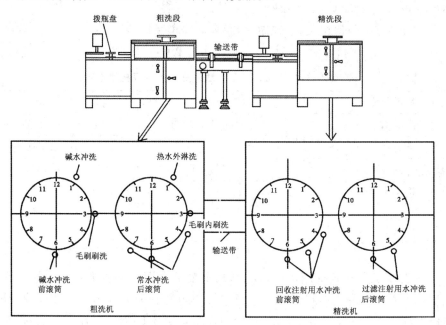

图 12-21　滚筒式洗瓶机设备外形及工作位置示意图

(1)工作原理

①粗洗段：是由前滚筒与后滚筒组成，滚筒的运转是由马氏机构控制作间歇转动。当载有玻璃输液瓶的滚筒转动到工位 1 时，碱液注入瓶内，冲洗。当带有碱液的玻璃瓶处于水平位置时，即进入工位 3 时，毛刷进入瓶内带碱液刷洗瓶内壁约 3 秒，之后毛刷退出。滚筒继续转动，

在下两个工位逐一由喷液管对瓶内腔冲碱液;当滚筒载瓶转到进瓶通道停歇位置时,进瓶拨轮同步送来待洗空瓶将冲洗后的瓶子推向后滚筒,进行常水外淋、内刷、内冲洗。即在工位1,进行热水外淋洗。在工位3,用毛刷进行内刷洗。在工位4、6、7,进行热水冲洗。

②精洗段:粗洗后的玻璃瓶经输送带送入精洗滚筒进行清洗。精洗段同样由前滚筒、后滚筒组成。其结构及工作原理与粗洗滚筒相同,只是精洗滚筒取消了毛刷部分。滚筒下部设置了注射用水回收装置和注射用水的喷嘴,粗洗后的玻璃输液瓶利用回收注射用水在前滚筒进行外淋洗、内冲洗。在后滚筒,首先利用新鲜注射用水冲洗,然后沥水。精洗段设置在洁净区,洗净的玻璃输液瓶子不会被空气污染而直接进入灌装工序,从而保证了洗瓶质量。

进入滚筒的空瓶数由设置在滚筒前端的拨瓶轮控制,一次可拨两瓶、三瓶、四瓶或更多瓶;通过更换不同齿数的拨瓶轮得到所需的进瓶数。

(2)CX200/JX200滚筒式洗瓶机的工作流程　玻璃瓶经外洗后进入本机组清洗。清洗滚筒按顺序分别完成冲碱→内刷→冲碱→冲自来水→冲热水→内刷→冲热水→冲去离子水→冲注射用水→沥尽余水等工序。

(3)CX200/JX200滚筒式洗瓶机的性能特点

①可用于100mL、250mL、500mL的A、B玻璃输液瓶内腔的清洗。

②每段清洗滚筒可单独拆卸,方便了产量调整及更换规格。

③分度凸轮机构延长了停歇时间(动停比为1∶6),保证各工位的工作时间,特别延长了沥水时间,有效控制玻璃瓶内的残留液量。

④设有自动进出瓶检出装置,缺瓶、卡瓶自动停车保护装置。

(4)CX200/JX200滚筒式洗瓶机的主要技术参数　如表12-2所示。

表 12-2　CX200/JX200 滚筒式洗瓶机的主要技术参数

技术参数	CX200 粗洗机	JX200 精洗机
适用规格	100~500mL 输液瓶	100~500mL 输液瓶
生产能力(500mL)	150~200 瓶/分	150~200 瓶/分
每次最大进瓶数(500mL)	20 瓶	20 瓶
机器功率	≤3.5kW	≤1.5kW
外形尺寸	4200×1600×1200(mm)	4200×900×1200(mm)
机器重量	1200kg	900kg

2. 箱式洗瓶机　箱式洗瓶机有带毛刷和不带毛刷清洗两种方式。不带毛刷的全自动箱式洗瓶机采用全冲洗方式。对于在制造及贮运过程中受到污染的玻璃输液瓶,仅靠冲洗难以保证将瓶洗净,故多在箱式洗瓶机前端,配置毛刷粗洗工序。目前,带毛刷的履带行列式箱式洗瓶机应用较广泛。随着国内外包装材料制作设备的现代化和对包装材料生产GMP的实施,全冲洗式洗瓶机将得到更广泛使用。

带毛刷的履带行列式箱式洗瓶机是较大型的箱式洗瓶机,洗瓶产量大,单班年生产量约1000万瓶左右。箱式洗瓶机是个密闭系统,是由不锈钢铁皮或有机玻璃罩子罩起来工作的,没有交叉污染,冲刷准确、洗涤效果可靠;此外,玻璃输液瓶采用倒立式装夹进入各洗涤工位,洗净后瓶内不挂余水。全机采用变频调速、程序控制,带自动停车报警装置。

履带行列式箱式洗瓶机工位示意图如图 12-22 所示。

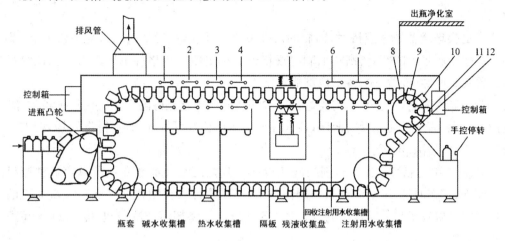

图 12-22　履带行列式箱式洗瓶机工位示意图

1、3. 热水喷淋;2. 碱水喷淋;4、6. 冷水喷淋;5. 毛刷带冷喷;7. 注射用水喷淋;
8、9、10、11、12. 倒置沥水

(1)履带行列式箱式洗瓶机洗瓶工艺流程

热水喷淋→碱液喷淋→热水喷淋→冷水喷淋→喷水毛刷清洗→冷水喷淋→注射用水喷淋→沥干
(两道)　　 (两道)　　 (两道)　　 (两道)　　 (两道)　　　　 (两道)　　 (三喷两淋)　 (三工位)

其中"喷"是指 ø1 的喷嘴由下向上往瓶内喷射具有一定压力的流体,可产生较大的冲刷力。"淋"是指用 ø1.5 的淋头提供较多的洗水由上向下淋洗瓶外,以达到将脏物带走的目的。

洗瓶机的上部装有引风机,可将热水蒸气、碱蒸气强制排出,并保证机内空气是由净化段流向箱内。各工位装置都在同一水平面内呈直线排列,如图 12-22 所示。在各种不同淋液装置的下部均设有单独的液体收集槽,其中碱液是循环使用的。

(2)工作原理　带毛刷的履带行列式箱式洗瓶机的工作原理为玻璃输液瓶外洗后,首先单列输入进瓶装置,玻璃瓶在进入洗瓶机轨道之前是瓶口朝上的,利用一个翻转轨道将瓶口翻转向下,再经分瓶螺杆将输入的瓶等距离分成 10 个一排,由进瓶凸轮可靠地送入瓶套,瓶套随履带间歇运动到各洗涤工位,因为各工位喷嘴要对准瓶口喷射,所以要求瓶子相对喷嘴有一定的停留时间。同时旋转的毛刷也有探入、伸出瓶口和在瓶内作相对停留时间(3.5 秒)的要求,这样的洗刷效果较为理想。

(3)洗瓶机的使用与保养

①洗瓶机工作前,应仔细检查各机构动作是否同步、动作顺序是否准确;毛刷和冲洗水喷嘴的中心线是否对准瓶口中心线;拨盘进瓶、毛刷刷洗与喷水动作是否在滚筒或吊篮停止位置进行。如动作不同步,应及时调整,直到准确无误方可开车。

②使用洗瓶机时应经常注意毛刷的清洁及损耗情况,以使洗刷机处于正常的运转状态,保证洗瓶质量。

③工作结束时应清除机内所有的输液瓶,使机器免受负载。此外,应经常性检查各送液泵及喷淋头的过滤装置,发现脏物及时清除,以免因喷淋压力或流量变化而影响洗涤效果。

④更换玻璃输液瓶规格时,因瓶的尺寸发生了变化,相应的进瓶拨轮或绞龙、滚筒上的拦瓶架或履带上的瓶套、刷瓶毛刷等规格件必须更换。规格件更换后需重新调整所处的位置及其间隙,以便洗瓶各工位都能正常工作。

⑤玻璃输液瓶在洗净后,均需进行一次洗瓶质量检查。检测方法为用目视检测瓶壁,应没有污点、流痕及无光泽的薄层;装入注射用水后检查可见异物,不得有异物,白点少于或等于 3 个;检测 pH,为中性。

3. 超声波洗瓶机　在安瓿剂的洗涤设备中我们已经详细地介绍了超声波洗瓶机的清洗原理、工作原理、工艺流程及使用注意事项等,在此仅介绍输液剂超声波洗瓶机的性能特点与主要技术参数。常用的设备如 CSX100/500 型超声波洗瓶机、QCG24/8 超声波洗瓶灌装机等。

(1)性能特点　①采用超声波洗瓶,能有效地清洗玻璃瓶内、外表面残留的微粒、油污。避免毛刷刷瓶时出现的洗瓶有死角和破瓶。②常水代替碱水,降低能耗,有利于环保。③可将内部粗、精洗区域完全隔开,有利于提高产品质量。④更换 100mL、250mL、500mL 各种规格方便。

(2)QCG24/8 超声波洗瓶灌装机主要技术参数　见表 12-3。

表 12-3　QCG24/8 超声波洗瓶灌装机主要技术参数

适用规格		100~500mL 输液瓶
最大生产能力		35 瓶/min
电容量		10.5kW　　380V　　50Hz
水耗量(mL)/压力(MPa)	自来水	1000mL/瓶　0.2MPa
	去离子水	200mL/瓶　0.2MPa
	蒸馏水	300mL/瓶　0.2MPa
外形尺寸		4500×2250×1700(mm)
机器净重		1500kg

(四)胶塞清洗设备

胶塞所使用的橡胶有天然橡胶、合成橡胶及硅橡胶等。天然橡胶为了便于成型加有大量的附加剂以赋予其一定的理化性质。这些附加剂主要有填充剂如氧化锌、碳酸钙;硫化剂如硫磺;防老化剂如 N-苯基 β-萘胺;润滑剂如石蜡、矿物油,着色剂如立德粉等。总之,胶塞的组成比较复杂,注射液与胶塞接触后,其中一些物质能够进入药液,使药液出现混浊或产生异物;另外有些药物还可能与这些成分发生化学反应。因此天然橡胶制成的胶塞在处理时,除了进行酸碱蒸煮、纯化水清洗外,在使用时还需在药液与胶塞之间加隔离膜。合成橡胶具有较高弹性、稳定性增强等特点。硅橡胶是完全饱和的惰性体,性质稳定,可以经多次高压灭菌,在大幅度温度范围内,仍能保持其弹性,但价格较贵,限制了它的应用。国家推荐使用丁基橡胶输液瓶塞(YY0169.1-94),以逐步取代天然橡胶输液瓶塞,达到不用隔离膜衬垫的目的。

制药工业中瓶用胶塞使用量极大,皆需要经过清洗、灭菌、干燥方可使用。下面介绍几种胶塞的处理设备。

1. 超声波胶塞清洗罐 超声清洗是利用超声在液体中传播,使液体在超声场中受到强烈的压缩和拉伸,产生空腔、空化作用,空腔不断产生、移动、消失,空腔完全闭合时产生自中心向外具有很大能量的微激波,形成微冲流,强烈地冲击着被清洗的胶塞,大大削减了污物的附着力,经一定时间的微激波冲击将污物清洗干净。常用的设备如 CXS 型超声波胶塞清洗罐。如图 12-23 所示。

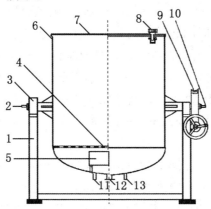

图 12-23 CXS 型超声波胶塞清洗罐结构示意图

1. 支架;2. 蒸汽进口;3. 轴壳;4. 分隔板;5. 超声波发生器;6. 罐体;
7. 上盖;8. 锁紧螺母;9. 蜗轮蜗杆;10. 进水口;11. 冷凝水出口;
12. 排污口;13. 压缩空气进口

2. 胶塞清洗机 常用的胶塞清洗机有容器型机组和水平多室圆筒型机组两种,其特点是:集胶塞的清洗、硅化、灭菌、干燥于一体;全电脑控制;可用于大输液的丁基橡胶塞和西林瓶橡胶塞的清洗。其清洗器为圆筒型,安装时,器身置于洁净室内,机身(支架及传动装置)置于洁净室外。常用设备如 JS-90 型胶塞灭菌干燥联合机组,其外观示意图及内部结构示意图见图 12-24。

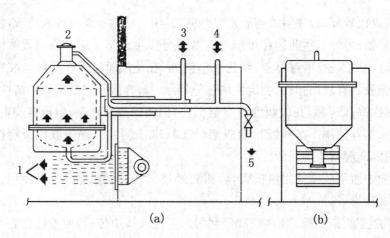

图 12-24　JS-90 型胶塞灭菌干燥联合机组的外观及内部结构示意图

1. A 级空气层流；2. 洁净区；3. 准备区；4. 洁净水进出口、
蒸汽进出口、热空气进出口；5. 胶塞

该机组主要由清洗灭菌干燥容器、抽真空系统、洁净空气输入系统、洁净水、蒸汽、热空气输入系统以及控制系统组成。利用真空将胶塞吸入容器内，洁净水经过分布器流至分布板形成向上的层流，同时间断鼓入适量的灭菌空气，使胶塞在洁净水中不断翻动，脱落的颗粒状杂质随水、空气一同排出器外，器身向左右各作 90°摆动，使附着于胶塞上的较大颗粒及杂质与胶塞迅速分离而排出。采用直接湿热空气（121℃）灭菌 30 分钟后，灭菌热空气由上至下将胶塞吹干，器身自动摇动或手动旋转，以防止胶塞凹处积水并使传热均匀，卸料时器身旋转 180°，使锥顶向下，并在层流洁净空气流的保护下，在洁净室内倒出经处理的胶塞。

其主要特点为：①在同一容器中完成清洗、硅化、灭菌、干燥工序。可自动进料，出料在洁净室中进行，有效地避免了传统处理方法中各工序之间易污染的缺陷，保证了清洗的质量。操作比较方便、安全，同时降低了人员的劳动强度。②通过悬臂轴使胶塞、洁净水、蒸汽、热空气进入容器内，并使容器自由摆动或旋转，提高了机器对胶塞的清洗和干燥能力。③为了防止分布板被洗下的尘粉杂质堵塞，采用了低阻力防堵结构，并且为了使流体均匀地流向分布板，应用了液体分布器，以保证清洗均匀。④采用摆线针轴变速箱减速，用齿轮与主机齿合传动，避免了链条传动在运转时的滞后晃动，同时配备强力制动系统，可保证器身在允许范围内，于任何角度定位。⑤可输入较高温度热空气，提高了机组的干燥能力和效率，根据需要，胶塞水分可有效地控制在 0.05％以下。

（五）输液剂的灌装设备

输液剂的灌装是将配制合格的药液，由输液灌装机灌入清洗合格的输液瓶（或袋）内的过程。灌装机是将经含量测定、可见异物检查合格的药液灌入洁净的容器中的生产设备。

灌装工作室的局部洁净度为 A 级。灌装误差按《中国药典》规定为标准容积的 0～2％。根据灌装工序的质量要求，灌装后首先检查药液的可见异物，其次是灌装误差。

需要使用输液剂灌装设备将配制好的药液灌注到容器中时,对输液剂灌装设备的基本要求是:灌装易氧化的药液时,设备应有充惰性气体的装置;与药液接触的零部件因摩擦有可能产生微粒时,如计量泵注射式,此种灌装设备须加终端过滤器等,以保证产品质量。

分类的依据不同,灌装机的形式也不同。按灌装方式的不同可分为常压灌装、负压灌装、正压灌装和恒压灌装 4 种;按计量方式的不同可分为流量定时式、量杯容积式、计量泵注射式 3 种;按运动形式的不同可分为直线式间歇运动、旋转式连续运动 2 种。旋转式灌装机广泛应用于饮料、糖浆剂等液体的灌装中,由于是连续式运动,机械设计较为复杂;直线式灌装机则属于间歇运动,机械结构相对简单,主要用于灌装 500mL 输液剂。如果使用塑料瓶灌装药液,则常在吹塑机上成型后于模具中立即灌装和封口,再脱模出瓶,这样更易实现无菌生产。目前,国内使用的输液灌装机主要为用于玻璃瓶输液的计量泵注射式灌装机、恒压式灌装机等,还有用于塑料瓶、塑料袋的输液灌装机。下面介绍几种常用的输液剂灌装机。

1. **计量泵注射式灌装机**　计量泵注射式灌装机是通过计量泵对药液进行计量,并在活塞的压力下,将药液充填于容器中。计量泵式计量器是以活塞的往复运动进行充填,为常压灌装。计量原理是以容积计量。既有粗调定位装置控制药液装量,又有微调装置控制装量精度(图 12-25)。调整计量时,首先粗调活塞行程达到灌装量,装量精度由下部的微调螺母来调整,从而达到很高的计量精度。

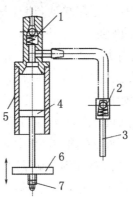

图 12-25　计量泵工作原理示意图
1、2. 单向阀;3. 灌装管;4. 活塞;5. 计量缸;
6. 活塞升降板;7. 微调螺母

计量泵注射式灌装机有直线式和回转式两种机型,前者输液瓶作间歇运动,产量较低;后者为连续作业,产量则较高。充填头有二头、四头、六头、八头、十二头等,如八泵直线式灌装机有八个充填头,是较常用计量泵注射式灌装机。

该机具有如下优点:①通过改变进液阀出口形式可对不同容器进行灌装。除玻璃瓶外,还有塑料瓶、塑料袋及其他容器。②为活塞式强制充填液体,适应不同浓度液体的灌装。③无瓶时,计量泵转阀不打开,保证无瓶不灌液。④采用计量泵式计量。计量泵与药液接触的零部件少,没有不易清洗的死角,清洗消毒方便。⑤采用容积式计量。计量调节范围较广,从 100～500mL 之间可按需要调整。

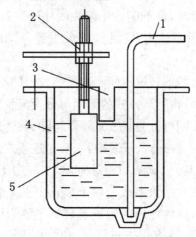

图 12-26　量杯式计量器结构示意图

1. 吸液管;2. 调节螺母;3. 量杯缺口;4. 计量杯;5. 计量调节块

2. 量杯式负压灌装机　量杯式负压灌装机是以量杯的容积计量,负压灌装。量杯式计量调节方式,如图 12-26 所示,是以容积定量,当药液超过液流缺口时,药液自动从缺口流入盛料桶进行计量粗定位。计量精确调节是通过计量调节块 5 在计量杯 4 中所占的体积而定的,即旋动调节螺母 2,使计量调节块 5 上升或下降,调节其在计量杯 4 内所占的体积以控制装量精度。吸液管 1 与真空管路接通,使计量杯 4 内药液负压流入输液瓶内。计量杯 4 下部的凹坑可保证将药液吸净。

量杯式负压灌装机中输液瓶由螺杆式输瓶器经拨瓶星轮送入转盘的托瓶装置,托瓶装置由圆柱凸轮控制升降,灌装头套住瓶肩形成密封空间,计量杯与灌装头由硅橡胶管连接,通过真空管道抽真空,真空吸液管将药液负压吸入瓶内。

该机具有如下特点:①量杯计量、负压灌装;药液与其接触的零部件无相对机械摩擦,没有微粒产生,不需加终端过滤器,保证了药液在灌装过程中的可见异物检查合格。②计量块计量调节,调节方便简捷。③机器设有无瓶不灌装等自动保护装置。④该机为回转式,产量约为 60瓶/分钟。⑤机器回转速度加快时,量杯药液易产生偏斜造成计量误差。

3. 恒压式灌装机　恒压式灌装机为输液瓶压力-时间式灌装机,计量由时间和流量确定。输液瓶输入处有检测计数及缺瓶不灌装装置。整个灌装过程均由计算机程序控制,自动化程度高。常用的设备如 GZ200 型灌装机。

(1)工作流程　由分瓶机构将排列成单排的玻璃输液瓶自动的分成双排进入灌装机,每排 16 只玻璃瓶,间歇灌装,一个灌装周期可灌装 32 瓶。本机的灌装量是由置于每个灌装头上的蠕动阀通过 PLC 单个时间控制。

(2)GZ200 型灌装机特点　①输液瓶以直线列队形式,被推入灌装工位。灌装头不动,托瓶机构在凸轮作用下,自动上升托起输液瓶,瓶肩与灌装头橡胶套定位,灌注针头进入瓶内灌液及充氮,运行平稳。因灌装头固定,没有抖动和偏斜,故针管可相对加粗,减小流体压力,使消泡功能更好。②液体装量调节范围广。每只用于液体灌装的液体阀单独由计算机控制,计量精度可逐个调节,时间单位以毫秒为计量单位,灌装精度高。③液体通道无机械摩擦,不会产生异物并保证了可见异物检查合格。液体阀品质高,无残留液、无死角,保证了灌注液的质量。④该机不需拆卸,可用消毒液和注射用水实现在线清洗消毒,故又称不拆卸清洗灌装机。⑤灌装故障可在屏幕上显示。⑥更换规格、调整装量及充氮时简便,根据需要均可在触摸屏上直接设定或修改。

4. **漏斗式灌装机** 漏斗式灌装机灌装容积是利用时间和流量来控制计量。直线式输液灌装机主要用于灌装 500mL 输液剂。该机输送带的前后端分别安装有进瓶螺杆、进瓶拨盘与输瓶拨盘。通过进瓶螺杆输瓶器和进瓶拨盘共同将输液瓶输入灌装机,最后再采用出瓶拨盘将灌满药液的输液瓶输出灌装机。

漏斗式灌装机结构简单,与药液接触的零部件无相对运动,不产生摩擦,无微粒进入药液,保证了药液的纯度。此外,该机还装有无级变速器,生产能力可在 1200～3600 瓶/小时范围内任意调节,生产灵活性较大。

但该机计量准确度不易调控,其主要缺点是当遇到破损输液瓶时,机器无法停止灌装药液,既浪费药液,又污染机器。目前国内已趋于淘汰,很少使用。

5. **输液灌装机的检查与调整**

(1)灌装机在开机前,通常先校准灌装头与瓶口中心线一致;进、出瓶拨轮与灌装工位同步;输瓶机高度和灌装机工作台面高度一致,使瓶进出平稳。

(2)灌装机在变更输液瓶规格时,需更换进出瓶的螺杆输瓶器、进瓶拨轮及调整定位卡瓶及灌装头高度与输液瓶规格相配套。

(六)输液剂的封口设备

玻璃瓶输液剂的一般封口过程包括盖隔离膜、塞胶塞及轧铝盖三步。封口设备是与灌装机配套使用的设备,药液灌装后必须在洁净区内立即封口,免除药品的污染和氧化。必须在胶塞的外面再盖铝盖并轧紧,封口完毕。

目前,我国使用的胶塞有翻边型橡胶塞(符合国家标准 GB9890-88)和"T"型橡胶塞两种规格,多采用天然橡胶制成。为避免胶塞可能脱落微粒影响输液质量,在塞胶塞前需人工加盖薄膜,把胶塞与药液隔开。国家食品药品监督管理局规定,2004 年底前,一律停止使用天然橡胶塞,而使用合成橡胶塞。这样即省去了盖薄膜过程。铝盖(仅玻璃输液瓶用)应符合国家标准 GB5197-96。

封口设备由塞胶塞机、翻胶塞机、轧盖机构成,下面分别简述。

1. **塞胶塞机** 塞胶塞机主要用于"T"型胶塞对 A 型玻璃输液瓶封口,可自动完成输瓶、螺杆同步送瓶、理塞、送塞、塞塞等工序。该机设有无瓶不供塞、堆瓶自动停机装置。待故障消除后,机器可自动恢复正常运转。常见的设备如 SSJ-6 型塞塞机。

(1)工作原理 塞胶塞机是属于压力式封口机械。如图 12-27 所示。

灌好药液的玻璃输液瓶在输瓶轨道上经螺杆按设定的节距分隔开来。再经拨轮送入回转工作台的托盘上。"T"型橡胶塞在理塞料斗中经垂直振荡装置,沿螺旋形轨道送入水平轨道。水平振荡将胶塞送至扣塞头内的夹塞爪 3 上(机械手),夹塞爪 3 抓住"T"型塞

4,当玻璃瓶瓶托在凸轮作用下上升时,扣塞头下降套住瓶肩,密封圈5套住瓶肩形成密封区间,此时,真空泵向瓶内抽真空,真空吸孔1充满负压,玻璃瓶继续上升,同时夹塞爪3对准瓶口中心,在凸轮控制和瓶内真空的作用下,将塞插入瓶口,弹簧2始终压住密封圈接触瓶肩。在塞胶塞的同时加入抽真空,使瓶内形成负压,胶塞易于塞好。同时防止药液氧化变质。

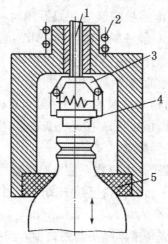

图 12-27 "T"型塞塞胶塞机扣塞头结构与工作原理示意图
1. 真空吸孔;2. 弹簧;3. 夹塞爪;4."T"型塞;5. 密封圈

(2)SSJ-6 型塞塞机的主要技术参数 见表 12-4。

2. 塞塞翻塞机 塞塞翻塞机主要用于翻边形胶塞对 B 型玻璃输液瓶进行封口,可自动完成输瓶、理塞、送塞、塞塞、翻塞等工序的工作。该机采用变频无级调速,并设有无瓶不送塞、不塞塞,瓶口无塞停机补塞,输送带上前缺瓶或后堆瓶自动停启,以及电机过载自动停车等全套自动保护装置。常用设备如 FS200 翻塞机。

表 12-4 SSJ-6 型塞塞机的主要技术参数

适用规格	50～500mL(输液瓶)
生产能力	1400～7200 瓶/h
主机功率	0.75kW 380V
输瓶功率	0.55kW 380V
外形尺寸	3600×1100×1600(mm)
机器净重	800kg

(1)工作原理 塞塞翻塞机由理塞振荡料斗、水平振荡输送装置和主机组成。理塞振荡料斗和水平振荡输送装置的结构原理与塞胶塞机的相同。主机由进瓶输瓶机、塞胶塞机构、翻胶塞机构、传动系统及控制柜等机构组成。主要介绍塞胶塞机构与翻胶塞机构。

①塞塞动作:图 12-28 所示为翻边胶塞的塞塞机构示意图。当装满药液的玻璃输液瓶经输送带进入拨瓶转盘时,在料斗内,胶塞经垂直振荡沿料斗螺旋轨道上升到水平轨道,再经水平振荡送入分塞装置,加塞头 5 插入胶塞的翻口时,真空吸孔 3 吸住胶塞对准瓶口时,加塞头 5 下压,杆上销钉 4 沿螺旋槽运动,塞头既有向瓶口压塞的功能,又有由真空加塞头模拟人手的动作,将胶塞旋转地塞入瓶口内,即模拟人手旋转胶塞向下按的动作。

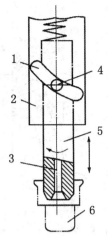

图 12-28 翻边胶塞的塞塞结构及
原理示意图
1. 螺旋槽；2. 轴套；3. 真空吸孔；
4. 销；5. 加塞头；6. 翻边胶塞

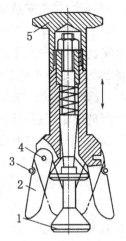

图 12-29 翻塞杆机构示意图
1. 芯杆；2. 爪子；3. 弹簧；
4. 铰链；5. 顶杆

②翻塞动作：胶塞塞入输液瓶口后，其翻塞动作由翻塞杆机构完成。如图 12-29 所示为翻塞杆机构示意图。塞好胶塞的输液瓶由拨瓶轮转送至翻塞杆机构下，整个翻塞机构随主轴作回转运动，翻塞杆在平面凸轮或圆柱凸轮轨道上作上下运动。玻璃输液瓶进入回转的托盘后，瓶颈由 V 形块或花盘定位，瓶口对准胶塞，翻塞杆沿凸轮槽下降，翻塞爪插入橡胶塞，翻塞芯杆由于下降距离的限制，抵住胶塞大头内径平面停止下降，而翻塞爪张开并继续向下运动，将胶塞翻边头翻下，并平整地将瓶口外表面包住，达到张开塞子翻口的作用。

要求翻塞杆机构翻塞效果好，且不损坏胶塞，普遍设计为五爪式翻塞机，爪子平时靠弹簧收拢。

(2)FS200 翻塞机的主要技术参数 见表 12-5。

表 12-5 FS200 翻塞机的主要技术参数

适用规格	100～500mL B 型玻璃输液瓶(GB2639-90 标准)
	18.5×23.5×31(mm)翻边胶塞(GB9890-80 标准)
生产能力	150～200 瓶/分钟
工作头数	16 个
功率	≤1.5kW
外形尺寸	2000×1613×1950(mm)
机器净重	2200kg

3. 玻璃输液瓶轧盖机 铝盖既有适用于翻边型橡胶塞，也有适用于"T"型橡胶塞的，近年来又开发了易拉盖式铝盖、铝塑复合盖，方便于医务人员操作。轧盖机适用于各种类型的铝盖。

目前,国内普遍使用的单头间歇式玻璃输液瓶轧盖机由振动落盖装置、撅盖头、轧盖头及无级变速器等机构组成。机电一体化水平高,具有一机多能、结构紧凑、效率高等优点。常用设备如 FGL1 单头扎盖机。

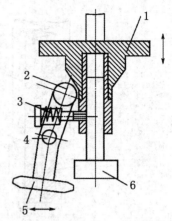

图 12-30　轧盖机轧头结构示意图
1. 凸轮收口座；2. 滚轮；3. 弹簧；
4. 转销；5. 轧刀；6. 压瓶头

(1)工作原理　工艺流程为:理盖→输瓶→取盖→落盖→压盖→轧盖。当玻璃输液瓶由输瓶机送入拨盘时,拨盘作间歇运动,每运动一个工位经电磁振荡输送依次完成整理铝盖、挂铝盖、轧盖等功能。图 12-30 所示为轧盖机轧头结构示意图。轧头沿主轴旋转,在凸轮作用下,上下运动。轧头上设有三把轧刀 5(图中只绘出一把),呈正三角形布置。轧刀 5 收紧由凸轮控制。三把轧刀均能自行以转销 4 为轴进行转动,轧刀 5 的旋转是由专门的一组皮带变速机构来实现的,且轧刀的位置和转速均可调。轧盖时,瓶子不转动,轧刀 5 绕瓶旋转,压瓶头 6 抵住铝盖平面,凸轮收口座 1 继续下降,滚轮 2 沿斜面运动使三把轧刀向铝盖下沿收紧并滚压,即起到轧紧铝盖作用。轧盖过程中,拨盘对玻璃输液瓶粗定位和轧头上的压盖头准确定位相结合,保证轧盖质量。

(2)FGL1 单头轧盖机的主要技术参数　见表 12-6。

表 12-6　FGL1 单头轧盖机的主要技术参数

适用规格	100～500mL 玻璃输液瓶(GB2639-90)
	铝盖(GB5197-96)、铝塑复合盖、易拉盖
生产能力	10～40 瓶/分钟
功率	0.75kW 380V 50Hz
外形尺寸	2490×1200×1700(mm)
机器净重	800kg

4. 封口设备的调整

(1)规格调整　更换输液瓶规格时,需要更换拨瓶盘、输瓶螺杆等配件,并调整瓶颈定位块和输瓶栏杆位置与相应规格的输液瓶配套。

(2)产量调整　通过对设备调速,调整产量。常采用变频调速和无级变速的方式。后者用变径皮带轮组实现,其结构简单、成本低廉、易于操作维修,但调节范围和灵敏度与前者差距较大,多用于一般调速。

(七)输液瓶贴签机

输液瓶贴签机(湿胶式)主要由压瓶转盘、压瓶轨道、拨盘、上胶盘、签槽、吸签手、贴签轨道等部件组成。常用设备如 GZT20/1000 型高速贴签机。

(1)工作程序　输瓶→涂胶→取签→印批号→贴标签。

(2)性能特点

①采用变频调速,配有光电自控系统,堆瓶、缺瓶能自动停机。

②设有无瓶不递签、不涂浆、不贴签等保护装置。

(3)工作原理 瓶签由吸签手用真空方式从签槽内吸出,并送到吸签轮处,此时吸签手真空关闭,而吸签轮的真空打开,瓶签被反向吸在吸签轮上六个真空吸孔处,并随之转运,胶水轮依靠海绵的作用将胶水涂在瓶签的反面,胶水量可由胶水刮片调节,随着 O 形三角胶带的运动,使一旁用海绵墙板受力的瓶子旋转,当瓶子旋转到位时,使标签纸也相应旋贴在瓶上并压紧粘牢,吸签轮真空泵随之关闭。

(八)玻璃瓶大输液生产联动线

目前,国内在大输液生产中,常采用生产联动线。其具有生产速度高、灌装精度准、性能稳定、运行平稳、机电一体化程度高及产品质量可靠等特点。图 12-31 为我国较为常见的玻璃瓶大输液生产线。常用的生产联动线如 BSX200 玻璃瓶大输液生产联动线,它是由 JP200 进瓶机、WX200 外洗机、CX200 粗洗机、JX200 精洗机、GZ200 灌装机、FS200 翻塞机、ZG200 轧盖机等单机组成,由 S-200 输瓶机连接。

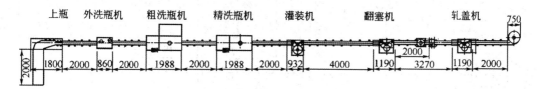

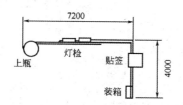

图 12-31 玻璃瓶大输液生产线示意图

BSX200 玻璃瓶大输液生产联动线的主要技术参数,见表 12-7。

表 12-7 BSX200 玻璃瓶大输液生产联动线的主要技术参数

生产规格	100～500mL 玻璃输液瓶
生产能力	200 瓶/分钟(按 500mL 玻璃瓶计)
工作台面高度	800～850mm
总功率	12kW
最小直线配置长度	38m

二、最终灭菌大容量注射剂塑料瓶生产工艺流程及生产设备

最终灭菌大容量注射剂塑料瓶生产工艺流程与环境区域划分示意图见图 12-32。

目前,国内外大多数制药企业已采用塑料容器灌装输液产品。如聚丙烯塑料瓶可耐水耐腐蚀,具有无毒、质轻、耐热性好、机械强度高、化学稳定性强的特点,运输方便、不易破损,可以热压灭菌。此外由于塑料输液瓶为一次性使用容器,且其制备均是在灌装工序之前,省去了用水洗瓶这一步工序。使用无菌压缩空气的塑料吹塑机将瓶子直接吹制成型,计量装置即将规定容量的液体灌入瓶内,紧接着将瓶口封住。这样的生产流水线体积小,配合紧凑,完全符合 GMP 要求,进一步确保了输液剂产品的质量,并且大大地降低了能耗,对环境起到保护作用。但是在临床的使用过程中也常常发生一些问题值得研究,如湿气和空气可穿透塑料容器,影响贮存期的质量等。目前大容量注射剂塑料瓶的应用发展迅速,应用较多,且主要为塑料瓶联动机组,下面简要介绍 KGGF32/24 型塑料瓶洗灌封联动机组。

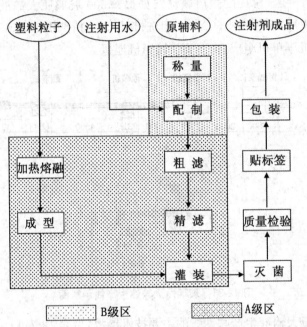

图 12-32　最终灭菌大容量注射剂塑料瓶生产工艺流程

KGGF32/24 型塑料瓶大输液洗灌封联动机为塑料瓶大输液生产中洗瓶、灌装、焊盖三个工位合为一体的包装机。洗、灌、封三工位均采用主体旋转形式,整机采用机械手夹持瓶颈定位并交接,绝不擦伤瓶身及瓶底,既提高了生产效率,又保证了输液生产质量。

1. 工作原理　全机由进瓶机构、出瓶轨道、机架传动部件、洗瓶部件、灌装部件、焊盖部件、交接部件、理盖部件、送盖部件、拔盖部件、加热部件、机架外罩及电器控制系统等主要部分组成。

(1)洗瓶部分　经吹瓶机出来的合格塑料瓶,通过传动链条上的机械手输送到洗瓶部位的机械手上夹住瓶颈后将塑料瓶翻转180°使瓶口朝下进行洗瓶。洗瓶喷针配置有独立

的离子发生装置,喷针在上升凸轮的引导下插进瓶内并将瓶口密封,喷针顶部产生的离子由洁净压缩空气吹入瓶内,以消除瓶内的静电,同时将瓶内已消除静电的塑料微粒及其他杂物吹动,使其漂浮在瓶内的空间,喷针底部配置的真空装置,将悬浮在空间的微粒及杂物吸入到密封的储罐内。喷针自插入瓶内起,一直跟踪塑料瓶同步运动,直到离开塑料瓶,保证了塑料瓶有足够的清洗时间。喷针离开瓶内后,机械手再将塑料瓶翻转180°使其瓶口朝上并输送到灌装部位。

（2）灌装部分　塑料瓶的输液灌装方式有两种,一种为分步法,即从塑料颗粒处理开始,通过采用吹塑或注塑、注拉吹、挤拉吹等方式,先制成塑料空瓶,再将制出的空瓶经过整形处理、去除静电。采用高压净化空气吹净之后,灌装药液,最后封口。药液灌装方式与玻璃瓶相似。另一种为一步法,即从塑料颗粒处理开始,将制瓶、灌装、封口三道工序合并在一台机器上完成,即吹塑机将塑料粒料吹塑成型,制成空瓶后,立即在同一模具内进行灌装和封口,然后脱模出瓶。该法生产污染环节少,厂房占地面积小,运行费用较低,设备自动化程度高,能够在线清洗灭菌,没有存瓶、洗瓶等工序。

本机将气洗完毕的塑料瓶,由机械手传递到灌装部位,灌装嘴跟踪塑料瓶实施灌装。灌装部位的上部配置有一个药液分配罐。来自车间高位槽的药液通过分配罐顶部的电磁阀流入罐内,达到设定的液面高度后,主机开始运转进行灌装程序。灌装计量由一个机械凸轮和机械手控制,每个灌装头的灌装时间绝对一致,从而保证计量一致。机械计量凸轮由上下两层组成,上面一层是活动的,可围绕中心旋转移动,根据灌装量的大小移动到合适的位置。在正常状态下,由高位槽进入罐内的药液与罐内流入各个瓶子药液的总和相等,罐内液面始终不会变化。当灌装喷管的下部缺瓶时,安装在该喷管上部的电磁阀关闭,将药液切断,实现无瓶不灌装的功能。由于无瓶不灌装使得流入罐内的药液大于罐内流入瓶内的药液造成罐内液面升高,到一定位置时（这一位置过高将影响计量精度）,安装在罐侧的液位控制装置将发出指令到罐上部的电磁阀,使其自动关闭（或关小）。等液面降到设定高度后再自动开启（或开大）,从而保证了灌装程序的有效运转。

（3）焊盖部分　该部分主要用于塑料瓶输液生产过程中药液灌装后输液药瓶的焊盖封口。采用双层加热板进行非接触热熔式焊盖封口。

灌药后的瓶子经出瓶机构、交接部件、焊盖进瓶机构进入焊盖部位,机械手夹住瓶颈,同时瓶盖由理盖斗整理、供送至输盖轨道。焊盖进瓶处设置有瓶身振动扶正装置,以利于焊盖和排气。当进瓶机构处光电开光感应瓶子时,输盖轨道末端挡盖气缸推出,瓶盖往前进入取盖机构,拨盖盘拨出瓶盖,运行至交接处时,取盖头沿凸轮曲线下行抓取瓶盖。几乎在挡盖气缸推出的同时,加热机构的推进气缸推出,加热机构将瓶盖与瓶口端面同时加热熔化成糊状,然后取盖头再沿凸轮曲线下行将瓶盖与瓶口压合熔焊在一起。在压合之前,根据实际生产工艺之要求,可调节排气机构以排出瓶内的适量空气再进行压合熔焊,以保证后续工序的质量。之后取盖头沿凸轮曲线上行脱离,焊盖后的瓶子经出瓶机构送入出瓶轨道,进入灭菌工序。

2. 性能特点

（1）结构紧凑,安装简捷,操作简单,自动化程度高,操作人员减少,生产效率高。生产线长度大为缩短,节省空间。

(2)既适用于普通塑料输液瓶又适用于直立式软袋。

(3)由于采用机械手夹持瓶颈定位交接,绝不擦伤瓶身及瓶底且规格调整极为方便。更换规格时只需更换少数几件规格件。

(4)采用独特的离子气加真空跟踪洗瓶方式,大大节约了能耗,保证了洗瓶的洁净度。

(5)焊盖封口系统采用上下双层加热板,加热温度分别控制,以适应瓶口和瓶盖熔封时的不同温度要求,并采用可调式机械手夹持瓶颈定位,独特的取盖簧抓盖,对中准确。瓶口熔封处支承面积大,受力均匀,刚性好,定位精确,最大限度降低焊盖熔封时"错位"的可能性,可靠地保证了封口后的质量。

(6)可延长、选择加热及压合时间,以适应不同生产速度熔封要求。特别是对各加热片发热功率的一致性没有要求,很容易地保证封口质量。

(7)加热片发热后变形小,加热片安装高度随需要可调节,易保证同瓶口、瓶盖之间的最小间隙,提高热效率。

(8)封口前配置了瓶口吹干装置和瓶身振动扶正装置,以便于焊盖,并具有焊盖时瓶内排气装置,排气量可调节。

(9)自动化程度高。具有缺瓶不送盖、无瓶或无盖不加热等功能。

第十三章 药品包装机械设备

包装(packaging)系指为了在流通过程中保护产品、方便贮运、促进销售,按一定技术方法采用的容器、材料及辅料的总称;亦指为了达到以上目的而在采用容器、材料和辅助物的过程中,施加一定技术方法等的操作活动。药品包装(medicine packaging)系指选用适宜的包装材料或容器,利用一定技术对药物制剂的成品进行分、灌、封、贴等加工过程的总称,是药品生产过程中的重要环节。药品包装要求其成品制剂必须采用适当的材料、容器进行包装,从而在运输、保管、装卸、供应和销售过程中均能保护药品的质量,最终实现临床疗效的目的。

第一节 包装分类与功能

药品的包装涵盖两个方面:一是指包装药品所用的物料、容器及辅助物;二是指包装药品时的操作过程,它包括包装方法和包装技术。但是需要特别指出的是,因为无菌灌装操作是将待包装品灌至初级容器中,并不进行最后的包装,因此一般来说无菌灌装操作通常不认为是包装工艺的一部分。

一、包装的分类

药品的包装按不同剂型采用不同的包装材料、容器和包装形态。药品包装的类型很多,根据不同工作的具体需要可进行不同的类型划分。

1. **按药品使用对象分类** 医疗用包装;市场销售用包装;工业用包装。
2. **按使用方法分类** 单位包装,将一次用量药品进行包装;批量包装。
3. **按包装形态分类** 铝塑泡罩包装;玻璃瓶包装;软管;袋装等。
4. **按提供药品方式分类** 临床用药品;制剂样品;销售用药品等。
5. **按包装层次及次序分类** 内包;中包;大包。
6. **按包装材料分类** 纸质材料包装;塑料包装;玻璃容器包装;金属容器包装等。
7. **按包装技术分类** 防潮包装;避光包装;灭菌包装;真空包装;充惰性气体包装;收缩包装;热成型包装;防盗包装等。
8. **按包装方法分类** 充填法包装;灌装法包装;裹包法包装;封口包装。

二、包装的功能

药品包装是药品生产的延续,是对药品施加的最后一道工序。一个药品,从原料、中间体、成品、包装到使用,一般要经过生产和流通两个领域。在整个转化过程中,药品包装起到了桥梁的作用。药品包装作用可概括为保护、使用、流通和销售四大功能。

1. **保护功能** 包装材料的保护功能是防止药品变质的重要因素,合适的药品包装对于药品的质量起到关键性的保护作用,其主要表现在三个方面,稳定性、机械性和防替换性。

(1)稳定性 药品包装必须保证药品在整个有效期内药效的稳定性,防止有效期内药品变质。

(2)机械性 防止药品运输、贮存过程中受到破坏。药品运输和贮存过程中难免受到堆压、冲击、振动,可能造成药品的破坏和散失。要求外包装应当具有一定的机械强度,起到防震、耐压的作用。

(3)防替换性 是采用具有识别标志或结构的一种包装,如采用封口、封堵、封条或使用防盗盖、瓶盖套等,总之采用那些一旦开启后就无法恢复原样的包装设计来达到防止人为故意替换药品的目的。

2. **使用功能** 包装不仅要做到可供消费者方便使用,更要做到让消费者安全使用,尤其是针对儿童使用的包装设计,一定要避免在包装上使用带有尖刺或锋利的薄边、细环等不恰当设计。

3. **流通功能** 药品的包装必须保证药品从生产企业经由贮运、装卸、批发、销售到消费者手里的流通全过程,均能符合其出厂标准。如以方便贮运为目的的集合包装、运输包装,以方便销售为目的的销售包装,以保护药品为目的的防震包装、隔热包装等。

4. **销售功能** 药品包装是吸引消费者购买的最好媒介,其消费功能是通过药品包装的装潢设计来体现的。因此,药品包装不仅是传递信息的媒介,更是一种商业手段。特别是醒目的包装,能使患者产生信任感,从而起到促进销售作用。例如,有的包装采用特殊颜色的瓶子,有的包装采用仿古包装,有的包装采用特制容器等。

5. **药品包装的标示功能** 药品包装应具有在药品分类、运输、贮存和临床使用时便于识别和防止差错的功能。因此,剧毒、易燃、易爆、外用等药品的包装上,一般除印有品名、装量等常规标识外,还应印有特殊的安全标志和防伪标志。

第二节 包装材料

常用的包装材料和容器按照其成分可划分为塑料、玻璃、橡胶、金属及复合材料五类。按照所使用的形状可分为容器、片、膜、袋、塞、盖及辅助用途等类型。药品包装容器按密封性能可分为密闭容器、气密容器及密封容器三类。

一、玻璃容器

药用玻璃是玻璃制品的一个重要组成部分。国际标准 ISO12775-1997 规定药用玻璃主要有三类:国际中性玻璃、3.3 硼硅玻璃和钠钙玻璃。我国将玻璃分为十一大类,药用玻璃按照制造工艺过程属于瓶罐玻璃类,按照性能及用途分类属于仪器玻璃类。玻璃容器按照制造方法分为模制瓶和管制瓶两大类。

1. **药用玻璃容器选择原则** 各类不同剂型的药品对药用玻璃的选择应遵循:①具有良好的化学稳定性,保证药品在有效期内不受到玻璃化学性质的影响。②具有良好适宜的抗温度急变性,以适应药品的灭菌、冷冻、高温干燥等工艺。③具有良好的稳定的规格尺寸,具有良好的机械强度。④适宜的避光性能。⑤良好的外观和透明度。⑥其他,如经济性、配套性等。

2. **药用玻璃成型工艺** 玻璃的成型是指熔融的玻璃液转变为具有固定几何形状的过程。制备工艺分为两个阶段,第一阶段为赋形阶段,第二阶段为固形阶段。玻璃瓶按照成型工艺的不同,分为玻璃管、模制瓶、安瓿和管制瓶三类。

(1)玻璃管 是一种半成品,可采用水平拉制和垂直拉管工艺制备。

(2)模制瓶 模制瓶系指在玻璃模具中成型的产品。成型方式分为"吹-吹法"和"压-吹法"两类。一般小规格瓶和小口瓶采用"吹-吹法";大规格瓶和大口瓶,因体积较大,需要在初型模中用金属冲头压制成瓶子的雏形,再在成型模中吹制,故采用"压-吹法"。

(3)安瓿和管制瓶 二者的工艺类似,均需要对所需要的玻璃管进行二次加工成型,采用火焰对玻璃管进行切割、拉丝、烤口、封底和成型。

二、高分子材料

高分子材料通常指以无毒的高分子聚合物为主要原料,采用先进的成型工艺和设备生产的各种药用包装材料,广泛地应用于制药行业,如聚氯乙烯(PVC,polyvinyl chloride)、聚酯(PET,polyester)、聚丙烯(PP,polypropylene)、聚乙烯(PE,polyethylene)、聚偏二氯乙烯(PVDC,polyvinylidene chloride)等。

聚氯乙烯(PVC):清澈透明、坚硬可塑型,并有较大的硬度及优良的阻隔氧气的性能,特别适合油类、挥发或不挥发的醇类、油溶剂的药品。

聚酯(PET):阻隔性、透明性、耐菌性、耐寒性较好,加工适应性较好,毒性小,有利于药品保护、保存。

聚丙烯(PP):透明性良,阻隔性好,无毒性,良好的加工适应性,可以回收再利用。

聚乙烯(PE):阻隔性好,透明性良,无毒性,加工适应性较好,可以回收再利用。

聚偏二氯乙烯(PVDC):高分子量,密度大,结构规整,优异的阻湿能力,良好的耐油、耐药品和耐溶剂性能,尤其是对空气中的氧气、水蒸气、二氧化碳气体具有优异的阻隔性能,封口性能,抗冲击、抗拉。在厚度相同的情况下,PVDC 对氧气的阻隔性能是 PE 的 1500 倍,是 PP 的 100 倍,是 PET 的 100 倍。

目前,高分子材料包装容器的主要生产设备是美国 IB506-3V 制瓶机。该机有注射、吹塑、脱瓶三个工位。全程工艺均由数字操控,且精度极高,如注射时间可从 0.1 秒到 9.9 秒任意选择和设置,生产循环周期可在 10～20 秒内设定和调节,精度可达±0.1 秒,温度可在 0～300℃,精度±0.1℃。设备采用垂直螺杆,注、吹、脱一步成型,成品光电检验,与输送机联动,实现火焰处理、自动计数、变位落瓶组成高效自动流水线,适用多种高分子聚合物的大批量、小容量、高质量的药用塑料瓶的生产。

三、金属材料

包装用金属材料常用的有铁质包装材料、铝质包装材料。容器形式多为桶、罐、管、筒等。

铁:分为镀锡薄钢板、镀锌薄钢板等。镀锡板俗称马口铁,为避免金属进入药品中,容器内壁常涂一层保护层,多用于药品包装盒、罐等。镀锌板俗称白铁皮,是将基材浸镀而成,多用于盛装溶剂的大桶等。

铝:铝由于易于压延和冲拔,可制成更多形状的容器,广泛应用于铝管、铝塑泡罩包装与双铝箔包装等。是应用最多的金属材料。

药用铝管设备包括冲挤机、修饰机、退火炉或清洗机、内涂机、固化炉、底涂机、印刷机、上光机、烘箱、盖帽机、尾涂机。组成的生产线又分为自动线和半自动线两种,目前国外以高速全自动生产线为主,速度可达到 150～180 支/分钟,国产一般 50～60 支/分钟。从帽盖机或硬质铝管收口机开始包括尾涂机和包装必须在净化环境中生产,一般为 10 万级环境。

四、纸质材料

包装是药品形象的重要组成部分,药品的外包装应当与内在品质一致,应追求包装给药品所带来的附加值。尤其是外包装纸特别重要,很难想象外包装纸张质量低劣,印刷粗糙的药品能给人良好的第一印象。现在医药企业一般都采用全自动包装生产线,质量低劣的纸板因挺度不高,自动装盒时会对开盒率造成影响,降低生产速度。很多全自动生产线上都带有自动称重复检程序,低质纸板质量不稳定,克重偏差大,检测系统有可能会误认为药品漏装或少装,而把已经包装好的药物剔除,给企业带来浪费。所以优质的纸材料是制药企业的第一选择。

纸是使用最广泛的药用包装材质,可用于内、中、外包装。目前用于药品包装盒的纸板,主要有以新鲜木浆为原料的白卡纸、以回收纸浆为原料的白底白板纸和灰底白板纸。

白卡纸市场上主要分为白芯白卡纸(SBS)和黄芯白卡纸(FBB)两种。SBS 以漂白化学浆为原料,结构为两层或三层,特点是白度较高,但同等克重纸板的挺度和厚度一般,印刷面积相对较小;FBB 以漂白化学浆作为纸板的表层和底层,而以机械浆或热敏漂白化学机械浆为原料构成中间层,形成三层结构的纸板。可见在同等克重的条件下,FBB 型白板纸厚度高,挺度高,模切和折痕效果高,单位重量的印刷面积大。

五、复合膜材

复合膜是指由各种塑料与纸、金属或其他材料通过层合挤出贴面、共挤塑料等工艺技术将基材结合一起形成的多层结构的膜。其具有防尘、防污、隔阻气体、保持香味、防紫外线等功能。

任何一种包装材料均不能达到以上功能,而将其复合后,则基本上可以满足药品包装所需的各种要求。但是复合膜同时也有难以回收、易造成污染的缺点。

复合膜的表示方法为:表层/印刷层/黏合层/铝箔/黏合内层(热封层)。典型复合材料结构与特点见表13-1。

表 13-1 典型复合材料结构与特点

	典型结构	生产工艺	产品特点
普通复合膜	PET/DL/Al/PE 或 PET/AD/PE/Al/DL/PE	干法复合法或先挤后干复合法	良好的印刷适应性,气体、水分阻隔性好
条状易撕包装	PT/AD/PE/Al/AD/PE	挤出复合	良好的易撕性,气体、水分阻隔性,降解性等
纸铝塑包装	纸/PE/Al/AD/PE	挤出复合	良好的印刷性,具有较好的挺度,气体、水分阻隔性,降解性等
高温蒸煮膜	BOPA/CPP 或 PET/CPP PET/Al/CPP 或 PET/Al/NY/CPP	干法复合	基本能杀死包装内所有细菌,可常温放置,无须冷藏,具有较好的挺度,气体、水分阻隔性,耐高温,良好的印刷性

* PET(聚酯);DL(干法复合);Al(铝);AD(黏合剂);PT(PT-纤维素);BOPA(双轴取向聚酰胺尼龙膜);CPP(流延聚丙烯);NY。

第三节 包装机械

包装机械在国标 GB/T 4122-1996 中被定义为完成全部或部分包装过程的机器,包装过程包括充填、裹包、封口等主要包装工序,以及与其相关的前后工序,如清洗、堆码和拆卸等。下面就包装机械的分类、基本结构及具体的设备类型分别加以叙述。

一、包装机械分类

包装机械通常按如下方法来进行分类,由于不同的分类,派生出了各种不同的设备特点和使用注意事项等各异的特征。

1. **按包装机械的自动化程度分类** 全自动包装机,是指能够自动提供包装材料和内容物,并能自动完成其他包装工序的机器;半自动包装机,是指包装材料和内容物的供送必须由人工完成,机器可自动完成其他包装工序的机器;手动包装机,是指由人工供送包装材料和内容物,并通过手动操作机器完成包装工序的机器。

2. **按包装产品的类型分类** 专用包装机,是专门用于包装某一种产品的机器;多用包装机,可以包装两种或两种以上同一类型药品,一般是通过调整或更换有关工作部件,实现多品种包装的机器。如同一种片剂但直径大小不同。通用包装机,是指在指定范围内适用于包装两种或两种以上不同类型药品的机器。

3. 按包装机械的功能分类 包装机械又可分为充填机械、灌装机械、裹包机械、封口机械、贴标机械、清洗机械、干燥机械、杀菌机械、捆扎机械、集装机械、多功能机械、辅助包装机械等。

二、包装机械的基本结构

无论何种包装机械,大体组成基本一致,都是由七个主要部分构成,它们是计量与供送装置系统、整料与供送系统、物料传送系统、包装执行机构、输出机构、机械控制系统和动力传输系统。

1. 药品的计量与供送装置,指对被包装的药品进行计量、整理、排列,并输送到预定工位的装置系统。

2. 包装材料的整理与供送系统,指将包装材料进行定长切断或整理排列,并逐个输送至锁定工位的装置系统。

3. 主传送系统,指将被包装药品和包装材料由一个包装工位顺序传送到下一个包装工位的装置系统。

4. 包装执行机构,指直接进行裹包、充填、封口、贴标、捆扎和容器成型等包装操作的机构。

5. 成品输出机构,将包装成品从包装机上卸下、定向排列并输出的机构。

6. 控制系统,由各种自动和手动控制装置等组成。它包括包装过程及其参数的控制、包装质量、故障与安全的控制等。

7. 动力传动系统与机身等。

三、制袋装填包装机

制袋成型充填封口包装系指将卷筒状的挠性包装材料制成袋,充填物料后,进行封口切断。常用于包装颗粒冲剂、片剂、粉状以及流体和半流体物料。工艺流程为直接用卷筒状的热封包装材料,自动完成制袋、计量和充填、排气或充气、封口和切断。

制袋装填包装机广泛用于片剂、冲剂、粉剂等生产包装中。按包装机的外形不同,可分为立式和卧式两大类;按制袋的运动形式不同,可分为间歇式和连续式两大类。立式自动制袋装填包装机又包括立式间歇制袋中缝封口包装机、立式连续制袋三边封口包装机、立式双卷膜制袋、立式单卷膜、立式分切对合成型制袋四边封口包装机等。下面就以立式连续制袋装填包装机为例介绍该设备的原理及使用情况。

1. 立式连续制袋装填包装机的结构 立式连续制袋装填包装机整机包括七大部分:传送系统、膜供送系统、袋成型系统、纵封装置、横封及切断装置、物料供给装置以及电控检测系统,设备结构如图 13-1 所示。

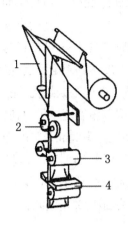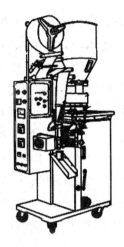

图 13-1 立式连续制袋装填包装机结构示意图

1. 制袋成型器；2. 纵封滚轮；3. 横封滚轮；4. 切刀

2. 立式连续制袋装填包装机的机械原理 立式连续制袋装填包装机机箱内安装有动力装置及传动系统，驱动纵封滚轮和横封辊转动，同时传送动力给定量供料器使其工作供料。卷筒薄膜在牵引力作用下，薄膜展开经导向辊（用于薄膜张紧平整以及纠偏），平展输送至制袋成型器。

（1）制袋成型器 使薄膜平展逐渐形成袋型，其设计形式多样，如三角形成型器、U 形成型器、缺口平板式成型器、翻领式成型器、象鼻式成型器等。

（2）纵封装置 依靠一对相对旋转的、带有圆周滚花的、内装加热元件的纵封滚轮的作用相互压紧封合。后利用横封滚轮进行横封，再经切断等工序即可。

（3）纵封滚轮作用 ①对薄膜进行牵引输送。②对薄膜成型后的对接纵边进行热封合。这两个作用是同时进行的。

（4）横封滚轮作用 ①对薄膜进行横向热封合，横封辊旋转一周进行一至两次的封合动作（即当封辊上对称加工有两个封合面时，旋转一周，两辊相互压合两次）。②切断包装袋，这是在热封合的同时完成的。在两个横封辊的封合面中间，分别装嵌有刀刃及刀板，在两辊压合热封时能轻易地切断薄膜。在一些机型中，横封和切断是分开的，即在横封辊下另外配置有切断刀，包装袋先横封再进入切断刀分割。

（5）物料供料器 均为定量供料器。①粉状及颗粒物料，采用量杯式定容计量。②片剂、胶囊可用计数器进行计数。③量杯容积可调，多为转盘式结构，内由多个圆周分布的量杯计量，并自动定位漏底，靠物料自重下落，充填到袋形的薄膜管内。

（6）其他 ①电控检测系统，可以按需要设置纵封温度、横封温度以及对印刷薄膜设定色标检测数据等。②印刷、色标检测、打批号、加温、纵封和横封切断。③防空转机构（在无充填物料时薄膜不供给）。

3. 立式连续制袋装填包装机封口不牢原因排查 ①检查热封加热器的力度大小。热温度偏低或封口时间偏短，此时应检查和调整相应加热器的热封温度或封口时间。②检查封口器的表面是否出现凹凸不平，此时应仔细修整封口器表面，或及时更换封口器。③考虑是否是颗粒中粉末含量高,使袋子的表面因静电黏附粉尘而不能封合,可筛除颗粒中粉末或采用静电消除装置消除静电。

4. 立式连续制袋装填包装机的操作规程　①接通电源开关,纵封辊与横封辊加热器通电加热。②旋转温度调整按钮,调整纵封辊和横封辊的温度达到规定温度,依据不同的包材温度适当调整,一般为100℃~110℃之间。③将薄膜沿导入槽送至纵封辊,注意两端对齐,空袋前进的同时注意观察包材是否黏合牢固,并根据实际情况调整温度。④启动机器手动按钮,将薄膜送进横封辊,注意薄膜的光点位于横封热合中间,将光电头对准薄膜的光点后接通光电面板电源开关。⑤开启裁刀、转盘的按钮,调整供料时间。⑥将制剂装入装料斗,开启机器试机。注意调节封口温度及批号号码。⑦试运行正常,装量合格,可正式包装。⑧包装完毕开始停机,先切断转盘离合器,切断切刀离合器,关闭电机开关,最后关闭电源。

四、泡罩包装机

以泡罩包装机为代表的热成型包装机是目前应用最广的药用包装设备。热成型包装机是指在加热条件下,对热塑性片状包装材料进行深冲形成包装容器,然后进行充填和封口的机器。在热成型包装机上能分别完成包装容器的热成型、包装物料的定量和充填以及包装封口、裁切、修整等工序。热成型是包装的关键工序,此工序中片材历经加热、深拉成型、冷却、定型并脱模,成为包装物品的装填容器。热成型包装的形式多样,一般制药业较常用的方式有托盘包装、软膜预成型包装、泡罩包装。目前制药业应用最广泛的包装形式为泡罩包装。

1. 泡罩包装的结构形式　泡罩包装(PTP,press through packaging)是将一定数量的药品单独封合的包装。底面均采用具有足够硬度的某种材质的硬片,如可以加热成型的聚氯乙烯胶片,或可以冷压成型的铝箔等。上面是盖上一层表面涂敷有热熔黏合剂的铝箔,并与下面的硬片封合构成密封的包装。泡罩包装使用时,只需用力压下泡罩,药片便可穿破铝箔而出,故又称其为穿透包装;又因为其外形像一个个水泡,又被俗称为水泡眼包装。

2. 泡罩包装的材料　目前市场上最常见的为铝塑泡罩包装。因其具有的独特泡罩结构,包装后的成品可使药品互相隔离,即使在运输过程中药品之间也不会发生碰撞。又因为其包装板块尺寸小方便携带和服用,且只有在服用前才需打开最后包装,可有效地增加安全感和减少患者用药时细菌污染。此外,还可根据需要,在板块表面印刷与产品有关的文字,以防止用药混乱等多项优点,因此深受消费者欢迎。

常见的板块规格有:35mm × 10mm;48mm × 110mm;64mm × 100mm;78mm × 56.5mm 等。但每个板块上药品的粒数和排列,可根据板块的尺寸、药片的尺寸和服用量来决定,甚至取决于制药企业的特殊需求。

一般说来每板块排列的泡罩数大多为:10、12、20 粒,在每个泡罩中药片数一般为 1 粒。当然制药企业可根据临床应用需要,在每个泡罩中放入一次性的用量,如 2~3 片,甚至更多。

(1)硬片　作为泡罩包装用的硬质材料主要为塑料片材,包括纤维素、聚苯乙烯和乙烯树脂,以及聚氯乙烯、聚偏二氯乙烯、聚酯等。

目前最常用的是硬质(无毒)聚氯乙烯薄片,因其用于药品和食品包装,故其成产时对所用树脂原料的要求较高,不仅要求硬质聚氯乙烯薄片透明度和光泽感好,还有严格的卫生要求,如必须使用无毒聚氯乙烯树脂、无毒改性剂和无毒热稳定剂。

聚氯乙烯薄片厚度一般为 0.25~0.35mm,因其质地较厚、硬度较高,故常称其为硬膜。因为泡罩包装成型后的坚挺性取决于硬膜本身,所以其硬模的厚度亦是影响包装质量的关键因素。

除聚氯乙烯薄片外,常用泡罩包装用复合塑料硬片还有 PVC/PVDC/PE,PVDC/PVC,PVC/PE 等。若包装对阻隔性和避光性有特别要求,还可采用塑料薄片与铝箔复合的材料,如 PET/Al/PP、PET/Al/PE 的复合材料。

(2)铝箔　铝箔通常有四类,分别为触破式铝箔、剥开式铝箔、剥开-触破式铝箔、防伪铝箔。

1)可触破式铝箔:是应用最广泛的覆盖铝箔,其表面带有 0.02mm 厚的涂层,由纯度99%的电解铝压延而制成。

铝箔是目前泡罩包装唯一首选的金属材料,尤其在我国,在药品包装方面使用的泡罩包装铝箔,只有可触破式铝箔这一种形式。其具有三大优点:①压延性好,可制得最薄、密封性又好的包裹材料。②高度致密的金属晶体结构,无毒无味,有优良的遮光性,有极高的防潮性、阻气性和保味性,能最有效地保护被包装物。③铝箔光亮美观,极薄,稍锋利的锐物可轻易将其撕破。

可触破式铝箔可以是硬质也可以是软质,厚度一般从 0.015mm 到 0.030mm,其基本结构为保护层/铝箔/热封层。可以和聚氯乙烯(PVC)、聚丙烯(PP)、聚对苯二甲酸乙二醇酯(PET)、聚苯乙烯(PS)和聚乙烯(PE)以及其他复合材料等封合覆盖泡罩,具有非常好的气密性。

2)剥开式铝箔:剥开式铝箔气密性与触破式铝箔基本一样,区别在于其与底材的热封强度不是太高,易于揭开,此外它只能使用软质铝箔制造的复合材料,而不能使用硬质材料。其基本结构为纸/PET/Al/热封胶层;PET/Al/热封层;纸/Al/热封层等,其热封强度没有最低值要求,适合于儿童安全包装以及那些怕受压力的包装物品。

3)剥开-触破式铝箔:这种包装主要用于儿童安全保护,同时也便于老人的开启。开启的方式是先剥开铝箔上的 PET 或纸/PET 复合膜,然后触破铝箔取得药品,其基本结构为纸/PET/特种胶/Al/热封层,PET/特种胶/Al/热封层,美国和德国的泡罩包装大多要求采用这种铝箔,用于儿童安全包装。

4)防伪铝箔:防伪铝箔除了对位定位双面套印铝箔外,还在铝箔表面进行了特殊的印刷、涂布和转移了特殊物质,或者其铝箔本身经机械加工而制成特殊形式的泡罩包装铝箔,从而达到防伪目的,故称为防伪铝箔。防伪铝箔总体可分油墨印刷防伪、激光全息防伪、标贴防伪和版式防伪等,通过防伪铝箔的使用,可使药厂的利益得到一定的保护。但是目前我国药厂使用极少,是未来泡罩包装的发展方向。

3. **药用铝塑泡罩包装机工艺流程**　泡罩包装可根据其所采用的材料不同,分为铝塑泡罩包装、铝泡罩包装两类。药用铝塑泡罩包装机又称为热塑成型铝塑泡罩包装机。常用的药用铝塑泡罩包装机共有三类,分别是滚筒式铝塑泡罩包装机、平板式铝塑泡罩包装机、滚板式铝塑泡罩包装机。三者的工作原理一致,以平板式铝塑泡罩包装机为例,一次完整的包装工艺至少需要完成 PVC 硬片输送、加热、泡罩成型、加料、盖材印刷、压封、批号压痕、冲裁,共八项工艺过程。工作原理如图 13-2 所示。

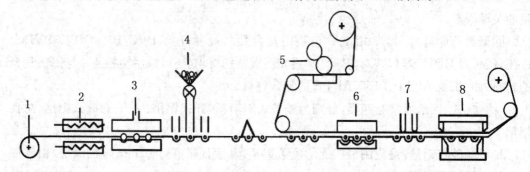

图 13-2　平板式泡罩包装工艺流程图

1. PVC 硬片输送;2. 加热;3. 泡罩成型;4. 加料;5. 盖材印刷;6. 压封;7. 批号压痕;8. 冲裁

工艺流程:首先需在成型模具上加热硬片,使 PVC 硬片变软,再利用真空或正压将其吸塑或吹塑成形,形成与待装药物外形相近的形状和尺寸的凹泡,再将药物充填于泡罩中,检整后以铝箔覆盖,用压辊将无凹泡处的塑料片与贴合面涂有热熔胶的铝箔加热挤压黏结成一体,打印批号,然后根据药物的常用剂量(如按一个疗程所需药量),将若干粒药物切割成一个四边圆角的长方形,剩余边材可进行剪碎或卷成卷,供回收再利用,即完成铝塑包装的全过程。

铝塑泡罩包装机主要有七大机构,结构原理如下:)

(1)PVC 硬片步进机构　泡罩包装机多以具有和泡罩一致凹陷的圆辊或平板,作为其带动硬塑料前进的步进机构。现代的泡罩包装机更是设置若干组 PVC 硬片输送机构,使硬片通过各工位,完成泡罩包装工艺。

(2)加热　凡是以 PVC 为材质的硬片,必须采用加热成型法。其成型的温度范围为110℃～130℃,因为只有在此温度范围内 PVC 硬片才可能具有足够的热强度和伸长率。过高或过低的温度对热成型加工效果和包装材料的延展性必定会产生影响,因此制剂的关键就是要求严格控制温度,且必须相当准确。

按热源的不同,泡罩包装机的加热方式可分为热气流加热和热辐射加热两类。①热气流加热:用高温热气流直接喷射到被加热塑料薄片表面进行加热,这种方式加热效率不高,且不够均匀。②热辐射加热:是利用远红外线加热器产生的光辐射和高温来加热塑料薄片,加热效率高,而且均匀。

根据加热方式的不同,泡罩包装机的加热方式亦可分成间接加热和传导式加热两类。①间接加热:系指利用热辐射将靠近的薄片进行加热。其加热效果透彻而均匀,但速度较慢,对厚薄材料均适用。一般采用可被热塑性包装材料吸收的 $3.0～3.5\mu m$ 波长红外线进行加热,其加热效率高,而且均匀,是目前最理想的加热方式。②传导加热:又称接触加热、直接加热。将 PVC 硬片夹在成型模与加热辊之间,薄片直接与加热器接触。加热速度快,但不均匀,适于加热较薄的材料。

(3)成型机构 成型是泡罩包装过程的重要工序。泡罩成型的方法有四种,分别为真空负压成型、压缩空气正压成型、冲头辅助压缩空气正压成型、冷压成型。

①真空负压成型:又称为吸塑成型,系指利用抽真空将加热软化了的薄膜吸入成型模的泡窝内成一定几何形状,从而完成泡罩成型的一种方法。吸塑成型一般采用辊式模具,模具的凹槽底设有吸气孔,空气经吸气孔迅速抽出。其成型泡罩尺寸较小,形状简单,但是因采用吸塑成型,导致泡罩拉伸不均匀,泡窝顶和圆角处较薄,泡易瘪陷。

②压缩空气正压成型:又称为吹塑成型,系指利用压缩空气(0.3~0.6MPa)的压力,将加热软化的塑料吹入成型模的窝坑内,形成需要的几何形状的泡罩。模具的凹槽底设有排气孔,当塑料膜变形时膜模之间的空气经排气孔迅速排出。其设备关键是加热装置一定要正对着对应模具的位置上,才能使压缩空气的压力有效地施加到因受热而软化的塑料膜上。正压成型的模具多制成平板形,在板状模具上开有行列小矩阵的凹槽作为步进机构,平板的尺寸规格可根据制药企业的实际要求而确定。

③冲头辅助压缩空气正压成型:俗称有冲头吹塑成型。系指借助冲头将加热软化的薄膜压入凹模腔槽内,当冲头完全进入时,通入压缩空气,使薄膜紧贴模腔内壁,完成成型工艺。应注意冲头尺寸大小是重要的参数,一般说来其尺寸应为成型模腔的60%~90%。恰当的冲头形状尺寸、推压速度和距离,可以获得壁厚均匀、棱角挺实、尺寸较大、形状复杂的泡罩。另外,因为其所成泡罩的尺寸较大、形状较为奇特,所以它的成型机构一般都为平板式而非圆辊式。

④冷压成型:又称凸凹模冷冲压成型。当采用金属材质作为硬片时,如铝,因包装材料的刚性较大,可采用凸凹模冷冲压成型方法,将凸凹模具合拢,将金属膜片进行成型加工。凸凹模具之间的空气由成型凹模的排气孔排出即可。

目前,最常用的成型方式为真空负压成型、压缩空气正压成型、冲头辅助压缩空气正压成型三种。真空负压成型结构特点见图13-3。

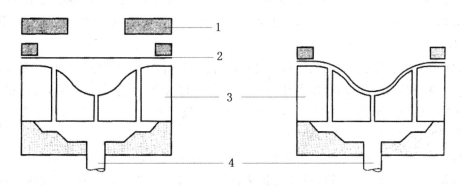

图 13-3 真空负压成型结构
1.加热机构;2.PVC 硬片;3.模具;4.真空管

(4)充填与检整机构 充填即向成后的泡罩窝中充填药物。常用的加料器有三种形式,如行星软刷推扫器、旋转隔板加料器和弹簧软管加料器。检整多利用人工或光电检测装置在加料器后边及时检查药物充填情况,必要时可以人工补片或拣取多余的丸粒。

①行星轮软毛刷推扫器:此结构特别适合片剂和胶囊充填。其是利用调频电机带动简单行星轮系的中心轮,再由中心轮驱动三个下部安装有等长软毛刷的等径行星轮作既有自转又有公转的回转运动,将制剂推入泡罩中。行星轮软毛刷推扫器是应用最广泛的一种充填机构,其结构简单、成本低廉、充填效果好。此外,落料器的出口有回扫毛刷轮和挡板作为检整机构,防止推扫药物时散到泡罩带宽以外。

②旋转隔板式加料器:其又可以分为辊式和盘式两种。可间歇地下料于泡窝内,也可以定速均匀铺散式下料,同时向若干排凹窝中加料。旋转隔板的旋转速度与泡窝片的移动速度的匹配性是工艺操作的关键,是保证泡窝片上每排凹窝均落入单粒药物的关键机构。

③弹簧软管加料器:常用于硬胶囊剂一类的制剂的铝塑泡罩包装,软管多用不锈钢细丝缠绕而成,其密纹软管的内径略大于胶囊外径,以保证管内只容单列胶囊通过。此设备的关键之处在于,要时刻保证软管不发生曲率较大的弯曲或死角折弯,要能保证胶囊一类的制剂在管内通畅运动。其物料的运行,是依靠设备的振动,使胶囊依次运行到软管下端出口处,再依靠出管的棘轮间歇拨动卡簧的启闭进行充填,并保证每次只放出一粒胶囊。

(5)封合机构　首先将铝箔膜覆盖在充填好药物的成型泡罩之上,再将承载药物的硬片和软片封合。究其基本原理即是通过内表面加热,然后加压使其紧密接触,再利用胶液,形成完全热封动作。此外为了确保压合表面的密封性,一般都以菱形密点或线状网纹封合。热封机构共有辊压式和板压式两种形式。

①辊压式:又称连续封合。系指通过转动的两辊之间的压力,将封合的材料紧密结合的一种封合方式。封辊的圆周表面有网纹以使其结合更加牢固。在压力封合同时还需伴随加热过程,封合辊由两种轮组成,一个为无动力驱转的从动热封辊,另一个是有动力主动辊。从动热封辊,可在气动或液压缸控制下产生一定摆角,从而与主动辊接触或脱开,其与主动辊靠摩擦力作纯滚动。因为两辊间接触面积很小,属于线性接触,其单位面积受到的压力极大即相同压力下压强高,因此当两材料进入两辊间,边压合、边牵引,较小的压力即可得到优秀的封合效果。

②板压式:系指两个板状的热封板与到达封合工位的封合材料的表面相接触,将其紧密压在一起进行封合,然后迅速离开,完成工艺的一种封合方式。板式模具热封包装成品比辊式模具的成品平整,但由于封合面积较之辊式热封面积大得多,即单位压强较小,故封合所需的压力比辊压式大得多。

此外,现代化高速包装机的工艺条件,不可能提供很长的时间进行热封,但是如果热封时间太短,则黏合层与PVC胶片之间就会热封不充分。为此,一般推荐的热封时间为不少于1秒。再者要达到理想的热封强度,就要设置一定的热封压力。如果压力不足,不但不能使产品的黏合层与PVC胶片充分贴合热封,甚至会使气泡留在两者之间,达不到良好的热封效果。一般推荐的热封的压力为0.2×10Pa。

（6）压痕与冲裁机构　压痕包括打批号和压易折痕。我国行业标准中明确规定"药品泡罩包装机必须有打批号装置"。打批号可在单独工位进行，也可以与热封同工位进行。

为多次服用时分割方便，单元板上常冲压出易折裂的断痕，用手即可掰断。将封合后的带状包装成品冲裁成规定的尺寸，则为冲裁工序。无论是纵裁还是横裁，都要节省包装材料，尽量减少冲裁余边或者无边冲裁，并且要求成品的四角冲成圆角，以便安全使用和方便装盒。冲裁成品板块后的边角余料如果仍为网格带状，可利用废料辊的旋转将其收拢，否则可剪碎处理。

（7）其他机构　①铝箔印刷。铝箔印刷是在专用的铝箔印刷涂布机械上进行，因为它是通过印刷辊表面的下凹表面来完成印刷文字或图案，所以又称为凹版印刷。它是将印版辊筒通过外加工制成印版图文，图文部分在辊筒铜层表面上被腐蚀成墨孔或凹坑，非图文部分则是辊筒铜质表面本身，印版辊筒在墨槽内转动，在每一个墨孔内填充以稀薄的油墨，当辊筒转动从表面墨槽中旋出时，上面多余的油墨由安装在印版辊筒表面的刮墨刀刮去，印版辊筒旋转与铝箔接触时，表面具有弹性压印辊筒将铝箔压向印版辊筒，使墨孔的油墨转移到铝箔表面，便完成了铝箔的印刷工作。在印刷中所使用的主要原材料是药用铝箔专用油墨及溶剂材料和铝箔涂布用黏合剂材料。②冷却定型装置。为了使热封合后铝箔与塑料平整，往往采用具有冷却水循环的冷压装置将二者压平整。

4. 三种铝塑泡罩包装机结构与工作原理　泡罩式包装机根据自动化程度、成型方法、封接方法和驱动方式等不同可分为多种机型。但一般均按照泡罩包装机结构形式将其分成三类，分别是辊筒式、平板式和辊板式。三种机型对比如下。

（1）结构特点对比　三种铝塑泡罩包装机结构特点对比见表 13-2。

表 13-2　三种铝塑泡罩包装机结构特点对比

	滚　筒　式	平　板　式	滚　板　式
加热方式	热辐射间接加热	热传导板直接加热	热板直接加热
成型压力	<1MPa	>4MPa	>4MPa
成型方法	真空负压成型法（辊式模具，结构简单，费用低）	压缩空气正压成型法或具有辅助冲头的压缩空气正压成型法（板式模具，结构复杂，费用高）	压缩空气正压成型法或具有辅助冲头的压缩空气正压成型法（板式模具，结构复杂，费用高）
热封方法	双辊滚动热封合（两个辊的瞬间线接触，连续运动，封合牢固，效率高，传导到药品的热量少）	热传导板挤压式封合（两个加热板面性接触，间歇性运动，封合效果一般，效率低，消耗功率大）	双辊滚动热封合（两个辊的瞬间线接触，连续运动，封合牢固，效率高，传导到药品的热量少）
工作效率	运行速度 2.5 ～ 3.5m/min，冲裁 28～40 次/min	运行速度最高 2m/min，冲裁最高 30 次/min，相对滚筒式效率较低	因设计上取两者之长，工作效率介于滚筒式和平板式之间

	滚 筒 式	平 板 式	滚 板 式
泡罩特点	泡窝壁厚不均,顶部易变薄,精度不高,深度较小	泡窝成型精确度高,壁厚均匀,泡窝拉伸大,深度可达35mm	泡窝成型精确度高,壁厚均匀,泡窝拉伸大,深度可达35mm
适用范围	适合同一品种大批量生产	适合中小批量、特殊形状药品包装	适合同一品种大批量生产,高效率,节省包装材料,泡罩质量好

(2)工作原理对比 三种铝塑泡罩包装机工作原理对比见表13-3。

表 13-3 三种铝塑泡罩包装机工作原理对比

工 作 原 理	
滚筒式	①PVC片通过半圆形预热装置预热软化,在圆辊上的转成型站中利用真空吸出空气成型为泡窝 ②PVC泡窝片通过上料器时自动充填药品于泡窝内,在驱动装置作用下进入双圆辊热封装置,使得PVC片与铝箔在一定温度和压力下密封 ③最后由冲裁站冲剪成规定尺寸的板块
平板式	①PVC片通过平板型预热装置预热软化,在平板型的成型站中吹入高压空气或先以冲头预成型再加高压空气成型为泡窝 ②PVC泡窝片通过上料器时自动充填药品于泡窝内,在驱动装置作用下进入平板式热封装置,使得PVC片与铝箔在一定温度和压力下密封 ③最后由冲裁站冲剪成规定尺寸的板块
滚板式	①PVC片通过平板型预热装置预热软化,在平板型的成型站中吹入高压空气或先以冲头预成型再加高压空气成型为泡窝 ②PVC泡窝片通过上料器时自动充填药品于泡窝内,在驱动装置作用下进入双圆辊热封装置,使得PVC片与铝箔在一定温度和压力下密封 ③最后由冲裁站冲剪成规定尺寸的板块

(3)关键参数对比 三种铝塑泡罩包装机关键参数对比见表13-4。

表 13-4 三种铝塑泡罩包装机关键参数对比

关 键 参 数	
滚筒式	PVC泡窝片运行速度可达 3.5m/min,最高冲裁次数为 45 次/min。成型压力小于1MPa。泡窝深度10mm 左右
平板式	PVC片材宽度有 210mm 和 170mm 等几种。PVC泡窝片运行速度可达 2m/min,最高冲裁次数为 30 次/min。成型压力大于 4MPa。泡窝深度可达 35mm
滚板式	PVC泡窝片运行速度可达 3.5m/min,最高冲裁次数为 120 次/min。成型压力可根据需要调整大于 4MPa。泡窝深度可调控

(4)优缺点对比 三种铝塑泡罩包装机优缺点对比见表13-5。

表 13-5　三种铝塑泡罩包装机优缺点对比

三种铝塑泡罩包装机优缺点	
滚筒式	①负压成型,所以形状简单,泡罩拉伸不均匀,顶部较薄,板块稍有弯曲 ②辊式封合及辊式进给,泡罩带在运行过程中绕在辊面上会形成弯曲,因而不适合成型较大、较深及形状复杂的泡罩,被包装物品的体积也应较小 ③属于连续封合,线接触所以封合压力较大,封合质量易于保证
平板式	①间歇运动,需要有足够的温度和压力以及封合时间;不易高速运转,热封合消耗功率大,封合的牢固程度一般,适用于中小批量药品包装和特殊形状物品的包装 ②泡窝拉伸比大,深度可达 35mm,可满足大蜜丸、医疗器械行业的需求。由于采用板式成型,板式封合,所以对板块尺寸变化适应性强,板块排列灵活,冲切出的板块平整,不翘曲 ③充填空间较大,可同时布置多台充填机,更易实现一个板块包多种药品的包装,扩大了包装范围,提高了包装档次
滚板式	①该类机型结构介于辊式和板式包装机之间,其工艺路线一般呈蛇形排布,使得整机布局紧凑、协调,外形尺寸适中,观察操作维修方便,模具更换简便、快捷,调整迅速可靠 ②由于采用辊筒式连续封合,所以将成型与冲切机构的传动比关系协调好,可大大提高包装效率,一般此类机型的冲切频率最高可达 100 次/min 以上 ③一般直径超过了 16mm 的片剂、胶囊、异形片在板块上斜角度超过 45°时,不适合用此类包装设备

5. 双铝泡罩包装机　有些药物对避光要求严格,可采用两层铝箔包封(称为双铝包装),即利用一种厚度为 0.17mm 左右的或稍厚的铝箔代替塑料(PVC)硬膜,使药物完全被铝箔包裹起来。

由于铝箔较厚具有一定的塑性变形能力,可以在压力作用下,利用模具形成罩泡。此机的成型材料为冷成型铝复合膜,泡罩是利用模具通过机械方法冷成型而获得,又称为延展成形或深度拉伸。

6. 热成型包装机常见问题与分析

(1)热封不良　热封后板面上产生网纹不清晰、局部点状网纹过浅几近消失等现象,这往往是因为热封网纹板、下模粘上油墨或其他废物以及热封网纹板、下模局部浅表凹陷样损伤所致。热封网纹板、下模被污染要及时清洗,清洗时先用丙酮或者有机溶剂湿润,然后用铜刷沾以丙酮反复刷洗,切不要以硬物戳剥,以免损伤平面。如热封网纹板上有毛刺,可将热封网纹板在厚平板玻璃上洒水推磨以消除毛刺。如热封网纹板、下模局部有浅表凹陷,则需要在较精密的平面磨床上磨平,一般情况下,热封网纹板需磨 0.05mm,下模需磨 0.1mm 即可。

(2)热封后铝箔起皱　这是一种热封后铝箔起皱现象,是因为铝箔与塑片黏合不整齐而产生的现象。一般都是因为宽度过宽而导致不能很好地结合。可采用不改变硬片的宽度,而将软片的宽边从中间裁开,可有效改变这一状况。

(3)适宜压力的掌握　包装机上对吹泡成型、热封、压痕钢字部位合模处的压力要求很严格,因此在调整立柱螺母、压力、拉力螺杆的扭力时,不得随意改变扳手的力臂,以保证其扭力的一致性。或者用扭力扳手对以上螺母或螺杆给予适宜的扭力。

（4）压力与温度设定调整　关于热封合模处的压力与热封的温度设定之间的关系,是包装材料不变形的情况下,设定的温度越高越好,封合压力越低越好,这样可以减少磨损,延长机器运转寿命。

7. 平板式泡罩包装机的操作规程

①检查药品、硬片及铝箔,核对批号,安装好 PVC 硬片及铝箔,检查冷却水,按照清洁 SOP(standard operating procedure)清洁设备。

②打开电源送电,接通压缩空气。按下加热键,并分别将加热和热封温控表调至合适温度。调节压力为 0.5～0.6MPa。观察是否有漏气现象。

③将 PVC 硬片经过通道依次拉过加热装置、成型装置、冲切刀下,将铝箔拉至热封板下。

④加热板和热封板升至合适温度(110℃),将冷却温度表调至合适温度(30℃)。

⑤待药品布满整个下料轨道时,按下电机绿色按钮,开空车运行。

⑥检查泡罩加热、成形、热封和冲切都达到要求后,按下下料开关。立刻调节下料量,待下料合乎要求后,进行正常包装。

⑦包装结束后,进行关机。先按下下料关机按钮,再按下电机红色按钮,观察主机停下后,再依次关闭总电源开关、进气阀、进水阀。

⑧按照清场 SOP 进行清理机器及车间,然后保养包装设备。

8. 平板式铝塑泡罩包装机的模具更换与同步调整规程

（1）更换条件

①当包装形态发生变化(包装物数量、尺寸、品种及包装板块规格发生改变时),必须更换模具和相应零件。

②当被包装物种类和数量改变,而包装板块尺寸不变时,仅更换成型模具及主料装置。

③当包装板块尺寸改变时,要进行完全更换(成型模具、导向平台、热封板、冲裁装置)。）

（2）更换模具和相应零件的步骤

①关掉加热开关,切断水、气源,将全部开关旋钮拧至"0"位。

②去掉成型模和覆盖膜,用点动按钮使各工位开启到最大值。

③找准所需更换的部位,待装置冷却到室温后进行更换,更换完毕后进行同步调整。

④按点动按钮,使机器进行短时间运行,检查往复运动,要求运行平稳,无冲击。

（3）同步调整　目的是使各工位工作位置准确,保证泡罩不干涉对应机构。同步调整对象是调整成型装置、热封装置、打印和压痕装置、冲裁装置四个工位的相对位置,即对成型后膜片上泡罩板块的整数位置的调整,以保证冲裁出的板块尺寸及泡罩相对板块位置的准确。调整方法是将热封装置固定在机架体上,以此为基准来调整其余三个装置的位置达到同步要求。

五、自动装瓶机

自动装瓶机是装瓶生产线的一部分。生产线一般包括理瓶机构、输瓶轨道、计数机构、理盖机构、旋盖机构、封口装置、贴签机构、打批号机构、电器控制部分等九大部分组成。

1. **输瓶机构** 在装瓶生产线上的输瓶机构是由理瓶机和输瓶轨道组成,多采用带速可调的直线匀速输送带,或采用梅花轮间歇旋转输送机构输瓶。由理瓶机送至输送带上的瓶相互具有间隔,在落料口前不会堆积。在落料口处设有挡瓶定位装置,间歇地挡住空瓶或满瓶。

2. **计数器** 又称为圆盘计数器、圆盘式数片机等。其外形为与水平呈 30°倾角的带孔转盘,盘上间隔扇形面上,开有 3~4 组计数模孔(小孔的形状与待装药粒形状相同,且尺寸略大,转盘的厚度要满足小孔内只能容纳一粒药的要求),每组的孔数即为每瓶所需的装填片剂等制剂的数量。在转盘下面装有一个固定不动的、带有扇形缺口托板,其扇形面积恰好可容纳转盘上的一组小孔。缺口下连落片斗,落片斗下抵药瓶口。

3. **转盘转速控制器** 一般转速为 0.5~2r/min,注意检查:①输瓶带上瓶子的移动频率相是否匹配。②是否因转速过快产生过大离心力,导致药粒在转盘转动时,无法靠自身重力而滚动。③为了保证每个小孔均落满药粒和使多余的药粒自动滚落,应使转盘保持非匀速旋转,在缺口处的速度要小于其他处。

4. **拧盖机构** 拧盖机在输瓶轨道旁,设置机械手将到位的药瓶抓紧,由上部自动落下扭力扳手先衔住对面机械手送来的瓶盖,再快速将瓶盖拧在瓶口上,当旋拧至一定松紧时,扭力扳手自动松开,并回升到上停位。

5. **空瓶止灌机构** 当轨道上无药瓶时,抓瓶定位机械手抓不到瓶子,扭力扳手不下落,送盖机械手也不送盖,直到机械手有瓶可抓时,旋盖头又下落旋盖。

6. **封口机构** 药瓶封口分为压塞封口和电磁感应封口两种类型。①压塞封口装置:压塞封口是将具有弹性的瓶内塞在机械力作用下压入瓶口。依靠瓶塞与瓶口间的挤压变形而达到瓶口的密封。瓶塞常用的材质有橡胶和塑料等。②电磁感应封口机:电磁感应是一种非接触式加热方法,位于药瓶封口区上方的电磁感应头,内置通以 20~100kHz 频率的交变电流有线圈,线圈产生交变磁力线并穿透瓶盖作用铝箔受热后,黏合铝箔与纸板的蜡层融化,蜡被纸板吸收,铝箔与纸板分离,纸板起垫片作用,同时铝箔上的聚合胶层也受热融化,将铝箔与瓶口黏合在一起。

7. **贴标机构** 目前较广泛使用的标签有压敏(不干)胶标签、热黏性标签、收缩筒形标签等。剥标刃将剥离纸剥开,标签由于较坚挺不易变形与剥离纸分离,径直前行与容器接触,经滚压后贴到容器表面。

六、开盒机

开盒机作用是将堆放整齐的标准纸盒盒盖翻开,以供安瓿、药瓶等进行贮放的设备。

其工作原理为,当纸箱到达"推盒板"位置时,光电管进行检查纸盒的个数并指挥"输送带"和"抵盒板"的动作。当光电管前有纸盒时,光电管即发出信号,指挥"推盒板"将输送带上的纸盒推送至"往复送进板"前的盒轨中。"往复送进板"作往复运动,"翻盒爪"则绕机身轴线不停地旋转。"往复推盒板"与"翻盒爪"的动作是协调同步的,"翻盒爪"每旋转一周,"往复推盒板"即将盒轨中最下面的一只纸盒推移一只纸盒长度的距离。当纸盒被推送至"翻盒爪"位置,待旋转的"翻盒爪"与其底部接触时,即对盒底下部施加了一定的压力,迫使盒底打开,当盒底上部越过弹簧片的高度时,"翻盒爪"也已转过盒底,并与盒底脱离,盒底随即下落,但其盒盖已被弹簧片卡住。随后,"往复推盒板"将此种状态的盒子推送至"翻盒杆"区域。"翻盒杆"为曲线形结构,能与纸盒底的边接触并使已张开的盒口越张越大,直至盒盖完成翻开。

第四节 典型设备规范操作

理想的药品包装材料与普通包装材料的要求不同,理想的药品包装材料应满足特定的要求,如保证药品质量特性和成分的稳定;适应流通中的各种要求;具有一定的防伪功能和美观性;成本低廉、方便临床使用且不影响环境等。故在药品包装材料的选择使用时应遵循以下原则:包装要适应药品的理化性质;包装要坚实牢固;外形结构与尺寸要合理;要注重降低包装成本。选择合适的包装材料即完成了药品包装的第一步,而投入工业生产后选择适宜的包装设备并规范操作和应用机械设备则是药品包装质量好坏控制的重要环节。

一般药品包装设备由八个要素组成,分别是机身、药品计量、传送装置、包装材料整理及供送系统、包装执行单元、成品输出单元、动力机及传送系统、控制系统。而这些包装机械设备按功能可分为充填机械、灌装机械、贴标机械、捆包机械等,代表设备包括容积式充填机、气流式充填机、铝塑泡罩包装机、全自动捆包机、装盒机等。在此,将以以下几款制药企业实际生产过程中常用且典型的包装设备为例,详细介绍这些设备的规范操作方法和应用。

一、自动泡罩包装机

平板式泡罩包装机是对药品(片剂、胶囊、安瓿等)、食品、医疗器械及其类似物料进行泡罩式铝(PTP)/塑(PVC),铝/铝,铝/塑/铝密封包装的专用设备,由于采用正压成型、平压热封,故具有泡罩挺扩、板块平整等特点。以 DPP-260K2 型自动泡罩包装机为例,DPP260K2 型铝/塑、铝/铝平式泡罩包装机在原 DPP250D3 型的基础上,采用变频调速与机、电、光、气一体化自动控制技术,并严格按医药行业 GMP 标准要求进行创新设计,实现了板块行程调节数字化控制、图文光电对版;铝/塑、铝/铝二用,缺料自动剔废以及胶囊调头分色排列等诸多功能,并可与装盒机连接形成包装生产线,是工业生产的典型包装设备。

1. 工作原理 机器传动原理是指减速机在主电机的拖动下驱动花键主轴旋转。花键主轴上分别装有成型凸轮、热封凸轮、批号凸轮、压痕凸轮、冲裁偏心凸轮。通过各自的滚轮(冲裁工位为偏心轮外套)推动各个工位的左右往复运动,分别完成对包装材料进行成型、热封、打批号、压痕和冲裁等动作,该设备各个工位的左右位置均可通过相应的调节定位手轮进行调节,以确保各工位的模具与泡眼或板块的位置一致。该设备的牵引机构由伺服电机驱动滚筒牵引机构实现包装材料间歇式、直线往复运动。

2. 设备特点与技术参数 DPP 系列铝塑包装机可进行分体包装以进入 1.5m 电梯

及分割式净化车间,合并时采用圆柱销定位、螺钉固紧,组装简便;模具采用压板装夹,装卸十分方便;主电机采用变频调速(其冲裁次数可达 50 次/min),根据行程长短以及被充填物的加料难易等因素来设定相应的冲裁次数;采用机械手夹持牵引机构,运行平稳,同步准确,行程在 30～120mm 范围内任意可调,即在该范围内可随意设计板块尺寸。由于采用接触式对板加热,降低了加热功率及温度,节约能源并增加塑片稳定性;成形加热板自动闭合、开启,能在加热板放下后延时开机,将材料浪费限制在一板范围之内;气垫热封,停机时由气缸自动将网纹板升高。消除了在停留时由热辐射造成的泡罩变形等现象,亦便于网纹板的清理工作,同时起到超压时的缓冲作用,有利于延长机器的使用寿命;上下网纹雌雄配合热封,即正反两面均为点状网纹(也可进行线密封)。由于两面应力相等,使板块更为平整,同时提高了密封性能;PVC 完、断片自动报警、停机,同时配有急停安全装置,提高了操作人员在调试及换模中的安全性;所有与药物接触的零件及加料斗,均采用不锈钢及无毒材料制造,符合 GMP 要求。DPP-260K2 型自动泡罩包装机主要技术参数和适用包装材料的规格如表 13-6、表 13-7 所示。

表 13-6　DPP-260K2 型自动泡罩包装机主要技术参数

项　　目		主　要　参　数
最大冲载速度(标准版 57mm×80mm×4mm)		铝/铝:30 次/min
		铝/塑:50 次/min
最大生产能力		铝/铝:8 万粒/h
		铝/塑:25 万粒/h
进给行程可调范围		30～120mm
最大成型面积		245×112mm²
最大成型深度		铝/铝:12mm　铝/塑:18mm(特殊机 25mm)
成型上下加热功率		2kW(×2)
热封加热功率		1.8kW
电源及总功率		三相四线 380V/50Hz(220V/60Hz)7.5kW
电机功率		1.5kW
气泵容积流量		≥0.25m³/min
包装材料	药用 PVC	0.25(0.15～0.5)×250(mm)
	热封铝箔	0.02×250(mm)
	成型铝箔	0.12×250(mm)
整机外形尺寸		3500×650×1400(mm)
整体包装尺寸		3900×750×1800(mm)
整机重量		1500kg

表 13-7 DPP-260K2 型自动泡罩包装机适用包装材料的规格

卷形包装材料	PVC/PVDC/PE	单面涂胶铝箔(PTP)背封材料
厚度	0.2~0.5mm(通常 0.25~0.30mm)	0.02~0.025mm
卷筒内径	70~76mm	70~76mm
卷筒外径	300mm	300mm

3. 操作方法 DPP-260K2 型自动泡罩包装机规范操作流程分为以下五个步骤：

(1)根据电器原理图及安全用电规定接通电源,此时显示屏亮,进入第一界面。任意按一下第一界面,系统进入第二界面,先后按"电源""点动"按钮,观察电机旋转方向是否与箭头相同,否则换线更正。

(2)按机座后面标牌所示接通进水、出水、进气口阀门。

(3)开通各加热部位并设置温度,热封 160℃左右,成形加热 100℃左右,上硬铝加热 130℃左右,下硬铝加热 150℃左右,调整如下：对照显示屏,如本机刚接通电源显示屏显示第一界面,当显示屏进入第二界面,其上面显示"成型""上硬铝""成型降""清零""热封""下硬铝""加料""剔废""点动""启动""停止""电源""设置""返回"等按钮,同时显示当前工作参数,如果要求设置加热温度及工作速度时,可按"设置"按钮,接着显示屏进入第三界面,你可按其提示调整即可。确切温度与工作速度、塑料质量、气温等诸多因素有关,所以在生产中按实际需要而定。

(4)在更换模具时如要剔废必须重新设置剔废参数,其参数主要是排数与版数,确定方法如下：首先必须调试好本机器使其能正常运作,然后再停机测量剔废检测位置到冲裁中心位置之间距离,然后计算出其版数(版数＝两位置间距离/牵引行程),排数即等于冲裁一次的版数,最后按"设置"按钮,进行调整即可。

(5)空压机,充气后使加热板上升。参照传动示意图所示方法串好塑片和铝箔。校正中心位置。观察成型、热封、冲裁及运行情况一切正常后,打开加料闸门放药生产(开机后要注意打开冷却水)。

4. 设备安装 拆箱时应检查机器是否完整,运输中有无损坏现象(请按装箱清单清点随机附件)。机器应水平安置在室内,不需装地脚螺丝,地脚下垫上厚约 12mm 的橡皮板,以避免长期使用损坏地面及出现移位等现象。对设备进行全面清洗,用软布沾洗洁精擦去表面油污、尘垢,然后用软布擦干。为了安全生产,应在接地标牌指定位置接入地线。

5. 维护保养 每次开机前要检查压缩空气的压力是否达到正常生产的要求,其压力应在 0.5~0.7MPa 范围内,成型气道模气压应控制在 0.5MPa 左右。每次开机前要打开冷却水阀门,油雾器要加足够量的 20♯机油,每次开机前都要放掉减压阀内的积水,以免水汽进入模具内,影响泡罩成形的质量。正常生产时要经常检查各滚动轴承的温度,一般最低工作温度不低于 40℃,最高温度不超过 70℃；各滚动轴承要每年更换一次润滑脂；成型、热封、压痕、冲载四个工位的凸轮箱内要保持一定的油量。其油位高低以凸轮最高点蘸到油面为准。要经常检查减速箱内的油位,其油位高度以不低于箱体高度的 2/3 为佳,且每年应更换一次减速箱内的机油。

6. **注意事项**　机器运行中,不可将身体任何部位触及正在移动或滚动中的机件。在对机器进行清洁、保养、维修、更换模具或零部件等操作前请确保电源关闭。请依照正常操作程序运作,并维护机器表面整洁。清洁机器时,勿将水或任何液体溅及电器控制箱,或其他电器元件。机器运行中若发生任何异状,非正常杂音,请立即停止机器运转并检查;遇紧急事故时,请保持冷静按下红色紧急停止开关。任何时候电器箱的门必须关上,除非因保养维修需要才能打开。

二、自动充填包装机

自动充填包装机应用于医药、食品、化妆品等行业,能够对片剂、胶囊、规则异型片、颗粒、黏稠或半黏稠液体等不同形态的物料进行自动充填包装。为方便介绍,下面以 DX-DK900 型自动充填包装机为例。

1. **结构原理**　DXDK900 型自动充填包装机主要结构包括机体、充填系统、传动系统、薄膜放卷、薄膜分卷、封合、打字、打凹口、纵切、纵向断裂线、横向断裂线、横切、输送机、卷废料装置、电控系统。包装材料由位于机体后部的放卷机构导出,经放卷辊后进入分卷机构,在此处,包材由分切刀从中间分为两部分,再通过分卷板进入两侧的导膜辊,使薄膜变向,进入封合区,通过纵封、横封、充填上料、打印批号、切凹口、纵切、打断裂线、横切最后形成成品由输送机输出。

(1)**机体**　机体是整机的基础,DXDK900 型自动充填包装机的机体采用了分体式框架焊接结构,其上下机体为钢焊接而成,使机体有足够的刚度以保证机器安全运转;机体左侧有可打开的门,便于安装、检查和设备的维修,机体内为传动系统,该机的电控箱改变了以往的外挂式,而是将电控箱安装在机体内,使整机更加紧凑美观。机体的接地部分为四个可调节的地脚。

(2)**充填系统**　由于被包装物的不同,该机配备了两种不同形式的专用充填上料机,用于包装颗粒状物料的料位式上料机,用于包装粉剂的螺旋推进式上料机,此外也可根据用户要求设计专用上料机。

(3)**薄膜放卷**　薄膜放卷机构位于整机的后部,由放卷轴、放卷架、导膜辊和游动导膜辊等组成。薄膜的放送由微电机驱动放卷轴,带动膜卷转动,然后通过游动辊来控制薄膜放送长短及薄膜张紧力的大小,当薄膜用完或意外断裂时,游动导辊还可遮住光电开关,使整机自动停止运转。在整个放卷机构的左侧有调整放卷架左右移动的手柄,以便使薄膜中心与分卷机构的中心对正。

(4)**传动系统**　该机根据不同部位的具体要求,分别采用了链条传动、齿轮传动齿形带传动及输送带传动。这些传动形式分别由电动机、减速机、齿轮、链轮、齿形带轮、传动轴等零件来完成。传动系统中有四处采用了差速机构,分别用来满足打字、横切、横向断裂线及色标自动对正的特殊要求。在传动系统中还有两处采用了可调偏心链轮机构,根据制袋的长短来确定偏心链轮的调整量。

(5)**薄膜分卷**　分卷机构位于机架的上部,由导膜辊、分切刀、分卷板等组成,膜卷经过分卷机构将薄膜从中间分切成两条,薄膜通过分卷极变向,然后经过导膜辊将薄膜引至纵封辊进行封合,整个分卷板通过手轮前后移动以满足不同宽度包装材料的要求。

(6)封合 该机的封合分为纵向封合和横向封合:①纵向封合:纵封由一对纵封辊组成,内部装有加热器及铂电阻,工作时成对反向连续回转,薄膜在这对纵封辊的牵引下,一边加热一边滚压形成了纵向封合带。两辊之间的压力是由汽缸提供的,当停车后一定时间,PLC自动将外侧的纵封辊向外移动从而使前后纵封辊脱离。该机构的传动链中采用由光电信号控制的齿轮差速机构,实现自动控制色标点,保证两侧印刷图案的准确对正。②横向封合:横封由一对横封辊组成,内部装有加热器及铂电阻,工作时成对反向连续回转。两辊之间的压力是由弹簧提供的,横封辊一周有两条或三条封合带,即每转一周封合两次或三次,由传动系统通过齿轮使其转动。在该传动链中采用了可调偏心链轮机构,用于调整横封时瞬时线速度与包装材料的线速度一致,以免使包装材料堆积或拉过度,甚至拉断。

(7)打字、凹口机构 打字与凹口位于同一轴上,相互间错开一定角度,打字托块与凹口托块也位于同一根轴上,工作时,两根轴连续反向回转,每转一周,打字与凹口分别打印两次或三次。打字凹口轴的转速与横封辊的转速及线速度是相同的,在传动链中也采用了偏心链轮机构。

(8)纵切、纵向断裂线机构 纵切刀采用适用于切割镀铝包装材料的柔性切刀机构,其主要包括纵切刀与纵切刀托辊,将纵切刀用紧固螺钉锁紧在纵切刀轴上,再将切刀托辊紧靠在主切刀上,由于切刀托辊自身具有一定的弹性及弹簧产生的压力就保证了设备在运转过程中切刀托辊与主切刀的紧密结合,同时纵切刀和托辊的线速度高于包装材料的线速度,因此此种切刀结构可以满足切割一般镀铝包装材料的要求。

(9)横切机构 采用冷切方法,使用回转辊刀,该机构由动刀和定刀组成,两刀的形状基本相同,动刀顺料袋前进方向做匀速回转,并可根据用户的要求任意设定几袋连在一起切断。在传动链中,采用差速器机构,调整切刀与料袋的相对位置。

(10)横向断裂线机构 横向断裂线机构与横切机构的原理完全相同,只是横向断裂线刀的动刀有锯形凹口。

(11)输送机 输送机用于成品输出,通常由主机提供动力,也可以根据用户的要求特殊制作。

(12)废料输出机构 将纵切刀分切后的两侧废料边自动缠绕在废料输出机构上,通过辊组将废料卷起和涨紧,由主机提供动力。

2. 设备特点与技术参数 本机封合幅宽度可达450mm,根据不同的要求,一次可成型4~10条袋。包装材料采用一卷包装膜分切为两条再进行封合,使包材的调整更加方便可靠。该机采用变频调速,实现了无级调速。各执行机构位置调整通过人机界面触摸开关控制差速器,调整方便准确,执行机构均安装在前后两个立板上,具有足够的刚度,保证了机器在高速运转下各部分工作的稳定可靠;具有自动打印批号、纵横向易撕断裂线及易撕凹口功能。整机由PLC控制,自动化程度高;具有自动检测对正色标的功能,保证制袋双面图案完整,位置准确。DXDK900型自动充填包装机主要技术参数如表13-7

所示。

3. 操作方法　接通冷却水,打开电源开关,接通电源,控制面板红灯亮。打开加热开关,设定温度控制表温度:纵封辊 115℃,横封辊 115℃。温度设定的数值按照设备运行速度而定,当运行速度较高时可适当提高设定温度。温升时间为 20～25 分钟,加热情况由温控表显示。旋开手柄杆,使前后纵封辊打开到最大位置;将铝塑复合膜卷装入薄膜放卷轴,依次穿过固定导辊、游动导辊、V 形分卷板、分卷板导辊、张紧控制导柱,旋下手柄杆把复合膜夹在前后纵封辊内。待成型预热温度达到设置温度后,即可按"启动"按钮开机,封合出的铝塑复合膜将自动(必要时可手工辅助)穿过横封、打印批号、切凹口、纵切、打断裂线、横切等机构,然后把切断的废料边缠绕在收废料辊上。一切正常

表 13-7　DXDK900 型自动充填包装机主要技术参数

包 装 材 料	铝塑、纸塑、塑塑等可热封合的材料
包装规格	宽度:最大 900mm 厚度:0.05～0.1mm 膜卷外径:最大 Φ300 膜卷芯径:Φ70～Φ76
封合幅面宽度	最大 450mm
制袋尺寸	长:65～150mm 宽:40～120mm
计量范围	颗粒:2～30mL 液体:3～100mL 片剂:多片
包装效率	60 次/min
生产量	最大 300 袋/min(根据制袋尺寸大小变化)
安装功率	6kW
电源配置	380V N/PE-50Hz
重量	1200kg
外形尺寸	1560×1620×2150(mm)

后,就可以充填上料,正常运转设备。正常停机时,按"准停"按钮,终止生产。

遇到紧急情况,请按下"急停"钮,机器立即停止运转。正常运转状态不允许按"急停"按钮作为正常停机使用!

4. 设备安装　设备在包装前需将上料机料斗和包材卷卸下另外包装;将纵封辊、横封辊、断裂线刀、横切刀、打字辊等在运输中易碰撞的零部件捆扎牢固,以免在运输过程中发生碰撞造成不必要的损失;把设备与包装箱底座把合牢固;设备内零件表面涂抹防锈油,整机扣好防水塑料罩。

5. 故障排除　DXDK900 型自动充填包装机通常可能出现的故障主要包括启动失灵、色标对正混乱、对标范围波动较大、封合不牢固、横切机构噪声过大、包装材料一侧向里收缩、封合温度不稳等。

(1)按启动按钮但设备不运转　检查放卷部分的游动辊是否到达最底端,如到达最底端抬起游动辊后适当加大放卷张紧力;温度是否达到设定数值,如未到请达到设定数值后再开车;检查电源与电气系统。

(2)色标对正混乱　造成对标混乱的原因通常有以下几种情况:①包材的色标偏离了检标光电开关或光电开关的灵敏度过低或过高,造成光电开关不动作或误动作,只要重新对正光电开关或调整光电开关的灵敏度即可达到正常状态。②色标点距离存在误差,由

于包材在印刷或分切时涨紧力的不同可能会导致两批包材或两卷包材之间色标点不同，判断是否是该原因可通过人机界面中的对标状态来观察，如一直是负修或正修就基本可断定是该原因(其他位置均应正常)。出现该问题后如设备上未安装无极变速器机构，就需要更换包装材料；如设备上安装了无极变速器机构，即可通过调整手轮改变袋长以适应色标点的距离，如对标状态为负修则证明色标点距离较短，应逆时针旋转手轮使制袋长度变小，反之顺时针旋转手轮使制袋长度加大。③对标电机或其电容损坏，如人机界面中的对标状态无论为正修或负修，对标电机均不转或只向一个方向旋转就可判断是该原因(线路无问题)，则更换损坏件即可。

（3）对标范围波动较大　对标电机转速过快，通常表现为光电开关发现标点错位后，设备会立刻正修或负修，当下一个光标点到达时正修或负修过多，设备又会立刻负修或正修，如此会造成不良循环，要解决此问题可通过调整电控箱内电位器来改变对标电机转速，或在设备允许情况下适当提高车速。

（4）封合不牢固　加大封合压力或适当提高封合温度；更换包装材料。

（5）横切机构噪声过大　产生这种情况的原因主要是定刀与动刀的过盈量过大或切刀刃口过钝，参照结构原理横切机构动刀与定刀间隙的调整，进行重新调整动刀与定刀刃口的间隙即可。

（6）包装材料一侧向里收缩　造成此现象的原因有多种，主要有封合辊两侧压力不均，及包装材料的涨紧力不同造成的，只要适当调整里外侧的封合压力或改变包材在导辊轴上的绕转方式就能解决此问题。

（7）封合温度不稳　该故障通常表现为温控表显示的温度发生跳跃式变化，造成此现象的主要原因为热封辊处的铜环与碳刷接触不好，此时只要用砂纸将碳刷已发亮处打磨变暗，同时用酒精擦洗铜环即可；热电偶处接线不牢或热电偶松动也是造成温度不稳的原因。

三、全自动捆包机

全自动捆包机可以实现常规物体的自动捆包，纸箱打出来的带美观也牢固，速度很快，提高了工人的打包效率，同时减少浪费，也就节约了成本。在此，以 LY-K180 型全自动捆包机为例进行介绍，该机能在无人操作和辅助的情况下自动完成预定的全部捆扎工序，包括包装件的移动和转向，适于大批量包装件的捆扎。该机可对灰尘、粉末较多的大型物体，和重量较重的物体进行打包。采用了凹板凸面式的操作按钮设计，大大减少了操作按钮的破损程度和误操作性。主要用于药厂、食品、旅游、银行、IT 等行业，可对药品、食品、高级礼品、钱币、IC 卡、IT 版等进行包装(注：硬包装、软包装均可)，所采用的捆扎带常规为 PVC 带。

1. 工作原理　通过拉紧、热熔、切带、黏合完成打包。专业打包机厂生产的使用范围广，不管大小包装，不用调整机器就可以打包，包装打包机属机械式结构，部分采用进口打包机零件，后刀刃稳定可靠，调整方便，打包机价格合理等。打包物体基本处于打包机中间，首先右顶体上升，压紧打包带的前端，把打包带收紧捆在物体上，随后左顶体上升，压紧下层带子的适当位置,加热片伸进两带子中间,中顶刀上升,切断带子,最后把下一捆扎带子送到位,完成一个工作循环。打包机是使用打包带缠绕产品或包装件,然后收紧并将两端通过热效应熔融或使用包扣等材料连接的机器。全自动打包机的功用是使塑料带能紧贴于被捆扎包件表面,保证包件在运输、贮存中不因捆扎不牢而散落,同时还应捆扎整齐美观。

2. 设备特点与技术参数　该机采用掀盖式面板,维修保养方便,新式电热装置,加热快、寿命长;单芯片电控,功能齐全、操作容易;4 种捆包方式保证了客户各种各样的捆包要求。包带成本低,比现有的市场全自动捆包机使用包带成本降低 30％～50％;采用了优质材料的导带轮,有效地解决了普通塑料导带轮的磨损和 PP 带的卡带问题;采用了硬度为 65 的高强度刀片,大大提高了切带的能力和刀片的寿命;采用了树脂脚轮,更加方便机械的移动,在长时间的负重下脚轮也不会变形;采用铝合金材质框架,机体外壳采用了组合式的构成方式。所有部件都采用了数控加工(NC,numerical control)设备进行精密加工。全自动捆包机部件的耐固性和连接动作的一元化都得到良好的保障。LY-K180型全自动捆包机主要技术参数如表 13-8 所示。

3. 操作方法　机器选定位置后,调整地脚,使机器的四只脚盘都触地,保证设备在运转时不会摆动。打开机体后盖,看继电器及其他仪表在运输过程的振动中如有歪倒、脱开或松动,应拨正、装上和按紧,用压缩气吹净机器各部位的灰尘,用洗洁精擦净机器外部。接通压力为 0.5～0.8MPa 的气源,然后接通单相电源(220V),用电功率 700W。按控制面板操作,点按电源开关按钮,点触摸屏上"自动运行"点动设备启动(停止)。打开电源开关,点触摸屏幕面后;点触"参数设定"进行参数设置(出厂已设好),返回菜单,点触自动运行,进行温度设置;下热封刀 150℃(出

表 13-8　LY-K180 型全自动捆包机主要技术参数

型号/Type	LY-K180 型
最大包装尺寸	200×150×200(mm)
最小包装尺寸	60×60×80(mm)
包装速度	8～15 包/分钟
工作电源	220V/50Hz
工作功率	700W
工作气压	0.5～0.6MPa
外形尺寸	1400×600×1400(mm)
设备重量	200kg

厂已设好),根据客户需要调节捆包设置盒子层数设定。将已折好的空盒码放于前端输送平台,装上包装薄膜卷料(按工艺流程穿好薄膜),将纸盒推入捆包区即自动捆包,在正常捆包数十捆后可投入正常生产。

本设备为上下两卷膜捆包,接好薄膜接头(配有胶带),可用热封刀烫好接头。待温度稳定后即可运行设备。调节轨道距离大于纸盒长度 2～3mm,更换顶板,调节积盒架方法:松动螺母可向外(内)调节,注意对称,调节热封顶板,根据盒子高度调节上热封高度,大于总盒高度 10mm。调节压盒板高度与上热封底面大致相同。

4. 维护保养　首先要做的就是上油设备一般在正常运转两天上一次油,方法是关闭气源,泄掉管路内的气压,拉出汽缸轴,用布沾一点透平油擦在每只汽缸的轴上,但绝对不允许在减压阀油缸里加油,因该设备上用的都是无油电磁阀和无油润滑汽缸,否则缩短电

磁阀和汽缸使用寿命。保养时还要注意除尘,一般正常生产每周除尘一次,打开后门,用压缩气吹净电器原件上和机器各部位的灰尘。

5. 注意事项 该机器在操作中还要做到以下防范:①本机器的电源电压等级,在国内使用的为220V,50Hz。②注意保持机身整洁及活动部件润滑,使其运转灵活。③不要随意触摸发热器或周边相关部件,尤其是机器处于开启(ON)时,或者刚刚关闭(OFF)时,因此时温度较高,以免烫伤。④不要随意拨弄机器上的按键或调整文本内的参数,那将会导致机器故障。⑤在机器内部维修和调整时请把电源插头与插座分开。⑥如有一段时间不使用机器时,应用软质物品遮盖机身。⑦开机前应检查其电压等级、频率,是否符合本机器的要求,正确无误后方可操作机器。⑧检查其安全设施是否齐全,接地保护是否牢固可靠。⑨机器在操作时不要随意打开门、盖。⑩机器在工作中,非操作人员不得靠近设备,不得将手和其他异物伸进运转的机器中。

6. 故障排除 LY-K180型全自动捆包机故障及排除方法见表13-9。

表 13-9 LY-K180 型全自动捆包机故障及排除方法

故　　障	原　　因	排　除　方　法
断带	热封温度过高或过低	参看说明书推荐值调整温度;随季节变化可作微小调整
	吹气时间太短	在参数设定调整吹气时间
	膜的材质不符合要求	采用此机型指定膜材料
捆包不紧	推盒距离过长	调整推盒位置
	压包不紧	调节好压包板距离
	摆杆重量不够	在摆杆上拉弹簧增加重量

附:水蒸气蒸馏

水蒸气蒸馏是用水蒸气来加热混合液体,使具有一定挥发性的被测组分与水蒸气分压成比例地自溶液中一起蒸馏出来。蒸馏流程如附图1所示。

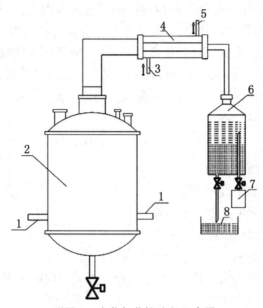

附图1 水蒸气蒸馏流程示意图

1. 蒸汽加热连接管;2. 蒸馏锅;3. 冷却水进口;4. 冷凝器;5. 冷却水出口;6. 油水分离器;7. 精油接收器;8. 馏出水储槽

当某些物质沸点较高,直接加热蒸馏时,因受热不均匀导致局部炭化;还有些被测成分,当加热到沸点时可能发生分解。这些成分的提取,可用水蒸气蒸馏,实验装置见附图2。

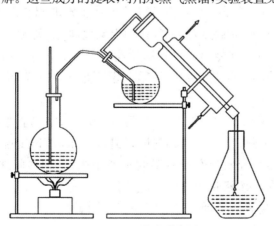

附图2 实验室水蒸气蒸馏装置图

一、水蒸气蒸馏原理

当含芳香性物料浸在水中并加热至沸腾或用蒸汽通过该物料的料层中时,由于沸水或水蒸气对物料表面直接接触,物料组织表面的挥发性成分与沸水或蒸汽之间进行热量的传递,从而使水和挥发性成分分别产生各自的蒸汽分压,而这种混合蒸汽的总压达到该容器内所承受的压力,该混合溶液就沸腾了。混合蒸汽通过导气管进入冷凝器进行冷凝冷却,然后再经过油水分离后,即得挥发性成分。当沸水或水蒸气在对物料表面挥发性成分发生作用的同时,其沸水或水蒸气也向物料组织内部进行渗透、扩散,从而使组织内部的挥发性成分以水为载体,逐步地又不断地扩散到组织表面。由于表面挥发性成分不断汽化,这种扩散过程就能持续维持进行,直至挥发性成分几乎全部扩散至表面而被蒸发出时为止。正是由于沸水或水蒸气具有这样的功能,才使得挥发性成分在低于该物质沸点的温度就会从溶液中较安全(有些挥发性成分在其沸点温度即分解)地被蒸出。

水蒸气蒸馏中所产生的混合蒸汽的两种成分的质量比率等于其部分蒸气压(即分压)的比率乘其相对分子量的比率。

$$即\ m_水/m_油 = (P_水/P_油) \times (M_水/M_油) \tag{附-1}$$

式中:$m_水$——馏出液中水的质量;

$m_油$——馏出液中油的质量;

$P_水$——在蒸锅内温度下水的蒸气压;

$P_油$——在蒸锅内温度下油的蒸气压;

$M_水$——水的相对分子质量(已知);

$M_油$——油的相对分子质量(可以根据各馏分阶段所含主要成分进行假定)。

如果求水油混合蒸汽中的各自百分含量(如以 A、B 分别代表油和水的百分含量),则

$$A = m_油/(m_水 + m_油) \times 100\%$$
$$B = m_水/(m_水 + m_油) \times 100\%$$

二、水蒸气蒸馏的过程

水蒸气的蒸馏过程主要是指水向物料组织进行渗透,并以它作为载体,迫使挥发性成分逐步扩散到组织表面,从而被蒸发出来,这种现象被称为“水散”。只有当挥发性成分由组织内部扩散到组织表面,才能形成水和挥发性成分两个分压,挥发性成分才能被蒸出,所以“水散”作用在水蒸气蒸馏过程中就显得十分重要了。“水散”有两种,一种是锅外“水散”,另一种是锅内“水散”。

1. 锅内“水散”作用 水中蒸馏在未加热前,物料与水已直接接触,这样已开始缓慢的“水散”作用。当加热以后,水与物料同时升温,“水散”速度也随之加快。水上蒸馏或直接蒸汽蒸馏时,蒸汽开始与处于室温的物料相接触,物料就逐渐被加热,同时蒸汽自身被冷凝,冷凝后的水液就开始进行“水散”作用。随着物料的不断升温,物料从蒸汽冷凝所获得的水分也越来越充足,于是“水散”作用就加快了。不论哪种蒸馏方式,其“水散”作用都是完全一样的。水液首先向组织内部逐渐进行渗透,随着升温的进行,渗

透速度也不断加快,最后热水液渗透入挥发性成分的油囊、油腺中,然后使油囊、油腺膜壁膨胀,壁孔变大,从而为挥发性成分从其油囊、油腺中得以顺利地扩散出来提供了条件。这时也就由于组织内外的挥发性成分浓度不同,在其油囊、油腺中水油混合后(包括部分油已经溶解于水中),其单位体积中挥发性成分含量要高于组织的外部,这样就形成一种称为扩散的推动力,挥发性成分就由高含量的油囊、油腺中逐渐地向低含量的组织表面进行扩散。精油扩散到表面后,与组织表面的蒸汽相遇,形成水油两个分压,不断被蒸汽蒸出,于是组织表面的挥发性成分含量又相应地降低,这就促使渗透和扩散不会趋向于平衡,挥发性成分的扩散过程也就会连续地进行,也就使得水蒸气蒸馏过程能连续进行。这就是"水散"在水蒸气蒸馏过程中起到的作用,如果没有"水散"作用,水蒸气蒸馏过程是难以实现的。

2. 锅外"水散"作用　锅外"水散"作用主要指投料前把物料薄层平铺在锅外,然后喷以水雾,喷雾必须均匀,并将料层作上下左右轻轻地翻动,务使物料均匀地润湿。"水散"作用和过程与上述基本相同,只是由于温度低,"水散"过程进行得比较缓慢,同时挥发性成分扩散到组织表面,不是逐步被蒸出,而是积聚在组织表面,这样也会影响扩散速度,使之减慢,所以锅外扩散的时间不宜过长,一般 2～4 小时即够。锅外"水散"后的物料应马上投料蒸馏。如果"水散"后长期放在锅外,已扩散到组织表面的挥发性成分会自动挥发,造成损失,影响挥发性成分收率。

三、水蒸气蒸馏的分类

水蒸气蒸馏的常规方法大致可分为三种形式,即水中蒸馏、水上蒸馏与直接蒸馏(或称水蒸气蒸馏)。又可以根据物料的特性或对产品质量的要求,选择在常压、减压或加压下进行。我国于 1949 年以来,为了节约能源,一直采用加压直接蒸汽蒸馏过程中几锅串联的串蒸方式。最近在国内又开始推行水扩散蒸汽蒸馏,但尚处于实验阶段。

1. 水中蒸馏　这种蒸馏方式一般是先将物料放入蒸馏锅内,然后加入清水或上一锅馏出水,加水高度一般是刚好浸过料层。尚有在锅底上部设置筛板,而加大锅底阀,出料时连水和料一起从锅底冲出,流程示意如附图 3 所示。

水中蒸馏采用的热源:①间接蒸汽热源,即由锅底蒸汽送入锅底部盘中进行加热。②直接蒸汽热源,即由锅炉蒸汽通经锅底开孔盘直接与锅内水液接触进行加热。③锅底直接热源,也就是蒸锅锅底用电、煤气、煤油、煤、木材等直接火源进行加热。蒸馏开始时,水和物料同时受热,在加温过程中,热水不断渗入物料组织,"水散"作用也就开始了。当锅内水液达到沸腾温度时,在水液的上方就不断形成水和油的混合蒸汽,于是水油混合蒸汽从锅顶,经鹅颈(蒸汽导管)而入冷凝器,经冷凝冷却后的馏出液进入油水分离器中进行油水分离,即得挥发性成分。

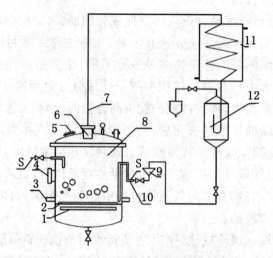

附图 3　水中蒸馏流程示意图

1. 加热器;2. 直接蒸汽喷管;3. 水蒸气;4. 液位视窗;5. 人孔;6. 蒸出口;7. 蒸出管;
8. 锅体;9. 回料漏斗;10. 回料管;11. 换热器;12. 油水分离器;S. 加料口

　　水中蒸馏的特点:①由于原料始终泡在水里,蒸馏较为均匀。②水中蒸馏不会产生物料黏结成块的现象,从而避免了蒸汽的"短路"。③水中蒸馏一般"水散"效果也较好,但挥发性成分中酯类成分易水解。水中蒸馏时,一般除了直接蒸汽热源外,以采用"回水式"为宜。所谓"回水式"是指油水分离后的馏出水再回到锅内。"回水式"一般能使锅内水量保持恒定。

　　2. 水上蒸馏　水上蒸馏又称隔水蒸馏。这种蒸馏方式是把物料置于蒸馏锅内筛板上,筛板下锅底层部位盛放一定水量,这一水量必须能满足蒸馏操作所需的足够的饱和蒸汽,筛板下水层高度以水沸腾时不溅湿筛板上料层为原则。水上蒸馏流程示意如附图 4 所示。

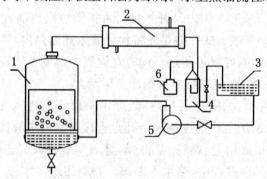

附图 4　水上蒸馏流程示意图

1. 水上蒸馏锅;2. 冷凝器;3. 回水贮槽;4. 油水分离器;5. 水泵;6. 精油接收器

　　水上蒸馏所采用的热源,也可以用水中蒸馏采用的三种加热方式。但采用直接蒸汽热源,锅底层水量要少,以防止沸腾时水温升得过高。

　　蒸馏开始后,锅底水层首先受热,直至沸腾。由沸腾所产生的低压饱和蒸汽,通过筛板上筛孔逐步由下而上加热料层,同时饱和蒸汽也逐步被料层冷凝,这就形成了物料被加热,蒸汽被冷凝的现象。这也为物料的"水散"作用提供了良好的条件。从饱和蒸汽开始升入料层到锅顶形成水油混合蒸汽的整个过程也被称为锅内"水散"过程。这一过程以缓慢进行为宜，一般需要 20～30 分钟。当锅顶上方不断形成水油混合蒸汽后，该组合蒸汽经锅顶导入冷凝器中，经冷凝冷却后进入油水分离器而获得挥发性成分。

水上蒸馏特点如下：①物料只与蒸汽接触。②水上蒸馏时所产生的低压饱和蒸汽由于含湿量大，有利于物料的"水散"。③水上蒸馏在蒸馏一段时间后，易改为直接蒸汽蒸馏或加压直接蒸汽蒸馏。水上蒸馏时，其馏出水回入锅内底层，也就是要"回水"蒸馏以保持锅底层水量的稳定。为了观察锅底层水位，在锅底层常装有窥镜，这种装置尤其适合于直接蒸汽加热的热源。

3. **直接蒸汽蒸馏**　这种蒸馏方式是由外来的锅炉蒸汽直接进行蒸馏的。通常在筛板下锅底部位装有一条开有许多小孔的环行管，外来蒸汽通过小孔直接喷出。直接蒸汽蒸馏示意如附图 5 所示。蒸馏开始后，由小孔喷出的蒸汽，通过筛孔直接进入料层。一般由锅炉送来的蒸汽是具有一定的压力、温度较高而含湿量较低的饱和蒸汽，能很快加热料层。这时料层上蒸汽较少被冷凝成水，因而这一加热过程中，干料不能充分"水散"。这样，干料就要预先进行锅内"水散"。

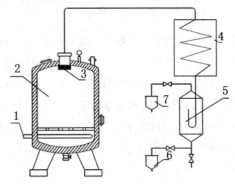

附图 5　直接蒸汽蒸馏流程示意图

1. 水蒸气接入口；2. 蒸馏锅；3. 除沫器；4. 冷凝器；5. 轻重油水分离器；6. 重油接收器；7. 轻油接收器

直接蒸馏的特点为：①蒸馏速度快，干料比锅外"水散"的充分，出油也较快；②直接蒸馏一段时间后，较易改成加压直接蒸汽蒸馏；③馏出水不回入锅内，但馏出水所含的水溶性油分或悬浮油粒要求用复馏和萃取方法把它们用萃取的方法进行回收。

4. **减压或加压蒸汽蒸馏**　减压蒸汽蒸馏方式常与水中蒸馏结合进行。有些富含不饱和烯烃类成分的挥发油，因温度高，易引起"热聚"，减压蒸馏就能降低蒸馏温度，以减轻因热而聚合的现象。减压常在冷凝器馏出段处进行减压，由于减压虽然加快了蒸馏速度，但温度下降时，水的蒸汽压降低远比油慢，所以水对油的质量比率相对增高，因而要求冷凝器应该有较大的冷凝作用。

加压蒸馏，一般常采用加压直接蒸汽蒸馏的方式。由于压力升高，锅内温度也随之升高，而水的蒸汽压力升高并不随温度升高而成正比增长，油的蒸汽压力却随温度升高成正比增长，于是这就加大了油水比例中油的比例。同时，在加压过程中，由于蒸馏温度升高，加快了"水散"作用，使精油中黏度大、沸点高的以及挥发度低的成分得以扩散和蒸出，从而也缩短了蒸馏时间。但加压不能过高，否则会引起挥发油中一部分成分热解，一般加压范围为 0.1～0.4MPa。这种蒸馏方式常适合于含有沸点高的挥发性成分的蒸出。蒸汽锅炉示意如附图6所示。

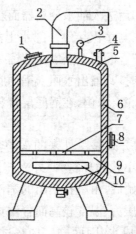

附图6　蒸汽锅炉示意图

1. 加料门；2. 蒸出管；3. 压力表；4. 安全阀；5. 锅盖；6. 锅壁；
7. 承料格栅；8. 出料门；9. 锅底；10. 加热蒸汽管

5.**"串蒸"及具复馏装置的蒸馏方式**　"串蒸"就是两锅或两锅以上的串联蒸馏。常采用加压直接蒸汽蒸馏方式。它的过程是：从第一只蒸锅出来的混合蒸汽，未经冷却直接导入第二只蒸锅的底部，作为第二只蒸锅蒸馏的加热蒸汽。如果两锅以上，第二锅出来的混合蒸汽再导入第三锅，作为第三锅蒸馏用的加热蒸汽，从第二锅或第三锅馏出的水油混合蒸汽经冷凝冷却和油水分离后而获得挥发性成分。串蒸时，第一锅加压应高些，以防备第二锅或第三锅的蒸气压力自然下降。串联蒸馏流程示意如附图7所示。

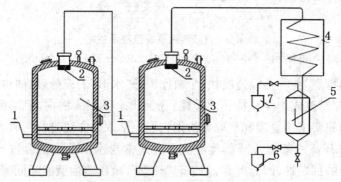

附图7　串联蒸汽蒸馏流程示意图

1. 水蒸气接入口；2. 捕集除沫器；3. 直接蒸汽蒸馏锅；4. 冷凝器；5. 轻重油水分离器；
6. 重油接收器；7. 轻油接收器

中药材香根草等蒸馏就采用了这一种蒸馏方式，对节约蒸汽和节省辅助设备起到一定的作用。

附图8是一萃取复馏装置示意图，这种蒸馏主要以水中蒸馏方式进行，从锅顶导出的水油混合蒸汽进入油水分离器后，使油水第一次分离，被分离的挥发性成分被收集；未被分离的挥发性成分连同提取液一同被蒸汽往复泵送往高位槽，进入复蒸锅再行蒸馏，重复上述过程,完成萃取复蒸馏过程。

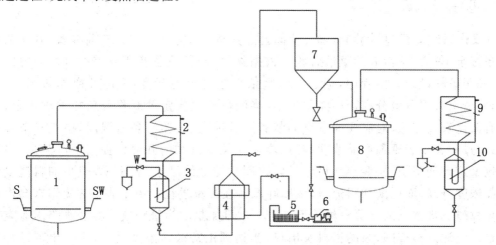

附图 8　具有萃取与复馏装置的工艺流程图

1. 蒸馏锅;2. 冷凝器;3. 油水分离器;4. 馏出水提取器;5. 贮水槽;6. 蒸汽往复泵;
7. 高位槽;8. 复馏锅;9. 冷凝器;10. 油水分离器;11. 轻油接收器
S. 蒸汽;SW. 蒸汽冷凝水;W. 冷凝水

　　6. 水扩散蒸馏装置　这是世界上新近发展起来的一种新颖蒸馏技术。它的特点是水蒸气从锅顶导入,然后蒸汽由上向下逐渐地往料层扩散渗透,同时把锅内与料层中空气推出。蒸汽与料层接触后,也首先按一般蒸馏原理进行"水散"和传质,但"水散"和传质出来的挥发性成分,无须全部汽化,就可以向下进入锅底下部冷凝器。且由于这种蒸汽是在加压下导入的,就迫使料层中出现的水油冷凝液、水油混合蒸汽均向下进入锅底冷凝器,再往下进行油水分离。水扩散蒸汽蒸馏流程示意如附图 9 所示,这种装置和过程恰好与常规蒸汽蒸馏相反,但它却具备了常规蒸汽蒸馏无法达到的优点。它的最大优点是蒸汽呈渗滤形式往下进行渗透、扩散和传质;料层不会打洞和蒸汽不会走短路,蒸馏就较均匀、一致、完全;另外,由于料层中出现的水油冷凝液能很快进入锅底冷凝器,这就避免了某些挥发性成分因受高热时间长,而造成破坏性分解、水解、聚合等反应。

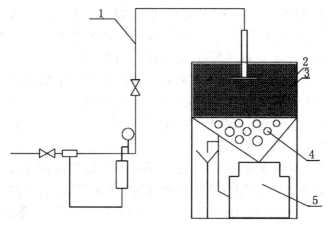

附图 9　水扩散蒸汽蒸馏流程示意图

1. 蒸汽;2. 蒸汽锅;3. 料层;4. 冷凝器;5. 油水分离器

四、操作系统运行

操作系统运行包括系统开车、设备运行及停车等方面。①开车前准备：开车前要准备好泵、仪表、蒸液和冷凝液管路。根据物料、蒸发设备及所附带的自控装置的不同，按照事先设定好的程序，通过控制室依次按规定的开度、顺序开启加料阀、蒸汽阀，并依次查看各效分离罐的液位显示，当液位达到规定值时再开启相关输送泵；设置有关仪表设定值；对需要抽真空的装置进行抽真空；监测各效温度，检查其蒸发情况；通过相关仪表观测产品浓度；然后增大相关蒸汽阀门开度以提高蒸汽流量；当蒸汽流量达到期望值时，调节加料流量以控制浓缩液浓度，一般来说，减小加料流量则产品浓度升高，而增大加料流量，浓度降低。在开车过程中由于非正常操作常会出现许多故障。最常见的是蒸汽供给不稳定。这可能是因为管路或冷凝液管路内有空气所致。应注意检查阀、泵的密封及出口，当达到正常操作温度时，就不会出现这种问题。也可能是由于空气漏入二效、三效蒸发器所致。当一效分离罐工艺蒸汽压力升高超过一定值时，这种泄漏就会自行消失。②设备运行：不同的蒸发装置都有自身的运行情况。通常情况下，操作人员应按规定的时间间隔检查该装置的调整运行情况，并如实填写运转记录。当装置处于稳定运行状态下，不要轻易变动性能参数以免出现不良影响。控制蒸发装置的液位是关键，目的是使装置运行平稳，一效到另一效的流量更趋合理、恒定。大多数泵输送的是沸腾液体，有效地控制液位也能避免泵的"汽蚀"现象，保证泵的使用寿命。为确保故障条件下连续运转，所有的泵都应配有备用泵，并在启动泵之前，检查泵的工作情况，严格按照要求进行操作。按规定时间检查控制室仪表和现场仪表读数，如超出规定，应迅速查找原因。如果蒸发料液为腐蚀性溶液，应注意检查视镜玻璃，防止腐蚀。一旦视镜玻璃腐蚀严重，当液面传感器发生故障时，会造成危险。③操作系统停车：一般可分为完全停车、短期停车和紧急停车。对于紧急停车，一般应遵循如下操作：当事故发生时，首先用最快的方式切断蒸汽（或关闭控制室气动阀，或现场关闭手动截止阀），以避免料液温度继续升高；考虑停止料液供给是否安全，如果安全，应用最快方式停车；考虑破坏真空会发生什么情况，如果判断出不会发生不利情况，应该打开靠近末效真空器的开关以打破真空状态，停止蒸发操作；要小心处理热料液，避免造成伤亡事故。

1. 操作系统中的蒸发器维护　对蒸发器的维护通常采用清洗的方法。蒸发装置内易积存污垢，不同类型的蒸发器在不同的运转条件下结垢情况也不一样，因此要根据生产实际和经验积累定期进行清洗。清洗周期的长短直接和生产强度及蒸汽消耗紧密相关，因此要特别重视操作质量，延长清洗周期。

2. 蒸发系统常见操作事故与防范　蒸发系统操作是在高温、高压蒸汽加热下进行的，所以要求蒸发设备及管路具有良好的外部保温和隔热措施，杜绝"跑、冒、滴、漏"现象。防止高温蒸汽外泄，发生人身烫伤事故。对于腐蚀性物料的蒸发，要避免触及皮肤和眼睛，以免造成身体损害。要预防此类事故，在开车前应严格进行设备检验，试压、试漏，并定期检查设备腐蚀情况；对于蒸发易晶析的溶液，常会随物料增浓而出现结晶造成管路、阀门或加热器等堵塞,使物料不能流通,影响蒸发操作的正常进行。因此要及时分离盐泥,并定期清洗。一旦发生堵塞现象,则要用加压水冲洗,或采用真空抽吸补救。要根据蒸发操作的生产特点,严格制定操作规程,并严格执行,以防止各类事故发生,确保操作人员的安全以及生产的顺利进行。